职业技能鉴定国家题库石化分库试题选编

甲基叔丁基醚装置操作工

中国石油化工集团公司职业技能鉴定指导中心　编

中国石化出版社

内 容 提 要

《甲基叔丁基醚装置操作工》为《职业技能鉴定国家题库石化分库试题选编》丛书之一，由中国石油化工集团公司职业技能鉴定指导中心按照《国家职业标准》和《职业技能鉴定国家题库开发技术规程》组织编写。内容包括：甲基叔丁基醚装置操作工初级工、中级工、高级工、技师及高级技师的国家职业标准、鉴定要素细目表、理论知识试题和技能操作试题，是甲基叔丁基醚装置操作工进行职业技能鉴定的必备学习资料。

图书在版编目(CIP)数据

甲基叔丁基醚装置操作工/中国石油化工集团公司职业技能鉴定指导中心编.
—北京:中国石化出版社,2006(2023.6重印)
(职业技能鉴定国家题库石化分库试题选编)
ISBN 7-80229-146-1

Ⅰ.甲… Ⅱ.中… Ⅲ.甲基-叔丁基-醚-化工设备-操作-职业技能鉴定-习题 Ⅳ.TQ223.2-44

中国版本图书馆CIP数据核字(2006)第093027号

中国石化出版社出版发行

地址:北京市东城区安定门外大街58号
邮编:100011 电话:(010)57512500
发行部电话:(010)57512575
http://www.sinopec-press.com
E-mail:press@sinopec.com
北京力信诚印刷有限公司印刷
全国各地新华书店经销

*

787×1092毫米16开本21.25印张510千字
2006年9月第1版 2023年6月第8次印刷
定价:65.00元

前 言

受劳动和社会保障部职业技能鉴定中心委托，按照中国石油天然气集团公司、中国石油化工集团公司职业技能鉴定工作协议，中国石油化工集团公司职业技能鉴定指导中心组织有关专家，依据《职业技能鉴定国家题库开发技术规程》和《国家职业标准》，开发了32个职业95个工种的职业技能鉴定国家题库石化分库，并于2006年5月正式启用。

为满足员工学习专业知识、提高操作技能的需要，我们选编了石化分库的部分试题，按职业(工种)出版《职业技能鉴定国家题库石化分库试题选编》套书。该套书内容包括国家职业标准、鉴定要素细目表、理论知识试题和技能操作试题等，其中，理论知识试题约占分库中该职业(工种)试题的50%，技能操作试题约占70%。

《甲基叔丁基醚装置操作工》分册由高桥石化主编，燕山石化、齐鲁石化、上海石化、茂名石化等单位参编。主要执笔人：邹家敏、白应峰。参审人员：陆勇、费水中、刘金华、王连群、郭建胜、李海强、魏佑宝、严翰章、赵文民。

由于水平有限，书中难免有遗漏或欠妥之处，敬请谅解并提出宝贵意见。

职业技能鉴定国家题库

石化分库开发领导小组办公室

职业技能鉴定国家题库
石化分库开发领导小组

组　长：刘根元

副组长：傅兴顺　高　滨　孙祖岭　孙金瑜

顾　问：袁　芳　李钰年

成　员（以姓氏笔画为序）：

丁新兴　王凤维　王运才　王虎刚　王瑞萍　石惟理
刘子才　刘文玉　刘忠华　向守源　朱长根　朱正建
朱立群　江毅平　汤　豪　许立明　许　坚　曲子洲
吴　云　何　波　邱　颖　张云燕　张月娥　张全胜
张佐军　张树忠　陈建国　陈若平　周志明　郑洵美
钟文标　徐洪源　贾铁成　郭为民　顾甬明　崔　昶
曹宗祥　黄　进　彭连军　温振丽　童子飞　谢学民
韩　伟　雷建忠　靳良成　潘　慧　穆晓秋　魏洪大
魏根兴

特邀专家（以姓氏笔画为序）：

尤宝英　王　权　丛新泽　刘　欧　刘孝祖
李荣兴　沈洪源　陆　勇　巫建忠　徐　燕
黄世文　黄劲松

编辑出版负责人：

王子康　王力健　邓敦夏

目录

第一部分　初级工

一、国家职业标准(初级工工作要求) ……………………………………… (3)
二、理论知识鉴定要素细目表 ……………………………………………… (4)
行业通用理论知识鉴定要素细目表 ……………………………………… (4)
职业通用理论知识鉴定要素细目表(《烃类衍生物生产工》) ………… (6)
工种理论知识鉴定要素细目表 …………………………………………… (9)
三、理论知识试题 …………………………………………………………… (14)
行业通用理论知识试题 …………………………………………………… (14)
职业通用理论知识试题(《烃类衍生物生产工》) ……………………… (25)
工种理论知识试题 ………………………………………………………… (36)
四、技能操作鉴定要素细目表 ……………………………………………… (61)
五、技能操作试题 …………………………………………………………… (63)

第二部分　中级工

一、国家职业标准(中级工工作要求) ……………………………………… (91)
二、理论知识鉴定要素细目表 ……………………………………………… (92)
行业通用理论知识鉴定要素细目表 ……………………………………… (92)
职业通用理论知识鉴定要素细目表(《烃类衍生物生产工》) ………… (94)
工种理论知识鉴定要素细目表 …………………………………………… (96)
三、理论知识试题 …………………………………………………………… (100)
行业通用理论知识试题 …………………………………………………… (100)
职业通用理论知识试题(《烃类衍生物生产工》) ……………………… (108)
工种理论知识试题 ………………………………………………………… (119)
四、技能操作鉴定要素细目表 ……………………………………………… (147)
五、技能操作试题 …………………………………………………………… (149)

第三部分　高级工

一、国家职业标准(高级工工作要求) ……………………………………… (173)
二、理论知识鉴定要素细目表 ……………………………………………… (174)

行业通用理论知识鉴定要素细目表 …………………………………………………………（174）
职业通用理论知识鉴定要素细目表(《烃类衍生物生产工》) ……………………………（176）
工种理论知识鉴定要素细目表 ………………………………………………………………（177）
三、理论知识试题 ……………………………………………………………………………（182）
行业通用理论知识试题 ……………………………………………………………………（182）
职业通用理论知识试题(《烃类衍生物生产工》) …………………………………………（190）
工种理论知识试题 …………………………………………………………………………（199）
四、技能操作鉴定要素细目表 ………………………………………………………………（228）
五、技能操作试题 ……………………………………………………………………………（229）

第四部分　技师/高级技师

一、国家职业标准(技师工作要求) ……………………………………………………………（249）
二、国家职业标准(高级技师工作要求) ………………………………………………………（250）
三、理论知识鉴定要素细目表 ………………………………………………………………（251）
行业通用理论知识鉴定要素细目表 …………………………………………………………（251）
职业通用理论知识鉴定要素细目表(《烃类衍生物生产工》) ……………………………（252）
工种理论知识鉴定要素细目表 ………………………………………………………………（252）
四、理论知识试题 ……………………………………………………………………………（255）
行业通用理论知识试题 ……………………………………………………………………（255）
职业通用理论知识试题(《烃类衍生物生产工》) …………………………………………（265）
工种理论知识试题 …………………………………………………………………………（271）
五、技能操作鉴定要素细目表(技师) ………………………………………………………（297）
六、技能操作试题(技师) ……………………………………………………………………（298）
七、技能操作鉴定要素细目表(高级技师) …………………………………………………（316）
八、技能操作试题(高级技师) ………………………………………………………………（317）

第一部分

初 级 工

一、国家职业标准(初级工工作要求)

职业功能	工作内容	技能要求	相关知识
工艺操作	(一) 开车准备	能按岗位操作法完成本岗位开车准备工作： 1. 能检查、设置本岗位开车流程 2. 能确认系统设备、仪表和公用工程具备开车条件 3. 能使用蒸汽、氮气、水和风等公用介质 4. 能配合分析取样 5. 能协助完成开车前的气密、吹扫、置换	1. 装置概况 2. 原、辅料规格、特性 3. 公用工程知识 4. 原料、产品的物理化学性质 5. 取样点现场的位置
	(二) 开车操作	能完成反应、反应蒸馏、甲醇水洗回收与综合上述其一岗位的现场开车操作	1. 甲基叔丁基醚(MTBE)反应及投料、建立外循环操作步骤 2. 反应蒸馏塔升温、升压操作要点 3. 甲醇回收塔全回流操作时注意事项
	(三) 正常操作	1. 能完成本岗位正常操作 2. 能对本岗位进行巡检 3. 能操作本岗位仪表及计算机集散控制系统(DCS) 4. 能填写岗位各种记录 5. 能根据需要改动岗位流程 6. 能检查核对岗位现场压力、温度、液位、阀位等现场情况 7. 能对本岗位各工艺参数偏离正常指标进行调节 8. 能完成原料甲醇、抽余碳四的接收与产品 MTBE 的送出 9. 能完成抽余碳四罐及醚后碳四罐的脱水操作 10. 能根据运行状况，确定室内外温度、压力、液位、流量等工艺参数存在的偏差	1. 与岗位相关仪表基本知识 2. 本岗位工艺基本原理 3. 本岗位产品质量指标 4. 岗位巡检路线、内容和方法 5. 与本岗相关的工艺卡片及操作指令具体内容 6. 原料甲醇、抽余碳四和产品 MTBE 的指标要求 7. 抽余碳四及醚后碳四脱水操作方法 8. 温度、压力、液位、流量等工艺参数的调节知识
	(四) 停车操作	能按岗位操作法和指令完成本岗位的现场操作 1. 能设定本岗位停车流程 2. 能进行停车前的综合检查 3. 能完成停料后的工艺调整 4. 能停止本岗位所属设备 5. 能协助进行本岗位停车后设备交出工艺处理工作 6. 能完成本岗位停车"三废"排放工作 7. 能完成反应、反应蒸馏、甲醇水洗回收与综合岗位之一的现场停车操作	1. "三废"排放及处理事项 2. 本岗位停车方案及注意事项 3. 环境保护的有关知识和规定 4. 反应系统停车、卸压、降温操作要求 5. 反应蒸馏停车、退料注意事项 6. 甲醇水洗回收系统的停车步骤
设备使用与维护	(一) 使用设备	1. 能指出本岗位设备、主要仪表控制点、重要阀门、重要电气联锁的位置，并说明其用途、作用 2. 能开、停、切换本岗位简单机泵等设备 3. 能投用、切换岗位疏水器、过滤器、换热器 4. 能使用可燃气体报警及测爆仪	1. 主要设备结构、型号、材质 2. 安全用电常识 3. 机泵操作步骤 4. 疏水器、过滤器、换热器的投用切换步骤
	(二) 维护设备	1. 能使用常用维修工具 2. 能对设备进行正常巡检 3. 能完成设备检修时的监火、监护工作 4. 能对运转设备正常补加润滑油脂 5. 能对备用机泵盘车确认 6. 能完成冬季生产的防冻防凝检查 7. 能更换压力表、温度计、液位计等简单仪表 8. 能保持适宜的设备和生产环境	1. 设备润滑有关知识 2. 设备盘车有关知识 3. 动火常识、注意事项 4. 常用维修工具型号、规格 5. 防冻防凝管理规定 6. 压力表、温度计、液位计等仪表的更换常识

续表

职业功能	工作内容	技 能 要 求	相 关 知 识
事故判断与处理	（一）判断事故	1. 能及时发现、判断本岗位工艺和设备、仪表简单事故 2. 能判断现场着火的位置和原因	1. 设备运行知识 2. 本岗位主要控制指标
	（二）处理事故	1. 能使用安全、消防器材对初期火灾紧急扑救并及时报警 2. 能利用消防、气防器材参与装置应急灭火处理 3. 能使用气防器材对有毒气体泄漏进行局部隔离 4. 能使用气防器材进行急救和自救 5. 能处理简单跑、冒、滴、漏 6. 能报火警，打急救电话 7. 能协助处理装置停原料、水、蒸汽、电、风等各类突发事故 8. 能处理普通离心泵的抽空、泄漏事故 9. 能现场处理人员酸、碱烧伤事故 10. 能协助处理一般的产品质量事故 11. 能协助处理一般突发事故 12. 能判断本岗位设备异常及处理机泵简单运行故障 13. 能配合处理本岗位简单电器、仪表故障 14. 能处理机泵、管线、法兰等一般甲醇、碳四、MTBE 漏料事故 15. 能处理甲醇、MTBE 进入眼睛事故 16. 能发现重点运行设备超温、超压的异常现象	1. 化工生产知识 2. 安全、消防、气防知识 3. 离心泵抽空事故的处理方法 4. 紧急急救常识 5. 装置停原料、水、蒸汽、电、风等事故本岗位理方案 6. 酸、碱灼伤的预防与急救方法 7. 岗位紧急停车步骤 8. 装置突发事故紧急处理方案 9. 产品质量事故的处理方法 10. 系统窜料、跑料常见故障分析 11. MTBE 装置漏料事故处理预案 12. 甲醇、MTBE 进入眼睛的处理方法 13. 重点部位运行工艺指标
绘图与计算	（一）绘图	1. 能绘本岗位工艺流程图和装置原理流程图 2. 能看懂设备简图	化工识图基本知识
	（二）计算	能进行本岗位常规简单计算	常用物理、化学概念及单位换算知识

二、理论知识鉴定要素细目表

行业通用理论知识鉴定要素细目表

鉴定范围						鉴定点		
一级		二级		三级		代码	名　称	重要程度
代码	名　称	代码	名　称	代码	名　称			
A	基本要求	B	基础知识	A	记录填写基础知识	001	运行记录的种类	X
						002	运行记录的填写要求	X
				B	识图基础知识	001	工艺流程图管线的表示方法	X
						002	工艺流程图管件的表示方法	X
						003	工艺流程图阀门的表示方法	X
						004	工艺流程图仪表电气控制点的表示方法	X
				C	安全环保基础知识	001	石化行业生产的不安全因素	X
						002	国家安全生产的方针	X
						003	三级安全教育的内涵	X
						004	头部的防护	X
						005	眼睛和面部的防护	X
						006	脚部的防护	X

续表

鉴定范围						鉴定点		
一级		二级		三级		代码	名称	重要程度
代码	名称	代码	名称	代码	名称			
						007	手部的防护	X
						008	耳部的防护	X
						009	口鼻的防护	X
						010	皮肤的防护	X
						011	机械设备对人体伤害的防护	X
						012	厂内交通安全知识	X
						013	石化行业防火防爆十大禁令的内容	X
						014	尘毒物质的分类	X
						015	职业中毒的种类	X
						016	急性中毒的现场抢救	X
						017	高处作业的防护措施	X
						018	石化行业污染的来源	X
						019	石化行业污染的途径	X
						020	石化行业污染的特点	X
						021	清洁生产的定义	X
						022	清洁生产的内容	X
						023	燃烧的三要素	X
						024	干粉灭火器的适用范围	X
						025	泡沫灭火器的适用范围	X
						026	1211 灭火器的适用范围	X
						027	ISO 14000 系列标准的含义	X
						028	HSE 管理体系的概念	X
						029	建立 HSE 管理体系的意义	X
						030	石化行业事故处理的原则	X
				D	质量基础知识	001	标准化的概念	X
						002	标准等级划分的类别	X
						003	标准的使用范围	X
						004	ISO 9000 族标准的特点	X
				E	计算机基础知识	001	计算机硬件的组成	X
						002	计算机的安全防护	X
						003	Word 文档的录入与排版	X
						004	计算机浏览器的使用	X
						005	电子邮件的收发	X

续表

鉴定范围						鉴定点		
一级		二级		三级		代码	名　称	重要程度
代码	名　称	代码	名　称	代码	名　称			
				F	法律常识	001	《劳动法》关于劳动者权益的规定	X
						002	劳动合同包含的条款	X
						003	劳动争议解决的途径	X
						004	《劳动法》关于劳动者工作时间的规定	X
						005	《劳动法》关于劳动安全卫生的规定	X
						006	《产品质量法》关于生产者的产品质量责任	X
						007	《产品质量法》关于生产者的产品质量义务	X
						008	《安全生产法》对从业人员的规定	X
						009	《消防法》关于对公民责任的规定	X
B	相关知识	F	培训与指导	B	鉴定与考评	001	职业技能鉴定的定义	X
						002	职业技能鉴定的目的	X
						003	职业资格等级的划分	X
						004	职业资格证书的用途	X
						005	职业、岗位与工种的关系	X

职业通用理论知识鉴定要素细目表(《烃类衍生物生产工》)

鉴定范围						鉴定点		
一级		二级		三级		代码	名　称	重要程度
代码	名　称	代码	名　称	代码	名　称			
A	基本要求	B	基础知识	A	无机化学基础知识	001	物质的量的概念	X
						002	物质的量的计算	X
						003	理想气体的概念	X
						004	理想气体状态方程式的表示方法	X
						005	氢气的物理性质	X
						006	氢气的化学性质	X
						007	氧气的物理性质	X
						008	氧气的化学性质	X
						009	氮气的物理性质	X
						010	空气的组成	X
						011	铁的主要氧化物种类	Y
						012	硫的物理性质	Y
						013	硫化氢的物理性质	X
						014	硫化氢的化学性质	X

续表

鉴定范围						鉴定点		
一级		二级		三级		代码	名称	重要程度
代码	名称	代码	名称	代码	名称			
						015	溶解度的概念	Y
						016	气体标准状态的概念	Y
						017	共价键的概念	Z
						018	离子键的概念	X
						019	硬水的概念	X
				B	有机化学基础知识	001	有机物的概念	X
						002	饱和烃的结构	X
						003	饱和烃的通性	X
						004	烯烃的结构	Y
						005	烯烃的通性	X
						006	炔烃的结构	Y
						007	炔烃的通性	X
						008	卤代烃的结构通式	X
						009	醇的分子结构式	Y
						010	醛的分子结构式	X
						011	酮的分子结构式	X
						012	羧酸的分子结构式	Z
						013	苯的分子结构式	Z
						014	有机化学反应的类型	Y
				C	化工单元操作知识	001	密度的概念	X
						002	流体比容的概念	X
						003	平均相对分子质量的概念	X
						004	流体的压强	X
						005	流体静力学基本方程	Y
						006	流体流速的概念	X
						007	流体流量的概念	X
						008	流体黏度的概念	X
						009	离心泵的工作原理	X
						010	往复泵的工作原理	X
						011	热传导的基本概念	X
						012	热对流基本概念	X
						013	热辐射基本概念	X
						014	换热方式的种类	X
						015	干燥的概念	Y

续表

鉴定范围						鉴定点		
一级		二级		三级		代码	名称	重要程度
代码	名称	代码	名称	代码	名称			
						016	蒸发的概念	Y
						017	气体吸收的概念	X
						018	气体吸收的原理	Y
						019	蒸馏的概念	X
						020	蒸馏的依据	Y
						021	精馏原理	X
						022	过滤的概念	Y
						023	离心分离的概念	X
				D	化工设备基础知识	001	润滑的概念	X
						002	密封的概念	X
						003	压力容器的分类	Y
						004	塔设备的分类	X
						005	压力管路的分类	X
						006	管件的种类	X
						007	常用阀门的种类	X
				E	电工基础及安全用电知识	001	电路基本物理量	X
						002	电路基本元器件	X
						003	单相交流电的基本知识	Y
						004	化工生产对电器的安全防爆要求	X
						005	防触电知识	X
				F	化工仪表及自动化	001	误差的概念	X
						002	误差的分类	X
						003	弹簧式压力计测量原理	Y
						004	差压式液位计原理	X
						005	翻板式液位计原理	X
						006	玻璃板式液位计原理	X
						007	热电偶温度测量原理	Y
						008	热电阻温度测量原理	X
						009	流量计的种类	X
				G	计量及化工分析基础知识	001	法定计量单位	X
						002	计量单位的换算	X
						003	pH 值的概念	X

工种理论知识鉴定要素细目表

鉴定范围						鉴定点		
一级		二级		三级		代码	名称	重要程度
代码	名称	代码	名称	代码	名称			
B	相关知识	A	工艺操作	A	开车准备	001	静电产生的外因	Y
						002	毒物侵入人体的途径及危害	Y
						003	爆炸的分类	X
						004	爆炸极限	X
						005	抽余碳四的组成	X
						006	公用工程介质的种类	X
						007	引蒸汽的注意事项	X
						008	泄漏率的概念	X
						009	盲板的拆装注意事项	X
						010	气密试验的要求	X
						011	开车前对装置照明、卫生的检查	X
						012	静电产生的内因	X
						013	氮气的物化性质	Z
						014	催化剂的概念	Y
						015	甲醇的物理性质	Y
						016	甲醇的化学性质	Y
						017	MTBE 的物理性质	X
						018	MTBE 化学性质	X
						019	装置气密试漏的注意事项	X
						020	丁烯-1 的物理性质	X
						021	丁烯-1 化学性质	X
						022	异丁烯的物理化学性质	X
						023	热力管网的热补偿	X
						024	筒式外循环式反应器的生产特点	Y
						025	装置引循环水操作注意事项	X
				B	开车操作	001	仪表误差的分类	X
						002	串级调节的概念	X
						003	DCS 系统一般的组成	X
						004	安全联锁的作用	X
						005	液泛的概念	X
						006	漏液的概念	X
						007	在线分析仪的优点	X
						008	醚化反应概念	X

续表

鉴定范围						鉴定点		
一级		二级		三级		代码	名称	重要程度
代码	名称	代码	名称	代码	名称			
						009	组合密封投用注意事项 BAB015	X
						010	高速泵投用注意事项	X
						011	丁烯-1的异构化	X
						012	精馏塔塔压常见的控制方法	X
						013	甲醇萃取塔工作原理	X
				C	正常操作	001	软化水的特点	X
						002	仪表曲线衰减比的概念	X
						003	仪表余差的概念	Y
						004	常压精馏概念	Y
						005	物料衡算的概念	Y
						006	回流罐脱水的注意事项	X
						007	气动阀工作原理	Y
						008	电动阀的工作原理	Y
						009	累积式流量计的代号	Y
						010	分析记录控制器代号	X
						011	我国现有国家环境标准	X
						012	干粉灭火器的性能	X
						013	精馏基础知识	X
						014	翻板式液位计工作原理	X
						015	离心泵巡检的内容	X
						016	回流与回流比的概念	Y
						017	精馏塔常用回流方法及特点	X
						018	测量误差产生的原因	Y
						019	测量气体压力时取压点要求	X
						020	影响精馏塔塔釜温度的因素	X
						021	影响精馏塔塔釜液位的因素	X
						022	离心泵的切换	X
						023	离心泵出口流量的调节方法	Y
						024	MTBE 装置的温度测量仪表	Y
						025	催化蒸馏塔结构特点	X
				D	停车操作	001	停工检修的安全要求	X
						002	装置安全生产的基本要求	Y
						003	系统蒸煮的目的	X
						004	装置“三废”排放点	X

续表

鉴定范围						鉴定点		
一级		二级		三级		代码	名称	重要程度
代码	名称	代码	名称	代码	名称			
						005	装置吹扫的目的	X
						006	水的灭火作用	X
						007	停循环水时的注意事项	X
						008	“三废”处理注意事项	X
						009	设备安全规定	X
						010	MTBE 装置安全规定与要求	X
						011	MTBE 装置安全生产的特点	X
						012	环保一般事故	X
						013	化学泡沫灭火的特性	X
						014	环保工作的内容	X
						015	MTBE 装置的安全设施	X
						016	“三废”排放标准	X
						017	碳四泵输送水注意事项	X
		B	设备使用与维护	A	设备使用	001	离心泵的反转	X
						002	润滑油的主要作用	X
						003	闸阀的特点	X
						004	截止阀的特点	Y
						005	常见阀的结构	X
						006	安全阀的结构	X
						007	止逆阀的性能	X
						008	蝶阀的性能	Y
						009	隔膜阀的特点	X
						010	安全阀的特点	X
						011	止逆阀的结构	X
						012	安全阀的作用	X
						013	按工作原理分泵的类型	X
						014	化工管路材质分类	X
						015	疏水器的作用	X
						016	离子过滤器的作用	X
						017	离心泵的启动注意事项	X
						018	按用途分泵的类型	X
						019	离心泵性能特点	X
						020	离心泵结构	Y
						021	柱塞泵的结构	Y

续表

鉴定范围						鉴定点		
一级		二级		三级		代码	名　称	重要程度
代码	名　称	代码	名　称	代码	名　称			
						022	齿轮泵的特点	Y
						023	往复泵的启动注意事项	X
						024	换热设备操作的注意事项	X
						025	离心泵的轴功率	X
						026	管路伴热的注意事项	X
						027	常用调节阀的种类及使用场所	X
						028	精馏塔的类型	X
						029	多级离心泵的特点	X
						030	屏弊泵的结构	X
						031	球阀的特点	X
						032	浮阀塔盘的特点	X
						033	精馏塔的结构	X
						034	填料塔的结构	Y
						035	常用过滤器的构造	X
						036	换热器的结构	X
						037	多级泵平衡管的作用	Y
						038	变频机泵的特点	X
				B	维护设备	001	机泵盘车标准	X
						002	装置的防冻防凝原则	X
						003	常用维修工具	X
						004	静设备维护保养制度	X
						005	动设备维护保养制度	X
						006	机泵冷却的种类	Z
						007	装置设备常用润滑油使用规定	X
						008	压力容器的使用条件	X
						009	添加润滑油的注意事项	Y
						010	弹簧压力表的工作原理	X
						011	隔膜压力表的工作原理	X
						012	换热设备的维护检查	X
						013	静密封类型	X
						014	设备维护保养制度	X
						015	阀门压盖漏料的处理方法	X
						016	MTBE 装置润滑油种类	X
						017	冷却器的防冻	X

续表

鉴定范围						鉴定点		
一级		二级		三级		代码	名称	重要程度
代码	名称	代码	名称	代码	名称			
		C	事故判断与处理	A	判断事故	001	温度测量仪表指示为零的原因	X
						002	机泵不上量的原因	X
						003	精馏塔常见的异常现象	X
						004	泵过滤器堵塞的判断	X
						005	疏水器出现故障时的现象	Z
						006	泵轴承和电机过热的原因	X
						007	离心泵内有杂音的原因	X
						008	温度调节器符号表示意义	X
						009	机泵停电的处理方法	X
						010	停循环水的判断方法	X
						011	事故处理的基本原则	X
						012	装置紧急停工的概念	X
						013	机泵跳闸的原因	X
				B	处理事故	001	消防基本知识	Z
						002	灭火器的使用	Z
						003	空气呼吸器使用方法	X
						004	消防、气防报警程序	X
						005	触电后的急救措施	X
						006	再沸器引蒸汽时防止“水锤”的措施	X
						007	压力容器超压的处理措施	X
						008	玻璃板液面计玻璃破损漏液的处理方法	X
						009	修理一次表时调节器适宜位置	X
						010	消防水炮的使用方法	X
		D	绘图与计算	A	绘图	001	气开阀的概念	X
						002	气关阀的概念	X
						003	化工常用阀门标识	X
						004	截止阀符号的表示方法	X
						005	安全阀符号的表示方法	X
						006	单向阀符号的表示方法	X
						007	闸阀符号的表示方法	Y
				B	计算	001	密度单位换算	Z
						002	质量单位换算	Z
						003	长度单位换算	Z
						004	压力单位换算	Z

续表

鉴定范围						鉴定点		
一级		二级		三级		代码	名称	重要程度
代码	名称	代码	名称	代码	名称			
						005	面积的计算	Z
						006	体积计算	Z
						007	密度计算	Y
						008	压强的计算	Y
						009	流量与流速的计算	Y
						010	溶液百分比浓度的计算	Y
						011	溶解度的计算	Y

三、理论知识试题

行业通用理论知识试题

判断题

1. 岗位交接班记录不属于运行记录。 (√)

2. 填写记录要求及时、准确、客观真实、内容完整、字迹清晰。 (√)

3. 工艺流程图中，主要物料(介质)的流程线用细实线表示。 (×)

正确答案：工艺流程图中，主要物料(介质)的流程线用粗实线表示。

4. 在工艺流程图中，表示法兰堵盖的符号是。 (√)

5. 在工艺流程图中，符号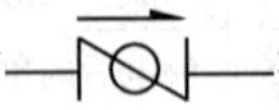表示的是减压阀。 (×)

正确答案：在工艺流程图中，符号表示的是减压阀。

6. 带控制点的工艺流程图中，表示压力调节阀的符号是。 (×)

正确答案：带控制点的工艺流程图中，表示压力调节阀的符号是。

7. 石化生产中存在诸多不安全因素。事故多，损失大。 (√)

8. 防护罩、安全阀等不属于安全防护设施。 (×)

正确答案：防护罩、安全阀等均属于安全防护装置。

9. 安全检查的任务是发现和查明各种危险和隐患，督促整改；监督各项安全管理规章制度的实施；制止违章指挥、违章作业。 (√)

10. 女工在从事转动设备作业时必须将长发或发辫盘卷在工作帽内。 (√)

11. 从事化工作业人员必须佩戴防护镜或防护面罩。 (×)

正确答案：从事对眼睛及面部有伤害危险作业时必须佩戴有关的防护镜或面罩。

12. 穿用防护鞋时应将裤脚插入鞋筒内。 (×)

正确答案：穿用防护鞋的职工禁止将裤脚插入鞋筒内。

13. 对于从事在生产过程中接触能通过皮肤侵入人体的有害尘毒作业人员，只需发放防护服。 (×)

正确答案：对于从事在生产过程中接触能通过皮肤侵入人体的有害尘毒作业人员，需发放防护服，并需有工业护肤用品，涂在手臂、脸部，以保护职工健康。

14. 在超过噪声标准的岗位工作的职工，要注意保护自己的听力，可戴上企业发给的各种耳塞、耳罩等。（×）

正确答案：在超过噪声标准的岗位工作的职工，要注意保护自己的听力，一定要戴上企业发给的各种耳塞、耳罩等。

15. 口鼻的防护即口腔和鼻腔的防护。（×）

正确答案：口鼻的防护即呼吸系统的防护。

16. 人体皮肤是化工生产中有毒有害物质侵入人体的主要途径。（√）

17. 一般情况下，应将转动、传动部位用防护罩保护起来。（√）

18. 在设备一侧的转动、传动部位要做好外侧及内侧的防护。（×）

正确答案：在设备一侧的转动、传动部位要做好外侧及周边的防护。

19. 各种皮带运输机、链条机的转动部位，除装防护罩外，还应有安全防护绳。（√）

20. 在传动设备的检修工作中，只需在电气开关上挂有"有人作业，禁止合闸"的安全警告牌。（×）

正确答案：在传动设备的检修工作中，电气开关上应挂有"有人作业，禁止合闸"的安全警告牌，并设专人监护。

21. 限于厂内行驶的机动车不得用于载人。（√）

22. 严禁在生产装置罐区及易燃易爆装置区内用有色金属工具进行敲打撞击作业。（×）

正确答案：严禁在生产装置罐区及易燃易爆装置区内用黑色金属工具进行敲打撞击作业。

23. 烟、雾、粉尘等物质是气体，易进入呼吸系统，危害人体健康。（×）

正确答案：烟、雾、粉尘等物质是气溶胶，易进入呼吸系统，危害人体健康。

24. 烟尘的颗粒直径在 0.1μm 以下。（√）

25. 职业中毒是指在生产过程中使用的有毒物质或有毒产品，以及生产中产生的有毒废气、废液、废渣引起的中毒。（√）

26. 毒物进入人体就叫中毒。（×）

正确答案：毒物对有机体的毒害作用叫中毒。

27. 低毒物质进入人体所引发的病变称慢性中毒。（×）

正确答案：低浓度的毒物长期作用于人体所引发的病变称慢性中毒。

28. 急性中毒患者呼吸困难时应立即吸氧。停止呼吸时，立即做人工呼吸，气管内插管给氧，维持呼吸通畅并使用兴奋剂药物。（√）

29. 急性中毒患者心跳骤停应立即做胸外挤压术，每分钟 30~40 次。（×）

正确答案：急性中毒患者心跳骤停应立即做胸外挤压术，每分钟 60~70 次。

30. 休克病人应平卧位，头部稍高。昏迷病人应保持呼吸道畅通，防止咽下呕吐物。（×）

正确答案：休克病人应平卧位，头部稍低。昏迷病人应保持呼吸道畅通，防止咽下呕吐物。

31. 高处作业人员应系用与作业内容相适应的安全带，安全带应系挂在施工作业处上方

的牢固挂件上，不得系挂在有尖锐的棱角部位。(√)

32. 高处作业可以上下投掷工具和材料，所用材料应堆放平稳，必要时应设安全警戒区，并设专人监护。(×)

正确答案：高处作业严禁上下投掷工具和材料，所用材料应堆放平稳，必要时应设安全警戒区，并设专人监护。

33. 高处作业人员不得站在不牢固的结构物上进行作业，可以在高处休息。(×)

正确答案：高处作业人员不得站在不牢固的结构物上进行作业，不得在高处休息。

34. 燃烧产生的废气是石化行业污染的主要来源之一。(√)

35. 工艺过程排放是造成石化行业污染的主要途径。(√)

36. 成品或副产品不会造成石化行业的污染。(×)

正确答案：成品或副产品的夹带也会造成石化行业的污染。

37. 石化行业污染的特点之一是污染物种类多、危害大。(√)

38. 清洁生产通过末端治理污染来实现。(×)

正确答案：清洁生产通过应用专门技术，改进工艺、设备和改变管理态度来实现。

39. 清洁的服务不属于清洁生产的内容。(×)

正确答案：清洁的服务属于清洁生产的内容之一。

40. 引起闪燃的最高温度称为闪点。(×)

正确答案：引起闪燃的最低温度称为闪点。

41. 燃点是指可燃物质在空气充足条件下，达到某一温度时与火源接触即行着火，并在移去火源后继续燃烧的最低温度。(√)

42. 自燃点是指可燃物在没有火焰、电火花等火源直接作用下，在空气或氧气中被加热而引起燃烧的最高温度。(×)

正确答案：自燃点是指可燃物在没有火焰、电火花等火源直接作用下，在空气或氧气中被加热而引起燃烧的最低温度。

43. 干粉灭火器能迅速扑灭液体火焰，同时泡沫能起到及时冷却作用。(√)

44. 抗溶性泡沫灭火剂可以扑灭一般烃类液体火焰，但不能扑救水溶性有机溶剂的火灾。(×)

正确答案：抗溶性泡沫灭火剂可以扑灭一般烃类液体火焰，同时能扑救水溶性有机溶剂的火灾。

45. 1211 灭火器仅适用于扑灭易燃、可燃气体或液体，不适用于扑灭一般易燃固体物质的火灾。(×)

正确答案：1211 灭火器不仅适用于扑灭易燃、可燃气体或液体，也适用于扑灭一般易燃固体物质的火灾。

46. ISO 14000 系列环境管理标准是国际标准化组织(ISO)第 207 技术委员会(ISO/TC207)组织制订的环境管理体系标准，其标准号从 14001 到 14100，共 100 个标准号，统称为 ISO 14000 系列标准。(√)

47. HSE 管理体系是指实施安全、环境与健康管理的组织机构、职责、做法、程序、过程和资源等而构成的整体。(√)

48. HSE 中的 S(安全)是指在劳动生产过程中，努力改善劳动条件、克服安全因素，使

劳动生产在保证劳动者健康、企业财产不受损失、人民生命安全的前提下顺利进行。 (×)

正确答案：HSE 中的 S(安全)是指在劳动生产过程中，努力改善劳动条件、克服不安全因素，使劳动生产在保证劳动者健康、企业财产不受损失、人民生命安全的前提下顺利进行。

49. 建立 HSE 管理体系可改善企业形象、取得经济效益和社会效益。 (√)

50. 建立 HSE 管理体系不能控制 HSE 风险和环境影响。 (×)

正确答案：建立 HSE 管理体系可有效控制 HSE 风险和环境影响。

51. 对工作不负责任，不严格执行各项规章制度，违反劳动纪律造成事故的主要责任者应严肃处理。 (√)

52. 标准化是指在经济、技术、科学及管理等社会实践中，对事物和概念通过制订、发布和实施标准达到统一，以获最佳秩序和社会效益。 (×)

正确答案：标准化是指在经济、技术、科学及管理等社会实践中，对重复性事物和概念通过制订、发布和实施标准达到统一，以获最佳秩序和社会效益。

53. 任何标准，都是在一定条件下的"统一规定"，标准化的统一是相对的。 (√)

54. 对已有国家标准、行业标准或地方标准的，鼓励企业制定低于国家标准、行业标准或地方标准要求的企业标准。 (×)

正确答案：对已有国家标准、行业标准或地方标准的，鼓励企业制订高于国家标准、行业标准或地方标准要求的企业标准。

55. 按约束力分，国家标准、行业标准可分为强制性标准、推荐性标准和指导性技术文件。 (√)

56. 只要企业活动和要素具有"重复性"，都可以进行标准化。 (√)

57. 2000 版 ISO 9000 族标准可适用于所有产品类型、不同规模和各种类型的组织，并可根据实际需要增加某些质量管理要求。 (×)

正确答案：2000 版 ISO 9000 族标准可适用于所有产品类型、不同规模和各种类型的组织，并可根据实际需要减少某些质量管理要求。

58. ISO 9000 族标准是质量保证模式标准之一，用于合同环境下的外部质量保证。可作为供方质量保证工作的依据，也是评价供方质量体系的依据。 (√)

59. 计算机内存是可以由 CPU 直接存取数据的地方。 (√)

60. 杀毒软件对于病毒来说永远是落后的，也就是说，只有当一种病毒出现后，才能产生针对这种病毒的消除办法。 (√)

61. 在计算机应用软件 Word 中输入文字，当打满一行时，必须按一下 Enter 键换到下一行继续输入。 (×)

正确答案：在 Word 中输入文字，当打满一行时，不需按一下 Enter 键，系统可自动换到下一行继续输入。

62. 中国大陆地区的顶级域名是"cn"。 (√)

63. 使用应用程序 Outlook Express 可以同时向多个地址发送电子邮件，也可以把收到的邮件转发给第三者。 (√)

64.《劳动法》规定，对劳动者基本利益的保护是最基本的保护，不应由于用人单位所有制的不同或组织形式不同而有所差异。 (√)

65. 依据《劳动法》的规定，劳动争议当事人对仲裁裁决不服的，可以自收到仲裁裁决书之日起三十日内向人民法院提起诉讼。一方当事人在法定期限内不起诉又不履行仲裁裁决的，另一方当事人可申请人民法院强制执行。 (√)

66. 劳动安全卫生工作“三同时”是指：新建工程的劳动安全卫生设施必须与主体工程同时设计、同时施工、同时投入生产和使用。 (×)

正确答案：劳动安全卫生工作“三同时”是指：新建、改建或扩建工程的劳动安全卫生设施必须与主体工程同时设计、同时施工、同时投入生产和使用。

67.《产品质量法》规定，生产者不得生产国家明令淘汰的产品；不得伪造或者冒用认证标志等质量标志。 (√)

68. 产品质量义务分为积极义务和消极义务，“生产者不得伪造产地，不得伪造或者冒用他人的厂名、厂址”属于产品生产者的积极义务。 (×)

正确答案：产品质量义务分为积极义务和消极义务，“生产者不得伪造产地，不得伪造或者冒用他人的厂名、厂址”属于产品生产者的消极义务。

69. 从业人员在发现直接危及人身安全的紧急情况时，有权停止作业或者在采取可能的应急措施后撤离作业场所。 (√)

70.《消防法》第四十八条规定：埋压、圈占消火栓或者占用防火间距、堵塞消防通道的，或者损坏和擅自挪用、拆除、停用消防设施、器材的，处警告、罚款或者十日以下拘留。 (×)

正确答案：《消防法》第四十八条规定：埋压、圈占消火栓或者占用防火间距、堵塞消防通道的，或者损坏和擅自挪用、拆除、停用消防设施、器材的，处警告或者罚款。

71. 职业技能鉴定是按照国家规定的职业标准，通过政府授权的考核鉴定机构对劳动者的专业知识和技能水平进行客观、公正、科学规范地评价与认证的活动。 (√)

72. 职业技能鉴定是为劳动者颁发职业资格证书。 (×)

正确答案：职业技能鉴定是为劳动者持证上岗和用人单位就业准入提供资格认证的活动。

73. 职业技能鉴定考试是以社会劳动者的职业技能为对象，以规定的职业标准为参照系统，通过相关知识和实际操作的考核作为综合手段，为劳动者持证上岗和用人单位就业准入提供资格认证的活动。 (√)

74. 职业资格证书分一级、二级、三级、四级、五级五个级别。 (√)

75. 职业资格证书是劳动者的专业知识和职业技能水平的证明。 (√)

76. 职业资格证书是劳动者持证上岗和用人单位录用员工的资格认证。 (√)

77. 职业是指从业人员为获取主要生活来源所从事的社会工作类别。 (√)

78. 一个职业可以包括一个或几个工种，一个工种又可以包括一个或几个岗位，它们是一种包含与被包含的关系。 (√)

单选题

1. 运行记录填写错误需要更正时，必须采用(C)。

A. 撕页重写　　B. 用刀片刮去重写　　C. 划改　　D. 涂改

2. 化工管路图中，表示蒸汽伴热管道的规定线型是(C)。

A. 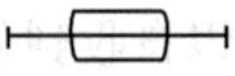　　B. 　　C. 　　D. 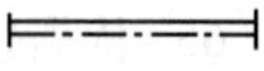

3. 化工管路图中，表示热保温管道的规定线型是(A)。

A. 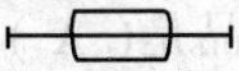 B.  C.  D. 

4. 在工艺流程图中，下列符号表示活接头的是(C)。

A. 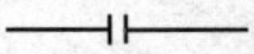 B. 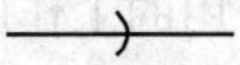 C. 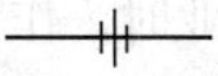 D. 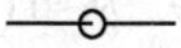

5. 在工艺流程图中，表示法兰连接的符号是(D)。

A. 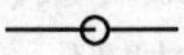 B. 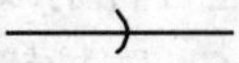 C. 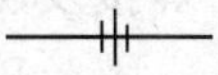 D. 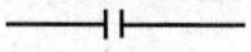

6. 在工艺流程图中，表示闸阀的符号是(B)。

A.  B.  C.  D. 

7. 在工艺流程图中，表示球阀的符号是(D)。

A.  B. 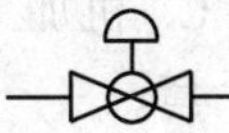 C. 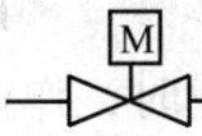

D. 

8. 在工艺流程图中，表示截止阀的符号是(A)。

A. 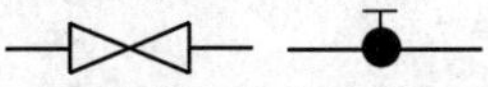
$DN \geqslant 50$ $DN<50$

B. 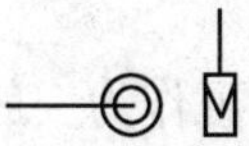

C. 

D. 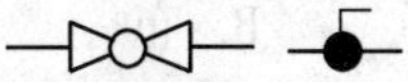
平面 系统

9. 带控制点的工艺流程图中，仪表控制点以(A)在相应的管路上用代号、符号画出。

A. 细实线 B. 粗实线 C. 虚线 D. 点划线

10. 带控制点的工艺流程图中，表示指示的功能符号是(C)。

A. T B. J C. Z D. X

11. 带控制点的工艺流程图中，表示电磁流量计的符号是(B)。

A. 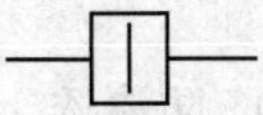 B. 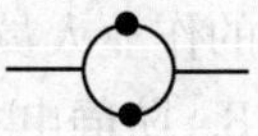

C.  D. 

12. 石化生产存在许多不安全因素，其中易燃、易爆、有毒、有(A)的物质较多是主要的不安全因素之一。

A. 腐蚀性 B. 异味 C. 挥发性 D. 放射性

13. 石化生产的显著特点是工艺复杂、(C)要求严格。

A. 产品 B. 原料 C. 操作 D. 温度

14. 我国安全生产的方针之一是“(C)第一，预防为主”。

A. 管理 B. 效益 C. 安全 D. 质量

15. 我国安全生产的方针之一是“防消结合，以(D)为主”。

A. 管 B. 消 C. 人 D. 防

16. “三级安全教育”即厂级教育、车间级教育、(A)级教育。

A. 班组 B. 分厂 C. 处 D. 工段

17. 工人的日常安全教育应以“周安全活动”为主要阵地进行，并对其进行(B)的安全教育考核。

A. 每季一次　B. 每月一次　C. 每半年一次　D. 一年一度

18. 为保护头部不因重物坠落或其他物件碰撞而伤害头部的防护用品是(A)。

A. 安全帽　B. 防护网　C. 安全带　D. 防护罩

19. 从事(B)作业时，作业人员必须穿好专用的工作服。

A. 电焊　B. 酸碱　C. 高空　D. 气焊

20. 从事计算机、焊接及切割作业、光或其他各种射线作业时，需佩戴专用(C)。

A. 防护罩　B. 防护网　C. 防护镜　D. 防护服

21. 从事有(B)、热水、热地作业时应穿相应胶鞋。

A. 硬地　B. 腐蚀性　C. 检修作业　D. 机床作业

22. 从事(A)作业时应穿耐油胶鞋。

A. 各种油类　B. 酸碱类　C. 机加工　D. 检查维护

23. 从事酸碱作业时，作业人员需戴(C)手套。

A. 布　B. 皮

C. 耐酸碱各种橡胶　D. 塑料

24. 线手套或(B)手套只可作为一般的劳动防护用品。

A. 皮　B. 布　C. 橡胶　D. 塑料

25. 耳的防护即(A)的保护。

A. 听力　B. 耳廓　C. 头部　D. 面部

26. 工作地点有有毒的气体、粉尘、雾滴时，为保护呼吸系统，作业人员应按规定携带戴好(A)。

A. 过滤式防毒面具　B. 防护服

C. 口罩　D. 防护面罩

27. 从事易燃、易爆岗位的作业人员应穿(B)工作服。

A. 腈纶　B. 防静电　C. 涤纶　D. 防渗透

28. 从事苯、石油液化气等易燃液体作业人员应穿(D)工作服。

A. 耐腐蚀　B. 阻燃　C. 隔热　D. 防静电

29. 各种皮带运输机、链条机的转动部位，除安装防护罩外，还应有(A)。

A. 安全防护绳　B. 防护线　C. 防护人　D. 防护网

30. 厂内行人要注意风向及风力，以防在突发事故中被有毒气体侵害。遇到情况时要绕行、停行、(C)。

A. 顺风而行　B. 穿行　C. 逆风而行　D. 快行

31. 不能用于擦洗设备的是(D)。

A. 肥皂　B. 洗衣粉　C. 洗洁精　D. 汽油

32. 不属于有毒气体的是(C)。

A. 氯气　B. 硫化氢　C. 二氧化碳　D. 一氧化碳

33. 属于气体物质的是(A)。

A. 氯气　B. 烟气　C. 盐酸雾滴　D. 粉尘

34. 引起慢性中毒的毒物绝大部分具有(A)。

A. 蓄积作用　B. 强毒性

C. 弱毒性　　D. 中强毒性

35. 急性中毒现场抢救的第一步是(C)。

A. 迅速报警　　B. 迅速拨打120急救

C. 迅速将患者转移到空气新鲜处　　D. 迅速做人工呼吸

36. 酸烧伤时，应用(B)溶液冲洗。

A. 5%碳酸钠　　B. 5%碳酸氢钠　　C. 清水　　D. 5%硼酸

37. 高处作业是指在坠落高度基准面(含)(A)m以上，有坠落可能的位置进行的作业。

A. 2　　B. 2.5　　C. 3　　D. 5

38. 一般不会造成环境污染的是(B)。

A. 化学反应不完全　　B. 化学反应完全

C. 装置的泄漏　　D. 化学反应中的副反应

39. 不是石化行业污染主要途径的是(C)。

A. 工艺过程的排放　　B. 设备和管线的滴漏

C. 成品运输　　D. 催化剂、助剂等的弃用

40. 不属于石化行业污染特点的是(B)。

A. 毒性大　　B. 毒性小　　C. 有刺激性　　D. 有腐蚀性

41. 清洁生产是指在生产过程、产品寿命和(A)领域持续地应用整体预防的环境保护战略，增加生态效率，减少对人类和环境的危害。

A. 服务　　B. 能源　　C. 资源　　D. 管理

42. 清洁生产的内容包括清洁的能源、(D)、清洁的产品、清洁的服务。

A. 清洁的原材料　　B. 清洁的资源

C. 清洁的工艺　　D. 清洁的生产过程

43. 不属于燃烧三要素的是(C)。

A. 点火源　　B. 可燃性物质　　C. 阻燃性物质　　D. 助燃性物质

44. 气体测爆仪测定的是可燃气体的(D)。

A. 爆炸下限　　B. 爆炸上限

C. 爆炸极限范围　　D. 浓度

45. MF4型手提式干粉灭火器的灭火参考面积是(B)m^2。

A. 1.5　　B. 1.8　　C. 2.0　　D. 2.5

46. MF8型手提式干粉灭火器的喷射距离大于等于(B)m。

A. 3　　B. 5　　C. 6　　D. 7

47. MFT70型推车式干粉灭火器的灭火射程在(D)m。

A. 8~10　　B. 17~20　　C. 30~35　　D. 10~13

48. MPT100型推车式干粉灭火器的灭火射程在(A)m。

A. 16~18　　B. 14~16　　C. 12~14　　D. 18~20

49. MY2型手提式1211灭火器的灭火射程是(C)m。

A. 1　　B. 2　　C. 3　　D. 4

50. MY0.5型手提式1211灭火器的灭火射程在(D)m。

A. 3　　B. 4.5　　C. 2.5　　D. 2

51. ISO 14000 系列标准的核心是(B)标准。

A. ISO 14000　　B. ISO 14001　　C. ISO 14010　　D. ISO 14100

52. HSE 管理体系是指实施安全、环境与(C)管理的组织机构、职责、做法、程序、过程和资源等而构成的整体。

A. 生命　　B. 过程　　C. 健康　　D. 资源

53. 建立 HSE 管理体系可提高企业安全、环境和健康(A)。

A. 管理水平　　B. 操作水平　　C. 使用水平　　D. 能源水平

54. 事故处理要坚持(C)不放过的原则。

A. 二　　B. 三　　C. 四　　D. 五

55. 违章作业、违反纪律等造成的一般事故，对责任者应给予(D)。

A. 警告处分　　B. 记过处分　　C. 行政处分　　D. 处罚

56. 标准化包括(C)的过程。

A. 研究、制定及颁布标准　　B. 制定、修改及使用标准

C. 制定、发布及实施标准　　D. 研究、公认及发布标准

57. 根据《中华人民共和国标准化法》的规定，我国的标准分为(B)四级。

A. 国际标准、国家标准、地方标准和企业标准

B. 国家标准、行业标准、地方标准和企业标准

C. 国家标准、地方标准、行业标准和企业标准

D. 国际标准、国家标准、行业标准和地方标准

58. 我国在国家标准管理办法中规定国家标准的有效期一般为(C)年。

A. 3　　B. 4　　C. 5　　D. 7

59. 2000 版 ISO 9000 族标准适用的范围是(D)。

A. 小企业　　B. 大中型企业

C. 制造业　　D. 所有行业和各种规模的组织

60. 在电脑的存储设备中，数据存取速度从快到慢的顺序是(B)。

A. 软盘、硬盘、光盘、内存　　B. 内存、硬盘、光盘、软盘

C. 软盘、硬盘、内存、光盘　　D. 光盘、软盘、内存、硬盘

61. 计算机硬件系统最核心的部件是(C)。

A. 内存储器　　B. 主机　　C. CPU　　D. 主板

62. 键盘是计算机的一种(D)设备。

A. 控制　　B. 存储　　C. 输出　　D. 输入

63. 计算机病毒会给计算机造成的损坏是(B)。

A. 只损坏软件　　B. 损坏硬件、软件或数据

C. 只损坏硬件　　D. 只损坏数据

64. 一张加了写保护的软磁盘(C)。

A. 不会向外传染病毒，但是会感染病毒

B. 不会向外传染病毒，也不会感染病毒

C. 不会再感染病毒，但是会向外传染病毒

D. 既向外传染病毒，又会感染病毒

65. 计算机防病毒软件可(B)。

A. 永远免除计算机病毒对计算机的侵害

B. 具有查病毒、杀病毒、防病毒的功能

C. 消除全部已发现的计算机病毒

D. 对已知病毒产生免疫力

66. 在计算机应用软件 Word 编辑中，以下键盘命令中执行复制操作的命令是(B)。

A. Ctrl+A　　B. Ctrl+C　　C. Ctrl+X　　D. Ctrl+V

67. 在计算机应用软件 Word 中常用工具栏中的“格式刷”用于复制文本和段落的格式，若要将选中的文本或段落格式重复用多次，应进行(A)操作。

A. 双击格式刷　　B. 拖动格式刷

C. 右击格式刷　　D. 单击格式刷

68. 使用 IE 浏览某网站时，出现的第一个页面称为网站的(C)。

A. WEB 页　　B. 网址　　C. 主页　　D. 网页

69. 在浏览 WEB 网页的过程中，如果你发现自己喜欢的网页并希望以后多次访问，应当使用的方法是(A)。

A. 放到收藏夹中　　B. 建立浏览

C. 建立地址簿　　D. 用笔抄写到笔记本上

70. 发送电子邮件时，不可作为附件内容的是(B)。

A. 可执行文件　　B. 文件夹　　C. 压缩文件　　D. 图像文件

71. 某电子邮件地址为 new@ public. bta. net. cn，其中 new 代表(A)。

A. 用户名　　B. 主机名　　C. 本机域名　　D. 密码

72.《劳动法》规定，所有劳动者的合法权益一律平等地受我国劳动法的保护，不应有任何歧视或差异。这体现了对劳动者权益(B)的保护。

A. 最基本　　B. 平等　　C. 侧重　　D. 全面

73.《劳动法》规定，(A)的保护是对劳动者的最低限度保护，是对劳动者基本利益的保护，对劳动者的意义最重要。

A. 最基本　　B. 全面　　C. 侧重　　D. 平等

74. 依据《劳动法》规定，劳动合同可以约定试用期。试用期最长不超过(C)个月。

A. 12　　B. 10　　C. 6　　D. 3

75. 能够认定劳动合同无效的机构是(B)。

A. 各级人民政府　　B. 劳动争议仲裁委员会

C. 各级劳动行政部门　　D. 工商行政管理部门

76. 我国劳动法律规定，集体协商职工一方代表在劳动合同期内，自担任代表之日起(A)年以内，除个人严重过失外，用人单位不得与其解除劳动合同。

A. 5　　B. 4　　C. 3　　D. 2

77. 依据《劳动法》的规定，发生劳动争议时，提出仲裁要求的一方应当自劳动争议发生之日起(D)日内向劳动争议仲裁委员会提出书面申请。

A. 三十　　B. 四十　　C. 十五　　D. 六十

78. 依据《劳动法》的规定，用人单位与劳动者发生劳动争议，当事人可以依法(B)，也可以协商解决。

A. 提起诉讼　　B. 申请调解、仲裁、提起诉讼

C. 申请仲裁　　D. 申请调解

79. 我国《劳动法》规定，安排劳动者延长劳动时间的，用人单位应支付不低于劳动者正常工作时间工资的(B)的工资报酬。

A. 100%　　B. 150%　　C. 200%　　D. 300%

80. 我国劳动法律规定的最低就业年龄是(C)周岁。

A. 18　　B. 17　　C. 16　　D. 15

81. 依据《劳动法》的规定，用人单位必须为劳动者提供符合国家规定的劳动安全卫生条件和必要的劳动防护用品，对从事有(B)危害作业的劳动者应当定期进行健康检查。

A. 身体　　B. 职业　　C. 潜在　　D. 健康

82.《产品质量法》规定，因产品存在缺陷造成人身、缺陷产品以外的其他财产损害的，应当由(D)承担赔偿责任。

A. 生产者和销售者共同　　B. 销售者

C. 消费者　　D. 生产者

83. 产品质量义务中的行为人必须为一定质量行为或不为一定质量行为的(C)性，是义务区别于权利的质的差异和主要特征。

A. 必然　　B. 重要　　C. 必要　　D. 强制

84.《安全生产法》规定，从业人员有获得符合(A)的劳动防护用品的权利。

A. 国家标准、行业标准　　B. 行业标准、企业标准

C. 国家标准、地方标准　　D. 企业标准、地方标准

85. 不属于《安全生产法》规定的从业人员安全生产保障知情权的一项是(D)。

A. 有权了解其作业场所和工作岗位存在的危险因素

B. 有权了解防范措施

C. 有权了解事故应急措施

D. 有权了解事故后赔偿情况

86. 下列说法不正确的是(C)。

A. 任何单位和个人不得损坏或者擅自挪用、拆除、停用消防设备、器材

B. 任何单位和个人不得占有防火间距、不得堵塞消防通道

C. 营业性场所不能保障疏散通道、安全出口畅通的，责令限期改正；逾期不改正的，对其直接负责的主管人员和其他直接责任人员依法给予行政处分或者处警告

D. 阻拦报火警或者谎报火警的，处警告、罚款或者十日以下拘留

87. 以机动车驾驶技能为例，个人日常生活中驾驶是属于(B)。

A. 职业技能　　B. 生活技能　　C. 操作技能　　D. 肢体技能

88. 职业技能鉴定考试的主要目的是(A)。

A. 为劳动者持证上岗和用人单位就业准入资格提供依据

B. 为劳动者提供就业证书

C. 检验劳动者的技能水平

D. 测量劳动者职业技能的等级

89. 职业技能鉴定考试属于(D)。

A. 常模参照考试　　B. 上岗考试

C. 取证考试　　D. 标准参照考试

90. 职业资格证书初级、中级、高级、技师、高级技师对应的级别分别是(A)。

A. (五、四、三、二、一)　　B. (一、二、三、四、五)

C. (二、三、四、五、六)　　D. (六、五、四、三、二)

91. 职业资格证书是由(B)机构印制。

A. 各级教育部门　　B. 劳动保障部门

C. 劳动者所在的劳资部门　　D. 职业技能鉴定部门

92. 可以作为劳动者就业上岗和用人单位准入就业的主要依据是(C)。

A. 毕业证书　　B. 介绍信

C. 职业资格证书　　D. 成绩单

93. 职业具有社会性、稳定性、规范性、群体性和(A)等特点。

A. 目的性　　B. 开放性　　C. 先进性　　D. 实用性

职业通用理论知识试题(《烃类衍生物生产工》)

判断题

1. 使用摩尔时，基本单元可以是分子、原子、离子、电子及其他粒子，或这些粒子的特定组合。 (√)

2. 国际单位制中的基本物理量不包括物质的量。 (×)

正确答案： 国际单位制中的基本物理量包括物质的量。

3. 当温度不变时，一定质量的理想气体体积和它所受的压力成反比。 (√)

4. 我们所知道的 N_2、O_2 等气体都是理想气体。 (×)

正确答案： N_2、O_2 分子本身有体积，分子间有引力存在，因此它们都不是理想气体。

5. 真实气体在使用 $PV=nRT$ 方程式计算时，不存在误差。 (×)

正确答案： 真实气体在使用 $PV=nRT$ 方程式计算时，存在一定的误差。

6. 氢气难溶于水，但微溶于有机溶剂。 (√)

7. $H_2+CuO \xrightarrow{\Delta} Cu+H_2O$，这体现了氢气的还原性。 (√)

8. 氧气的相对分子质量为 16。 (×)

正确答案： 氧气的相对分子质量为 32。

9. 在 $2H_2+O_2 \xrightarrow{点燃} 2H_2O$ 中，O_2 是还原剂。 (×)

正确答案： 在 $2H_2+O_2 \xrightarrow{点燃} 2H_2O$ 中，O_2 是氧化剂。

10. 工业上利用氮气的稳定性，向碳钢设备充氮防止设备氧化。 (√)

11. 空气是由氧气和氮气两种气体组成的混合物。 (×)

正确答案： 空气是由 N_2、O_2、CO_2、H_2O 等多种物质组成的混合物。

12. 铁的氧化物都溶于水，但不和水起反应。 (×)

正确答案： 铁的氧化物都不溶于水，也不和水起反应。

13. 硫通常是一种淡黄色晶体，俗称硫黄。（√）

14. 硫化氢气体比空气密度小，标况下密度为 1.25g/L。（×）

正确答案：硫化氢气体比空气密度大，标况下密度为 1.25g/L。

15. 硫化氢中的硫显最低价，有强还原性，易被氧化，是强还原剂。（√）

16. 100g 水中最多溶解 38g 氯化钠，所以氯化钠的溶解度是 38g。（×）

正确答案：在一定温度下，100g 水中最多溶解 38g 氯化钠，所以该温度下氯化钠的溶解度是 38g。

17. 气体的标准状态并不是一个固定条件，是随温度和压力的变化而变化。（×）

正确答案：气体的标准状态是一个固定的条件，就是指在 0℃ 和一个标准大气压下的气体。

18. 共价键具有饱和性和方向性。（√）

19. 离子键是化学键的一种类型。（√）

20. 硬水的软化通常有药剂软化法和离子交换法两种。（√）

21. 研究有机化合物就是研究碳氢化合物及其衍生物的化学。（√）

22. 按照分子中碳架结构的不同，烃可以分为烷烃、烯烃、炔烃三类。（×）

正确答案：按照分子中碳架结构的不同，烃可以分为脂肪烃、脂环烃、芳香烃三类。

23. 烷烃分子中的氢原子被卤素原子所取代的反应叫异构化反应。（×）

正确答案：烷烃分子中的氢原子被卤素原子所取代的反应叫卤代反应。

24. 烯烃的双键中含有较易断裂的 α 键，双键容易极化，所以烯烃的性质比烷烃活泼得多。（×）

正确答案：烯烃的双键中含有较易断裂的 π 键，双键容易极化，所以烯烃的性质比烷烃活泼得多。

25. 所有烯烃的相对密度都小于 1。（√）

26. 炔烃的碳碳叁键中含有两个不稳定的 π 键，所以炔烃的化学性质比较活泼。（√）

27. 含有 R—C≡CH 结构的炔烃，能和某些金属原子反应，生成金属炔化物。（√）

28. 卤代烷的水解和消除反应都是在酸的作用下进行的。（×）

正确答案：卤代烷的水解和消除反应都是在碱的作用下进行的。

29. 醛类是唯一含有羰基官能团的化合物。（×）

正确答案：醛和酮都是含有羰基官能团的化合物。

30. 醛和酮都含有羰基，但二者化学性质不同。（×）

正确答案：醛和酮都含有羰基，二者化学性质相似。

31. 羧酸的分子通式为 $C_nH_{2n}O_2$。（×）

正确答案：羧酸的分子没有通式。

32. 苯是无色易挥发液体，沸点 80.1℃，有芳香气味，不溶于水，毒性较大。（√）

33. 有机化合物的反应一般为离子反应，反应速率较慢。（×）

正确答案：有机化合物的反应一般为分子间的反应，反应速率较慢。

34. 单位数量的物体所具有的质量称为物体的密度。（×）

正确答案：单位体积的物体所具有的质量称为物体的密度。

35. 单位数量流体所占有的体积称为质量体积。（×）

正确答案：单位质量流体所占有的体积称为质量体积。

36. 混合气体的平均相对分子质量等于各组分相对分子质量与各自的质量的分数的乘积。 (×)

正确答案：混合气体的平均相对分子质量等于各组分相对分子质量与各自的摩尔分数的乘积之和。

37. 绝对压强 = 表压+大气压。 (√)

38. 当液体上方的压强有变化时，其他各点的压强将发生大小不同的变化。 (×)

正确答案：当液体上方的压强有变化时，其他各点的压强将发生同样大小的变化。

39. 质量流速仅与质量流量和管道的截面积有关，而与流体的温度、压强无关。 (√)

40. 单位时间内通过导管任一截面积的流体体积，称为体积流量。 (√)

41. 液体的黏度随温度升高而降低，气体的黏度则反之。 (√)

42. 油的黏度比水的大，因此油的流动性比水强。 (×)

正确答案：油的黏度比水的大，因此油的流动性比水差。

43. 液体由旋转叶轮中心向外缘运动时，在叶轮中心形成了低压(真空)区。 (√)

44. 往复泵、齿轮泵、螺杆泵、离心泵都是容积泵。 (×)

正确答案：往复泵、齿轮泵、螺杆泵是容积泵。

45. 稳定热传导中，单位时间内传导的热量与导热面积成正比关系。 (√)

46. 在对流传热中，同样有流体质点之间的热传导，但起主导作用的还在于流体质点的位置变化。 (√)

47. 热量以无线电波形式传递的现象，称为辐射。 (×)

正确答案：热量以电磁波形式传递的现象，称为辐射。

48. 工业上采用的换热方法是很多的，按其工作原理和设备类型可分为间壁式、蓄热式、直接混合式三种。 (√)

49. 对流干燥是一个传热和传质相结合的过程。 (√)

50. 要降低液体的蒸发量，采用降低液体的温度，增大液体的表面积和减少液体表面上的空气流动。 (×)

正确答案：要降低液体的蒸发量，采用降低液体的温度，减小液体的表面积和减少液体表面上的空气流动。

51. 用洗油吸收芳烃属于化学吸收。 (×)

正确答案：用洗油吸收芳烃属于物理吸收。

52. 气体吸收是利用各组分溶解度的不同来分离气体混合物的一种操作。 (√)

53. 蒸馏是利用互溶液体混合物中各组分溶解度不同而分离成较纯组分的一种操作。 (×)

正确答案：蒸馏是利用互溶液体混合物中各组分沸点不同而分离成较纯组分的一种操作。

54. 溶液沸腾时，汽相中难挥发组分的含量总是小于液相中难挥发的组分的含量。 (√)

55. 在进行精馏塔物料衡算时，若料液以质量流量计，则其组成应以质量分率表示。 (√)

56. 过滤操作时，通过过滤介质流出的液体称为滤渣。 (×)

正确答案：过滤操作时，通过过滤介质流出的液体称为滤液。

57. 在离心分离操作中，离心力的大小对分离效果没有影响。（×）

正确答案：在离心分离操作中，离心力的大小对分离效果有影响。

58. 润滑剂可分为润滑油和润滑脂。（√）

59. 密封部位的结合面相对静止的密封称为动密封。（×）

正确答案：密封部位的结合面有相对运动的密封称为动密封。

60. 所有承受压力载荷的密闭容器都可称为压力容器。（√）

61. 筛板塔、泡罩塔、浮阀塔和填料塔都属于板式塔。（×）

正确答案：筛板塔、泡罩塔、浮阀塔都属于板式塔。

62. 一般来说，管道中介质压力在 16MPa 以下的属于低压管道。（×）

正确答案：一般来说，管道中介质压力在 1.6MPa 以下的属于低压管道。

63. 由于管件种类很多，选用时必须注意管件和管子规格相适应。（√）

64. 阀门的公称直径就是与其相连接的管道的内径。（×）

正确答案：阀门的公称直径就是阀门的进出口通道的规格大小。

65. 导体的电导是导体电阻的倒数，其单位是西。（√）

66. 交流电的特点是：电势、电压及电流的大小和方向都不断地随时间无规律的变化。（×）

正确答案：交流电的特点是：电势、电压、及电流的大小和方向都不断地随时间按一定规律变化。

67. 电流通过人体内部，使人的心脏、肺等内部器官组织受到损伤是电伤。（×）

正确答案：电流通过人体内部，使人的心脏、肺等内部器官组织受到损伤是电击，而不是电伤。

68. 物体带有静电，其周围形成电场，在放电时产生的电火花很容易引起爆炸。（√）

69. 测量误差只能用绝对误差来表示。（×）

正确答案：测量误差用绝对误差和相对误差两种方法来表示。

70. 测量过程改变，系统误差的大小和方向都不变。（√）

71. 测量液体压力时，取压点应在管道下部，使导压管内不积存气体。（√）

72. 零点迁移的方式有正迁移和负迁移。（√）

73. 按工作原理分翻板式液位计是直读式物位仪表的一种。（×）

正确答案：按工作原理分翻板式液位计是浮力式物位仪表的一种。

74. 玻璃板式液位计具有结构复杂测量不准确等缺点。（×）

正确答案：玻璃板式液位计具有结构简单测量准确等优点。

75. 将两根不同材料的金属导线的两端焊接在一起组成一个闭合回路，如果将其一端加热，那么在闭合回路中就有热电势产生，这种现象就称为热电现象。（√）

76. 热电阻通常都由电阻体、绝缘体、保护管和接线盒四部分组成。（√）

77. 流量计按测量方式一般可分为：速度式流量计、容积式流量计、质量流量计三类。（√）

78. 国家以法律或法令形式规定允许使用的计量单位叫做国家法定单位。（√）

79. 1bar = 10^6Pa。（×）

正确答案：1bar = 10^5Pa。

80. pH 值的使用范围一般在 0~14 之间，超过此范围时用物质的量浓度表示更为方便。（√）

单选题

1. 物质的量是表示组成物质的（ B ）多少的物理量。

A. 单元数目　B. 基本单元数目　C. 所有单元数目　D. 阿伏加德罗常数

2. 阿伏加德罗常数是（ C ）。

A. 9.023×10^{23}　B. 6.023×10^{21}　C. 6.023×10^{23}　D. 9.023×10^{21}

3. NaCl 的相对分子质量是 58.5，2molNaCl 的质量是（ B ）g。

A. 58.5　B. 117　C. 29.25　D. 11.7

4. 已知 CO_2 的相对分子质量是 44，那么 22 克 CO_2 是（ C ）摩尔。

A. 1　B. 2　C. 0.5　D. 4

5. 当压力不变，温度升高时，一定质量的理想气体体积（ D ）。

A. 增大或减小　B. 不变　C. 减小　D. 增大

6. 理想气体状态方程式：$PV=$（ C ）。

A. RT　B. nT　C. nRT　D. KT

7. 理想气体状态方程式中 R 的值是（ B ）J/(K · mol)。

A. 0.082　B. 8.314　C. 3.14　D. 22.4

8. 液态氢是（ D ）液体。

A. 蓝色　B. 紫色　C. 带臭味　D. 无色

9. 在通常状况下，某气体是一种无色、无味的气体，跟同体积的空气相比约为空气质量的 1/14，是最轻的气体。该气体是（ C ）。

A. 氧气　B. 氮气　C. 氢气　D. 一氧化碳

10. 氢气与氧气反应生成水，这是氢气的（ A ）。

A. 可燃性　B. 助燃性　C. 水溶性　D. 氧化性

11. 纯净的氢气在空气中点燃时发出（ C ）的火焰，放出热量，有水生成。

A. 无色　B. 黄色　C. 淡蓝色　D. 红色

12. 氧气是一种无色、（ A ）的气体。

A. 无味　B. 臭鸡蛋味　C. 甜味　D. 酸味

13. 液态氧（ C ）、透明且易于流动。

A. 无色　B. 蓝色　C. 淡蓝色　D. 白色

14. 通常情况下氧气的化学性质（ C ）。

A. 呈惰性　B. 不活泼　C. 非常活泼　D. 较稳定

15. 氧气具有（ C ）。

A. 可燃性　B. 不可燃性　C. 助燃性　D. 毒性

16. 氮气是一种无色、（ C ）的气体。

A. 甜味　B. 臭鸡蛋味　C. 无味　D. 酸味

17. 空气中的氮气含量为（ B ）。

A. 75%（体积）　B. 78%（体积）　C. 85%（体积）　D. 70%（体积）

18. 不属于铁的氧化物的是（ D ）。

A. Fe_2O_3　B. Fe_3O_4　C. FeO　D. $FeSO_4$

19. 氧化亚铁是黑色粉末，它在空气里加热能迅速被氧化成(B)。

A. Fe_2O_3　　B. Fe_3O_4　　C. FeO　　D. Fe^{2+}

20. 四氧化三铁是具有磁性的黑色金属晶体，是一种复杂的(D)。

A. 络合物　　B. 混合物　　C. 铁盐　　D. 氧化物

21. 硫磺不溶于水，但是与(A)互溶。

A. CS_2　　B. CO_2　　C. 酒精　　D. 汽油

22. 硫蒸气遇冷直接凝结成硫粉，这种现象叫(C)。

A. 升华　　B. 凝固　　C. 凝华　　D. 凝结

23. 硫化氢(C)溶于水。

A. 难　　B. 不　　C. 可　　D. 以任意比例

24. 硫化氢气体在空气中燃烧的火焰为(C)。

A. 棕色　　B. 橘红色　　C. 淡蓝色　　D. 无色

25. 溶解度的定义中，溶剂量是(B)g。

A. 200　　B. 100　　C. 1000　　D. 10

26. 不同溶质在同一种溶剂中的溶解度(B)。

A. 完全不同　　B. 可能相同　　C. 基本相同　　D. 完全相同

27. 气体的标准状态是指(A)。

A. 0℃和 1atm　　B. 20℃和 1atm　　C. 25℃和 1atm　　D. 0℃和 1.0MPa

28. 原子间通过共用电子对所形成的化学键叫(C)。

A. 离子键　　B. 氢键　　C. 共价键　　D. 金属键

29. 下列物质以共价键结合的是(C)。

A. NaCl　　B. KBr　　C. Cl_2　　D. $MgCl_2$

30. 活泼金属跟活泼非金属化合时都能形成(B)。

A. 共价键　　B. 离子键　　C. 金属键　　D. 非极性键

31. 阴、阳离子间通过静电作用所形成的化学键叫(C)。

A. 共价键　　B. 氢键　　C. 离子键　　D. 金属键

32. “硬水”是指水中所溶的(B)离子较多的水。

A. 钙和钠　　B. 钙和镁　　C. 镁和铁　　D. 钙和铁

33. 有机物都含有(C)元素。

A. 氧　　B. 氮　　C. 碳　　D. 氯

34. 最简单的烷烃是(A)。

A. 甲烷　　B. 乙烷　　C. 乙烯　　D. 乙炔

35. 直链烷烃的熔点、沸点都随着相对分子质量的增加而(A)。

A. 升高　　B. 降低　　C. 不变　　D. 没有关系

36. 在 500℃左右的温度下，把重油、石蜡等相对分子质量大、沸点高的烷烃断裂为相对分子质量小、沸点低的烷烃的过程，叫做(B)。

A. 裂解　　B. 裂化　　C. 聚合　　D. 异构化

37. 在链状烃中，有一类化合物，它们的氢原子比相应的烷烃的少，这类化合物通称为(D)。

A. 烯烃　　B. 炔烃　　C. 二烯烃　　D. 不饱和烃

38. 按照不饱和烃(C)的不同，又可将其分为烯烃、二烯烃、炔烃等。

A. 碳原子数　　B. 氢原子数

C. 分子结构　　D. 原子结构

39. 常温常压下，下列物质是液体的是(D)。

A. 乙烯　　B. 丙烯　　C. 丁烯　　D. 戊烯

40. 炔烃同系列的通式是(C)。

A. C_nH_{2n+2}　　B. C_nH_{2n}　　C. C_nH_{2n-2}　　D. C_nH_{2n-4}

41. 通常情况下乙炔易溶于(B)。

A. 水　　B. 丙酮　　C. 苯　　D. 酸

42. 卤代烃都不溶于(C)。

A. 汽油　　B. 醇　　C. 水　　D. 醛

43. 卤代烷在铜丝上燃烧时能产生(B)火焰。

A. 红色　　B. 绿色　　C. 黄色　　D. 无色

44. 醇的分子可以表示为(C)。

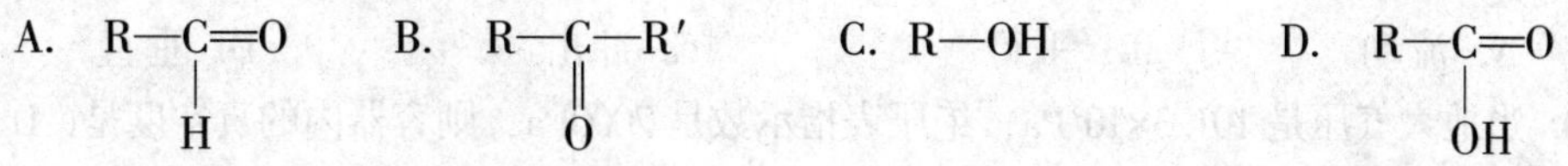

45. 官能团—CHO 叫做(D)。

A. 羧基　　B. 酮基　　C. 羟基　　D. 醛基

46. 官能团 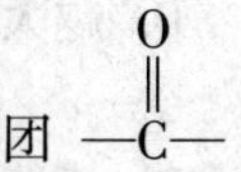 称为(D)。

A. 烷基　　B. 羧基　　C. 羟基　　D. 羰基

47. 酮分子中的羰基叫做(B)。

A. 醛基　　B. 酮基　　C. 羟基　　D. 羧基

48. 酮分子可表示为(A)。

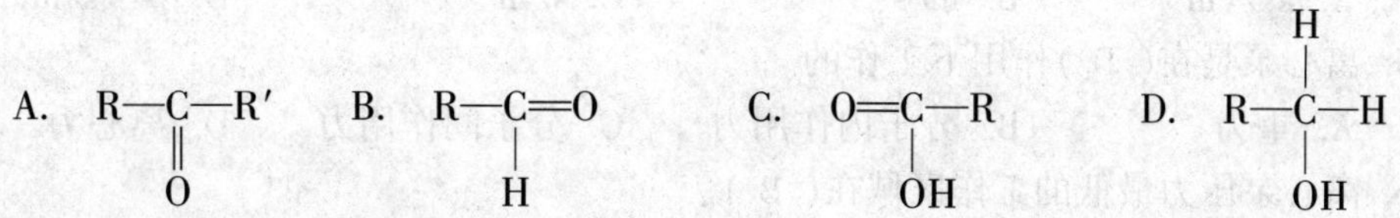

49. 分子中含有(B)是羧酸。

A. —CHO　　B. —COOH　　C. —OH　　D. —CO—

50. HCOOH 叫做(A)。

A. 甲酸　　B. 甲醛　　C. 水扬酸　　D. 甲醇

51. 苯的分子式为(C)。

A. C_6H_{12}　　B. $C_6H_{12}O$　　C. C_6H_6　　D. C_6H_{10}

52. 1865 年德国化学家凯库勒提出，苯是一个(D)六元碳环，环上碳原子之间以单双键交替排列。

A. 立体　　B. 带支链　　C. 直线　　D. 平面

53. (D)不属于有机反应类型。

A. 加成反应　　B. 卤代反应　　C. 聚合反应　　D. 置换反应

54.（ C ）属于有机反应。

A. $C+O_2=CO_2$　　B. $CO+O_2=2CO_2$

C. $CH_4+2O_2=CO_2+2H_2O$　　D. $2H_2+O_2=2H_2O$

55. 在 SI（国际单位）制中，密度的单位是（ C ）。

A. N/m^3　　B. kg/m^2　　C. kg/m^3　　D. kg/m

56. 比容与密度为（ D ）关系。

A. 正比　　B. 反比　　C. 相等　　D. 倒数

57. 22.4L 气体混合物在标准状态下的质量的克数，在数值上与该混合气体的（ D ）相等。

A. 相对分子质量　　B. 物质的量

C. 克当量　　D. 平均相对分子质量

58. 由 CH_4 和 O_2 组成的混合气体，二者各占 50%（体积分数），其混合气体的平均相对分子质量为（ C ）。

A. 16　　B. 32　　C. 24　　D. 48

59. 流体（ D ）作用于单位面积上的力，称为液体的压强。

A. 流动　　B. 平行　　C. 冲击　　D. 垂直

60. 当地大气压是 101.3×10^3Pa，绝压表指示数是 7000Pa，则容器内的真空度是（ D ）Pa。

A. 108.3×10^3　　B. 108300　　C. 9.43×10^3　　D. 94.3×10^3

61. 同一密度的液体深度越深，压强（ D ）。

A. 越小　　B. 基本不变　　C. 不变　　D. 越大

62. 单位时间内流体在流动方向上流过的距离，称为（ D ）。

A. 流量　　B. 质量流速　　C. 平均流量　　D. 流速

63. 当流体密度为 ρ 时，体积流量 Q 与质量流量 W 的关系为（ C ）。

A. $W=Q/\rho$　　B. $Q=W\rho$　　C. $W=Q\rho$　　D. $\rho=QW$

64. 黏度的国际单位是（ D ）。

A. kg/cm^2　　B. m/s　　C. N/m^2　　D. $N\cdot s/m^2$

65. 离心泵是在（ D ）作用下工作的。

A. 重力　　B. 分子内作用力　　C. 分子间作用力　　D. 离心力

66. 离心泵压力最低的工作区域在（ B ）。

A. 泵入口处　　B. 泵的叶轮中心处

C. 泵壳　　D. 叶轮外缘

67. 往复泵的柱塞在外力的作用下向外移动时，泵体内体积扩大，压强减小，此时，往复泵排出阀应处于（ B ）状态。

A. 开启　　B. 关闭　　C. 半开半关　　D. 不确定

68. 当活塞往复一次，只吸入和排出液体各一次，故往复泵称为（ D ）。

A. 多动泵　　B. 双动泵　　C. 三动泵　　D. 单动泵

69. 傅立叶定律是（ D ）的基本定律。

A. 对流　　B. 热辐射　　C. 传热　　D. 热传导

70. 因振动或碰撞将热能以动能的形式传给相邻温度较低的分子，这属于（ A ）。

A. 传导　　B. 对流　　C. 辐射　　D. 传质

71. 如果流体质点之间的相对位移是由于各处温度不同而引起的对流，称为(A)。

A. 自然对流　　B. 强制对流　　C. 辐射　　D. 传导

72. 如果对流是由于受外力作用而引起的，称为(D)。

A. 自然对流　　B. 辐射　　C. 传导　　D. 强制对流

73. 辐射传热(B)任何介质做媒介。

A. 需要　　B. 不需要　　C. 有时需要　　D. 开始时需要

74. 化工企业生产中应用最广的一种换热方式是(D)。

A. 直接混合式换热　　B. 热对流

C. 蓄热式换热　　D. 间壁式换热

75. 湿分汽化的方向与传热方向(D)。

A. 相互垂直　　B. 相同　　C. 杂乱无章　　D. 相反

76. 相对湿度越小，说明具有吸收水汽的能力(B)。

A. 越弱　　B. 越强　　C. 相同　　D. 无法比较

77. 蒸发是液体在任何温度下都能发生的并且只在液体的(A)发生的汽化现象。

A. 表面　　B. 内部　　C. 与器壁结合部　　D. 内外

78. 吸收是根据气体混合物中各组分在某种溶剂中(C)的不同而进行分离的。

A. 浓度　　B. 百分比浓度　　C. 溶解度　　D. 温度

79. 用水吸收空气—氨混合气体时，吸收剂为(A)。

A. 水　　B. 氨　　C. 空气　　D. 甲醇

80. 在吸收操作中，被溶解的组分称为(D)。

A. 惰性组分　　B. 吸收剂　　C. 混合物　　D. 吸收质

81. 饱和蒸气压(A)的液体称为难挥发组分。

A. 较小　　B. 较大　　C. 中等　　D. 无穷大

82. 混合溶液中只有两个组分的蒸馏称为(D)蒸馏。

A. 简单　　B. 多组分　　C. 复杂　　D. 双组分

83. 溶液开始沸腾产生第一个气泡时的温度称为(D)温度。

A. 露点　　B. 沸点　　C. 凝点　　D. 泡点

84. t-x 图中的两条平衡曲线分别为气相线、液相线，这两条线把图形分为上、中、下三个区域，中间的区域叫做(A)区。

A. 气液共存　　B. 气相　　C. 液相　　D. 纯组合

84. 精馏是一个(D)的过程。

A. 传热　　B. 传导

C. 传质　　D. 传热与传质同时进行

86. 精馏塔内的温度自下而上逐板(B)。

A. 升高　　B. 降低　　C. 不变　　D. 变化无规律

87. 在推动力的作用下，液-固或汽-固混合物中的流体通过多孔性过滤介质，固体颗粒被过滤介质截留，从而实现固体与流体分离的操作称为(A)。

A. 过滤　　B. 沉降　　C. 净化　　D. 吸收

88. 在过滤中，截留在过滤介质表面的固体颗粒与其中残留的液体所组成的混合物称为(B)。

A. 滤液　　B. 滤饼　　C. 过滤介质　　D. 分散相

89. 在(A)作用下分离液相非均一物系的过程，称为离心分离。
A. 离心力　B. 压强差　C. 重力　D. 真空
90. 离心过滤包括三个阶段，即(D)、滤饼的压紧、滤饼的甩干。
A. 启动电机　B. 预分离　C. 设备安装　D. 滤饼的形成
91. 润滑就是用润滑剂减少或控制两摩擦面之间的(D)。
A. 作用力　B. 反作用力　C. 吸引力　D. 摩擦力
92. 能够防止泄漏的部件叫(A)。
A. 密封　B. 气封　C. 液封　D. 密封技术
93. 压力容器按(B)分为反应容器、传热容器、分离容器和储运容器。
A. 压力等项分类　B. 用途分类
C. 按危险性和危害性分类　D. 其他分类
94. 主要用来完成介质的热量交换的容器为(D)。
A. 反应器　B. 储运容器　C. 分离器　D. 传热容器
95. 化工用塔设备按内部构件可分为填料塔和(D)。
A. 常压力塔　B. 浮阀塔　C. 精馏塔　D. 板式塔
96. 铅管、铝管、铜管均属于(C)。
A. 不锈钢管　B. 碳钢管　C. 有色金属管　D. 焊接钢管
97. 用来改变管路直径的管件叫(C)。
A. 弯头　B. 三通　C. 大小头　D. 丝堵
98. 下列管件中，用来堵塞管路的管件是(D)。
A. 弯头　B. 三通　C. 大小头　D. 丝堵
99. 管箍的作用是(D)。
A. 改变管路方向　B. 改变管路支路　C. 改变管路位置　D. 连接两段管道
100. 阀门的基本参数不包括(C)。
A. 公称直径　B. 公称压力　C. 衬里材料　D. 工作温度
101. 衡量电流大小的物理量叫做(B)。
A. 电源　B. 电流　C. 电阻　D. 电动势
102. 人们习惯上把(D)移动的方向规定为电流的方向。
A. 分子　B. 负电荷　C. 原子　D. 正电荷
103. 导电性能很差的材料称为(C)。
A. 导体　B. 半导体　C. 绝缘体　D. 超导体
104. 电容的单位是(D)。
A. Ω　B. J　C. m^3　D. F
105. 方向变化，大小也不断交替变化的电流称为(A)电流。
A. 交流　B. 直流　C. 周期　D. 不规则
106. 保护接零就是将电气设备的金属外壳接到(C)上。
A. 大地　B. 避雷针　C. 中性线　D. 火线
107. 在潮湿的容器内作业的安全电压是(A)V。
A. 12　B. 24　C. 36　D. 48

108. 两相触电比单相触电(B)。

A. 更安全　B. 更危险　C. 一样　D. 无法判断

109. 测量误差通常有(D)两种表示法。

A. 偶然误差和相对误差　B. 偶然误差和绝对误差

C. 系统误差和绝对误差　D. 绝对误差和相对误差

110. 由仪表本身的缺陷造成的误差属于(A)。

A. 系统误差　B. 绝对误差　C. 相对误差　D. 偶然误差

111. 氨用压力计弹簧管的材料是(C)的。

A. 纯铜　B. 铜合金　C. 碳钢　D. 塑料

112. 差压式液位计，是利用容器内的液位改变时，由液柱产生的(D)相应变化的原理而工作的。

A. 高度　B. 势能　C. 动能　D. 静压

113. 翻板式液位计是利用浮子高度随(A)变化而变化的原理工作的。

A. 液位　B. 压力　C. 温度　D. 流量

114. 玻璃板式液位计是利用(B)原理工作的。

A. 浮力　B. 连通器　C. 磁力　D. 光学

115. 热电偶温度计是基于(B)原理测量温度的。

A. 光电效应　B. 热电效应　C. 热阻效应　D. 牛顿第一定律

116. 热电偶是由两种(A)材料焊接而成。

A. 不同　B. 相同　C. 任意　D. 电导率低

117. 热电阻温度计是利用金属导体的(A)随温度变化而变化的特性来进行温度测量的。

A. 电阻　B. 热电阻　C. 电势　D. 长度

118. 作为热电材料，一般要求是(B)。

A. 电阻率大，热容量大　B. 电阻率大，热容量小

C. 电阻率小，热容量大　D. 电阻率小，热容量小

119. 测量流体(A)的仪表叫流量计。

A. 流量　B. 液位　C. 压力　D. 温度

120. 我国的法定计量单位是(A)。

A. 国际单位制　B. 英制单位

C. 绝对实用单位制　D. 公制单位

121. 25℃等于(A)K。

A. 298.15　B. 295.15　C. 300.13　D. 125.16

122. 3.6 公斤 =(B)kg。

A. 36　B. 3.6　C. 7.2　D. 1.8

123. 在水溶液中，pH 值通常用 H^+ 浓度的(C)来计算。

A. 对数　B. 函数　C. 负对数　D. 平方根

124. 酚酞指示剂的变色范围是 pH 等于(A)。

A. 8.0~10.0　B. 2.9~4.0

C. 4.4~6.2　D. 3.1~4.4

工种理论知识试题

判断题

1. 紧密接触，快速分离是摩擦起电的基础。(√)

2. 所有能产生静电的物体只有电位差达 300V 以上时才能产生放电现象，并产生火花。(√)

3. 爆炸是一种极为迅速的物理或化学能量释放过程。(√)

4. 发生物理性爆炸时，爆炸点周围的介质发生急剧的温度突变。(×)

正确答案：发生物理性爆炸时，爆炸点周围的介质发生急剧的压力突变，这种压力的突跃变化，是爆炸产生破坏作用的直接原因。

5. 爆炸性混合物的原始温度越高，爆炸极限的范围越大。(√)

6. 可燃气体或蒸气的爆炸上限越低，其爆炸范围就越宽。(×)

正确答案：可燃气体或蒸气的爆炸上限越高，其爆炸范围就越宽。

7. 生产 MTBE 是用丁二烯作原料的。(×)

正确答案：生产 MTBE 是用抽余碳四作原料的。

8. 接蒸汽时一定要先排掉管内液体，并且要先暖管，开启阀门一定要缓慢，有水击、震动时说明管内有液体，要尽快排掉。(√)

9. 引蒸汽时先暖管目的是为了减少管内液体产生，防止产生水击现象。(√)

10. 盲板的厚度必须能保证承受运行系统管路的压力，即不得小于管壁的厚度。(√)

11. 盲板大小厚度要符合标准，不得用石棉垫代替盲板。(√)

12. 气密试验规定只能用 N_2 进行。(×)

正确答案：气密试验一般用 N_2 进行，设备经过清洗、置换、分析确证无可燃物时，也可用空气试压。

13. 对采用气压强度试验的容器和管道系统，气密性试验可在气压强度试验时，气压降到设计压力后，一并进行检查。(√)

14. 氮气化学性质稳定，因此高温下也不能和金属化合。(×)

正确答案：氮气化学性质稳定，但高温下能和少数金属化合。

15. 催化剂不仅能加速化学反应，而且本身也参加了反应，其反应前后的物理化学性质发生了变化。(×)

正确答案：催化剂能改变化学反应的速度，但它本身并不进入化学反应的化学计量。

16. 催化剂只能改变热力学上可能进行的化学反应的反应速度，而不能改变热力学上无法进行的化学反应的反应速度。(√)

17. 常温常压下甲醇为一种无色易挥发、易燃有毒的液体。(√)

18. 甲醇是最简单的一元醇，它不能够与水和多数有机溶剂混溶。(×)

正确答案：甲醇是最简单的一元醇，它能够与水和多数有机溶剂混溶。

19. MTBE 是一种高辛烷值的汽油添加剂，它能够与水混溶。(×)

正确答案：MTBE 是一种高辛烷值的汽油添加剂，它微溶于水。

20. 丁烯-1 易溶于乙醇和水，能够与空气形成爆炸性混合物。(×)

正确答案：丁烯-1 易溶于乙醇，不溶于水，能够与空气形成爆炸性混合物。

21. 丁烯-1 在空气中的爆炸极限范围为 6.0%~36.5%(体积比)。(×)

正确答案：丁烯-1 在空气中的爆炸极限范围为 1.6%~9.3%(体积比)。

22. 常温常压下异丁烯是一种无色气体，其相对密度为 0.5942。(√)

23. 筒式外循环反应器又称绝热反应器，其原因为反应器对外没有热交换。(√)

24. 筒式外循环反应器床层的绝热温升降低主要是通过反应器自身的向外界环境散热实现的。(×)

正确答案：筒式外循环反应器外循环系统冷却器移走了反应放出的大部分热量。

25. 用循环水冷却的冷换设备在引循环水时应注意的是：在冷换设备进出口管线的高点处打开放空阀将管道和冷换设备内的空气排净。(√)

26. 凡是两个调节器串接工作，副调节器的输出作为主调节器的给定值，由副调节器操纵调节阀的动作，这样的结构系统称为串级调节系统。(×)

正确答案：凡是两个调节器串接工作，主调节器的输出作为副调节器的给定值，由副调节器操纵调节阀的动作，这样的结构系统称为串级调节系统。

27. 联锁在一定程度上提高了生产的自动化水平，对保证安全意义重大。化工生产前后相关性很强，停车涉及的面广，影响较大，安装、使用联锁要综合考虑。(√)

28. 液泛时的空塔气速称之为液泛速度，是塔操作的极限速度。(√)

29. 醚化反应是吸热反应。(×)

正确答案：醚化反应是放热反应。

30. 组合密封投用时润滑油系统冷却水可以不必投用。(×)

正确答案：组合密封投用时润滑油系统冷却水一定要投用，否则润滑油无法自循环。

31. MTBE 装置反应系统的丁烯-1 转化为顺、反丁烯的反应称为异构化反应，此反应为吸热反应。(×)

正确答案：MTBE 装置反应系统的丁烯-1 转化为顺、反丁烯的反应称为异构化反应，此反应为放热反应。

32. 若丁烯-1 系统进料组成中丁烯-1 含量突然降低，且顺、反丁烯的含量增加，则可判定在 MTBE 反应系统发生了丁烯-1 异构化反应。(√)

33. 精馏塔塔压常见的控制方法有“卡脖子”法、热旁路控制法、三通阀控制法和控制冷凝器冷却水量法。(√)

34. 对于采取控制冷却水量控制压力的精馏塔，若需要降低塔压，则应当关小冷却水流量控制阀。(×)

正确答案：对于采取控制冷却水量控制压力的精馏塔，若需要降低塔压，则应当开大冷却水流量控制阀。

35. 甲醇萃取塔是根据碳四和甲醇在水中溶解度的不同来实现碳四和甲醇的分离的。(√)

36. 甲醇萃取塔中水的进料口位置在是水界面的上部。(×)

正确答案：甲醇萃取塔中水的进料口位置在是水界面的下部。

37. 工业用水包括：循环水、软化水、新鲜水和冷冻盐水。(√)

38. 软化水是去离子水的另一种命名。(×)

正确答案：软化水不是去离子水，软化水含有离子。

39. 采用先进的软化技术，可以完全去除硬水中的钙、镁离子。(×)

正确答案：采用先进的软化技术，可以最大化减少钙、镁离子，但不能完全去除。

40. 衰减比是衡量过渡过程稳定性的动态指标，它定义为第一个波的振幅与第二个波的振幅之比。 （×）

正确答案：衰减比是衡量过渡过程稳定性的动态指标，它定义为第一个波的振幅与同方向第二个波的振幅之比。

41. 调节仪表余差是控制准确性的一个重要稳态指标，通过认真操作可以使控制结果余差为零。 （×）

正确答案：调节仪表余差是控制准确性的一个重要稳态指标，一般希望其为为零。但并不是所有控制系统对余差都要求很高。

42. 在无压力下操作的精馏过程叫常压精馏。 （×）

正确答案：在大气压下操作的精馏过程叫常压精馏。

43. 物料衡算为能量守恒定律的一种表现形式。 （×）

正确答案：物料衡算为质量守恒定律的一种表现形式。

44. 在生产过程中，加入物料和所排出的物料，在不考虑损失时，应是相等的。这种进出物料相等关系叫物料平衡。 （√）

45. 回流罐现场脱水时眼睛应看好玻璃液面计，排水时开大排水阀把水彻底排尽。 （×）

正确答案：回流罐现场脱水时应注意排水阀不要开的太大，排水时眼睛看好玻璃液面计，不要排得太空，以防碳四溅出。

46. 当压力信号增大时，气动阀中推杆伸出的气动执行器属于反作用气动执行器。 （×）

正确答案：当压力信号增大时，气动阀中推杆伸出的气动执行器属于正作用气动执行器。

47. 电动执行机构的工作原理就是将控制仪表的电信号转化成一定的转角和位移，从而实现对阀的控制。 （√）

48. FI 是分析记录控制器代号。 （×）

正确答案：AR 是分析记录控制器代号。

49. 我国现有的国家环境标准有大气环境质量标准、水质标准和粉尘标准三项。 （×）

正确答案：我国现有的国家环境标准有大气环境质量标准、水质标准和噪声标准三项。

50. 干粉灭火器的灭火性能是碳酸氢钠反应放出大量的二氧化碳和水，水受热变成水蒸气并吸收大量的热能，起到一定的冷却和稀释可燃气体的作用。 （√）

51. 一般情况下，两组分液体的沸点差越大，由这两组分组成的溶液的分离就越难。 （×）

正确答案：一般情况下，两组分液体的沸点差越大，由这两组分组成的溶液的分离就越容易。

52. 混合液中某组分的蒸汽压小，则该组分易挥发。 （×）

正确答案：混合液中某组分的蒸汽压小，则该组分难挥发。

53. 将混合蒸气冷凝时，易挥发组分在塔顶的冷凝液中的含量要比难挥发组分少。 （×）

正确答案：将混合蒸气冷凝时，易挥发组分在塔顶的冷凝液中的含量要比难挥发组分多。

54. 正常操作的精馏塔，各层板上的浓度和温度是不稳定的。 (×)

正确答案：正常操作的精馏塔，各层板上的浓度和温度是基本稳定的。

55. 翻板式液位计可以水平安装。 (×)

正确答案：翻板式液位计必须垂直安装、其最大垂直度≤3°。

56. 一般把塔顶回流量与塔顶产品采出量之比，称之为回流比。 (√)

57. 某一特定的精馏塔，全回流时的回流比最大。 (√)

58. 绝对误差说明了仪器表示值偏离真实值的大小，能评价仪器的准确度高低。 (×)

正确答案：绝对误差说明了仪器表示值偏离真实值的大小，但不能能评价仪器的准确度高低。

59. 丁烯-1 脱轻塔有塔顶压力安全阀所以不需要塔顶压力调节阀。 (×)

正确答案：丁烯-1 脱轻塔塔顶压力安全阀是塔的安全附件，不能用来调节控制塔顶压力。

60. 在甲醇萃取塔进料组成和塔釜液位稳定的条件下，提高萃取水量，塔底采出量自控点也随之变化。 (√)

61. 离心泵正常切换后停用机泵必须关闭出口阀门，防止倒转。 (√)

62. 当关小离心泵的出口阀门时，管路局部阻力降低，泵的出口流量增加。 (×)

正确答案：当关小离心泵的出口阀门时，管路局部阻力加大，泵的出口流量降低。

63. MTBE 装置中温度测量仪表指示为零的原因都是因为热电偶受潮造成的。 (×)

正确答案：MTBE 装置中温度测量仪表指示为零的原因都是因为热电偶接反造成的。

64. 热电势的大小与热电偶冷热两端的温度差是成一定比例关系的。 (√)

65. 催化蒸馏塔和共沸蒸馏塔都具有化学反应功能和产品分离功能。 (×)

正确答案：共沸蒸馏塔只有产品分离功能，没有化学反应功能，催化蒸馏塔既有产品分离功能，又有化学反应功能。

66. 保护接地与保护接零是防止触电的重要安全措施。 (√)

67. 系统蒸煮的目的是使存在死角的系统，借蒸汽蒸煮使死角内的可燃物挥发，一起随蒸汽排出系统，降低系统中可燃物含量，确保检修安全进行。 (√)

68. 丁二烯是性质非常活泼的共轭烯烃，在一定的条件下，在设备及管道内易生成端基聚合物及过氧化物，这两种物质分别具有自燃点低易着火和分解爆炸的特性。 (√)

69. 泵反转时，流量、扬程都不足，影响正常生产，同时，泵反转还会使叶轮上背帽发生脱落，损坏叶轮、泵壳。 (√)

70. 润滑油的主要作用有润滑作用、冷却作用、清洗作用、密封作用和防震作用。 (√)

71. 闸阀适用于含颗粒状固体及黏度较大的介质，还可用于蒸汽油品等介质，也适合于作放空阀和低压真空系统的阀门。 (√)

72. 闸阀密封性能较好，容易开闭，有一定的调节性能，并能从阀杆升降的高低识别调节阀开度的大小，一般用于旁通阀。 (×)

正确答案：闸阀密封性能较好，容易开闭，有一定的调节性能，并能从阀杆升降的高低识别调节阀开度的大小，一般用于调节阀前后的保护阀。

73. 截止阀操作可靠，易密封，调节流量欠灵敏，不适用带颗粒和黏度较大的

介质。 (×)

正确答案：截止阀操作可靠，易密封，调节流量较灵敏，但不适用带颗粒和黏度较大的介质。

74. 闸阀主要由阀体、阀盖或支架、阀杆、阀杆螺母、闸板、阀座、填料函、密封填料、填料压盖及传动装置等组成。 (√)

75. 截止阀主要由阀体、阀盖、阀杆、阀杆螺母、阀瓣、阀座、填料函、密封填料、填料压盖及传动装置等组成。 (√)

76. 碟阀主要由阀体、阀杆、碟板、密封圈和传动装置所组成。 (√)

77. 弹簧式安全阀零件组成主要有阀体与阀盖、阀瓣与阀座、弹簧与上下弹簧座、调节圈、反冲盘。 (√)

78. 止逆阀的性能是只能使流体向一定方向流动，当逆流时，即能自动关闭。 (√)

79. 升降式止逆阀阻漏性能好，阻力大，可以装在水平管道或由下而上的管道上。 (×)

正确答案：升降式止逆阀阻漏性能好，阻力大，只能装在水平管道上。

80. 碟阀可用于截断介质，但不可用于调节流量。 (×)

正确答案：碟阀可用于截断介质，也可用于调节流量。

81. 碟阀多用于低压和小口径的阀门。 (×)

正确答案：碟阀多用于低压和中、大口径的阀门。

82. 隔膜阀属截断阀类，主要用于无腐蚀性介质及不容许外漏的场合。 (×)

正确答案：隔膜阀属截断阀类，主要用于腐蚀性介质及不容许外漏的场合。

83. 弹簧式安全阀通过作用在阀瓣上的弹簧力来控制阀瓣的开启。具有结构紧凑，体积小，重量轻，启闭动作可靠，对振动较敏感等优点。 (×)

正确答案：弹簧式安全阀通过作用在阀瓣上的弹簧力来控制阀瓣的开启。具有结构紧凑，体积小，重量轻，启闭动作可靠，对振动不敏感等优点。

84. 弹簧式安全阀的缺点之一是作用在阀瓣上的载荷不随开启高度而变化。 (×)

正确答案：弹簧式安全阀的缺点之一是作用在阀瓣上的载荷随开启高度而变化。

85. 止逆阀可综合分为升降式、旋启式和蝶式三类。 (√)

86. 当设备内压力超过限定值后，即自动开启进行泄压，确保设备和人身安全。 (√)

87. 在实际生产使用中，如同一系列的材料没有了，可采用相同材质的、相同外径的管子代替。 (×)

正确答案：相同材质的、相同外经的管子由于系列号不同，其管壁厚度不同造成强度也不同，也将造成流量不同，故不能代替。

88. 疏水器是用来隔绝蒸汽，排除蒸汽管路中的凝液水，以充分利用蒸汽潜热。 (√)

89. 离子过滤器的作用是除去碳四、甲醇混合物中金属阳离子及杂质等，以延长反应器中催化剂的寿命。 (√)

90. 碳四与甲醇混合物在离子过滤器不发生化学反应。 (×)

正确答案：碳四与甲醇混合物在离子过滤器可能发生化学反应。

91. 离心泵一般包括叶轮、轴、壳体、密封环、轴封、托架、联轴器等。 (√)

92. 离心泵的转子主要由轴、叶轮、轴套、轴承和联轴器等组成。 (√)

93. 齿轮泵泵壳内有两个齿轮，与电机直接相连的为主动轮，另一个为从动轮。（√）

94. 齿轮泵当主动轮开动后，从动轮被啮合以相同的方向旋转。（×）

正确答案：齿轮泵当主动轮开动后，从动轮被啮合以相反的方向旋转。

95. 发现列管式换热器中两种介质出现混和是一种正常现象。（×）

正确答案：发现列管式换热器中两种介质出现混和则内部可能发生了泄漏。

96. 板式换热器停用后，为了防止其内部的密封垫发生永久变形，应该将夹紧螺栓松开。（√）

97. 泵的轴功率和电机消耗的电功率相等。（×）

正确答案：泵的轴功率小于电机消耗的电功率。电机本身发热还消耗电能。

98. 泵的轴功率总大于泵的有效功率。（√）

99. 调节阀按照动力源可分为气动、液动、电动。按阀芯动作形式分为单行程和双行程。（×）

正确答案：调节阀按照动力源可分为气动、液动、电动。按阀芯动作形式分为单行程和角行程。

100. 精馏塔分板式塔、浮阀塔、筛板塔等。（×）

正确答案：精馏塔分板式塔和填料塔。

101. 中开式多级离心泵的叶轮通常是为偶数对称布置，消除了不平衡轴向力，因而不需要装轴向平衡。（√）

102. 由于轴承与轴套、转子之间与定子间隙很小。冷却液中不允许夹带固体颗粒。（√）

103. 填料塔的填料装填方式分为乱堆填料和整砌填料。（√）

104. 按照填料的装填方法可分为乱堆填料和整砌填料。（√）

105. 过滤器是从液体分离固体颗粒杂质，提高产品纯度，保护设备（机、泵、仪表等）安全工作的产品。（√）

106. Y 型过滤器具有结构先进、阻力小、排污方便等特点。（√）

107. 泵用过滤器主要由主管、支管、滤筒、法兰、法兰盖及紧固件等组成。（√）

108. 换热器的管程数越多，管内流速越大，换热系数增大。（√）

109. 多级泵的平衡管是将叶轮后盖体用小管与吸入口接通，起到平衡轴向推力的作用。（√）

110. 冬季机泵正常检查盘车，除防止机泵轴的轴向弯曲外，还可以起到防冻目的。（×）

正确答案：冬季机泵正常检查盘车，除防止机泵轴的径向弯曲外，还可以检查机泵的防冻情况。

111. 机泵启动前盘车是为了检查机泵轴转动是否灵活，有无阻涩。（√）

112. 装置管线防冻主要是采取少量排凝或溢流。（√）

113. 装置防冻要求是少量排凝或溢流，确保防冻点不冻。（√）

114. 在日常维修中常用工具有活扳手、管子钳、内六角扳手、游标卡尺、卡钳、百分表及千分表、千分表架、内径百分表等。（√）

115. 常用维修工具中，管子钳规格为 14 和 18，活扳手规格为 10 和 15，内六角扳手规

格为19~22和22~24等工具。(√)

116. 换热器试验压力是指在压力试验时，系统的气密压力。(×)

正确答案：换热器试验压力是指在压力试验时，管、壳程顶部的压力。

117. 换热器试验温度是指压力试验时试验介质的温度。(×)

正确答案：换热器试验温度是指压力试验时，管箱和壳体的金属温度。

118. 各类机泵的维护保养以操作人员为主，由检修人员配合，按“清洁、润滑、紧固、调整、防腐”十字法要求搞好设备维护保养。(√)

119. 具有独立润滑油系统的大型机组检修后，润滑油循环一定时间后，方可试车或投入运行。(×)

正确答案：具有独立润滑油系统的大型机组检修后，润滑油循环一定时间后，经检验合格，方可试车或投入运行。

120. 润滑油的闪点反映润滑油对温度的安定性，高温环境应选择闪点高的润滑油。(√)

121. 压力容器有时超压可能不会立即导致压力容器爆炸，但会加快裂纹的扩展。(√)

122. 弹簧管压力表主要由测量元件和放大指示机构组成。(√)

123. 隔膜压力表的被测介质直接进入测压仪表，从而在指针上指示出压力值。(×)

正确答案：隔膜压力表可以避免被测介质直接进入测压仪表，以防止沉淀物积聚。

124. 换热器的防腐保温情况不属于日常维护检查内容。(×)

正确答案：换热器的防腐保温情况属于日常维护检查内容。

125. 用O形圈密封两个平面，O形圈安装槽的深度要比O形圈的直径要大一些。(×)

正确答案：用O形圈密封两个平面，O形圈安装槽的深度要比O形圈的直径要大一些。

126. 常见的阀门压盖漏料是由于填料太少，或者填料逐步老化、磨损引起的。(√)

127. 温度测量仪表指示为零的原因是热电偶受潮造成温度记录为零。(×)

正确答案：温度测量仪表指示为零的原因是热电偶接反造成温度记录为零。

128. 当离心泵的入口过滤器堵塞时，泵易发生气缚现象。(√)

129. 泵轴承和电机过热的原因有泵轴与电机轴不同心，电机负荷大；油箱的油太多或太少，电机缺少一相运转；润滑油变质，电机本身发热；轴承装配不合适。(√)

130. 机泵停电应立即启动紧急停车按钮。(×)

正确答案：机泵停电若不能及时送电可启动紧急停车按钮。

131. 机泵瞬时停电可立即进行紧急停车。(×)

正确答案：机泵瞬时停电可立即启动泵恢复生产。

132. 循环水中断的判断方法循环水压力和流量指示为零。(√)

133. 装置紧急停工由于不是按正常的停工程序进行的，因此应遵照事故处理的基本原则，在保证人身、设备安全的情况下，妥善处理，迅速恢复生产。(√)

134. 四氯化碳灭火剂中的四氯化碳是无色透明液体，不自燃、不助燃，是一种很好的灭火剂，但不适用于电气设备的灭火。(×)

正确答案：四氯化碳灭火剂中的四氯化碳是无色透明液体，不自燃、不助燃、不导电，是一种很好的灭火剂，特别适用于电气设备的灭火。

135. 泡沫灭火器使用时使液体表面生成凝聚的泡沫漂浮层，起窒息和冷却作用。（√）

136. 泡沫灭火器适用于扑救油类以及木材和电气等的小型火灾。（×）

正确答案：泡沫灭火器适用于扑救油类以及木材等的小型火灾。

137. 使用干粉灭火器灭火时一定要站在上风口。（√）

138. 二氧化碳灭火机灭火时，二氧化碳气体覆盖在燃烧区内，隔绝了空气使火焰熄灭，只起窒息作用，没有冷却作用。（×）

正确答案：二氧化碳灭火机灭火时，二氧化碳气体覆盖在燃烧区内，隔绝了空气使火焰熄灭，起窒息作用之外，还有一定的冷却作用。

139. 干粉灭火推车使用操作：将推车迅速推至使用现场，取下干粉灭火机管栓并展开粉带，拔去顶部保险销并拔起顶部拉环，手持喷拴向后板动喷栓开关对准火焰根部喷射。（√）

140. 空气呼吸器是配有高压氧气瓶作为气源的隔绝式呼吸护具。（×）

正确答案：空气呼吸器是配有高压空气瓶作为气源的隔绝式呼吸护具。

141. 佩戴空气呼吸器时要求压力符合标准，系统气密性良好，面罩气密性良好，呼吸性良好，哨音响亮，打开气瓶阀到位，连接供气阀到位，面罩佩戴到位，要带和背带松紧适度，深呼吸几次，激活供气阀，感觉呼吸畅通后方可进入作业。（√）

142. 手柄式固定消防炮在转动前要松开锁紧手轮，转到相应位置再锁定。（√）

143. 当气关阀的输入压力≥0.02MPa时，调节阀为全开状态，随着输入气压力的升高而关闭。（×）

正确答案：当气关阀的输入压力≤0.02MPa时，调节阀为全开状态，随着输入气压力的升高而关闭。

144. 阀门的基本参数有公称通径、公称压力、温度-压力等级、适用介质。（√）

单选题

1. 当有压力的液体从喷嘴或管子中喷出形成的雾状中就带有大量的（C）。

A. 电能　　B. 离子　　C. 静电　　D. 静压能

2. 某种极性粒子或自由电子附着在（D）的物体上，也能使物体呈现带有静电的现象。

A. 导电　　B. 气相　　C. 液相　　D. 绝缘

3. 强酸、强碱等化学药品及强紫外线可导致（D）。

A. 头昏　　B. 失眠　　C. 兴奋　　D. 皮肤溃烂

4. 物质发生急剧的物理或化学变化，能在瞬间放出大量能量，同时产生巨大声响的现象叫作（A）。

A. 爆炸　　B. 着火　　C. 闪燃　　D. 自燃

5. 由于物质发生激烈的化学反应，产生高温、高压而引起的爆炸，称为（A）。

A. 化学性爆炸　　B. 物理性爆炸　　C. 核爆炸　　D. 燃烧

6. 在火源作用下，可燃气体、蒸气或粉尘在空气中，恰足以使火焰蔓延的最低浓度称为（B）。

A. 爆炸上限　　B. 爆炸下限　　C. 闪点　　D. 自燃点

7. 易燃、可燃液体在一定温度下，由于蒸发蒸气浓度达到爆炸浓度时的温度即为（D）。

A. 闪点　B. 自燃点　C. 爆炸浓度极限　D. 爆炸温度极限

8. 抽余碳四中含量最高的组分是(C)的原料。

A. 正丁烷　B. 正丁烯　C. 异丁烯　D. 反丁烯-2

9. 抽余碳四中要求严格控制的组分是(D)。

A. 碳三　B. 反丁烯-2　C. 顺丁烯-2　D. 丁二烯-1，3

10. 正常情况下，下列组分中不可能在抽余碳四中出现的组分是(D)。

A. 碳三　B. 丁烯　C. 丁二烯-1，3　D. 乙烯基乙炔

11. 下列符号中表示中压蒸汽的符号是(B)。

A. LS　B. MS　C. MQ　D. SO

12. 符号 HN 表示的是(A)。

A. 氮气　B. 空气　C. 氨水　D. 仪表风

13. 下列符号中表示冷却水上水符号的是(A)。

A. SW　B. RW　C. OD　D. SO

14. 气密试验时系统泄漏率要求小于(B)。

A. 0.1%　B. 0.2%　C. 0.5%　D. 1.0%

15. 气密试验时系统保压时间要求为(D)h。

A. 4　B. 8　C. 12　D. 24

16. 气密试验时系统泄漏率计算时压力为(A)。

A. 绝压　B. 表压　C. 大气压　D. 工程压力

17. 拆装盲板时规定设备的温度要在(B)。

A. 40℃　B. 40℃以下　C. 40℃以上　D. 没规定

18. 在抽盲板时工作人员要合理使用工具，且(B)，防止造成人身事故。

A. 身体要正对法兰口　B. 身体要偏离法兰口

C. 要准备好气防器材　D. 要打开阀门

19. 气密性试验时，规定气密保压时间至少要达到(C)h。

A. 12　B. 16　C. 24　D. 36

20. 为了保证容器和管道系统不会在(A)中发生破裂爆炸引起大的危害，应在水压试验合格后进行。

A. 气密性试验　B. 吹扫　C. 清洗　D. 酸洗

21. 压力容器气密性试验压力(C)设计压力。

A. 等于　B. 大于　C. 小于　D. 大于或等于

22. 物质(A)的大小是静电能否产生或积累的条件，也是静电产生的条件之一。

A. 电阻率　B. 温度　C. 流量　D. 自由电子

23. 氮气的分子结构式是(A)。

A. $N\equiv N$　B. $N=N$　C. $N-N$　D. N_2

24. 氮气和氧气在高温放电条件下能直接化合生成(D)。

A. N_2O_2　B. N_2O_3　C. NO　D. NO_2

25. 不属于催化剂作用基本特征的是(B)。

A. 对化学反应具有选择性

B. 对化学反应不具有选择性

C. 能够改变化学反应速度，但不能改变化学平衡

D. 只能改变热力学上可能进行的化学反应的反应速度

26. 甲醇的沸点为(D)℃。

A. 52.8　B. 56.2　C. 60.4　D. 64.6

27. 甲醇在空气中的爆炸极限范围为(C)(体积分数)。

A. 1.7%~9.0%　B. 3.0%~20.5%　C. 6.0%~36.5%　D. 7.5%~50%

28. 甲醇在铜或银催化作用下将发生脱氢、氧化反应生成(D)。

A. 甲苯　B. 甲醚　C. 甲酸　D. 甲醛

29. MTBE 的全称为(A)。

A. 甲基叔丁基醚　B. 甲基叔戊基醚　C. 二甲醚　D. 叔丁醇

30. MTBE 的沸点为(A)℃。

A. 55　B. 60　C. 65　D. 70

31. MTBE 在空气中的爆炸极限范围为(C)(体积分数)。

A. 1.3%~10%　B. 1%~7.9%

C. 1.6%~15.1%　D. 1%~6.5%

32. 合成 MTBE 的原料为 (B)。

A. 甲醇和异戊烯　B. 甲醇和异丁烯

C. 乙醇和异戊烯　D. 乙醇和异丁烯

33. MTBE 装置气密时一般使用的介质是(B)。

A. 蒸汽　B. 氮气　C. 新鲜水　D. 压缩空气

34. 丁烯-1 的结构式为(B)。

A. 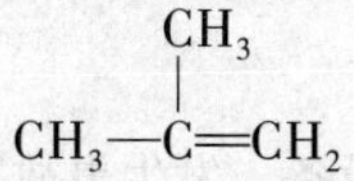　B. $CH_3CH_2CH=CH_2$

C. 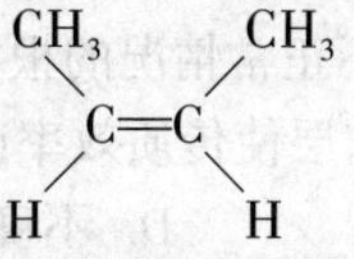　D. 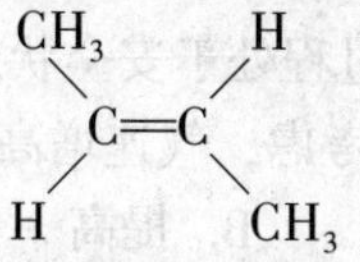

35. 丁烯-1 的相对密度为(A)。

A. 0.5951　B. 0.4951　C. 0.3951　D. 0.2951

36. 异丁烯的沸点为(B)℃。

A. -5.9　B. -6.9　C. -7.9　D. -8.9

37. 异丁烯的凝固点为(D)℃。

A. 56　B. 6.9　C. -6.9　D. -140.3

38. 异丁烯在空气中的爆炸极限范围为(B)(体积分数)。

A. 1.8%~5.0%　B. 1.7%~9.0%　C. 8.8%~18.8%　D. 18.8%~30%

39. 一般热力管道要进行的是(B)。

A. 加伴热　B. 补偿　C. 温差补偿　D. 应力补偿

40. 热力管道进行热补偿的目的是(A)。

A. 消除管线的径向位移　B. 消除管线轴向位移

C. 消除管线漏点　D. 消除管道温差应力

41. 循环水预膜是使换热设备与管道的金属表面形成一层薄而致密(A)膜。

A. 抗腐　　B. 抗菌　　C. 抗强度　　D. 抗疲劳

42. 为确保换热设备和管道预膜效果，预膜时间一般为(D)h。

A. 1　　B. 1.5　　C. 2　　D. 24

43. 预膜的目的是为了提高设备的(C)。

A. 换热效果　　B. 抗菌能力　　C. 使用寿命　　D. 节水能力

44. 一般用精度高的标准表和精度较低的被校表同时对同一参数测量所得到的两个读数之差，被称为(A)。

A. 绝对误差　　B. 相对误差　　C. 允许误差　　D. 附加误差

45. 仪表的精度等级与仪表(A)的大小有关。

A. 允许误差　　B. 引用误差　　C. 基本误差　　D. 绝对误差

46. 有关串级调节的概念，下列叙述正确的是(D)。

A. 两个仪表并联调节

B. 主、副参数可以互为输出、输入值

C. 副参数仪表的输出值为主参数仪表的输入值

D. 主参数仪表的输出值为副参数仪表的输入值

47. DCS 系统一般组成叙述正确的是(D)。

A. 操作站、检测站、仪表工程师操作站、控制站

B. 操作站、电源站、仪表工程师操作站、通讯装置

C. 操作站、检测站、仪表工程师操作站、系统织别

D. 操作站、检测站、仪表工程师操作站、通讯装置

48. 安全联锁的作用述说错误的是(A)。

A. 不自动启动备用设备　　B. 防止损坏设备、发生事故

C. 保证生产过程处于安全状态　　D. 切断产生不正常情况的根源

49. 从传质的角度考虑，气速增高，气液间形成湍动的泡沫层使传质效率(B)。

A. 降低　　B. 提高　　C. 不变　　D. 不确定

50. 不属于影响液泛速度的因素是(C)。

A. 气液流量　　B. 流体物性　　C. 阀孔大小　　D. 塔板间距

51. 下面哪种情况会出现液泛(A)。

A. 液体流量过大　　B. 气体流速过小

C. 塔顶温度过低　　D. 塔底温度过低

52. 发生漏液会使塔效率(A)。

A. 降低　　B. 增加

C. 漏液不严重时增加，严重时降低　　D. 不变

53. 精馏塔发生漏液的主要原因是(B)。

A. 气速过大

B. 气速过小

C. 板面上的液面落差引起气流分布均匀

D. 塔径过大

54. 在线分析仪的优点有(D)。

A. 数据准确

B. 一次性投入且维护方便

C. 常规分析可以因此而取消

D. 及时知道塔内组分的变化趋势，做到预先调节

55. 合成 MTBE 的反应是甲醇与碳四中的(B)发生的反应。

A. 丁烯-1　B. 异丁烯　C. 异丁烷　D. 正丁烷

56. 组合密封投用前润滑油罐加油时应当注意的是(B)。

A. 比正常液位要低一些

B. 比正常液位要高一些

C. 组合密封的润滑油不需三级过滤

D. 组合密封的润滑油没有型号要求

57. 有润滑油辅助泵的高速离心泵在启动时必须先开辅助油泵，主要是因为高速离心泵(D)高，若缺润滑油容易造成超温。

A. 轴承转速　B. 介质温度　C. 出口压力　D. 介质密度

58. 高速泵在启动时与一般离心泵最大的区别是(D)。

A. 需要灌泵　B. 不需要盘车

C. 关闭进口阀门　D. 略开出口阀

59. 若 MTBE 装置反应系统发生了丁烯-1 异构化反应，则反应系统床层温度会(A)。

A. 升高　B. 降低　C. 不变　D. 无影响

60. 不会造成催化剂床层发生丁烯-1 异构化反应的是(B)。

A. 反应器出口甲醇含量偏低　B. 反应器出口甲醇含量偏高

C. 催化蒸馏塔补充甲醇量偏低　D. 催化蒸馏塔塔釜蒸汽量偏高

61. 精馏塔“液相卡脖子”法控制塔压的原理是(B)。

A. 改变了进入冷凝器的物料量　B. 改变了冷凝器的有效换热面积

C. 改变了冷却水流量　D. 改变了冷物料流和热物料流的比例

62. 精馏塔三通阀控制塔压的原理是(D)。

A. 改变了进入冷凝器的物料量　B. 改变了冷凝器的有效换热面积

C. 改变了冷却水流量　D. 改变了冷物料流和热物料流的比例

63. 甲醇萃取塔中的连续相是(A)。

A. 水　B. 碳四　C. 甲醇　D. MTBE

64. 甲醇萃取塔中碳四和水的进料位置分别是(C)。

A. 碳四由顶部进入，水由底部进入　B. 碳四和水混合由底部进入

C. 碳四由底部进入，水由顶部进入　D. 碳四和水混合由顶部进入

65. 精馏的基础是(D)。

A. 温度平衡　B. 压力平衡

C. 浓度平衡　D. 气液相平衡

66. 某块板上的浓度与原料液的浓度相等或接近时，该板称之为(C)。

A. 灵敏板　B. 精馏板　C. 进料板　D. 提馏板

67. 气动阀一般由(C)和控制阀两部分组成。

A. 弹簧　　B. 波纹膜片

C. 气动执行机构　　D. 电磁铁

68. 电动执行器由电动执行机构和调节机构组成。调节机构的作用是(B)。

A. 将电信号转换成力或力矩，输出一定的转角或位移

B. 直接改变被调节介质的流量

C. 发出一定的电信号

D. 发出一定的控制指令

69. 大气环境质量标准主要有三项内容，不属于三项内容的是(C)。

A. 环境空气质量标准

B. 室内空气质量标准

C. 火电厂大气污染物排放标准

D. 保护农作物的大气污染物最高允许浓度

70. 干粉灭火剂(MF)的主要成分是(D)。

A. 氧化铝　　B. 滑石粉　　C. 硬脂酸镁　　D. 碳酸氢钠

71. 判定分离混合液的难易，通常用(D)的概念。

A. 挥发度　　B. 溶解度　　C. 沸点差　　D. 相对挥发度

72. (D)是以磁性浮标驱动双色薄片翻板来指示液位的一种新型仪表。

A. 浮力式液位计　　B. 反射式玻璃板液位计

C. 差压式液位计　　D. 翻板式液位计

73. (A)是由本体、法兰、法兰盖、浮标、翻板箱等部件组成。

A. 翻板式液位计　　B. 反射式玻璃板液位计

C. 差压式液位计　　D. 浮力式液位计

74. 离心泵巡检时，检查轴承及电机的温度是否正常，注意轴承温度，不要超过(D)℃以上。

A. 30　　B. 50　　C. 60　　D. 70

75. 精馏塔塔顶物料经冷凝冷却后返回塔内的部分称为(B)。

A. 回流比　　B. 回流　　C. 塔顶产品　　D. 气相冷凝液

76. 精馏过程中，全回流操作时(A)。

A. 回流比最大　　B. 没有塔底产品采出

C. 理论塔板无限多　　D. 塔顶产品采出过小

77. 精馏塔采取全回流时，(D)。

A. 进料量最大　　B. 进料量不变

C. 进料量适当降低　　D. 塔顶采出为零

78. 关于内回流和外回流说法正确的是(A)。

A. 内回流不需要泵输送　　B. 外回流不需要泵输送

C. 二者都需要泵输送　　D. 二者都不需要泵输送

79. 正常操作过程中，精馏塔采用的回流方式有(C)。

A. 内回流　　B. 外回流　　C. 强制回流　　D. 内、外回流

80. 下列对误差的说法正确的是(A)。

A. 系统误差是有规律的　　B. 偶然误差是大意引起的

C. 误差反映了测量的精度　　D. 疏忽误差是不容易被发觉的

81. 压力表在现场的安装需(A)。

A. 垂直　　B. 倾斜　　C. 水平　　D. 任意角度

82. 若一块压力表量程为0~1.6MPa，要求测量值的绝对误差不大于0.02MPa，应选用(A)级的仪表。

A. 1.0　　B. 1.5　　C. 2.0　　D. 2.5

83. 正常操作时，甲醇回收塔的回流罐压力控制方式为(D)。

A. 循环水上水　　B. 循环水回水　　C. 回流罐液位　　D. 与大气相通

84. 丁烯-1脱轻塔塔底产品不合格时，应立即手动关闭(B)调节阀。

A. 脱轻塔回流　　B. 脱重塔进料

C. 脱轻塔进料　　D. 脱重塔回流

85. 催化蒸馏塔操作中回流量增加，其回流自控点的变化是(A)。

A. 阀位增大　　B. 阀位全关

C. 阀位全开　　D. 阀位减小

86. 离心泵切换投用备用泵时，为减小启动电流以下操作正确的是(D)。

A. 先启动电机，再开入口阀，最后开出口阀

B. 先开出口阀，再启动电机，最后开入口阀

C. 先开出口阀，再开入口阀，最后启动电机

D. 先开入口阀，再启动电机，最后开出口阀

87. 下列关于离心泵的切换表述不正确的是(A)。

A. 先停主泵，再启动备用泵

B. 先启动备用泵，再停主泵

C. 启动备用泵前要先盘车

D. 停止运行的机泵必须将出口阀关闭

88. 下列方法不能够调节离心泵出口流量的是(B)。

A. 改变阀门开度　　B. 改变泵的入口压力

C. 改变泵的转速　　D. 改变叶轮直径

89. 若要降低离心泵的出口流量，其调节方法正确的是(D)。

A. 增加阀门开度　　B. 提高泵的入口压力

C. 提高泵的转速　　D. 减小叶轮直径

90. 热电偶的工作端称为(C)。

A. 前端　　B. 末端　　C. 热端　　D. 冷端

91. 下列关于催化蒸馏塔的特点表述不正确的是(B)。

A. 塔内装有催化剂

B. 催化蒸馏塔只有化学反应功能，没有产品分离功能

C. 催化蒸馏塔既有产品分离功能，又有化学反应功能

D. 催化蒸馏塔是一种新型的复合型设备

92. 催化蒸馏塔能够提高异丁烯转化率的原因是(C)。
A. MTBE 产品由塔釜采出
B. 甲醇与碳四形成共沸物由塔顶采出
C. 强化了化学反应，使可逆平衡反应变成类似于单一反应
D. 操作温度和操作压力比较高

93. 对于采取固定床散装结构的催化蒸馏塔特点表述不正确的是(D)。
A. 中部反应段设置若干个催化剂床层
B. 催化剂床层设有多个气相通道
C. 两个相邻床层之间设有分馏塔盘
D. 两个相邻床层之间不设分馏塔盘

94. 要检修盛丁烯-1 产品罐时，当物料倒空、置换后，系统中的可燃物小于(A)%。
A. 0.2　　B. 0.5　　C. 0.6　　D. 0.8

95. 设备检修后对密封部位必需要进行(C)。
A. 清洗　　B. 保温　　C. 试漏　　D. 防腐蚀

96. 蒸汽流量调节一般选用气开阀是从(C)角度考虑。
A. 生产　　B. 价格　　C. 安全　　D. 温度

97. 考虑到停仪表风时的安全，气开阀不能用于(C)的调节阀。
A. 回流　　B. 进料　　C. 冷凝器　　D. 再沸器

98. MTBE 装置甲醇回收塔的蒸煮应在(A)结束后进行。
A. 倒空　　B. 硫酸亚铁洗涤　　C. 水洗　　D. 未作规定

99. 丁烯-1 装置内连续产生的废气是在(B)进行排放。
A. 脱重塔顶　　B. 脱轻塔顶　　C. 脱重塔釜　　D. 脱轻塔釜

100. MTBE 系统加入的二乙胺是在(D)进行排放。
A. 筒式反应器　　B. 保护反应器
C. 离子过滤器　　D. 催化蒸馏塔塔釜

101. 装置内以下不是废水排放点的是(B)。
A. 碳四原料罐　　B. 甲醇原料罐
C. 醚后碳四缓冲罐　　D. 脱轻塔回流罐

102. 新建装置吹扫合格标准是指(C)。
A. 目视排气清净
B. 手摸无脏
C. 在排气口用白布打靶检查五分钟内无任何脏物
D. 涂有白铅油的靶板打靶一分钟无任何脏物

103. 不属于水灭火作用的是(D)。
A. 冷却作用
B. 对水溶性可燃液体的稀释作用和水变成水蒸气挤占氧气所占的空间，对氧起稀释作用
C. 水力冲击作用，可摧毁燃烧物使燃烧中断
D. 与可燃物反应

104. 装置停循环水时不应注意的是(D)。

A. 塔和回流罐液面　　B. 防止超压发生

C. 防止超温　　D. 加大塔釜加热量

105. 装置循环水突然中断时，最明显的现象是(D)。

A. 回流下降　B. 蒸汽下降　C. 塔釜温度上升　D. 塔顶压力上升

106. 为了安全生产，压力容器上的压力表必须(C)校验一次。

A. 半年　B. 八个月　C. 一年　D. 二年

107. 考虑到安全生产，受压设备上的安全阀应进行(B)校验一次。

A. 半年　B. 一年　C. 一年半　D. 二年

108. 编制安全技术措施计划，大体要经过三个阶段，包括准备、平衡及(A)。

A. 审定　B. 研究　C. 讨论　D. 实施

109. 正常情况下，对人体的安全电压为(A)V 以下。

A. 36　B. 110　C. 220　D. 380

110. 清理事故现场要经(D)同意后方可进行。

A. 公安部门　B. 劳动部门　C. 安全部门　D. 事故调查组

111. 防止噪声危害的根本措施是(A)。

A. 声源控制　B. 吸声控制　C. 隔声控制　D. 消声控制

112. MTBE 装置产品的特点有(C)。

A. 高温　B. 高压　C. 易燃易爆　D. 连续生产

113. MTBE 装置的化学助剂的特性有(C)。

A. 剧毒　B. 低毒无害　C. 有毒有害　D. 无毒无害

114. 根据发生事故的原因和后果可分为(B)责任。

A. 全责、主责、次责、间接管理责任

B. 全责、主责、次责、直接管理责任、间接管理责任

C. 全责、次责、直接管理责任、间接管理责任液面太高

D. 主责、次责、直接管理责任、间接管理责任温度太低

115. 化学泡沫灭火原理是采用(A)。

A. 窒息法　B. 隔离法　C. 中断法　D. 无法确定

116. 化学泡沫是由(D)组成。

A. 脂肪酸　　B. 碱性物质

C. 酸性物质　　D. 碱性物质和酸性物质混合物

117. 不属于环保工作方针内容的是(C)。

A. 全面规划，合理布局　　B. 综合利用，化害为利

C. 同步规划，综合治理　　D. 依靠群众，大家动手

118. 为了防止筒式反应器反应剧烈，设置了(A)。

A. 外循环　　B. 内循环

C. 离子过滤器　　D. 预热器

119. 不属于“三废”排放标准常规测定的项目有(D)。

A. 油　B. COD　C. pH 值　D. 硫化物

120. 碳四离心泵输送水时最需要注意的是(C)。
A. 泵的出口压力　B. 泵的出口流量
C. 泵的电流　D. 机泵振动
121. 碳四离心泵输送水时容易造成电流超高是因为水与碳四相比(D)。
A. 水流量大　B. 水的黏度大
C. 水的相对分子质量大　D. 水的密度大
122. 离心泵输送的介质密度改变时，其随着变化的参数是(C)。
A. 流量　B. 扬程　C. 轴功率　D. 电压
123. 机泵反转会产生(D)的现象。
A. 振动大　B. 密封泄漏
C. 轴承温度高　D. 流量压力下降
124. 以下不是润滑油主要作用项的是(B)。
A. 冷却作用　B. 控制作用　C. 清洗作用　D. 密封作用
125. 描述闸阀特点正确的是(C)。
A. 流阻大　B. 杂质影响大　C. 密封性能较好　D. 应用范围较小
126. 调节阀的旁通阀通常选用(B)。
A. 闸阀　B. 截止阀　C. 止逆阀　D. 安全阀
127. 受隔膜材料的限制，隔膜阀一般使用在温度(C)℃的场合。
A. ≤135　B. ≤150　C. ≤170　D. ≤190
128. 安全阀起跳后叙述不正确的是(D)。
A. 发出响的气流叫声　B. 起自动报警作用
C. 排出高速气体　D. 装置可燃器报警仪立即报警
129. 安全阀的开启压力不得超过压力容器的(C)。
A. 限定压力　B. 工作压力
C. 设计压力　D. 最高工作压力
130. 利用容积周期性变化来输送液体的是容积泵。下列不属于容积泵是(C)。
A. 活塞泵　B. 螺杆泵　C. 计量泵　D. 齿轮泵
131. 自动阀依靠介质自身的能量驱动阀门，以下不是自动阀的是(D)。
A. 安全阀　B. 疏水阀　C. 减压阀　D. 真空阀
132. 疏水器的作用是(A)。
A. 排水阻汽　B. 排水　C. 止逆　D. 水封
133. 疏水器一般用于(B)。
A. 蒸汽管线　B. 蒸汽排凝管线
C. 冷却水管线　D. 泵出口管线
134. 叙述离心泵启动时不正确的是(C)。
A. 盘泵检查
B. 打开入口阀，排出泵内气体
C. 打开出口阀，启动泵并检查压力、电流
D. 检查润滑油是否正常，冷却水是否接通；有密封溶剂的是否已打开

135. 离心泵在开泵前应该打开泵的(A)，检查泵体内是否充满液体。

A. 进口阀和液封阀　　B. 出口阀

C. 倒淋阀　　D. 出口阀和液封阀

136. 离心泵停车时的正确操作顺序是(C)。

A. 先关进口阀，再关出口阀，最后停泵

B. 先停泵，再关出口阀，最后关进口阀

C. 先关出口阀，再停泵，最后关进口阀

D. 先关出口阀，再关入口阀，最后停泵

137. 按泵作用于液体的原理可分为叶片式、(A)和其他类型泵。

A. 容积式　　B. 离心式　　C. 旋涡式　　D. 活塞式

138. 当增大离心泵的出口开度时，泵的轴功率(A)。

A. 增大　　B. 减小　　C. 不变　　D. 增大后减小

139. 离心泵流量增加，泵出口压力(B)。

A. 上升　　B. 下降　　C. 不变　　D. 先上升后下降

140. 离心泵输送流体的密度增加，则其轴功率(A)。

A. 增大　　B. 减小　　C. 不变　　D. 不一定

141. 机泵不上量的原因有多种，除泵内有不凝气、泵入口阀未开或过滤器堵外，下列不是机泵不上量的原因是(D)。

A. 泵坏　　B. 泵内有杂物

C. 泵入口压力低　　D. 泵安装位置过低

142. 下列选项中(A)是泵不上量的原因之一。

A. 过滤器堵塞　　B. 泵进口阀全开

C. 泵在最大效率点　　D. 物料低于饱和蒸汽压

143. 柱塞泵启动时，进、出口阀(B)。

A. 进口开、出口关　　B. 全开

C. 全关　　D. 出口开、进口关

144. 往复泵在工作时，不允许将出口阀关死，并在排出管路上安装安全阀的原因是(D)。

A. 排出压力高

B. 电动功率高

C. 泵出口流量大

D. 液体不可压缩，理论上产生的压力可无限高

145. 往复泵的流量不能采用改变出口阀的开度来改变的原因是(C)。

A. 流量与排出压力有关　　B. 流量与活塞直径无关

C. 流量与活塞行程有关　　D. 流量与活塞往复次数无关

146. 往复泵在启动前，必须打开进、出口阀的原因(D)。

A. 液体不可压缩

B. 防止不上量

C. 泵在运动中容易产生冲击和振动

D. 防止损坏泵体

147. 冷却器通常从下进水的原因是(A)。

A. 让水充满冷凝器

B. 让水与物料进行逆流换热

C. 让水与物料进行顺流换热

D. 减小水的流速让其充分换热

148. 运行中发现换热器冷热不均，则可能是(C)。

A. 换热器发生内漏

B. 换热管断裂

C. 换热器内部管路堵塞或有残存空气

D. 板管固定螺栓松动

149. 管路伴热采用的形式既要考虑伴热效果，又要考虑(D)。

A. 管道长度　　B. 管道材质

C. 输送介质的性质　　D. 管道材质和输送介质的性质

150. 控制高黏度、带纤维、细颗粒的流体，应选用合适的调节阀是(B)。

A. 蝶阀　　B. 套筒阀　　C. 角形阀　　D. 偏心旋转阀

151. 板式塔内塔板按照气、液流动的方式分为逆流塔板和(A)。

A. 错流塔板　　B. 横流塔板　　C. 顺流塔板　　D. 折流塔板

152. 分段式多级离心泵泵体是垂直分段式，由(A)连接一个整体。

A. 一个前段、一个尾段和数个中段

B. 数个前段、一个尾段和数个中段

C. 数个前段、一个尾段和一个中段

D. 一个前段、数个尾段和一个中段

153. 屏蔽泵的轴承通常是有非金属材料制成，在电机的尾端装有轴承报警器，报警不说明(A)。

A. 屏蔽套已磨通　　B. 报警器内部泄压

C. 轴承已不能使用　　D. 传感器堵头被磨破

154. 球阀区别于其他阀门在于导向活塞由一个球代替，正确说法为(C)。

A. 阻力小，开关容易　　B. 结构简单，不易泄露

C. 密封不易保证，转动困难　　D. 不适合使用于黏度高的流体

155. 型号为 J41H-16 的阀门是(C)。

A. 减压阀　　B. 蝶阀　　C. 截止阀　　D. 球阀

156. 浮阀塔与同塔径的泡罩塔相比其特点有(D)等。

A. 机构复杂，造价较贵　　B. 塔板效率高、造价较贵

C. 处理能力大、机构复杂　　D. 操作弹性大、不易处理黏度高的物料

157. 有关浮阀开度的说法，正确的是(B)。

A. 液体流速快，浮阀开度小　　B. 气体上升负荷大时；浮阀开距也大

C. 气体上升负荷大时；浮阀开距也小　　D. 浮阀开度随气体负荷的大小不能自行调整

158. 不属于甲醇萃取塔构成部件的是(B)。

A. 液体分布装置　B. 浮阀　　C. 塔体　　D. 栅板

159. 填料塔由塔体、液体分布装置、填料、(B)、栅板、以及气、液的进出口管等构成。

A. 降液管　B. 再分布器　C. 溢流堰　D. 隔板

160. 换热器中折流板的(C)能够影响壳程物流的流向和流速，从而影响传热效率。

A. 密封条　B. 盲管　C. 间距　D. 材质

161. 换热器中(D)主要是防止物流对入口处的管子的冲击、振动和腐蚀。

A. 密封条　B. 盲管　C. 间距　D. 缓冲挡板

162. 泵使用变频技术是通过改变泵的(D)来调节泵出口流量的。

A. 出口阀开度　B. 电机电压　C. 叶轮尺寸　D. 转速

163. 管路特性曲线是管路系统的(B)与流量的关系曲线。

A. 压力　B. 阻力　C. 流速　D. 压降

164. 停运机泵正常检查中盘车的主要目的是(C)。

A. 防冻　B. 防卡
C. 防止轴的径向弯曲　D. 防止轴的轴向弯曲

165. 机泵启动前要求盘车是为了(B)。

A. 检查有无冻情　B. 检查是否卡涩
C. 防止卡涩　D. 防止机泵轴径向弯曲

166. 装置重要防冻对象是(A)。

A. 含水管线、设备　B. 物料管线或设备
C. 物料管线上的倒淋　D. 蒸汽管线上的倒淋

167. 各类机泵的一般维护保养以操作人员为主，由(B)配合。

A. 辅助人员　B. 检修人员　C. 电气人员　D. 设备管理人员

168. 下面关于机泵冷却的目的说法不正确的是(A)。

A. 不容易抽空
B. 降低轴承温度
C. 降低密封室温度，改善密封工作条件
D. 冷却支承座(对高温介质)，防止泵与电机同心度的偏移

169. 因操作条件改变或规定油品缺乏需变更油品时，应(C)。

A. 用油单位自己更改　B. 经值班人员同意后更改
C. 报机动部门审批后更改　D. 经设备员同意后更改

170. 为了防止压力容器疲劳破坏，在升压或降压时，应该注意(C)。

A. 升压平稳缓慢，降压骤降　B. 升压降压都应该骤升骤降
C. 升压降压都应该平稳缓慢　D. 升压骤升，降压平稳缓慢

171. 运行电机的轴承润滑油过多易造成电机轴承(A)。

A. 发热　B. 振动　C. 异单　D. 发冷

172. (B)是根据弹性元件受力变形的原理，将被测压力转换成弹性元件弹性变形的位移进行测量。

A. 液柱式压力计　B. 弹簧压力表
C. 电气式压力计　D. 活塞式压力计

173. 属于换热器日常检查内容的是(A)。

A. 出入口温度　　B. 封头温度

C. 壳程介质流量　　D. 管程介质流量

174. 属于换热器日常维护检查内容的是(C)。

A. 防腐　　B. 保温　　C. 密封泄漏　　D. 螺栓松动

175. 不属于静密封结构形式的是(A)。

A. 固定和锁定　　B. 有垫和无垫密封

C. 强制和自紧密封　　D. 平面和锥形密封

176. 保养制度规定操作人员必须对设备做到(A)。

A. 四懂、三会、四定　　B. 三会、三懂、三定

C. 四定、四懂、四定　　D. 会维修知识

177. 不属于阀门压盖漏料的原因可能是(D)。

A. 填料失灵　　B. 预紧力过小　　C. 紧固件失灵　　D. 阀杆密封面过紧

178. 离心泵一般使用的是(C)润滑油。

A. 10#　　B. 26#　　C. 46#　　D. 32#或150#

179. 在生产实际中，对于正在运行中冷却器而言，其防冻主要是指(A)。

A. 不流动的死角　　B. 水温对设备影响

C. 物料对设备影响　　D. 设备本身对气候的影响

180. 备用状态下冷却器而言，其防冻主要采取(C)等措施。

A. 投用　　B. 保温　　C. 让介质流动　　D. 设备彻底倒空

181. 下列叙述热电偶正确的是(D)。

A. 热电偶是利用 1 种金属连接成闭合回路后产生热电效应的原理制成的温度计

B. 热电偶是利用 2 种不同的非金属连接成闭合回路后产生热电效应的原理制成的温度计

C. 热电偶是利用 2 种不同的金属连接成非闭合回路后产生热电效应的原理制成的温度计

D. 热电偶是利用 2 种不同的金属连接成闭合回路后产生热电效应的原理制成的温度计

182. 热电势的大小与热电偶的冷热两端的温度差成(D)关系。

A. 反比　　B. 平方　　C. 正比　　D. 一定比例

183. 温度测量仪表指示为零的原因是(B)造成温度记录为零。

A. 热电偶受潮　　B. 热电偶接反

C. 热电偶膨胀　　D. 热电偶短路

184. 机泵不上量的原因有多种，除泵内有不凝气和泵入口阀未开或过滤器堵外，下列不是机泵不上量的原因是(D)。

A. 泵坏　　B. 泵内有杂物

C. 泵入口压力低　　D. 泵安装位置太低

185. 下列选项中(A)是泵不上量的原因之一。

A. 过滤器堵塞　　B. 泵进口阀全开

C. 泵在最大效率点　　D. 物料低于饱和蒸汽压

186. 塔顶、底产品不合格是精馏塔常见的不正常现象，以下不是精馏塔常见的异常现象是(D)。

A. 塔顶压力控制不稳　　B. 塔釜液面不稳

C. 泛塔　　D. 窜料

187. 当塔顶重组分含量增大时，采取措施正确的是(A)。

A. 加大回流量　　B. 减小回流量

C. 加大加热量　　D. 加大塔顶采出量

188. 离心泵过滤器堵塞时判断方法错误的是(A)。

A. 看电流变化　　B. 看流量变化

C. 看液面变化　　D. 看泵压力表波动情况

189. 疏水器大量漏气时，下列现象中错误的是(A)。

A. 塔压升高　　B. 温度下降

C. 塔液面升高　　D. 蒸气量增大

190. 离心泵内有杂音的原因有多种，下列情况中错误的是(C)。

A. 机泵反转　　B. 管路及轴封不好

C. 泵出口阀未开足　　D. 泵内有杂物或过滤器堵

191. TICA 中的"I"表示的是(D)。

A. 温度　　B. 压力　　C. 液面　　D. 指示

192. 机泵瞬时停电最好的处理方法可采取(C)。

A. 紧急停车　　B. 强制放空

C. 强制启动泵　　D. 关闭泵进口阀

193. 循环水中断时精馏塔冷凝器出料温度(A)。

A. 上升　　B. 下降　　C. 不变　　D. 变化不一定

194. 事故处理要坚持(C)不放过的原则。

A. 二　　B. 三　　C. 四　　D. 五

195. 凡因外部因素导致装置全线停车的，叫做(C)停工。

A. 局部正常　　B. 局部紧急

C. 装置紧急　　D. 装置正常

196. 启动离心泵时，(D)会引起电机过载。

A. 没有排气　　B. 没有预热

C. 没装过滤器　　D. 泵出口阀打开过快

197. 机泵设置跳闸功能的目的是从(C)角度考虑的。

A. 工艺　　B. 安全　　C. 保护电机　　D. 保护机泵

198. 油类着火扑救时，下列不能直接用于灭火的是(A)。

A. 水　　B. 黄沙　　C. 泡沫灭火器　　D. 干粉灭火器

199. 物质因状态或压力突变而形成的爆炸现象称为(C)。

A. 分解爆炸　　B. 化学爆炸　　C. 物理爆炸　　D. 合成爆炸

200. 二氧化碳灭火机不适宜用的火灾物是(B)。

A. 油类　　B. 金属钾　　C. 精密仪器　　D. 电气设备

201. 下面(D)为不正确的空气呼吸器佩戴使用方法。
   A. 在使用中因碰撞或其他原因造成面罩错动时，应及时屏住呼吸，以免吸入有毒气体，立即使面罩复位并撤离作业区域
   B. 经常查看压力表，注意余气量，当压力降至 5MPa 或听到报警声时，应立即撤离作业现场
   C. 在使用空气呼吸器前，必须按佩戴顺序佩戴，严禁佩戴完毕后再打开气瓶阀
   D. 在毒区维修或摘下面具
202. 下面(D)不属于正确的消防、气防报警程序。
   A. 报警人员尽量使用普通话，说话要清楚。报火警电话时，要首先讲清着火部位、燃烧介质、火势大小、报警人员姓名等要素，以便消防队采用正确的灭火材料和灭火战斗方案
   B. 报警人员要得到消防部门接警人员和气防站值班人员的正确回答后，方可挂断电话
   C. 报警完毕后，要派人到主要路口引导消防车和气防车，并带到事故现场
   D. 查找泄漏点，切断气源
203. 发现人触电后，首先的尽快是(A)。
   A. 脱离电源　　B. 紧急送医院
   C. 马上注射强心针　　D. 人工呼吸
204. 对触电人急救人工呼吸法的正确步骤是(A)。
   A. 头部后仰→捏鼻掰嘴→帖紧吹气→放松换气
   B. 捏鼻掰嘴→帖紧吹气→头部后仰→放松换气
   C. 帖紧吹气→捏鼻掰嘴→放松换气→头部后仰
   D. 放松换气→捏鼻掰嘴→帖紧吹气→头部后仰
205. 下列防止“水锤”的措施中正确的是(D)。
   A. 引蒸汽要慢　　B. 预热温度要低
   C. 要用低压蒸汽预热　　D. 排尽积水，引蒸汽要慢
206. 压力容器超压的处理措施不正确的是(A)。
   A. 提高温度　　B. 加大放空
   C. 停止进料　　D. 加大排出
207. 压力容器安全阀起跳后，处理措施正确的是(C)。
   A. 提高温度　B. 减少放空　C. 停止进料　D. 停止出料
208. 玻璃板液面计玻璃破损漏液的处理方法的第一步是(D)。
   A. 降低液面　　B. 通知仪表
   C. 降低塔压　　D. 关闭汽液阀门
209. 玻璃板液面计玻璃破损漏液的处理方法正确的是(D)。
   A. 倒空物料→更换破损玻璃→置换→投用
   B. 关闭汽液阀门→更换破损玻璃→置换→投用
   C. 关闭汽液阀门→倒空物料→更换破损玻璃→投用
   D. 关闭汽液阀门→倒空物料→更换破损玻璃→置换→投用

210. 维持正常生产运行，处理带副线阀的调节阀时，应采取(C)措施。

A. 关闭副线阀　　B. 关闭调节阀后阀

C. 打开副线阀　　D. 关闭调节阀前阀

211. 固定式消防炮的回转角度是(D)。

A. 90°　　B. 120°　　C. 180°　　D. 360°

212. 下列符号中表示"气关阀"的是(A)。

A. FO　　B. FS　　C. FC　　D. QS

213. 气开阀和气关阀的调节状态以(A)MPa 压力为界限。

A. ≤0.02　　B. ≤0.03　　C. ≤0.04　　D. ≤0.05

214. 阀门型号 Q41F-16，最左边的部分是(A)。

A. 阀门类型　　B. 传动方式　　C. 结构形式　　D. 阀体材料

215. 下列阀门型号中表示"截止阀"的是(C)。

A. A42Y-16　　B. Z41H-40Dg25

C. J41F-10Dg100　　D. Q44F-25C-Dg80

216. "A42Y-16"中表示安全阀连接形式为法兰连接的代码是(C)。

A. A　　B. 2　　C. 4　　D. Y

217. "A42Y-16"中的代码"Y"表示的是(C)。

A. 法兰连接　　B. 公称压力

C. 硬质合金密封圈　　D. 封闭弹簧全启式

218. 阀门类别中的代号"H"表示的是(B)。

A. 闸阀　　B. 安全阀　　C. 单向阀　　D. 截止阀

219. 闸阀符号"Z41H-16-50"中表示"压力"的是(C)。

A. 41　　B. H　　C. 16　　D. 50

220. "Z942W-1"该符号所指的阀门是(B)。

A. 截止阀　　B. 闸阀　　C. 单向阀　　D. 球阀

221. kg 与 g 单位换算系数是(D)。

A. 10　　B. 100　　C. 500　　D. 1000

222. 下列质量单位不属于国际标准的是(C)。

A. kg　　B. g　　C. 斤　　D. mg

223. 千米在国际标准中缩写是(C)。

A. m　　B. KM　　C. km　　D. kM

224. 0.3MPa 相当于(D)mmHg。

A. 760　　B. 1520　　C. 760　　D. 2280

225. 0.3MPa 相当于(B)kPa。

A. 30　　B. 300　　C. 3000　　D. 30000

226. 圆面积公式正确的是(C)。(R——圆半径，D——圆直径)

A. $0.5\pi R^2$　　B. $2\pi R^2$　　C. $0.25\pi D^2$　　D. πD^2

227. 下列体积单位缩写不属于国际标准的是(A)。

A. M^3　　B. m^3　　C. cm^3　　D. mm^3

228. 密度的单位正确的是(D)。

A. m^3/h B. m/h C. kg/h D. kg/m^3

229. 密度(ρ)的计算公式正确的是(A)。(m——质量，v——体积)

A. m/v B. mv C. v/m D. $1/mv$

230. 某储罐装有液态烃 10t，体积是 $20m^3$，此液态烃密度是(B)g/m^3。

A. 200 B. 500 C. 200000 D. 500000

231. 某容器中盛有 1200mL 质量为 900g 液体，该液体的密度是(B)g/cm^3。

A. 0.55 B. 0.75 C. 0.85 D. 0.65

232. 现有 2t 密度为 $1200kg/m^3$ 的溶液，若运输该溶液采用 200L 的桶，求需准备(D)个桶？

A. 6 B. 7 C. 8 D. 9

233. 0℃时 20%的氢氧化钠密度为 $1.23g/cm^3$，50℃时 20%的氢氧化钠密度为 $1.20g/cm^3$，1000g20%的氢氧化钠溶液由 0℃升温到 50℃增加的体积是(B)mL。

A. 19.3 B. 20.3 C. 21.3 D. 22.3

234. 1 个标准大气压相当于(C)mH_2O。

A. 0.76 B. 1 C. 10 D. 760

235. 在 $100cm^2$ 的静止木板上放有 5kg 的重物，该重物对木板产生的压强为(D)$\times 10^3Pa$。

A. 4.5 B. 3.5 C. 5.5 D. 4.9

236. 储油罐中盛有密度为 $670kg/m^3$ 的溶剂油，油面高于罐底 9m，油面上方为常压。在罐侧壁的下部有一直径为 0.6m 的人孔，并装有孔盖，其孔中心距罐底为 0.8m，盖内侧所受压力是(C)$\times 10^4N$。

A. 3 B. 6 C. 4.38 D. 5

237. 某精馏塔进料流量为 $40m^3/h$，物料密度为 $650kg/m^3$，管道内径为 150mm，体积流速(B)，质量流速(B)。

A. 7.22kg/s、6m/s B. 6m/s、7.22kg/s

C. 7m/s、8.22kg/s D. 5m/s、5.22kg/s

238. 某热水罐为立式圆柱形罐，体积为 $20m^3$，每当液位到达 80%，热水泵启动；当液位到了 20%停止，整个过程需要 30min，若热水的密度为 $980kg/m^3$，热水的质量流量是(D)t/h。

A. 22 B. 36 C. 25 D. 23.52

239. 某水管的设计流量为 $45m^3/h$，设计流速为 1.6m/s，应选用公称直径为(C)mm 的管线。

A. 80 B. 110 C. 100 D. 90

240. 计量工序某计量泵出口的转子流量计显示当前流量为 20L/h，已知管线公称直径为 25mm，物料的流速是(B)$\times 10^{-2}m/s$。

A. 1.4 B. 1.1 C. 1.5 D. 1.6

241. 某碱洗系统采用 40%的浓烧碱溶液配制成 2%的稀溶液使用，若碱罐的容积为 $2m^3$，则应加(D)kg 浓烧碱溶液(稀碱溶液的密度为 $1000kg/m^3$)。

A. 80 B. 95 C. 105 D. 100

242. 配制 100kg 浓度为 15%的烧碱溶液，需要(B)kg 纯度为 80%的烧碱。

A. 19.75 B. 18.75 C. 17.75 D. 16.75

243. 某条件下，有 100g 浓度为 40%的硝酸钾溶液，若向溶液中加 5g 硝酸钾固体全部溶解，该溶液的浓度是(A)%。

A. 42.9 B. 43.0 C. 41.9 D. 44.0

244. 20℃时亚硝酸钠饱和溶液的浓度为 45.8%，该温度下亚硝酸钠的溶解度是(C)g。

A. 68 B. 78 C. 84.5 D. 88

245. 室温下有 500g 浓度为 25.37%的氯化钾饱和溶液，若要得到 60℃的饱和溶液，需加氯化钾固体(B)g。(60℃时，氯化钾的溶解度为 45.5g)

A. 40 B. 42.9 C. 43.9 D. 45

246. 现有 200g60℃的氯化钾饱和溶液，若要使温度降至 20℃而不析出氯化钾晶体，需加水(C)g。(60℃时，氯化钾的溶解度为 45.5g，20℃时氯化钾的溶解度为 34g)

A. 44.3 B. 45.3 C. 46.3 D. 47.3

四、技能操作鉴定要素细目表

鉴定范围						鉴定点	
一级		二级		三级		代码	名称
代码	名称	代码	名称	代码	名称		
A	技能要求	A	工艺操作	A	开车准备	001	原料进装置开车流程改通操作
						002	装置引氮气操作
						003	装置引蒸汽操作
						004	催化蒸馏塔试压试漏操作
						005	催化蒸馏塔开车流程检查
				B	开车操作	001	液化气脱水操作
						002	玻璃板液面计投用校对
						003	液化气离心泵开泵操作
						004	引蒸汽入塔底重沸器操作
						005	催化蒸馏塔循环操作
				C	正常操作	001	泵的日常巡检
						002	换热器改副线操作
						003	换热器的日常巡检
						004	控制阀改副线操作
						005	确认控制阀阀位操作
						006	塔底液面校对
						007	催化蒸馏塔的巡检
						008	调节阀巡检
						009	机泵巡检
						010	阀门操作

续表

鉴定范围						鉴定点	
一级		二级		三级		代码	名称
代码	名称	代码	名称	代码	名称		
				D	停车操作	001	拆氮气盲板操作
						002	离心泵停车操作
						003	停车泄压操作
						004	停塔底重沸器操作
						005	消防水炮使用
						006	心肺复苏操作
						007	蒸塔操作
						008	正压式空气呼吸器使用
		B	设备使用与维护	A	使用设备	001	安全阀投用操作
						002	组合密封投用
						003	高速泵投用
						004	往复泵使用
				B	维护设备	001	机泵加润滑油(脂)操作
						002	机泵开车前检查
						003	润滑油三级过滤操作
						004	压力表更换操作
						005	装置仪表风罐日常检查
		C	事故判断与处理	A	判断事故	001	放火炬管线液化气泄漏的判断
						002	机泵抽空的判断
						003	机泵电机温度超标的判断
						004	机泵振动超标的判断
						005	塔底现场液位计失灵的判断
						006	压力表损坏的判断
				B	处理事故	001	离心泵抽空的处理
						002	塔底现场液位计失灵的处理
						003	液化气机泵入口阀门内漏的处理
						004	装置水击现象的处理
						005	装置原料泵全坏事故的处理
		D	绘图与计算	A	绘图	001	催化蒸馏塔系统流程图绘制
						002	离心泵设备简图(包括进出口管线)绘制

五、技能操作试题

试题1：原料进装置开车流程改通操作

（考核时间：20min）

序号	考核内容	考核要点	配分	评分标准	检测结果	扣分	得分	备注
1	准备工作	穿戴劳保用品	3	未穿戴整齐扣3分				
		工具、用具准备	2	工具选择不正确扣2分				
2	操作前提	流程盲板的检查确认	10	未确认管线盲板每一处扣5分				
		流程中安全附件的检查确认	15	未检查压力表状态扣5分				
				未检查液面计状态扣5分				
				未检查安全阀状态扣5分				
		原料缓冲罐放空阀的检查确认	10	未检查容器顶放空阀状态扣5分				
				未检查容器底放空阀状态扣5分				
3	操作过程	工作联系及时到位	5	未及时联系扣5分				
		操作步骤按顺序无遗漏	30	阀门每错开一个扣5分				
				未检查其他精制烃进装置阀门是否关闭扣5分				
				未检查放空阀是否关闭扣5分				
				未打开阀组手阀扣5分				
				未按先后顺序扣10分				
		操作注意事项符合操作规程，遵守安全规定	10	未观察压力变化扣5分				
				未注意放空阀开度扣5分				
4	操作结果	操作结果符合要求	10	发现异常情况未及时处理扣5分				
				流程未检查确认扣5分				
5	使用工具	正确使用工具	2	工具使用不正确扣2分				
		正确维护工具	3	工具乱摆乱放扣3分				
		合　计	100					

试题2：装置引氮气操作

（考核时间：20min）

序号	考核内容	考核要点	配分	评分标准	检测结果	扣分	得分	备注
1	准备工作	穿戴劳保用品	3	未穿戴整齐扣3分				
		工具、用具准备	2	工具选择不正确扣2分				
2	操作前提	流程盲板的检查确认	10	未确认管线盲板每一处扣5分				
		流程检查确认	15	未检查流量计扣5分				
				未检查单向阀扣5分				
				未检查压力表扣5分				
		放空阀的检查确认	5	未检查各处放空阀状态扣5分				

续表

序号	考核内容	考核要点	配分	评分标准	检测结果	扣分	得分	备注
3	操作过程	工作联系及时到位	5	未及时联系扣5分				
		操作步骤按顺序无遗漏	25	阀门每开错一个扣5分				
				未按先后顺序进行扣5分				
				引氮气未检查是否有水扣5分				
				开放空阀过快扣5分				
		操作注意事项符合操作规程，遵守安全规定	20	操作人员站位不对扣10分				
				关放空阀不及时扣5分				
				未注意压力、流量变化扣5分				
4	操作结果	流程检查规范，操作结果符合要求	10	未能发现异常情况扣5分				
				发生异常情况未及时处理扣5分				
5	使用工具	正确使用工具	2	工具使用不正确扣2分				
		正确维护工具	3	工具乱摆乱放扣3分				
合　计			100					

试题3：装置引蒸汽操作

（考核时间：20min）

序号	考核内容	考核要点	配分	评分标准	检测结果	扣分	得分	备注
1	准备工作	穿戴劳保用品	3	未穿戴整齐扣3分				
		工具、用具准备	2	工具选择不正确扣2分				
2	操作前提	流程盲板的检查确认	10	未确认管线盲板每一处扣5分				
		流程检查确认	15	未检查流量计扣5分				
				未检查蒸汽管线情况扣5分				
				未检查压力表扣5分				
		放空阀的检查确认	5	未检查各处放空阀状态扣5分				
3	操作过程	工作联系及时到位	5	未及时联系扣5分				
		操作步骤按顺序无遗漏	30	阀门每开错一个扣5分				
				未按先后顺序进行扣5分				
				引蒸汽未排凝扣10分				
				开放空阀过快扣5分				
				开蒸汽阀过快扣5分				
		操作注意事项符合操作规程，遵守安全规定	15	操作人员站位不对扣5分				
				关放空阀不及时扣5分				
				未注意压力、流量变化扣5分				
4	操作结果	流程检查规范，操作结果符合要求	10	发生轻微水击扣5分				
				发生水击未及时处理扣5分				

续表

序号	考核内容	考核要点	配分	评分标准	检测结果	扣分	得分	备注
				发生设备损坏本题不得分				
5	使用工具	正确使用工具	2	工具使用不正确扣2分				
		正确维护工具	3	工具乱摆乱放扣3分				
		合　计	100					

否定项说明：考核过程中若发现引蒸汽不脱水、设备损坏的情况，此题为零分。

试题4：催化蒸馏塔试压试漏操作

（考核时间：20min）

序号	考核内容	考核要点	配分	评分标准	检测结果	扣分	得分	备注
1	准备工作	穿戴劳保用品	3	未穿戴整齐扣3分				
		工具、用具准备	2	工具选择不正确扣2分				
2	操作程序	确认大检修中所加盲板已全部拆除，管线恢复完毕	15	未确认盲板是否拆除完毕每处扣3分，直至扣满15分				
				未确认管线是否恢复完毕扣5分				
3		组织试压试漏流程，打开系统内所有调节阀的副线阀，确认系统各设备已连通，确认系统安全阀已装好	10	流程组织不正确扣10分				
4		切断催化蒸馏塔与反应系统的联系、与催化蒸馏系统的联系、与甲醇回收系统的联系	15	未切断催化蒸馏塔与其他系统的联系每处扣5分，扣完为止				
5		自催化蒸馏塔进料线或回流线接氮气给系统冲压至操作压力的1.05~1.10倍	10	充压位置选取不正确扣10分				
6		保压下用肥皂水对检修过的设备，管线，阀门的全部动静密封点进行试漏	20	对每个动、静密封点进行逐个试漏每漏试一处扣2分，直至扣满20分				
7		发现漏点进行记录，处理	10	发现漏点没有进行记录和处理该项不得分				
8		漏点处理完后充氮气至0.1MPa保压。直至进料开车	10	压力保不住该项不得分				
9	使用工具	正确使用工具	2	工具使用不正确扣2分				
		正确维护工具	3	工具乱摆乱放扣3分				
		合　计	100					

否定项说明：若出现氮气窜入其他系统或外装置等情况，该题为零分。

试题5：催化蒸馏塔开车流程检查

（考核时间：25min）

序号	考核内容	考核要点	配分	评分标准	检测结果	扣分	得分	备注
1	准备工作	穿戴劳保用品	3	未穿戴整齐扣3分				
		工具、用具准备	2	工具选择不正确扣2分				
2	操作程序	确认大检修中所加盲板已全部拆除，管线恢复完毕	15	未确认盲板是否拆除完毕每处扣3分，直至扣满15分				
				未确认管线是否恢复完毕扣5分				
3		确认共沸蒸馏系统已经过试压试漏合格，机泵、塔、再沸器、冷凝器具备投用条件	13	未确认系统是否试压试漏合格扣5分				
				未确认机泵是否具备投用条件扣2分				
				未确认塔是否具备投用条件扣2分				
				未确认再沸器是否具备投用条件扣2分				
				未确认冷凝器是否具备投用条件扣2分				
4		确认各类阀门、仪表、液面计、温度计等已经过专业标定、校验合格	7	未确认各类阀门是否合格扣3分				
				未确认各类仪表是否合格扣4分				
5		确认循环水、电、蒸汽、仪表风等公用工程已引到界区且具备立即投用的条件	12	未检查循环水是否打开扣3分				
				未检查机泵是否送电扣3分				
				未检查蒸汽是否引到阀前扣3分				
				未确认仪表风是否送入装置扣3分				
6		确认共沸蒸馏系统的安全放空系统畅通	10	未确认该项不得分				
7		现场关闭系统内所有的倒淋阀、副线阀、旁通阀，在DCS操作画面上关闭系统内的所有调节阀，解除串级	15	未在现场关闭倒淋阀、副线阀、旁通阀的扣6分(每个2分)				
				未在DCS操作画面上关闭系统内的所有调节阀的扣6分				
				未解除串级的扣3分				
8		在现场组织好正常生产中物料所必须经过的进料线、回流线、馏出线、塔顶塔底采出线(泵的出入口除外)	18	未组织好进料线流程扣4分				
				未组织好回流线流程扣4分				
				未组织好馏出线流程扣4分				
				未组织好塔顶采出流程扣3分				
				未组织好塔底采出流程扣3分				
9	使用工具	正确使用工具	2	工具使用不正确扣2分				
		正确维护工具	3	工具乱摆乱放扣3分				
合计			100					

否定项说明：若出现未检查安全放空系统等情况，该题为零分。

试题6：玻璃板液面计投用校对

（考核时间：15min）

序号	考核内容	考核要点	配分	评分标准	检测结果	扣分	得分	备注
1	准备工作	穿戴劳保用品	3	未穿戴整齐扣3分				
		工具、用具准备	2	工具选择不正确扣2分				
2	操作前提	液面计状态确认	20	液面计作用、原理不清楚扣5分				
				液面计静密封点不清楚扣5分				
				液面计状态未检查扣5分				
				阀门状态未检查扣5分				
3	操作程序	操作步骤无遗漏	25	漏项或操作不当每处扣5分				
				未按先后顺序扣5分				
				开错阀门扣15分				
		操作方法正确	20	投用方法不正确扣10分				
				校对方法不正确扣10分				
		操作注意事项	10	未试压扣10分				
4	操作结果	操作结果符合要求	15	液面计发生损坏扣10分				
				液面计发现漏点未及时处理扣5分				
5	使用工具	正确使用工具	2	工具使用不正确扣2分				
		正确维护工具	3	工具乱摆乱放扣3分				
		合　计	100					

试题7：液化气离心泵开泵操作

（考核时间：15min）

序号	考核内容	考核要点	配分	评分标准	检测结果	扣分	得分	备注
1	准备工作	穿戴劳保用品	3	未穿戴整齐扣3分				
		工具、用具准备	2	工具选择不正确扣2分				
2	操作前提	机泵检查确认	35	机泵未盘车扣15分				
				机泵未加油扣5分				
				机泵进出口阀门未检查扣5分				
				放空阀状态未检查扣5分				
				机泵状态未检查扣5分				
3	操作程序	工作联系及时	5	未及时联系确认扣5分				
		操作步骤无遗漏，操作方法正确	25	漏项或操作不当每处扣5分				
				未按先后顺序扣5分				
				开错阀门扣15分				

续表

序号	考核内容	考核要点	配分	评分标准	检测结果	扣分	得分	备注
		操作注意事项	15	未检查出口压力扣5分				
				未检查机泵电流扣5分				
				未检查机泵振动、温度扣5分				
4	操作结果	操作结果符合要求	10	流量未达到要求扣5分				
				机泵发生异常未及时联系处理扣5分				
5	使用工具	正确使用工具	2	工具使用不正确扣2分				
		正确维护工具	3	工具乱摆乱放扣3分				
合　计			100					

试题8：引蒸汽入塔底重沸器操作

（考核时间：15min）

序号	考核内容	考核要点	配分	评分标准	检测结果	扣分	得分	备注
1	准备工作	穿戴劳保用品	3	未穿戴整齐扣3分				
		工具、用具准备	2	工具选择不正确扣2分				
2	操作前提	设备检查确认	30	蒸汽放空脱水未做扣20分				
				蒸汽重沸器进出口阀门未检查扣5分				
				放空阀状态未检查扣5分				
3	操作程序	工作联系及时	5	未及时联系确认扣5分				
		操作步骤无遗漏，操作方法正确	25	漏项或操作不当每处扣5分				
				未按先后顺序扣5分				
				操作速度过快扣5分				
				开错阀门扣10分				
		操作注意事项	20	未检查温度变化扣5分				
				未检查蒸汽冷凝水是否畅通扣10分				
				未检查重沸器静密封点情况扣5分				
4	操作结果	操作结果符合要求	10	蒸汽流量未达到要求扣5分				
				发生异常未及时联系处理扣5分				
5	使用工具	正确使用工具	2	工具使用不正确扣2分				
		正确维护工具	3	工具乱摆乱放扣3分				
合　计			100					

试题 9：催化蒸馏塔循环操作

（考核时间：30min）

序号	考核内容	考核要点	配分	评分标准	检测结果	扣分	得分	备注
1	准备工作	穿戴劳保用品	3	未穿戴整齐扣 3 分				
		工具、用具准备	2	工具选择不正确扣 2 分				
2	操作程序	装置待料时可对催化蒸馏塔系统进行打循环的操作。此时应注意减小操作费用	10	分不清何时进行循环操作扣 5 分				
				不注意减小操作费用扣 5 分				
3		当催化蒸馏塔停止进料后，将塔釜蒸汽量与灵敏板温度的串级控制解除，手动调节蒸汽量适当降低灵敏板温度	10	没有解除串级控制扣 5 分				
				没有适当降低蒸汽量扣 5 分				
4		当塔釜液面低于 30% 后，关闭塔底产品的采出	20	剩余塔釜液面过低使循环不能建立的扣 10 分				
				塔底采出不合格产品的扣 10 分				
5		适当减小回流量，减小冷凝器的循环水量，控制回流罐液面低于 30% 后，停止塔顶产品的采出	30	没有适当减小回流量的扣 5 分				
				没有适当减小循环水量的扣 5 分				
				回流罐液面剩余过低使循环不能建立的扣 10 分				
				塔顶采出不合格产品的扣 10 分				
6		系统开始循环，稳定蒸汽量，控制灵敏板温度、塔顶压力、控制回流量，减小回流比，使操作费用降至最小	20	循环时系统整体参数控制不稳扣 10 分				
				回流比没有调至最小造成操作成本增加扣 10 分				
7	使用工具	正确使用工具	2	工具使用不正确扣 2 分				
		正确维护工具	3	工具乱摆乱放扣 3 分				
		合　计	100					

试题 10：泵的日常巡检

（考核时间：25min）

序号	考核内容	考核要点	配分	评分标准	检测结果	扣分	得分	备注
1	准备工作	穿戴劳保用品	3	未穿戴整齐扣 3 分				
		工具、用具准备	2	工具选择不正确扣 2 分				
2	巡检前的准备	巡检目的清楚	5	不清楚巡检目的扣 5 分				
		巡检时间在要求范围内	10	不清楚巡检时间扣 5 分				
				不清楚巡检频次扣 5 分				
3	巡检路线	巡检路线正确无误	5	巡检路线错扣 3 分				
				巡检路线不熟悉扣 2 分				

续表

序号	考核内容	考核要点	配分	评分标准	检测结果	扣分	得分	备注
		清楚巡检点位置并按时到巡检点位置	10	不清楚巡检点位置扣5分				
				未按时到巡检位置扣5分				
		巡检内容无一缺漏	10	巡检内容缺一扣5分				
4	巡检过程处理	巡检过程能够发现泄漏点等其他异常现象	15	发现泄漏点未挂牌扣5分				
				有异常现象未发现扣10分				
		及时处理和记录巡检过程异常情况	10	发现异常未记录扣5分				
				发现异常未及时处理扣5分				
5	现场的日常维护	设备维护保养符合规范	20	未检查设备状况扣5分				
				机泵盘车错误者扣5分				
				设备加润滑油错误扣5分				
				设备维护保养差扣5分				
		区域内卫生状况良好	5	现场脏乱差扣3分				
				发现现场有杂物未处理扣2分				
6	使用工具	正确使用工具	2	工具使用不正确扣2分				
		正确维护工具	3	工具乱摆乱放扣3分				
合　计			100					

试题11：换热器改副线操作

（考核时间：15min）

序号	考核内容	考核要点	配分	评分标准	检测结果	扣分	得分	备注
1	准备工作	穿戴劳保用品	3	未穿戴整齐扣3分				
		工具、用具准备	2	工具选择不正确扣2分				
2	操作前提	流程检查全面	25	换热器进出口阀门状态未检查扣10分				
				换热器副线未检查扣10分				
				流程未检查扣5分				
3	操作程序	工作联系及时	10	未及时联系确认扣10分				
		操作步骤	20	漏项或操作不当每处扣5分				
				开错阀门扣10分				
		操作按先后顺序	10	操作顺序不正确扣10分				
		操作注意事项	10	未检查压力扣5分				
				未注意流量变化扣5分				
4	操作结果	操作结果符合要求	15	未达到规定流量扣5分				
				造成流量大幅波动的扣10分				

续表

序号	考核内容	考核要点	配分	评分标准	检测结果	扣分	得分	备注
5	使用工具	正确使用工具	2	工具使用不正确扣2分				
		正确维护工具	3	工具乱摆乱放扣3分				
		合　计	100					

试题12：换热器的日常巡检

（考核时间：15min）

序号	考核内容	考核要点	配分	评分标准	检测结果	扣分	得分	备注
1	准备工作	穿戴劳保用品	3	未穿戴整齐扣3分				
		工具、用具准备	2	工具选择不正确扣2分				
2	巡检前的准备	巡检目的清楚	5	不清楚巡检目的扣5分				
		巡检时间在要求范围内	10	不清楚巡检时间扣5分				
				不清楚巡检频次扣5分				
3	巡检路线	巡检路线正确无误	5	巡检路线错扣3分				
				巡检路线不熟悉扣2分				
		清楚巡检点位置并按时到巡检点位置	10	不清楚巡检点位置扣5分				
				未按时到巡检位置扣5分				
		巡检内容无一缺漏	10	巡检内容缺一扣5分				
4	巡检过程处理	巡检过程能够发现泄漏点等其他异常现象	15	发现泄漏点未挂牌扣5分				
				有异常现象未发现扣10分				
		及时处理和记录巡检过程异常情况	10	发现异常未记录扣5分				
				发现异常未及时处理扣5分				
5	现场的日常维护	设备维护保养符合规范	20	未检查设备状况扣5分				
				巡检记录不全扣5分				
				未检查换热器放空阀状态扣5分				
				设备维护保养差扣5分				
		区域内卫生状况良好	5	现场脏乱差扣3分				
				发现现场有杂物未处理扣2分				
6	使用工具	正确使用工具	2	工具使用不正确扣2分				
		正确维护工具	3	工具乱摆乱放扣3分				
		合　计	100					

试题 13：塔底液面校对

（考核时间：10min）

序号	考核内容	考核要点	配分	评分标准	检测结果	扣分	得分	备注
1	准备工作	穿戴劳保用品	3	未穿戴整齐扣 3 分				
		工具、用具准备	2	工具选择不正确扣 2 分				
2	技术准备	液面计工作原理清楚	25	液面计工作原理不清楚扣 5 分				
				现场液位校对目的不清楚扣 5 分				
				现场液面计位置不熟悉扣 5 分				
				液面判断方法不清楚扣 10 分				
3	操作程序	操作步骤无漏项	20	漏项或操作不当每处扣 10 分				
				开错阀门扣 10 分				
		操作方法正确	10	校对方法不正确扣 10 分				
		操作注意事项考虑全面	10	注意液面计放空扣 10 分				
4	操作结果	操作结果符合要求	25	液面计校对不正确扣 10 分				
				校对有误差原因分析不清楚扣 5 分				
				液面计有异常未及时联系修理扣5 分				
				液面校对误差超过 10% 扣 5 分				
5	使用工具	正确使用工具	2	工具使用不正确扣 2 分				
		正确维护工具	3	工具乱摆乱放扣 3 分				
		合　计	100					

试题 14：催化蒸馏塔的巡检

（考核时间：15min）

序号	考核内容	考核要点	配分	评分标准	检测结果	扣分	得分	备注
1	准备工作	穿戴劳保用品	3	未穿戴整齐扣 3 分				
		工具、用具准备	2	工具选择不正确扣 2 分				
2	操作程序	检查回流泵运转情况，电机是否正常，有无润滑油，泵压是否稳定	10	每少查一项扣 5 分				
3		检查机泵附属管线有无泄漏，地脚螺丝有无松动，有无异常声音	10	每少查一项扣 5 分				
4		检查塔压力与 DCS 指示有无偏差，安全阀有无内漏现象	15	没进行现场压力核对扣 10 分				
				未检查安全阀扣 5 分				
5		检查塔现场实际液位与 DCS 指示是否有偏差	15	没进行现场液位核对扣 15 分				
6		检查塔顶冷凝器循环水温度是否正常	15	未检查塔顶冷凝器循环水温度扣 15 分				

续表

序号	考核内容	考核要点	配分	评分标准	检测结果	扣分	得分	备注
7		检查塔釜再沸器加热是否正常，冷凝水排出是否正常	15	未检查塔釜再沸器加热是否正常，冷凝水排出是否正常扣 15 分				
8		检查塔附属管线有无泄漏	10	未检查塔附属管线扣 10 分				
9	使用工具	正确使用工具	2	工具使用不正确扣 2 分				
		正确维护工具	3	工具乱摆乱放扣 3 分				
		合　计	100					

试题 15：机泵的巡检

（考核时间：25min）

序号	考核内容	考核要点	配分	评分标准	检测结果	扣分	得分	备注
1	准备工作	穿戴劳保用品	3	未穿戴整齐扣 3 分				
		工具、用具准备	2	工具选择不正确扣 2 分				
2	巡检前的准备	巡检目的清楚	5	不清楚巡检目的扣 5 分				
		巡检时间在要求范围内	10	不清楚巡检时间扣 5 分				
				不清楚巡检频次扣 5 分				
3	巡检路线	巡检路线正确无误	5	巡检路线错扣 3 分				
				巡检路线不熟悉扣 2 分				
		清楚巡检点位置并按时到巡检点位置	10	不清楚巡检点位置扣 5 分				
				未按时到巡检位置扣 5 分				
		巡检内容无一缺漏	10	巡检内容缺一扣 5 分				
4	巡检过程处理	巡检过程能够发现泄漏点等其他异常现象	15	发现泄漏点未挂牌扣 5 分				
				有异常现象未发现扣 10 分				
		及时处理和记录巡检过程异常情况	10	发现异常未记录扣 5 分				
				发现异常未及时处理扣 5 分				
5	现场的日常维护	设备维护保养符合规范	20	未检查设备状况扣 5 分				
				机泵盘车错误者扣 5 分				
				机泵加润滑油错误扣 5 分				
				机泵维护保养差扣 5 分				
		区域内卫生状况良好	5	现场脏乱差扣 3 分				
				发现现场有杂物未处理扣 2 分				
6	使用工具	正确使用工具	2	工具使用不正确扣 2 分				
		正确维护工具	3	工具乱摆乱放扣 3 分				
		合　计	100					

试题 16：阀门的操作

（考核时间：15min）

序号	考核内容	考核要点	配分	评分标准	检测结果	扣分	得分	备注
1	准备工作	穿戴劳保用品	3	未穿戴整齐扣 3 分				
		工具、用具准备	2	工具选择不正确扣 2 分				
2	操作前提	操作前检查	25	阀门结构不清楚扣 5 分				
				未确认检查阀门状态扣 10 分				
				未检查流程者扣 10 分				
3	操作程序	工作联系及时	10	未及时联系确认扣 10 分				
		操作步骤按先后顺序无漏项	30	未按先后顺序进行扣 10 分				
				漏项或操作不当扣 5 分				
				阀门开关未按要求扣 5 分				
				开错阀门扣 10 分				
		操作中的注意事项考虑全面	10	操作不熟练扣 5 分				
				未注意观察流量变化扣 5 分				
4	操作结果	操作结果符合要求	15	未达到规定流量扣 5 分				
				造成流量大幅波动的扣 10 分				
5	使用工具	正确使用工具	2	工具使用不正确扣 2 分				
		正确维护工具	3	工具乱摆乱放扣 3 分				
		合　计	100					

试题 17：拆氮气盲板操作

（考核时间：15min）

序号	考核内容	考核要点	配分	评分标准	检测结果	扣分	得分	备注
1	准备工作	穿戴劳保用品	3	未穿戴整齐扣 3 分				
		工具、用具准备	2	工具选择不正确扣 2 分				
2	操作前提	流程状态检查	30	盲板相关知识不清楚扣 10 分				
				未开工作票扣 10 分				
				工作票填写错误扣 5 分				
				流程状态未检查扣 5 分				
3	操作程序	工作联系及时	5	未及时联系确认扣 5 分				
		操作步骤无遗漏，操作方法正确	20	漏项每处扣 5 分				
				操作不当扣 5 分				
				未按先后顺序扣 5 分				
				监护不认真扣 5 分				
		操作注意事项	25	未检查管线内介质扣 10 分				
				盲板位置错误扣 15 分				
4	操作结果	操作结果符合要求	10	工作票未收回扣 5 分				
				工作票未登记扣 5 分				

续表

序号	考核内容	考核要点	配分	评分标准	检测结果	扣分	得分	备注
5	使用工具	正确使用工具	2	工具使用不正确扣2分				
		正确维护工具	3	工具乱摆乱放扣3分				
		合　计	100					

试题18：离心泵停车操作

（考核时间：15min）

序号	考核内容	考核要点	配分	评分标准	检测结果	扣分	得分	备注
1	准备工作	穿戴劳保用品	3	未穿戴整齐扣3分				
		工具、用具准备	2	工具选择不正确扣2分				
2	操作前提	机泵检查确认	15	机泵进出口阀门未检查扣5分				
				放空阀状态未检查扣5分				
				机泵状态未检查扣5分				
3	操作程序	工作联系及时	5	未及时联系确认扣5分				
		操作步骤无遗漏，操作方法正确	25	漏项或操作不当每处扣5分				
				未按先后顺序扣5分				
				开错阀门扣15分				
		操作注意事项	25	未检查出口压力扣5分				
				未切断相关流程扣10分				
				未注意观察管线及系统状况者扣10分				
4	操作结果	操作结果符合要求	20	污染环境扣5分				
				引起泵倒转扣10分				
				机泵发生异常未及时联系处理扣5分				
5	使用工具	正确使用工具	2	工具使用不正确扣2分				
		正确维护工具	3	工具乱摆乱放扣3分				
		合　计	100					

试题19：停车泄压操作

（考核时间：15min）

序号	考核内容	考核要点	配分	评分标准	检测结果	扣分	得分	备注
1	准备工作	穿戴劳保用品	3	未穿戴整齐扣3分				
		工具、用具准备	2	工具选择不正确扣2分				
2	操作前提	流程检查确认	30	泄压流程未检查扣10分				
				装置边界流程未检查扣10分				
				泄压时机不正确扣10分				

续表

序号	考核内容	考核要点	配分	评分标准	检测结果	扣分	得分	备注
3	操作程序	工作联系及时	10	未及时联系确认扣10分				
		操作步骤无遗漏，操作方法正确	25	漏项或操作不当每处扣5分				
				开错阀门扣5分				
				未按先后顺序扣5分				
				泄压方法不正确扣10分				
		操作注意事项	10	泄压速度过快扣5分				
				未注意参数变化扣5分				
4	操作结果	操作结果符合要求	15	泄压未泄净扣5分				
				操作波动过大扣10分				
5	使用工具	正确使用工具	2	工具使用不正确扣2分				
		正确维护工具	3	工具乱摆乱放扣3分				
		合　计	100					

试题20：消防水炮使用

（考核时间：15min）

序号	考核内容	考核要点	配分	评分标准	检测结果	扣分	得分	备注
1	准备工作	穿戴劳保用品	3	未穿戴整齐扣3分				
		工具、用具准备	2	工具选择不正确扣2分				
2	操作前提	设备检查确认	30	消防水炮基础知识不清楚扣10分				
				使用消防水炮前提不清楚扣10分				
				放水阀状态未检查扣10分				
3	操作程序	操作步骤无遗漏，操作方法正确	40	漏项或操作不当每处扣5分				
				开错阀门扣10分				
				方法不正确扣20分				
		操作注意事项	10	未检查压力扣10分				
4	操作结果	操作结果符合要求	10	未能按要求调整角度扣5分				
				未能按要求调整水量扣5分				
5	使用工具	正确使用工具	2	工具使用不正确扣2分				
		正确维护工具	3	工具乱摆乱放扣3分				
		合　计	100					

试题 21：蒸塔操作

（考核时间：15min）

序号	考核内容	考核要点	配分	评分标准	检测结果	扣分	得分	备注
1	准备工作	穿戴劳保用品	3	未穿戴整齐扣 3 分				
		工具、用具准备	2	工具选择不正确扣 2 分				
2	操作前提	塔器蒸塔条件确认	30	蒸汽未脱水扣 10 分				
				塔顶人孔状态未确认扣 5 分				
				塔顶人员未撤离扣 5 分				
				塔器蒸塔条件未确认扣 10 分				
3	操作程序	工作联系及时	5	未及时联系确认扣 5 分				
		操作步骤无遗漏，操作方法正确	30	漏项或操作不当扣 5 分				
				开错阀门扣 10 分				
				未按先后顺序扣 5 分				
				方法不正确扣 10 分				
		操作注意事项	10	蒸汽开过大扣 5 分				
				蒸汽开过小扣 5 分				
4	操作结果	操作结果符合要求	15	蒸塔未干净扣 5 分				
				造成环境污染扣 10 分				
5	使用工具	正确使用工具	2	工具使用不正确扣 2 分				
		正确维护工具	3	工具乱摆乱放扣 3 分				
		合　计	100					

试题 22：正压式空气呼吸器使用

（考核时间：5min）

序号	考核内容	考核要点	配分	评分标准	检测结果	扣分	得分	备注
1	准备工作	穿戴劳保用品	3	未穿戴整齐扣 3 分				
		工具、用具准备	2	工具选择不正确扣 2 分				
2	操作前体	设备检查确认	25	未检查压力扣 10 分				
				未检查密封性扣 10 分				
				未检查防毒面具扣 5 分				
3	操作程序	操作步骤无遗漏，操作方法正确	55	未按先后顺序进行扣 10 分				
				未打开阀门扣 10 分				
				未扣紧面罩扣 10 分				
				未做气密扣 20 分				
				未穿戴整齐扣 5 分				
4	操作结果	操作结果符合要求	10	发现异常未及时更换扣 10 分				

续表

序号	考核内容	考核要点	配分	评分标准	检测结果	扣分	得分	备注
5	使用工具	正确使用工具	2	工具使用不正确扣 2 分				
		正确维护工具	3	工具乱摆乱放扣 3 分				
		合　计	100					

否定项说明：若出现气瓶压力不检查、气密未作情况，该题为零分。

试题 23：安全阀投用操作

（考核时间：15min）

序号	考核内容	考核要点	配分	评分标准	检测结果	扣分	得分	备注
1	准备工作	穿戴劳保用品	3	未穿戴整齐扣 3 分				
		工具、用具准备	2	工具选择不正确扣 2 分				
2	操作准备	安全阀作用清楚	10	安全阀作用不清楚扣 10 分				
		了解安全阀型号	10	安全阀型号不清楚扣 10 分				
		安全阀安装位置清楚	10	安全阀安装位置不熟悉扣 10 分				
3	操作程序	操作方法正确无遗漏	30	漏项或操作不当每处扣 5 分				
				流程状态未确认扣 10 分				
				铅封未检查每点扣 5 分				
				安全阀手阀未全开扣 10 分				
		操作注意事项	15	未按先后次序扣 5 分				
				未规范操作扣 10 分				
4	操作结果	判断准确，处理方法正确及时	15	未能发现异常情况扣 5 分				
				处理方法错误扣 5 分				
				异常情况未及时联系修理扣 5 分				
5	使用工具	正确使用工具	2	工具使用不正确扣 2 分				
		正确维护工具	3	工具乱摆乱放扣 3 分				
		合　计	100					

试题 24：高速泵投用

（考核时间：15min）

序号	考核内容	考核要点	配分	评分标准	检测结果	扣分	得分	备注
1	准备工作	穿戴劳保用品	3	未穿戴整齐扣 3 分				
		工具、用具准备	2	工具选择不正确扣 2 分				
2	操作准备	高速泵作用清楚	10	高速泵作用不清楚扣 10 分				
		了解高速泵结构	10	高速泵结构不清楚扣 10 分				
		辅助管线检查	10	润滑油系统未检查 5 分				
				冷却系统未检查扣 5 分				

续表

序号	考核内容	考核要点	配分	评分标准	检测结果	扣分	得分	备注
3	操作程序	操作方法正确无遗漏	30	漏项或操作不当每处扣5分				
				流程状态未确认扣10分				
				压力未检查每点扣5分				
				液位未检查扣10分				
		操作注意事项	15	未按先后次序扣5分				
				未规范操作扣10分				
4	操作结果	判断准确，处理方法正确及时	15	未能发现异常情况扣5分				
				处理方法错误扣5分				
				异常情况未及时联系修理扣5分				
5	使用工具	正确使用工具	2	工具使用不正确扣2分				
		正确维护工具	3	工具乱摆乱放扣3分				
		合　计	100					

试题25：往复泵使用

（考核时间：15min）

序号	考核内容	考核要点	配分	评分标准	检测结果	扣分	得分	备注
1	准备工作	穿戴劳保用品	3	未穿戴整齐扣3分				
		工具、用具准备	2	工具选择不正确扣2分				
2	操作前体	流程检查	20	未检查流程扣10分				
				机泵状态未检查扣10分				
3	操作程序	操作步骤按先后顺序，操作方法正确	40	漏项或操作不当扣5分				
				未按先后顺序进行扣10分				
				操作时引起泵憋压扣10分				
				操作方法不正确扣10分				
				开错阀门扣5分				
		操作中的注意事项	10	未注意观察管线及系统压力温度扣10分				
4	操作结果	操作结果符合要求	20	未放净泵内凝结水扣5分				
				泵不上量扣5分				
				误操作造成环境污染扣10分				
5	使用工具	正确使用工具	2	工具使用不正确扣2分				
		正确维护工具	3	工具乱摆乱放扣3分				
		合　计	100					

试题 26：机泵开车前检查

（考核时间：15min）

序号	考核内容	考核要点	配分	评分标准	检测结果	扣分	得分	备注
1	准备工作	穿戴劳保用品	3	未穿戴整齐扣 3 分				
		工具、用具准备	2	工具选择不正确扣 2 分				
2	技术准备	机泵相关知识清楚	20	机泵结构不清楚扣 10 分				
				流程未检查扣 10 分				
				放空阀状态未检查扣 5 分				
3	操作程序	操作步骤 操作方法	40	漏项或操作不当扣 10 分				
				开错阀门扣 10 分				
				方法不正确扣 20 分				
		操作注意事项	20	未盘车扣 20 分				
4	操作结果	操作结果符合要求	10	卫生情况差扣 5 分				
				异常情况未及时联系处理扣 5 分				
5	使用工具	正确使用工具	2	工具使用不正确扣 2 分				
		正确维护工具	3	工具乱摆乱放扣 3 分				
合　计			100					

试题 27：润滑油三级过滤操作

（考核时间：20min）

序号	考核内容	考核要点	配分	评分标准	检测结果	扣分	得分	备注
1	准备工作	穿戴劳保用品	3	未穿戴整齐扣 3 分				
		工具、用具准备	2	工具选择不正确扣 2 分				
2	操作前提	润滑油的检查	30	润滑油牌号选用错误扣 10 分				
				油具不清洁扣 10 分				
				润滑油液面未检查扣 10 分				
3	操作程序	操作步骤无漏项	20	漏项扣 10 分				
				操作不当扣 10 分				
		操作方法正确	20	加油不在规定范围扣 10 分				
				滤网选择错误扣 10 分				
		操作注意事项	10	未检查油位扣 5 分				
				未确认工作效果扣 5 分				
4	操作结果	操作结果符合要求无不当操作	10	未达到要求扣 5 分				
				卫生差扣 5 分				
				操作中不使用滤网不得分				

续表

序号	考核内容	考核要点	配分	评分标准	检测结果	扣分	得分	备注
5	使用工具	正确使用工具	2	工具使用不正确扣 2 分				
		正确维护工具	3	工具乱摆乱放扣 3 分				
		合　计	100					

否定项说明：不用滤网，此题不得分。

试题 28：压力表更换操作

（考核时间：15min）

序号	考核内容	考核要点	配分	评分标准	检测结果	扣分	得分	备注
1	准备工作	穿戴劳保用品	3	未穿戴整齐扣 3 分				
		工具、用具准备	2	工具选择不正确扣 2 分				
2	投用前提	投用前检查	10	压力表好坏判断错误扣 5 分				
				未检查压力表使用状况扣 5 分				
3	操作程序	投用操作规范	35	未按先后顺序操作错扣 5 分				
				原压力表垫片未取出扣 10 分				
				压力表安装时未放置垫片扣 10 分				
				压力表前手阀未全关扣 10 分				
		操作注意事项	30	压力表安装不稳扣 5 分				
				介质外溢扣 10 分				
				垫片选用错误扣 5 分				
				压力表起用后无显示扣 5 分				
				压力表铅封损坏扣 5 分				
4	操作结果	操作结果符合要求	15	数据判断不正确扣 5 分				
				异常压力表未及时更换扣 10 分				
5	使用工具	正确使用工具	2	工具使用不正确扣 2 分				
		正确维护工具	3	工具乱摆乱放扣 3 分				
		合　计	100					

否定项说明：压力表选择错误得零分。

试题 29：放火炬管线液化气泄漏的判断

（考核时间：15min）

序号	考核内容	考核要点	配分	评分标准	检测结果	扣分	得分	备注
1	准备工作	穿戴劳保用品	3	未穿戴整齐扣 3 分				
		工具、用具准备	2	工具选择不正确扣 2 分				
2	事故现象表述	引发事故因素表述清晰完整	10	事故因素表述不完整扣 5 分				
				表述不清晰扣 5 分				

续表

序号	考核内容	考核要点	配分	评分标准	检测结果	扣分	得分	备注
		事故现象信息充分无遗漏	10	事故现象信息缺一项扣5分				
			10	事故现象信息表述不充分扣10分				
			20	事故关键现象信息缺扣20分				
3	事故原因分析	事故原因分析透彻有深度，完整无遗漏	20	事故原因分析不完整扣10分，分析无深度扣10分				
			20	事故关键原因缺扣20分				
4	使用工具	正确使用工具	2	工具使用不正确扣2分				
		正确维护工具	3	工具乱摆乱放扣3分				
		合　计	100					

试题30：机泵抽空的判断

（考核时间：15min）

序号	考核内容	考核要点	配分	评分标准	检测结果	扣分	得分	备注
1	准备工作	穿戴劳保用品	3	未穿戴整齐扣3分				
		工具、用具准备	2	工具选择不正确扣2分				
2	事故现象表述	引发事故因素表述清晰完整	10	事故因素表述不完整扣5分				
				表述不清晰扣5分				
		事故现象信息充分无遗漏	10	事故现象信息缺一项扣5分				
			10	事故现象信息表述不充分扣10分				
			20	事故关键现象信息缺扣20分				
3	事故原因分析	事故原因分析透彻有深度，完整无遗漏	20	事故原因分析不完整扣10分，分析无深度扣10分				
			20	事故关键原因缺扣20分				
4	使用工具	正确使用工具	2	工具使用不正确扣2分				
		正确维护工具	3	工具乱摆乱放扣3分				
		合　计	100					

试题31：塔底现场液位计失灵的判断

（考核时间：15min）

序号	考核内容	考核要点	配分	评分标准	检测结果	扣分	得分	备注
1	准备工作	穿戴劳保用品	3	未穿戴整齐扣3分				
		工具、用具准备	2	工具选择不正确扣2分				
2	事故现象表述	引发事故因素表述清晰完整	10	事故因素表述不完整扣5分				
				表述不清晰扣5分				

续表

序号	考核内容	考核要点	配分	评分标准	检测结果	扣分	得分	备注
		事故现象信息充分无遗漏	10	事故现象信息缺一项扣5分				
			10	事故现象信息表述不充分扣10分				
			20	事故关键现象信息缺扣20分				
3	事故原因分析	事故原因分析透彻有深度，完整无遗漏	20	事故原因分析不完整扣10分，分析无深度扣10分				
			20	事故关键原因缺扣20分				
4	使用工具	正确使用工具	2	工具使用不正确扣2分				
		正确维护工具	3	工具乱摆乱放扣3分				
		合　计	100					

试题32：压力表损坏的判断

（考核时间：15min）

序号	考核内容	考核要点	配分	评分标准	检测结果	扣分	得分	备注
1	准备工作	穿戴劳保用品	3	未穿戴整齐扣3分				
		工具、用具准备	2	工具选择不正确扣2分				
2	操作前提	压力表状态确认	20	压力表作用、原理不清楚扣5分				
				压力表静密封点不清楚扣5分				
				压力表状态未检查扣5分				
				针形阀状态未检查扣5分				
3	操作程序	检查步骤无遗漏	25	漏项或检查不当每处扣5分				
				未按先后顺序扣5分				
				开错阀门扣15分				
		操作方法正确	20	投用方法不正确扣10分				
				校对方法不正确扣10分				
		操作注意事项	10	未试压扣10分				
4	操作结果	操作结果符合要求	15	压力表发生人为损坏扣10分				
				压力表安装后发现漏点未及时处理扣5分				
5	使用工具	正确使用工具	2	工具使用不正确扣2分				
		正确维护工具	3	工具乱摆乱放扣3分				
		合　计	100					

试题33：离心泵抽空的处理

（考核时间：15min）

序号	考核内容	考核要点	配分	评分标准	检测结果	扣分	得分	备注
1	准备工作	穿戴劳保用品	3	未穿戴整齐扣3分				
		工具、用具准备	2	工具选择不正确扣2分				
2	事故现象判断	引发事故因素表述清晰完整	5	引发事故因素表述不完整扣3分				
				表述不清晰扣2分				
		事故现象信息充分无遗漏	10	事故现象信息缺一扣5分				
				事故现象信息表述不完整扣5分				
		关键事故现象	5	事故关键现象描述不清楚扣5分				
3	事故原因分析	事故原因分析完整无遗漏，分析透彻有深度	5	事故原因分析不完整扣3分				
				分析无深度扣2分				
		事故关键原因分析准确	5	事故关键原因不准确扣5分				
4	事故处理操作	联系工作及时到位	5	未及时联系扣5分				
		处理原则表述完整	10	处理原则表述不完整扣10分				
		处理步骤先后顺序正确并无遗漏、操作不当	20	处理步骤顺序不对扣10分				
				漏项或操作不当扣10分				
		处理注意事项符合事故处理预案规范	10	未考虑操作对上下游带来的影响扣10分				
5	事故处理操作质量	事故处理调节熟练，迅速，过程平稳波动小并无调节错误	15	处理事故过程引起生产波动大扣10分				
				调节滞后扣5分，调节错误扣15分				
6	使用工具	正确使用工具	2	工具使用不正确扣2分				
		正确维护工具	3	工具乱摆乱放扣3分				
		合　计	100					

否定项说明：违章操作或发生事故须停止操作，成绩计零分。

试题34：塔底现场液位计失灵的处理

（考核时间：15min）

序号	考核内容	考核要点	配分	评分标准	检测结果	扣分	得分	备注
1	准备工作	穿戴劳保用品	3	未穿戴整齐扣3分				
		工具、用具准备	2	工具选择不正确扣2分				
2	事故现象判断	引发事故因素表述清晰完整	5	引发事故因素表述不完整扣3分				
				表述不清晰扣2分				
		事故现象信息充分无遗漏	10	事故现象信息缺一扣5分				
				事故现象信息表述不完整扣5分				
		关键事故现象	5	事故关键现象描述不清楚扣5分				

续表

序号	考核内容	考核要点	配分	评分标准	检测结果	扣分	得分	备注
3	事故原因分析	事故原因分析完整无遗漏，分析透彻有深度	5	事故原因分析不完整扣3分				
				分析无深度扣2分				
		事故关键原因分析准确	5	事故关键原因不准确扣5分				
4	事故处理操作	联系工作及时到位	5	未及时联系扣5分				
		处理原则表述完整	10	处理原则表述不完整扣10分				
		处理步骤先后顺序正确并无遗漏、操作不当	20	处理步骤顺序不对扣10分				
				漏项或操作不当扣10分				
		处理注意事项符合事故处理预案规范	10	未考虑操作对上下游带来的影响扣10分				
5	事故处理操作质量	事故处理调节熟练，迅速，过程平稳波动小并无调节错误	15	处理事故过程引起生产波动大扣10分				
				调节滞后扣5分				
				调节错误扣5分				
6	使用工具	正确使用工具	2	工具使用不正确扣2分				
		正确维护工具	3	工具乱摆乱放扣3分				
		合　计	100					

否定项说明：违章操作或发生事故须停止操作，成绩计零分。

试题35：液化气机泵入口阀门内漏的处理

（考核时间：15min）

序号	考核内容	考核要点	配分	评分标准	检测结果	扣分	得分	备注
1	准备工作	穿戴劳保用品	3	未穿戴整齐扣3分				
		工具、用具准备	2	工具选择不正确扣2分				
2	事故现象判断	引发事故因素表述清晰完整	5	引发事故因素表述不完整扣3分				
				表述不清晰扣2分				
		事故现象信息充分无遗漏	10	事故现象信息缺一扣5分				
				事故现象信息表述不完整扣5分				
		关键事故现象	5	事故关键现象描述不清楚扣5分				
3	事故原因分析	事故原因分析完整无遗漏，分析透彻有深度	5	事故原因分析不完整扣3分				
				分析无深度扣2分				
		事故关键原因分析准确	5	事故关键原因不准确扣5分				
4	事故处理操作	联系工作及时到位	5	未及时联系扣5分				
		处理原则表述完整	10	处理原则表述不完整扣10分				
		处理步骤先后顺序正确并无遗漏、操作不当	20	处理步骤顺序不对扣10分				
				漏项或操作不当扣10分				
		处理注意事项符合事故处理预案规范	10	未考虑操作对上下游带来的影响扣10分				

续表

序号	考核内容	考核要点	配分	评分标准	检测结果	扣分	得分	备注
5	事故处理操作质量	事故处理调节熟练，迅速，过程平稳波动小并无调节错误	15	处理事故过程引起生产波动大扣10分				
				调节滞后扣5分				
				调节错误扣15分				
6	使用工具	正确使用工具	2	工具使用不正确扣2分				
		正确维护工具	3	工具乱摆乱放扣3分				
		合　　计	100					

否定项说明：违章操作或发生事故须停止操作，成绩计零分。

试题36：装置水击现象的处理

（考核时间：15min）

序号	考核内容	考核要点	配分	评分标准	检测结果	扣分	得分	备注
1	准备工作	穿戴劳保用品	3	未穿戴整齐扣3分				
		工具、用具准备	2	工具选择不正确扣2分				
2	事故现象判断	引发事故因素表述清晰完整	5	引发事故因素表述不完整扣3分				
				表述不清晰扣2分				
		事故现象信息充分无遗漏	10	事故现象信息缺一扣5分				
				事故现象信息表述不完整扣5分				
		关键事故现象	5	事故关键现象描述不清楚扣5分				
3	事故原因分析	事故原因分析完整无遗漏，分析透彻有深度	5	事故原因分析不完整扣3分				
				分析无深度扣2分				
		事故关键原因分析准确	5	事故关键原因不准确扣5分				
4	事故处理操作	联系工作及时到位	5	未及时联系扣5分				
		处理原则表述完整	10	处理原则表述不完整扣10分				
		处理步骤先后顺序正确并无遗漏、操作不当	20	处理步骤顺序不对扣10分				
				漏项或操作不当扣10分				
		处理注意事项符合事故处理预案规范	10	未考虑操作对上下游带来的影响扣10分				
5	事故处理操作质量	事故处理调节熟练，迅速，过程平稳波动小并无调节错误	15	处理事故过程引起生产波动大扣10分				
				调节滞后扣5分				
				调节错误扣15分				
6	使用工具	正确使用工具	2	工具使用不正确扣2分				
		正确维护工具	3	工具乱摆乱放扣3分				
		合　　计	100					

否定项说明：违章操作或发生事故须停止操作，成绩计零分。

试题37：催化蒸馏塔系统流程图绘制

（考核时间：30min）

序号	考核内容	考核要点	配分	评分标准	检测结果	扣分	得分	备注
1	准备工作	工具、用具准备	5	未自带工具扣5分				
2	图形绘制	工艺流程走向正确，排布合理	30	工艺流程画错一处扣5分				
				工艺流程走向画错一处扣5分				
				工艺流程排列不整齐扣10分				
		流程图内设备位置正确，无遗漏，排列整齐	30	流程图内设备画错一处扣5分				
				流程图内设备漏画一处扣5分				
				流程图内设备排列不整齐扣10分				
3	绘图标注	标注符合要求	30	设备名称、位号标注错一处扣5分				
				介质名称、来源、去向标注错一处扣5分				
				标注位置错误扣10分				
4	卷面情况	绘图卷面清晰，整洁	5	卷面不整洁扣5分				
		合　　计	100					

第二部分

中级工

一、国家职业标准(中级工工作要求)

职业功能	工作内容	技能要求	相关知识
工艺操作	(一) 开车准备	能按岗位操作法做好本装置两个及以上岗位开车准备工作 1. 能完成吹扫、气密、置换工作 2. 能配合仪表工对调节阀、联锁校对确认 3. 能检查确认多岗位开车流程 4. 能对机组进行油洗、建立油循环	1. 装置吹扫、气密、置换知识 2. 开车准备注意事项
	(二) 开车操作	能完成两个及两个以上岗位的开车工作 1. 能按指令打通多岗位工艺流程 2. 能完成多岗位的接送料工作 3. 能完成对搅拌器、机泵等设备的试运 4. 能完成多岗位的投料 5. 能完成投料后的工艺调整 6. 能根据负荷、异丁烯浓度确定甲醇进料量 7. 能确定 MTBE 反应需要预热温度 8. 能调节控制反应温度、循环温度、循环量、甲醇补充量、床层温度等重要指标 9. 能判定甲醇水洗回收系统的水洗温度、料水比、水洗效果	1. 开车方案及注意事项 2. 机泵及搅拌器等设备的试运知识 3. 醇烯比确定方法 4. MTBE 反应的预热温度判断依据原理及水洗原理 5. 反应温度、循环温度、循环量、甲醇补充量、床层温度等重要指标的确定方法 6. 甲醇水洗回收操作要领
	(三) 正常操作	1. 能根据操作指令和分析结果，调节两个及两个以上岗位的工艺参数 2. 能进行催化剂、助剂的配制、加入操作 3. 能投用冬季生产的伴热 4. 能投切联锁 5. 能根据抽余碳四原料组成、负荷等工况变化对反应及反应蒸馏系统进行工艺调整 6. 能根据分析结果和床层温度调整系统甲醇进料量和甲醇补加量 7. 能判断甲醇水洗回收系统运行状况	1. 分析项目、取样点、频度、控制值 2. 催化剂、助剂的有关知识 3. 多岗位控制指标 4. 甲基叔丁基醚生产工艺原理 5. 床层温度异常的调节知识 6. 甲醇水洗回收异常现象及处理方法
	(四) 停车操作	能按岗位操作法及工艺方案完成两个及两个以上岗位的停车操作： 1. 能根据停车程序停止系统进料 2. 能完成停料后的操作调整 3. 能完成退料、倒空、水洗、置换等工艺处理工作 4. 能完成反应系统停车、降温、卸压、置换、隔离等操作或催化剂蒸煮、卸出的操作 5. 能完成反应蒸馏系统的停车、降温、卸压、置换、树脂催化剂包甲醇浸泡、隔离等操作或树脂催化剂包蒸煮、卸出的操作 6. 能完成甲醇水洗回收系统的停车、回收甲醇、蒸煮置换的操作	1. 装置停车要点 2. 设备管线排放、倒空、置换、隔离知识 3. 反应系统停车操作程序及催化剂卸出方案 4. 反应蒸馏系统停车要点和树脂催化剂包卸出要求 5. 甲醇水洗回收系统的停车回收甲醇的操作注意事项
设备使用	(一) 使用设备	1. 能开停离心式、往复式压缩机 2. 能开停、操作蒸汽透平 3. 能投用、切换冷换设备 4. 能开停、操作高速离心泵	1. 设备的功能、工作原理 2. 设备的操作规程
	(二) 维护设备	1. 能及时发现设备保养中存在的问题并处理 2. 能配合有关工种做好检修工作	1. 设备密封、防腐知识 2. 设备运行周期

续表

职业功能	工作内容	技能要求	相关知识
事故判断与处理	（一）判断事故	能判断装置常见事故： 1. 能根据反应温度、压力、放空量等参数，判定反应异常现象 2. 能通过看、停、摸、闻等方法，判断设备、管线是否泄漏，电机、泵、机组轴承温度、单向阀及转动部件是否异常 3. 能判断设备常见故障	1. 正常生产控制指标 2. 影响生产主要因素
	（二）处理事故	能处理一般工艺、设备事故： 1. 能处理系统超温、超压事故 2. 能联系处理装置泄漏、跑料、冒罐、着火事故 3. 能协助处理、紧急切换、安全交付检修等电气、仪表事故 4. 能协助处理装置停原料、水、蒸汽、电、风等各类突发事故 5. 能协助处理一般电气、仪表事故 6. 能处理一般产品质量事故 7. 能处理反应系统出现的超温、超压事故 8. 能处理反应蒸馏塔床层超温和醚后碳四不合格的事故 9. 能完成事故状态下离子过滤器的切换操作 10. 能处理甲醇回收塔淹塔事故	1. 常见事故处理方法 2. 仪表控制方案 3. 装置生产突发事故紧急处理方案 4. 产品质量事故的处理方法 5. 反应系统超温、超压处理方法 6. 反应蒸馏塔床层超温和醚后碳四不合格的预防措施 7. 离子过滤器的切换操作步骤 8. 甲醇回收塔淹塔的原因及预防措施
绘图与计算	（一）绘图	1. 能绘制装置工艺流程图 2. 能识读设备结构简图	设备简图知识
	（二）计算	1. 能进行简单物料衡算 2. 能计算收率、转化率、产率、配比及助剂的加入量等	1. 收率、转化率、产率的基本概念、意义 2. 物料衡算的方法

二、理论知识鉴定要素细目表

行业通用理论知识鉴定要素细目表

鉴定范围						鉴定点		
一级		二级		三级		代码	名称	重要程度
代码	名称	代码	名称	代码	名称			
A	基本要求	B	基础知识	A	记录填写基础知识	001	岗位交接班记录的填写要求	X
						002	关键设备巡检记录的填写要求	X
				B	识图基础知识	001	正投影的特点	X
						002	三视图的特点	X
						003	三视图的作图方法	X
						004	零件图的作用	X
				C	安全环保基础知识	001	石化行业安全检查的内容	X
						002	尘毒物质危害人体的主要因素	X
						003	化工污染的控制方法	X
						004	清洁生产的理论基础	X
						005	清洁生产审计的目的	X

续表

鉴定范围						鉴定点		
一级		二级		三级		代码	名称	重要程度
代码	名称	代码	名称	代码	名称			
						006	灭火的机理	X
						007	ISO 14001 标准的特点	X
						008	ISO 14001 环境因素识别的状态、时态和类型	X
						009	ISO 14001 环境因素识别的步骤	X
						010	ISO 14001 识别环境因素的方法	X
						011	HSE 审核的概念	X
						012	HSE 审核的目的	X
						013	HSE 危害的概念	X
						014	废水治理的常识	X
						015	废气治理的常识	X
						016	废渣处理的常识	X
						017	防冻防凝的知识	X
						018	夏季四防的知识	X
						019	职业病的概念	X
						020	职业病的种类	X
						021	石化行业事故的分类	X
						022	石化行业事故分级的规定	X
						023	HSE 不符合的概念	X
						024	HSE 事故的定义	X
				D	质量基础知识	001	标准化的意义	X
						002	质量认证的概念	X
						003	全面质量管理的特点	X
						004	ISO 9000 质量管理体系基础的内容	X
						005	质量管理 PDCA 动态循环的意义	X
						006	ISO 9000 族标准的核心标准	X
						007	ISO 9000 族标准“质量”的意义	X
						008	ISO 9001 标准的八项管理原则	X
				E	计算机基础知识	001	Word 文字处理软件基础知识	X
						002	Word 表格处理知识	X
						003	Excel 工作表的建立	X
						004	Excel 的排版	X
				F	法律常识	001	合同的形式	X
						002	合同法关于无效合同的规定	X

职业通用理论知识鉴定要素细目表(《烃类衍生物生产工》)

鉴定范围						鉴定点		
一级		二级		三级		代码	名称	重要程度
代码	名称	代码	名称	代码	名称			
A	基本要求	B	基础知识	A	无机化学基础知识	001	理想气体状态方程的应用	X
						002	物质的量浓度	X
						003	物质的量浓度应用	Y
						004	硫的氧化物的种类	Y
						005	硫的含氧酸的种类	X
						006	铁的硫化物的种类	Y
				B	有机化学基础知识	001	饱和烃的命名	X
						002	烯烃的命名	X
						003	二烯烃的结构	X
						004	二烯烃的命名	X
						005	炔烃的命名	Y
						006	卤代烃的命名	X
						007	卤代烃的取代反应式	Z
						008	醇的命名	X
						009	醇的羟基取代反应式	X
						010	醛的命名	X
						011	酮的命名	X
						012	羧酸的命名	Z
						013	芳香烃的命名	Z
				C	化工单元操作知识	001	稳定流动下物料衡算的简单计算	X
						002	稳定流动下能量衡算的简单计算	X
						003	流体的流动形态	X
						004	离心泵的主要性能参数	X
						005	计量泵的工作原理	Y
						006	热传导的基本计算	X
						007	对流传热基本计算	X
						008	辐射传热基本知识	X
						009	空气湿度的概念	X
						010	蒸发量的计算	X
						011	多效蒸发的概念	X

续表

鉴定范围						鉴定点		
一级		二级		三级		代码	名称	重要程度
代码	名称	代码	名称	代码	名称			
						012	生蒸汽(一次蒸汽)的概念	Y
						013	二次蒸汽的概念	Z
						014	影响气体吸收的因素	X
						015	气体吸收中相组成的表示	X
						016	气体吸收的气液平衡关系	X
						017	连续精馏塔的物料衡算	X
						018	恒沸蒸馏原理	X
						019	萃取蒸馏原理	Y
						020	理论板的概念	X
						021	回流比的概念	X
				D	化工设备基础知识	001	管路连接方法	X
						002	腐蚀的分类	X
						003	常用密封的形式	X
						004	滚动轴承的原理	X
				E	电工基础及安全用电知识	001	直流电路的基本计算	X
						002	单相交流电的基本计算	X
						003	三相交流电的基本知识	Y
						004	触电急救知识	X
				F	化工仪表及自动化	001	测量仪表的精度指标	X
						002	测量仪表的灵敏度	X
						003	仪表信号制	X
						004	压力传感器基本知识	X
						005	浮力式液位计基础知识	X
						006	PID 控制规律	X
						007	气动执行器的组成	Y
						008	气动执行器的分类	Y
						009	简单控制回路组成	X
						010	DCS 的基本构成	X
						011	DCS 的显示操作画面知识	Y
				G	计量及化工分析基础知识	001	计量法有关知识	X
						002	溶液浓度的计算	X
						003	pH 值的简单计算	X

工种理论知识鉴定要素细目表

鉴定范围						鉴定点		
一级		二级		三级		代码	名称	重要程度
代码	名称	代码	名称	代码	名称			
B	相关知识	A	工艺操作	A	开车准备	001	单机试车注意事项	X
						002	单机试车具备的条件	X
						003	设备试压的具体要求	X
						004	设备清洗的要求	X
						005	开车前仪表的准备	X
						006	长管式防毒面具使用时的注意事项	X
						007	装置首次开车进行水联运的目的	X
						008	开车前对容器检查的内容	X
						009	开车前对塔检查的内容	X
						010	仪表调效的注意事项	X
						011	开车前对机、泵检查的内容	X
						012	开车前对电气、仪表检查的内容	X
						013	甲醇侵入人体的途径	X
						014	装置第一次建成开工管道吹扫要求	X
						015	灵敏板温度对质量的影响	X
						016	丁烯-1 精馏系统的流程编排	X
						017	接收原料碳四的注意事项	Y
						018	二乙胺的作用	X
						019	“三查四定”的主要内容	Y
						020	装置试压的注意事项	X
						021	影响灵敏板温度的因素	Y
				B	开车操作	001	原料罐压力高的原因	X
						002	脱轻塔的开车步骤	X
						003	开车初期精馏塔全回流运转的目的	X
						004	开车初期催化蒸馏塔中间泵过滤器易堵塞的原因	X
						005	反应系统水的来源	X
						006	筒式反应器设置外循环的作用	X
						007	催化蒸馏的优点	X
						008	甲醇萃取塔的作用	X
						009	甲醇回收塔的作用	X
						010	丁烯-1 脱轻塔的作用	X
						011	丁烯-1 脱重塔的作用	X
						012	热虹吸现象的原理	X
						013	催化蒸馏塔的作用	X
						014	催化蒸馏塔进料的注意事项	X

续表

鉴定范围						鉴定点		
一级		二级		三级		代码	名称	重要程度
代码	名称	代码	名称	代码	名称			
				C	正常操作	001	精馏塔的操作弹性	X
						002	精馏塔的汽液平衡	X
						003	进料组成对精馏塔操作的影响	X
						004	精馏塔塔压对操作的影响	X
						005	进料量对精馏塔操作的影响	X
						006	影响精馏塔压力的因素	X
						007	串级控制的优点	X
						008	甲醇萃取塔萃取水量的调整	X
						009	控制器的基本结构	X
						010	自动调节系统的基本组成	X
						011	仪表比例调节规律	X
						012	仪表积分调节规律	X
						013	仪表微分调节规律	Y
						014	被调参数的选择原则	X
						015	调节参数的选择原则	X
						016	塔板压降的概念	X
						017	雾沫夹带的概念	X
						018	空塔速度的概念	Y
						019	塔板效率的概念	Y
						020	影响精馏塔热量平衡的因素	X
						021	冷凝器换热效果对精馏操作的影响	X
						022	回流罐液位、压力对精馏操作的影响	X
						023	装填催化剂注意事项	X
						024	甲醇萃取塔质量调节方法	X
						025	甲醇回收塔塔顶温度调节方法	X
						026	可逆平衡反应的概念	X
						027	树脂催化剂的主要技术指标	X
						028	甲醇回收塔质量的调节方法	X
						029	MTBE 性能用途	X
						030	脱重塔重组分采出的注意事项	X
						031	根据塔板负荷性能图判断操作状况	X
						032	润滑油三级过滤的目的	X
						033	离心泵发生机械故障的现象	X
						034	集散型控制系统(DCS)的操作内容	X
						035	精馏塔操作应遵循的原则	X

续表

鉴定范围						鉴定点		
一级		二级		三级		代码	名称	重要程度
代码	名称	代码	名称	代码	名称			
				D	停车操作	001	催化蒸馏塔蒸煮	X
						002	装置的紧急停车	X
						003	停仪表风时的注意事项	X
						004	装置联锁阀	X
						005	停工操作的注意事项	X
						006	安全技术的定义	X
						007	丁烯-1脱轻塔的停车	X
						008	催化蒸馏塔降负荷的原则	X
						009	停催化蒸馏塔的注意事项	X
						010	萃取塔退料原则	X
						011	筒式反应器退料原则	X
		B	设备使用与维护	A	设备使用	001	隔膜计量泵	Y
						002	多级离心泵的性能	Y
						003	柱塞泵的工作原理	X
						004	离心泵操作注意事项	Y
						005	电机多次启动对电机的影响	Y
						006	换热器横向折流板按形状的分类	Y
						007	精馏塔出口堰的作用	Y
						008	机械密封动环和静环作用	Y
						009	变频机泵切换至工频机泵的步骤	X
						010	法兰密封的原理	X
						011	离心泵扬程与流量的关系	X
						012	离心泵扬程与功率的关系	X
						013	静态混合器的工作原理	X
						014	离心泵气缚发生的现象	X
						015	离心泵汽蚀的现象	X
						016	离心泵气缚的原因	X
						017	离心泵汽蚀的原因	X
						018	离心泵转子的组成	X
						019	水锤的危害	X
						020	仪表调节控制的方案	Z
						021	调节阀阀门定位器的作用	X
						022	离心泵流量与效率的关系	X
						023	反射式玻璃板液面计的工作原理	X

续表

鉴定范围						鉴定点		
一级		二级		三级		代码	名称	重要程度
代码	名称	代码	名称	代码	名称			
						024	固定管板式换热器的分类	X
						025	常用填料密封的种类	X
						026	填料塔中填料的作用	X
						027	组合密封的原理	X
						028	UPS 的作用	Z
						029	催化蒸馏塔吹扫置换步骤	X
				B	维护设备	001	静密封的工作原理	X
						002	机泵调试的主要内容	Y
						003	动密封的类型	Y
						004	第二精馏塔的常规分析项目	X
						005	配合仪表灌封油处理要求	X
		C	事故判断与处理	A	判断事故	001	塔内有不凝气的判断方法	X
						002	工艺方面影响精馏操作的主要因素	X
						003	重沸器堵塞的判断方法	X
						004	精馏塔泛塔的常见原因	X
						005	回流罐液面超高的原因	X
						006	催化蒸馏塔釜碳四超标的原因	X
						007	催化蒸馏塔顶 MTBE 超标的原因	X
						008	催化蒸馏塔压力超高的原因	X
						009	萃取塔压力超高的原因	X
						010	萃取塔与蒸馏塔分离原理的差异	X
						011	萃取塔界面高的原因及危害	X
						012	PHA(预先危险性分析)的概念	X
						013	判断重沸器内漏的方法	X
						014	精馏塔塔釜液面空的原因	Z
						015	醚后碳四中甲醇超标的原因	X
				B	处理事故	001	蒸汽凝液罐压力高的处理方法	X
						002	停电处理方法	Y
						003	停水处理方法	X
						004	停蒸汽处理方法	X
						005	停仪表风处理方法	X
						006	物料中断处理方法	X
						007	醚后碳四中甲醇超标的处理	X
						008	紧急停工目的	X

续表

鉴定范围						鉴定点		
一级		二级		三级		代码	名称	重要程度
代码	名称	代码	名称	代码	名称			
						009	紧急停工对设备影响	X
						010	电机超温着火的处理	X
						011	事故等级分类标准	X
						012	甲醇回收塔顶含水量偏高的原因	Y
						013	甲醇回收塔塔釜甲醇含量偏高的原因	X
						014	防止静电的措施	Y
						015	离心泵出口阀开度与流量关系	X
						016	催化蒸馏塔釜碳四超标的处理方法	X
						017	MTBE 纯度偏低的原因及处理方法	Y
						018	萃取塔压力控制失灵的危害及处理	X
						019	催化蒸馏塔顶 MTBE 超标的处理方法	X
						020	机械密封泄漏的处理方法	X
		D	绘图与计算	A	绘图	001	识别机泵结构简图	Y
						002	识别塔结构简图	Y
						003	识别容器的结构简图	Y
						004	仪表符号的含义	X
						005	尺寸公差的概念	X
				B	计算	001	摩尔浓度的计算	Y
						002	混合液体密度计算	Y
						003	混合气体密度计算	Y
						004	混合物平均分子量计算	Y
						005	雷诺准数的计算	Y
						006	醇烯比的计算	X
						007	板效率的计算	X
						008	气体总压、分压的计算	X
						009	反应热的计算	X
						010	质量分率的计算	X
						011	摩尔分率的计算	X

三、理论知识试题

行业通用理论知识试题

判断题

1. 交接班记录需要领导审阅签字。 (√)
2. 设备巡检包括设备停机过程中的检查。 (√)
3. 投影线都相互平行的投影称为中心投影。 (×)

正确答案：投影线都相互平行的投影称为平行投影。

4. 在三视图中，能够反映物体上下、左右位置关系的视图为俯视图。(×)

正确答案：在三视图中，能够反映物体上下、左右位置关系的视图为主视图。

5. 画三视图时，左视图和俯视图的关系是长对正。(×)

正确答案：画三视图时，左视图和俯视图的关系是宽相等。

6. 零件图的作用是读零件图与装配图关系。(×)

正确答案：零件图的作用是直接指导制造零件和检验零件的图样。

7. 零件图是直接指导制造零件和检验零件的图样。(√)

8. 综合性季度检查中，安全生产不仅是重要内容，还实行一票否决权。(√)

9. 尘毒物质对人体的危害与个人体质因素无关。(×)

正确答案：尘毒物质对人体的危害与个人年龄、身体健康状况等因素有关。

10. 因为环境有自净能力，所以轻度污染物可以直接排放。(×)

正确答案：虽然环境有自净能力，轻度污染物也不可以直接排放。

11. 目前清洁生产审计中应用的理论主要是物料平衡和能量守恒原理。(√)

12. 清洁生产审计的目的是：通过清洁生产审计判定生产过程中不合理的废物流和物、能耗部位，进而分析其原因，提出削减它的可行方案并组织实施，从而减少废弃物的产生和排放，达到实现本轮清洁生产目标。(√)

13. 根据燃烧三要素，采取除掉可燃物、隔绝氧气(助燃物)、将可燃物冷却至燃点以下等措施均可灭火。(√)

14. 在HSE管理体系中，评审是高层管理者对安全、环境与健康管理体系的适应性及其执行情况进行正式评审。(√)

15. 第二方审核是直属企业作为受审方，由取得相应资格的单位进行HSE体系审核。(×)

正确答案：第三方审核是直属企业作为受审方，由取得相应资格的单位进行HSE体系审核。

16. 含汞、铬、铅等的工业废水不能用化学沉淀法治理。(×)

正确答案：含汞、铬、铅等的工业废水可以用化学沉淀法治理。

17. 一级除尘又叫机械除尘。(√)

18. 废渣处理首先考虑综合利用的途径。(√)

19. 陆地填筑法可避免造成火灾或爆炸。(×)

正确答案：陆地填筑法有可能造成火灾或爆炸。

20. 在防冻防凝工作中，严禁用高压蒸汽取暖、严防高压蒸汽串入低压系统。(√)

21. 对已冻结的铸铁管线、阀门等可以用高温蒸汽迅速解冻。(×)

正确答案：对已冻结的铸铁管线、阀门等不得急剧加热，只允许温水或少量蒸汽缓慢解冻，以防骤然受热损坏。

22. 进入夏季，工业园区应对所有地沟、排水设施进行检查，清除排水障碍。备足防汛物资，遇到险情满足需求。(√)

23. 从事办公室工作的人员不会形成职业病。(×)

正确答案：从事办公室工作的人员也会形成相应的职业病。

24. 职业中毒不属于职业病。(×)

正确答案：职业中毒属于职业病之一。

25. 急慢性中毒皆属于人身事故。(×)

正确答案：急性中毒属于人身事故。

26. 在 HSE 管理体系中，一般不符合项是指能使体系运行出现系统性失效或区域性失效的问题。(×)

正确答案：在 HSE 管理体系中，一般不符合项是指个别的、偶然的、孤立的、性质轻微的问题或者是不影响体系有效性的局部问题。

27. HSE 管理体系规定，公司应建立事故报告、调查和处理管理程序，所制定的管理程序应保证能及时地调查、确认事故(未遂事故)发生的根本原因。(√)

28. 标准化的重要意义是提高产品、过程或服务的质量，防止贸易壁垒，并促进技术合作。(×)

正确答案：标准化的重要意义是改进产品、过程或服务的适用性，防止贸易壁垒，并促进技术合作。

29. 企业应当具备法人的资格或是法人的一部分，才可以申请质量体系认证。(√)

30. 全面质量管理的核心是强调提高产品质量。(×)

正确答案：全面质量管理的核心是强调提高工作质量。

31. 生产制造过程的质量管理是全面质量管理的中心环节。(√)

32. 质量管理体系是指在质量方面指挥和控制组织的管理体系，它是组织若干管理体系的一个。(√)

33. PDCA 循环是全面质量管理的科学方法，可用于企业各个方面、各个环节的质量管理活动。(√)

34. ISO 9004：2000 标准是"指南"，可供组织作为内部审核的依据，也可用于认证和合同目的。(×)

正确答案：ISO 9004：2000 标准提供了超出 ISO 9001 要求的指南和建议，不用于认证或合同的目的。

35. ISO 9000 族标准中，质量仅指产品质量。(√)

36. ISO 9000 族标准质量管理八项原则是一个组织在质量管理方面的总体原则。(√)

37. 计算机应用软件 Word 字处理软件不仅可以进行文字处理，还可以插入图片、声音等，但不能输入数学公式。(×)

正确答案：Word 字处理软件不仅可以进行文字处理，还可以插入图片、声音等，也能输入数学公式。

38. 在应用软件 Word 表格操作中选定整个表格后，按格式工具栏上的左、右、居中对齐等按钮则单元格中的文字内容进行左、右、居中对齐。(×)

正确答案：选定整个表格后，按格式工具栏上的左、右、居中对齐等按钮则单元格中的文字内容不会进行左、右、居中对齐，整个工作表整体在页面中进行左、右、居中对齐。

39. 在应用软件 Word 表格操作中利用表格工作栏还可对表格内容进行垂直对齐。(√)

40. 在计算机应用软件 Excel 中选中不连续单元格的功能键是 Alt。(×)

正确答案：在计算机应用软件 Excel 中选中不连续单元格的功能键是 Ctrl。

41. 在计算机应用软件 Excel 中清除合并居中的格式可以通过键盘的删除(Delete)键来实现。(×)

正确答案：在计算机应用软件 Excel 中清除合并居中的格式可以通过编辑菜单中的清除

格式来实现。

42. 在计算机应用软件 Excel 中的打印可实现放大或缩小比例打印。 (√)

43. 不动产的买卖合同一般采用登记形式。 (√)

44. 在实践中，口头形式是当事人最为普遍采用的一种合同约定形式。 (×)

正确答案：在实践中，书面形式是当事人最为普遍采用的一种合同约定形式。

单选题

1. 不允许在岗位交接班记录中出现(C)。
A. 凭旧换新 B. 划改内容 C. 撕页重写 D. 双方签字

2. 投影线都通过中心的投影称为(A)投影法。
A. 中心 B. 平行 C. 斜 D. 正

3. 在工程制图中应用较多的投影法是(D)投影法。
A. 中心 B. 平行 C. 斜 D. 正

4. 剖视图的剖切符号为断开的(D)线。
A. 细实 B. 点划 C. 虚 D. 粗实

5. 在三视图中，反映物体前后、左右位置关系的视图为(B)。
A. 主视图 B. 俯视图
C. 左视图 D. 在三个视图中都有可能

6. 在三视图中，反映物体前后、上下位置关系的视图为(C)。
A. 主视图 B. 俯视图
C. 左视图 D. 在三个视图中都有可能

7. 画三视图时，主视图和俯视图的关系是(A)。
A. 长对正 B. 高平齐 C. 宽相等 D. 无关系

8. 零件图的主要作用之一是(B)。
A. 指导读零件的结构 B. 直接指导制造零件
C. 读零件图与装配图关系 D. 读零件之间的配合情况

9. 毒物的沸点是(C)。
A. 越低毒性越小 B. 越高毒性越大 C. 越低毒性越大 D. 与毒性无关

10. 污染物的回收方法包括(D)。
A. 蒸发 B. 干燥 C. 排放 D. 吸收

11. 清洁生产涵盖有深厚的理论基础，但其实质是(A)。
A. 最优化理论 B. 测量学基本理论
C. 环境经济学基本理论 D. 资源经济学基本理论

12. 液体有机物的燃烧可以采用(C)灭火。
A. 水 B. 沙土 C. 泡沫 D. 以上均可

13. ISO 14001 标准其主要特点有强调(D)、强调法律、法规的符合性、强调系统化管理、强调文件化、强调相关方的观点。
A. 污染预防 B. 持续改进
C. 末端治理 D. 污染预防、持续改进

14. 在 ISO 14001 标准体系中，为了确保环境因素评价的准确性，在识别环境因素时应

考虑的三种状态是（ C ）。

A. 开车、停机和检修状态　B. 连续、间歇和半连续状态
C. 正常、异常和紧急状态　D. 上升、下降和停止状态

15. 公司 HSE 管理体系的审核分为内部审核、（ C ）。

A. 第一方审核　B. 第二方审核　C. 第三方审核　D. 第四方审核

16. HSE 评审的目的是检验 HSE 管理体系的适宜性、（ B ）和有效性。

A. 充分性　B. 公平性　C. 权威性　D. 必要性

17. 废水治理的方法有物理法、（ A ）法和生物化学法等。

A. 化学　B. 过滤　C. 沉淀　D. 结晶

18. 可直接用碱液吸收处理的废气是（ A ）。

A. 二氧化硫　B. 甲烷　C. 氨气　D. 一氧化氮

19. 废渣的处理大致采用（ D ）、固化、陆地填筑等方法。

A. 溶解　B. 吸收　C. 粉碎　D. 焚烧

20. 为了做好防冻防凝工作，停用的设备、管线与生产系统连接处要加好（ B ），并把积水排放吹扫干净。

A. 阀门　B. 盲板　C. 法兰　D. 保温层

21. "夏季四防"包括防暑降温、防汛、（ A ）、防倒塌。

A. 防雷电　B. 防霉变　C. 防跌滑　D. 防干旱

22. 属于石化行业职业病的是（ B ）。

A. 近视　B. 尘肺病　C. 肩周炎　D. 哮喘

23. 与化工生产密切相关的职业病是（ B ）。

A. 耳聋　B. 职业性皮肤病　C. 关节炎　D. 眼炎

24. 在 HSE 管理体系中，（ A ）是指组织在职业健康安全绩效方面所达到的目的。

A. 目标　B. 事件　C. 不合格　D. 不符合

25. 在 HSE 管理体系中，（ B ）是指与组织的职业健康安全绩效有关的或受其职业健康安全绩效影响的个人或团体。

A. 目标　B. 相关方　C. 事件　D. 不符合

26. 在 HSE 管理体系中，造成死亡、职业病、伤害、财产损失或环境破坏的事件称为（ C ）。

A. 灾害　B. 毁坏　C. 事故　D. 不符合

27. 标准化的重要意义是改进产品、过程或服务的（ C ），防止贸易壁垒，并促进技术合作。

A. 品质　B. 性能　C. 适用性　D. 功能性

28. 产品质量认证活动是（ D ）开展的活动。

A. 生产方　B. 购买方
C. 生产和购买双方　D. 独立于生产方和购买方之外的第三方机构

29. 全面质量管理强调以（ B ）质量为重点的观点。

A. 产品　B. 工作　C. 服务　D. 工程

30. 质量管理体系要求企业除应有（ A ）上的保证能力以外，还应有资源上的保证能力。

A. 管理　B. 质量计划
C. 质量政策与程序　D. 质量文件

31. 企业的质量方针是由(D)决策的。

A. 全体员工　　B. 基层管理人员

C. 中层管理人员　　D. 最高管理层人员

32. PDCA 循环的四个阶段八个步骤的第四个步骤是(B)。

A. 总结　　B. 拟订对策并实施

C. 分析问题原因　　D. 效果的确认

33. ISO 9001 和 ISO 9004 的区别在于(D)。

A. 采用以过程为基础的质量管理体系模式

B. 建立在质量管理八项原则的基础之上

C. 强调与其他管理标准的相容性

D. 用于审核和认证

34. 下列各项中属于产品固有特性的是(B)。

A. 价格　　B. 噪音　　C. 保修期　　D. 礼貌

35. PDCA 循环是实施 ISO 9000 族标准(B)原则的方法。

A. 系统管理　　B. 持续改进　　C. 过程方法　　D. 以事实为决策依据

36. 在计算机应用软件 Word 中，不能进行的字体格式设置是(C)。

A. 文字的缩放　　B. 文字的下划线　　C. 文字的旋转　　D. 文字的颜色

37. 计算机应用软件 Word 的菜单中，经常有一些命令是灰色的，这表示(B)。

A. 应用程序本身有故障　　B. 这些命令在当前状态不起作用

C. 系统运行故障　　D. 这些命令在当前状态下有特殊的效果

38. 在计算机应用软件 Word 中，可用于计算表格中某一数值列平均值的函数是(C)。

A. Abs(　)　　B. Count(　)　　C. Average(　)　　D. Total(　)

39. 在计算机应用软件 Excel 工作表中，可按需拆分窗口，一张工作表最多拆分为(B)个窗口。

A. 3　　B. 4　　C. 5　　D. 任意多

40. 在计算机应用软件 Excel 中如图所示页面中的斜杠是通过(B)菜单中单元格里的边框来实现。

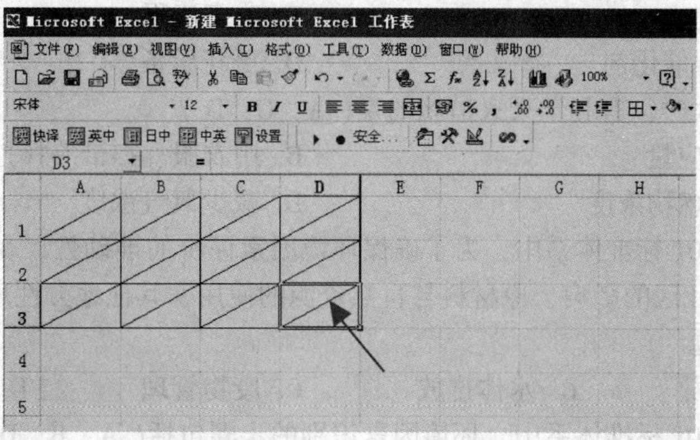

A. 编辑　　B. 格式　　C. 工具　　D. 窗口

41. 当事人采用合同书形式订立合同的，自双方当事人(C)时合同成立。

A. 制作合同书　　B. 表示受合同约束
C. 签字或者盖章　　D. 达成一致意见

42. 下列各种合同中，必须采取书面形式的是(D)合同。
A. 保管　　B. 买卖　　C. 租赁　　D. 技术转让

多选题

1. 设备巡检时域分为(A，B，C，D)等检查。
A. 设备运行期间　　B. 设备停机过程中
C. 设备停运期间　　D. 设备开机过程中

2. 在三视图中，能够反映物体前后位置关系的视图为(B，C)。
A. 主视图　　B. 俯视图
C. 左视图　　D. 在三个视图中都有可能

3. 在三视图中，能够反映物体上下位置关系的视图为(A，C)。
A. 主视图　　B. 俯视图
C. 左视图　　D. 在三个视图中都有可能

4. 在三视图中，与高度有关的视图是(A，C)。
A. 主视图　　B. 俯视图　　C. 左视图　　D. 三个视图都有关系

5. 在三视图中，与宽度有关的视图是(B，C)。
A. 主视图　　B. 俯视图　　C. 左视图　　D. 三个视图都有关系

6. 零件图的主要作用是(A，C)。
A. 直接指导制造零件　　B. 指导读零件的结构
C. 检验零件的图样　　D. 读零件图与装配图关系

7. 安全检查中的“月查”由车间领导组织职能人员进行月安全检查，查领导、查思想、(A，B，D)。
A. 查隐患　　B. 查纪律　　C. 查产量　　D. 查制度

8. 尘毒物质对人体的危害与工作环境的(A，B，C)等条件有关。
A. 温度　　B. 湿度　　C. 气压　　D. 高度

9. 改革生产工艺是控制化工污染的主要方法，包括(A，B，C)等。
A. 改革工艺　　B. 改变流程
C. 选用新型催化剂　　D. 更新设备

10. 着火点较大时，有利于灭火措施的是(A，C，D)。
A. 抑制反应量　　B. 用衣服、扫帚等扑打着火点
C. 减少可燃物浓度　　D. 减少氧气浓度

11. 在 ISO 14001 标准体系中，为了确保环境因素评价的准确性，在识别环境因素时应考虑土地污染、对社区的影响、原材料与自然资源的使用、其他地方性环境问题外，还应考虑(A，B，C)问题。
A. 大气排放　　B. 水体排放　　C. 废物管理　　D. 材料的利用

12. 在 ISO 14001 标准体系中，环境因素识别的步骤包括(A，B，D)。
A. 划分和选择组织过程　　B. 确定选定过程中存在的环境因素
C. 初始环境评审　　D. 明确每一环境因素对应的环境影响

13. 在 ISO 14001 标准体系中，识别环境因素的方法除问卷调查、专家咨询、现场观察和面谈、头脑风暴、查阅文件及记录、测量、水平对比、纵向对比等方法外，还有(A，B，C)方法。

A. 过程分析法　　B. 物料衡算

C. 产品生命周期　　D. 最优化理论

14. 在 HSE 管理体系中，审核是判别管理活动和有关的过程(A，B)，并系统地验证企业实施安全、环境与健康方针和战略目标的过程。

A. 是否符合计划安排　　B. 是否得到有效实施

C. 是否已经完成　　D. 是否符合标准

15. HSE 管理体系中，危害主要包括(A，B，C，D)等方面。

A. 物的不安全状态　　B. 人的不安全行为

C. 有害的作业环境　　D. 安全管理缺陷

16. 工业废水的生物处理法包括(B，D)法。

A. 过滤　　B. 好氧　　C. 结晶　　D. 厌氧

17. 对气态污染物的治理主要采取(B，C)法。

A. 蒸馏　　B. 吸附　　C. 吸收　　D. 过滤

18. 可用于废渣处理方法的是(A，B，C)。

A. 陆地填筑　　B. 固化　　C. 焚烧　　D. 粉碎

19. 为了做好防冻防凝工作，应注意(A，B，C)。

A. 加强报告制度　　B. 加强巡检力度

C. 有情况向上级或领导汇报　　D. 独立解决问题

20. 不属于夏季四防范畴的是(A，B，D)。

A. 防滑　　B. 防冰雹　　C. 防雷电　　D. 防干旱

21. HSE 管理体系规定，事故的报告、(A，B，C)、事故的调查、责任划分、处理等程序应按国家的有关规定执行。

A. 事故的分类　　B. 事故的等级　　C. 损失计算　　D. 事故的赔偿

22. 标准化的重要意义可概括为(A，B，C，D)。

A. 改进产品、过程或服务的适用性　　B. 防止贸易壁垒，促进技术合作

C. 在一定范围内获得最佳秩序　　D. 有一个或多个特定目的，以适应某种需要

23. 企业质量体系认证(A，C，D)。

A. 是一种独立的认证制度

B. 依据的标准是产品标准

C. 依据的标准是质量管理标准

D. 是第三方对企业的质量保证和质量管理能力依据标准所做的综合评价

24. 产品的质量特性包括(A，B，C，D)。

A. 性能　　B. 寿命　　C. 可靠性　　D. 安全性

25. PDCA 循环中，处置阶段的主要任务是(B，D)。

A. 明确目标并制定实现目标的行动方案

B. 总结成功经验

C. 对计划实施过程进行各种检查

D. 对质量问题进行原因分析，采取措施予以纠正

26. 下列哪些标准应用了以过程为基础的质量管理体系模式的结构(B，C)。

A. ISO 9000：2000《质量管理体系基础和术语》

B. ISO 9001：2000《质量管理体系要求》

C. ISO 9004：2000《质量管理体系业绩改进指南》

D. ISO 19011：2002《质量和环境管理体系审核指南》

27. ISO 9000 族标准中，质量具有(B，C)性等性质。

A. 适用　　B. 广义　　C. 相对　　D. 标准

28. 在计算机应用软件 Word 的“页面设置”对话框中，可以设置的选项为(B，C，D)。

A. 字体　　B. 位置　　C. 纸型　　D. 纸张大小

29. 在计算机应用软件 Word 表格中，关于数据排序的叙述，不正确的是(A，B，C)。

A. 表格中数据的排序只能按升序进行　　B. 表格中数据的排序只能按降序进行

C. 表格中数据的排序依据只能是行　　D. 表格中数据的排序依据可以是列

30. 在计算机应用软件 Excel 工作表中，选定某单元格，单击“编辑”菜单下的“删除”选项，可能完成的操作是(A，B，C)。

A. 删除该行　　B. 右侧单元格左移

C. 删除该列　　D. 左侧单元格右移

31. 在 Excel 工作簿中，对工作表可以进行的打印设置是(A，B，D)。

A. 打印区域　　B. 打印标题　　C. 打印讲义　　D. 打印顺序

32. 合同可以以(A，B，C，D)形式存在。

A. 口头　　B. 批准　　C. 登记　　D. 公正

33. 下列说法中属于无效合同特征的有(A，B，C，D)。

A. 无效合同自合同被确认无效时起无效

B. 对无效合同要进行国家干预

C. 无效合同具有不得履行性

D. 无效合同的违法性

职业通用理论知识试题(《烃类衍生物生产工》)

判断题

1. 用单位体积溶液中所含溶质的物质的量表示的浓度，叫做物质的量浓度。 (√)

2. 对溶液进行稀释，稀释前后的体积和浓度发生改变，溶质的物质的量也改变。 (×)

正确答案：对溶液进行稀释，稀释前后的体积和浓度发生改变，但溶质的物质的量不改变。

3. 硫属于非金属，所以，SO_2 具有还原性。 (×)

正确答案：SO_2 分子中 S 的化合价为+4 价，所以 SO_2 既有氧化性又有还原性。

4. 烯烃异构现象和烷烃一样，只存在构造异构。 (×)

正确答案：烯烃异构现象和烷烃不一样，不但存在构造异构，而且存在立体异构。

5. 用系统命名法命名炔烃时，含四个碳原子以上的炔烃须将叁键的位次标于名称之间。 (√)

6. 烯烃异构现象和烷烃一样，只存在构造异构。（×）

正确答案：烯烃异构现象和烷烃不一样，不但存在构造异构，而且存在立体异构。

7. 检查司机是否酒后驾车的呼吸分析仪是利用乙醇氧化反应。（√）

8. 芳香醛的命名，可将芳基作为取代基，以脂肪醛为母体来命名。（√）

9. 多元醛用系统命名法命名时，可选择羰基最少的最长的碳链为主链，编号时使羰基的位置数字最小，再以汉字标明羰基的数目。（×）

正确答案：多元醛用系统命名法命名时，可选择羰基最多的最长的碳链为主链，编号时使羰基的位置数字最小，再以汉字标明羰基的数目。

10. 计量泵是由转速稳定的电动机通过可改变偏心轮，带动活塞杆而运行，改变此轮的偏心程度，就可以改变活塞杆的冲程，从而达到调节流量的目的。（√）

11. 灰体的辐射能力越大，其吸收能力越小。（×）

正确答案：灰体的辐射能力越大，其吸收能力越大。

12. 湿空气的相对湿度在0~100%之间，说明它处在未饱和状态，其数值越小，说明越接近饱和状态，空气的吸湿能力越弱。（×）

正确答案：湿空气的相对湿度在0~100%之间，说明它处在未饱和状态，其数值越大，说明越接近饱和状态，空气的吸湿能力越弱。

13. 在蒸发操作中，通常把物料汽化出来的蒸汽称为一次蒸汽。（×）

正确答案：在蒸发操作中，通常把物料汽化出来的蒸汽称为二次蒸汽。

14. 气体混合物中某一组分的摩尔分率等于该组分的压力分率亦等于该组分的体积分率。（√）

15. 对于吸收操作而言，提高操作压力或降低操作温度对吸收有利。（√）

16. 对于连续精馏装置，其物料衡算范围是以全塔进行的，称全塔物料衡算。（√）

17. 进行全塔物料衡算时，摩尔分率和质量分率单位无须进行统一。（×）

正确答案：在全塔物料衡算时，摩尔分率和质量分率一定要注意单位的统一。

18. 恒沸蒸馏较之萃取蒸馏的主要优点在于可以选用的第三组分较多。（×）

正确答案：萃取蒸馏较之恒沸蒸馏的主要优点在于可以选用的第三组分较多。

19. 求理论塔板数只能采用逐板计算的方法。（×）

正确答案：求理论塔板数有简易图解法和逐板计算法。

20. 精馏塔内各板，由于气液两相的接触时间短暂，接触面积有限等原因，使得离开塔板的蒸气与液体未能达到平衡，因此理论板并不存在。（√）

21. 连接键可分为平键、半圆键、楔键、切向键等多种类型。（√）

22. 化学腐蚀的特点是腐蚀介质中有能导电的电解质溶液存在。（×）

正确答案：电化学腐蚀的特点是腐蚀介质中有能导电的电解质溶液存在。

23. 填料密封与机械密封相比，具有密封性好、结构紧凑、消耗功率小等优点。（×）

正确答案：机械密封与填料密封相比，具有密封性好、结构紧凑、消耗功率小等优点。

24. 轴承按其所能承受的负荷的方向可分为径向轴承和推力轴承两种。（√）

25. 在有电阻元件的交流电路中，电流和电压是有相位差的。（×）

正确答案：在有电阻元件的交流电路中，电流和电压是同相位的。

26. 遇见有高压线路触电者，应立即电话通知有关部门停电或抛金属线于线路上，使相

间短路，迫使保护开关动作而断电。 (√)

27. 工业上应用仪表对准确度的要求总是越高越好。 (×)

正确答案：应根据生产操作的实际情况和该参数对整个工艺过程的影响程度所提供的误差允许范围来确定。

28. 灵敏度指仪表输入变化量和输出变化量之比。 (×)

正确答案：灵敏度指仪表输出变化量和输入变化量之比。

29. 压力传感器的作用是把压力信号检测出来，并转化为机械位移输出。 (×)

正确答案：压力传感器的作用是把压力信号检测出来，并转化为电信号输出。

30. 浮力式液位计是根据浮在液面上的浮球或浮标随液位的高低而产生上下位移，或浸于液体中的浮筒随液位变化而引起浮力变化的原理而工作的。 (√)

31. 微分控制具有超前控制的作用。 (√)

32. 加热炉的燃烧气或燃料油控制阀从安全角度考虑应选用气关式。 (×)

正确答案：加热炉的燃烧气或燃料油控制阀从安全角度考虑应选用气开式。

33. 在简单控制系统中，没有反馈控制回路。 (×)

正确答案：在简单控制系统中，只有一条反馈控制回路。

34. 概貌显示画面的显示方式有多种，不同的集散控制系统提供的显示方式都相同。 (×)

正确答案：概貌显示画面的显示方式有多种，不同的集散控制系统提供的显示方式不相同。

35. 进口计量器具必须经市级以上人民政府计量行政部门检定合格后方可销售。 (×)

正确答案：进口计量器具必须经省级以上人民政府计量行政部门检定合格后方可销售。

单选题

1. 一氧气（氧的相对原子质量16）贮罐体积为0.024m^3，温度25℃，压力为1.5×10^3kPa，该罐中贮有氧气(D)kg。

A. 0.24　　B. 0.38　　C. 4.6　　D. 0.46

2. 用理想气体状态方程式在研究真实气体时往往存在偏差，(B)，偏差越小。

A. 温度越低　　B. 压力越低

C. 温度越高　　D. 压力越高

3. 在200mL稀盐酸溶液中，含有0.73g氯化氢，则溶液的物质的量浓度为(B)。

A. 0.01mol/L　　B. 0.1mol/L　　C. 0.01L/mol　　D. 0.1L/mol

4. 对溶液进行稀释，稀释前后只是溶液体积和浓度发生了改变，(C)没变。

A. 溶质的质量分数　　B. 溶液中溶剂的量

C. 溶液中溶质的量　　D. 溶剂的质量分数

5. 酸雨主要是指大气中(B)遇水蒸汽形成酸雾随雨水降落而形成的。

A. SO_3　　B. SO_2　　C. CO_2　　D. NO_2

6. 硫酸酐是指(B)。

A. SO_2　　B. SO_3　　C. SO_3^{2-}　　D. SO_4^{2-}

7. 通过焙烧，能制备SO_2，且被称为黄铁矿的是(B)。

A. FeS　　B. FeS_2　　C. Fe_2S_3　　D. $FeSO_4$

8. 煮鸡蛋时间长，在蛋黄表面会出现一层灰绿色的东西，这是由于蛋黄中的亚铁离子与硫离子形成(C)的缘故。

A. 硫酸铁　B. 硫酸亚铁　C. 硫化亚铁　D. 硫化铁

9. 饱和烃的命名方法有三种，习惯命名法、衍生物命名法和(A)。

A. 系统命名法　B. 国际命名法

C. 汉字命名法　D. 英文命名法

10. $CH_3—CH_2—CH(CH_3)_2$ 读作(A)。

A. 异戊烷　B. 异丁烷

C. 2-甲基戊烷　D. 3,3-二甲基丁烷

11. 烷烃分子中去掉一个氢原子后剩下的基团称为(B)。

A. 甲基　B. 烷基　C. 烃基　D. 炔基

12. 烯烃的衍生物命名法，是以(B)为母体，把其他的烯烃看成是它的烷基衍生物。

A. 甲烷　B. 乙烯　C. 丙烯　D. 丁烯

13. 烯烃用系统命名法命名时，碳原子数在(B)个以下的烯烃，用天干表示，称为某烯。

A. 8　B. 10　C. 12　D. 11

14. 丙烯和环丙烷互为(C)。

A. 构型异构体　B. 立体异构体　C. 构造异构体　D. 构象异构体

15. 两个双键与同一个碳原子相连的二烯烃，称为(D)。

A. 共轭二烯烃　B. 简单二烯烃

C. 孤立二烯烃　D. 累积二烯烃

16. 多烯烃系统命名法规定：取(D)的碳链为主链。

A. 含碳原子数最多　B. 不含双键

C. 含两个双键　D. 含双键最多

17. 多烯烃系统命名，应从(D)起给主链碳原子编号。

A. 距双键最远一端　B. 主链左端

C. 主链右端　D. 距双键最近一端

18. 炔烃用衍生物命名法命名，以(A)作为母体。

A. 乙炔　B. 丙炔　C. 乙烯　D. 甲烷

19. 卤代烷用系统命名法命名，选择(B)作为主链。

A. 含碳原子数最多的碳链　B. 含卤原子的最长碳链

C. 含卤原子的最短碳链　D. 不含卤原子的最长碳链

20. 卤原子连在芳烃侧链上，以(C)为母体来命名。

A. 芳基　B. 卤原子　C. 脂肪烃　D. 整个侧链

21. 卤代烷与银盐溶液进行反应的方程式为(A)。

A. $R-X+AgONO_2 \xrightarrow{乙醇} RONO_2+AgX\downarrow$　B. $R-X+AgONO_2 \xrightarrow{乙醇} RONO_2+AgX$

C. $R-X+AgONO_2 \xrightarrow{乙醇} XONO_2+RAg$　D. $R-X+AgONO_2 \xrightarrow{乙醇} XONO_2+RAg\downarrow$

22. 醇的衍生物命名法是把醇看作(D)的衍生物。

A. 烷烃　B. 乙醇　C. 甲烷　D. 甲醇

23. 醛的命名法有(A)。

A. 普通命名法和系统命名法　　B. 系统命名法和衍生物命名法

C. 习惯命名法和普通命名法　　D. 普通命名法和衍生物命名法

24. 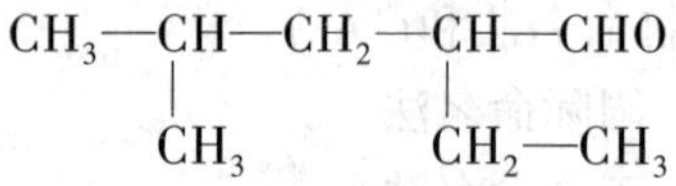 读作(B)。

A. 2-乙基-4-甲基戊醛　　B. 4-甲基-2-乙基戊醛

C. 2-甲基-4-乙基戊醛　　D. γ-2-甲基-α-乙基辛醛

25. 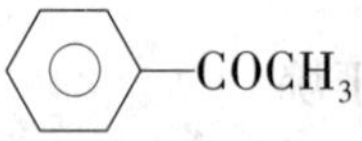 叫做(D)。

A. 甲基乙苯　　B. 乙酮苯　　C. 苯基甲基乙酮　　D. 苯乙酮

26. HOOC-CH_2-$CHCH_3$-COOH 读作(B)。

A. 3-甲基丁二酸　　B. 2-甲基丁二酸

C. 2-甲基丁二醇　　D. 3-甲基丁二酸醇

27. 在芳香族化合物中，从苯环上去掉一个氢原子后所剩下的原子团叫(D)。

A. 苯基　　B. 苯环基　　C. 芳香基　　D. 芳基

28. 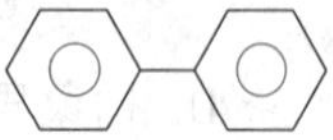 叫做(A)。

A. 联苯　　B. 二苯　　C. 萘　　D. 菲

29. 在稳定流动时，流体的流速与导管的截面积成(B)关系。

A. 正比　　B. 反比　　C. 倒数　　D. 无关系

30. 在稳定流动时，流体的流速与导管直径的平方(B)。

A. 成正比　　B. 成反比

C. 不成比例　　D. 有时成正比有时成反比

31. 流体在(C)的情况下做稳定流动时，流体在不同截面上总的机械能量为一常数。

A. 没有外加能量　　B. 没有摩擦阻力

C. 没有外加能量和摩擦阻力　　D. 有外加能量和摩擦阻力

32. 属于层流流动状态的雷诺准数是(D)。

A. $Re=10000$　　B. $Re=4000$　　C. $Re=30000$　　D. $Re=1500$

33. 直管阻力的大小除随动压头的增加而增加外，还与管长成(A)与管径成(A)。

A. 正比、反比　　B. 正比、正比　　C. 反比、反比　　D. 反比、正比

34. 下列离心泵的流量单位正确的是(A)。

A. m^3/s　　B. m^2/h　　C. N/h　　D. J/s

35. 计量泵的流量是通过调节(D)来实现的。

A. 入口阀的开度　　B. 电机转速

C. 出口阀的开度　　D. 偏心轮的偏心程度

36. 传热膜系数 α 的单位是(D)。

A. W/m^2　　B. $kJ/(m^2 \cdot K)$　　C. $J/(s \cdot m \cdot K)$　　D. $J/(s \cdot m^2 \cdot K)$

37. 相同温度下，黑度越大的物体，其辐射能力(C)。

A. 越弱　　B. 强弱不定　　C. 越强　　D. 不变

38. 反映湿空气吸收水汽能力的指标是(D)。

A. 温度　　　　　　B. 绝对湿度　　　　C. 压力　　　　　　D. 相对湿度

39. 物料衡算的基础是物料平衡点，其基本依据是(D)。

A. 能量守衡定律　　B. 亨利定律　　　　C. 连续性方程　　　D. 质量守衡定律

40. 将几个蒸发器串联操作，将一个蒸发器产生的二次蒸汽作为另一个蒸发器的加热剂，这样的操作叫(B)。

A. 单效蒸发　　　　B. 多效蒸发　　　　C. 串联蒸发　　　　D. 间歇蒸发

41. 具有(C)的蒸发叫三效蒸发。

A. 三个换热器　　　　　　　　　　　　B. 三个加热器

C. 三个蒸发器　　　　　　　　　　　　D. 一个换热器和两个加热器

42. 在单效蒸发操作中，通常将(A)的蒸汽称为生蒸汽。

A. 作热源用　　　　B. 物料汽化出来　　C. 中压　　　　　　D. 低压

43. 在蒸发操作中，通常将(B)的蒸汽称为二次蒸汽。

A. 作热源用　　　　B. 物料汽化出来　　C. 中压　　　　　　D. 低压

44. 在一定条件下，当气液两相处于平衡时，一定数量吸收剂所能溶解的吸收质的最大量称为(D)。

A. 吸收度　　　　　B. 质量分率　　　　C. 浓度　　　　　　D. 气体溶解度

45. 空气和氨的混合气的总压为 101. 325kPa，其中氨的体积分率为 5%，下列正确的说法是(A)。

A. 氨的比摩尔分率为 0. 0526kmolNH_3/kmol 空气

B. 氨的比摩尔分率为 0. 0819kmolNH_3/kmol 空气

C. 氨的分压为 507kPa

D. 氨的分压为 507Pa

46. 在一定条件下，气液两相处于平衡时，吸收质从气相溶于液相的速率(C)从液相返回气相的速率。

A. 大于　　　　　　B. 小于　　　　　　C. 等于　　　　　　D. 不能确定

47. 亨利定律认为：在一定条件下，稀溶液上方溶质的平衡分压与其在液相中的摩尔分数(B)。

A. 成反比　　　　　B. 成正比　　　　　C. 分情况而定　　　D. 不成比例

48. 在被分离的混合溶液中加入一种第三组分，使其与混合溶液中的一个或多个组分形成新的共沸混合物，从而将原混合液分离的操作叫(D)。

A. 萃取蒸馏　　　　B. 三元蒸馏　　　　C. 水蒸气蒸馏　　　D. 恒沸蒸馏

49. (C)不是萃取剂必须具备的条件。

A. 与原混合物互溶，并与其中一组分具有较强的吸引力

B. 萃取剂的化学性质稳定，不与被处理组分发生化学反应

C. 萃取剂黏度大

D. 萃取剂的沸点一般比欲分离组分的沸点要高

50. 萃取剂加入被分离混合物后，加大了原来组分之间的(A)，使其容易分离。

A. 相对挥发度　　　B. 相对密度　　　　C. 相对溶解度　　　D. 相对饱和度

51. 所谓理论板是指在塔板上汽液两相都充分混合且传热及传质阻力(A)的理想化塔板。

A. 均为零　　B. 小于1　　C. 等于1　　D. 大于1

52. 在精馏操作中，回流量与(D)之比称为回流比。

A. 塔底采出量　　B. 塔顶气相冷凝量

C. 进料量　　D. 塔顶采出量

53. 精馏过程的回流比是指相同时间内塔顶回流液体量和(C)量之比。

A. 塔底采出　　B. 塔侧线采出　　C. 塔顶采出　　D. 塔进料

54. 机器工作时，被连接零件间可以有相对(B)的连接，称为机械动连接。

A. 静止　　B. 运动　　C. 静止或运动　　D. 变化

55. (A)不属于不可拆连接。

A. 法兰连接　　B. 焊接　　C. 铆钉连接　　D. 胶接

56. 腐蚀按腐蚀机理分为(A)两类。

A. 化学腐蚀和电化学腐蚀　　B. 均匀腐蚀和晶间腐蚀

C. 化学腐蚀和选择腐蚀　　D. 全面腐蚀和电化学腐蚀

57. 离心泵常用的轴封有填料密封和(D)。

A. 密封气密封　　B. 锯齿密封　　C. 迷宫密封　　D. 机械密封

58. 用如图所示方法测量电阻，已知 $U=220\text{V}$，$I=1\text{A}$ 则 $R=$(C)Ω。

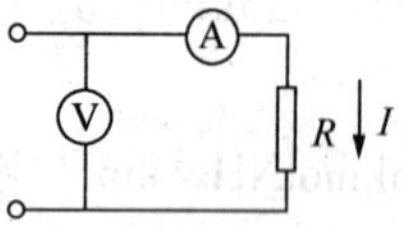

A. 440　　B. 110　　C. 220　　D. $220\sqrt{3}$

59. 电源的两端电压等于电源的电势(C)内阻电压降。

A. 乘以　　B. 除以　　C. 减去　　D. 加上

60. 正弦电压和电流等物理量，常统称为正弦量，确定正弦量的要素为：频率、幅值和(C)。

A. 相位　　B. 相位角　　C. 初相位　　D. 周期

61. 在电感元件电路中，在相位上电流比电压滞后(A)。

A. 90°　　B. 60°　　C. 45°　　D. 180°

62. 三相电路中负载的连接方法有星形连接和(A)。

A. 三角形连接　　B. Y 形连接　　C. X 形连接　　D. Z 形连接

63. 中性线的作用在于使(C)不对称的相电压对称。

A. 三角形连接　　B. 三角形连接和星形连接

C. 星形连接　　D. 其他连接

64. 当发现有人在 250V 以下线路触电时，应首先(B)。

A. 电话通知有关部门停电

B. 切断电源或用木棍等绝缘物将电线挑开

C. 直接用手去救触电者

D. 报警

65. 某台仪表的引用百分误差为 $\delta=\pm0.8\%$，这台仪表的精度为(C)级。

A. 0.02　　B. 0.05　　C. 0.1　　D. 0.2

66. 工艺上有如下选表要求：测量范围为0~300℃，最大绝对误差不能大于±4℃，则该温度仪表应选用(C)。

A. 1.3 级　　B. 1.5 级

C. 1.0 级　　D. 2.5 级

67. 仪表指针的线位移或角位移与引起这个位移的被测参数变化量之比值称为仪表的(B)。

A. 精确度　　B. 灵敏度　　C. 线密度　　D. 复现性

68. DDZ-Ⅲ型调节器输出信号是(A)mA。

A. 4~20　　B. 0~20　　C. 2~20　　D. 5~20

69. 电容式压力传感器是将压力的变化转化为(A)的变化。

A. 电容　　B. 电阻　　C. 电感　　D. 机械位移

70. 能适应快速变化的脉动压力和高真空超高压条件下的压力传感器有压阻式压力传感器和(D)。

A. 电阻式压力传感器　　B. 电流式压力传感器

C. 电感式传感器　　D. 电容式传感器

71. 利用浮子本身的重量和所受的浮力均为定值，使浮子始终漂在液面上，并跟随液位的变化而变化的原理制成的液位计叫(A)液位计。

A. 恒浮力式　　B. 变浮力式　　C. 差压式　　D. 电容式

72. 比例控制器的比例度 δ 与放大倍数 k_c 成(B)关系。

A. 正比　　B. 反比　　C. 没有规律　　D. 相等

73. 气动执行器一般是由气动执行机构和(A)两部分组成。

A. 调解机构　　B. 手轮　　C. 阀门定位器　　D. 压力表

74. 下列不是控制阀典型的理想流量特性的是(C)。

A. 直线流量特性　　B. 百分比流量特性

C. 曲线流量特性　　D. 快开型流量特性

75. 当控制阀阀杆下移时，通过阀的介质流量减少的称为控制阀的(C)作用。

A. 正反　　B. 反　　C. 正　　D. 负

76. 薄膜式执行机构不具有的特点包括(C)。

A. 维修方便　　B. 结构简单　　C. 结构复杂　　D. 动作可靠

77. 所谓简单控制系统，通常是指由一个测量元件、一个变送器、一个控制器、一个控制阀和一个控制对象所构成的(B)控制系统。

A. 单开环　　B. 单闭环　　C. 双开环　　D. 双闭环

78. 集散控制系统(DCS)充分反映了(B)的特点。

A. 分散控制，分散管理　　B. 分散控制，集中管理

C. 集中控制，分散管理　　D. 集中控制，集中管理

79. DCS 操作画面中，液位的变化可直观的用(B)来显示。

A. 饼图　　B. 棒图　　C. 因果图　　D. 控制图

80.《计量法》规定，县级以上人民政府计量行政部门对社会公用计量标准器具、部门和

企事业单位使用的最高计量标准器具，实行（ B ）。

A. 检定　B. 强制检定　C. 自由检定　D. 校准

81. 一定量的溶液里所含溶质的量叫做溶质的（ B ）。

A. 密度　B. 浓度　C. 重量　D. 溶解度

82. 相对分子质量为 M 的某物质在室温下溶解度为 Sg，此时测得饱和溶液密度为 $d$kg/m^3，则饱和溶液的物质的量浓度为（ B ）。

A. $\frac{M}{100Sd}$mol/L　B. $\frac{Sd}{M(100+S)}$mol/L

C. $\frac{10Sd}{M}$mol/L　D. $\frac{M(100+S)}{1000Sd}$mol/L

83. 在 200mL（200g）稀硫酸里溶有 1.96g 硫酸，则它的浓度为（ B ）。

A. 1mol/L　B. 0.98%　C. 0.2mol/L　D. 1.96%

84. 酸性溶液中的[H^+]浓度（ C ）mol/L。

A. 1×10^{-7}　B. $<1\times10^{-7}$　C. $>1\times10^{-7}$　D. 7

85. 某稀溶液中[OH^-]是 3×10^{-7}，则该溶液（ C ）。

A. 显酸性　B. 显中性　C. 显碱性　D. 酸碱性无法判断

多选题

1. $PV=nRT$ 中 R 的值，因压力，体积使用单位不同，可以有不同的值，正确的是（ A，B，D ）。

A. 0.082atm · L/（mol · K）　B. 8.314J/（mol · K）

C. 0.082Pa · L/（mol · K）　D. 8.314kJ/（kmol · K）

2. 理想气体状态方程是以下（ A，B，C ）经验定律结合而得。

A. 波义耳定律　B. 盖-吕萨克定律

C. 阿伏加德罗定律　D. 道尔顿分压定律

3. 溶液的体积为 v，溶液中的溶质的质量为 m，溶质的相对分子质量为 M，则溶质的量浓度为（ B，C ）。

A. $\frac{m}{v}$　B. $\frac{\frac{m}{M}}{v}$　C. $\frac{m}{Mv}$　D. $\frac{Mv}{m}$

4. 在配制 NaOH 溶液时，会使溶液物质的量浓度产生偏低现象是（ B，C ）。

A. 往容量瓶中加入，使溶液凹液面与刻度线相切

B. NaOH 颗粒表面部分变质

C. 未将烧杯的洗液注入容量瓶

D. 容量瓶使用前用蒸馏水洗过

5. SO_2 对人体的（ B，D ）极有危害。

A. 生殖系统　B. 呼吸系统　C. 内分泌系统　D. 消化系统

6. 浓硫酸具有（ B，C，D ）性。

A. 强还原　B. 强氧化　C. 脱水　D. 吸水性

7. $CH_3—C(CH_3)═CH_2$ 读作：（ A，D ）

A. 2-甲基-1-丙烯　　B. 顺丁烯　　C. 甲基丙烯　　D. 异丁烯

8. $CHCl_3$ 叫做（ B，D ）。

A. 氯甲烷　　B. 三氯甲烷　　C. 氯烷　　D. 氯仿

9. 简单的一元醇可用（ B，C ）命名法命名。

A. 国际　　B. 衍生物　　C. 普通　　D. 多元醇

10. CH_3—CH ═CH—CHO 叫做（ C，D ）。

A. 香草醛　　B. 3-丁烯醛　　C. 2-丁烯醛　　D. 巴豆醛

11. HOOC—COOH 叫做（ A，C ）。

A. 草酸　　B. 水杨酸　　C. 乙二酸　　D. 二乙酸

12. 流体在如图所示的管道中作稳定流动时，在（ A，B，C，D ）截面处的流速，流量和压强等均不随时间变化而变化。

A. A-A′　　B. B-B′　　C. C-C′　　D. D-D′

13. 流体在流动时所具有的机械能的形式有（ A，B，D ）。

A. 位能　　B. 动能　　C. 内能　　D. 静压能

14. 减小流体流动阻力的途径有（ A，C ）。

A. 管路尽可能短些　　B. 适当缩小管径

C. 没有必要的阀门和管件尽量不装　　D. 提高流速

15. 计量泵具有的特点是（ C，D ）。

A. 流量不准确　　B. 扬程一定　　C. 流量精确　　D. 扬程与流量无关

16. 关于物质的导热系数，叙述正确的是（ A，B，C，D ）。

A. 金属的导热系数最大

B. 液体的导热系数一般比固体的导热系数小

C. 固体非金属的导热系数较金属的导热系数小

D. 气体的导热系数最小

17. 傅里叶定律是研究热传导过程的一个重要方程式，它在工程上主要（ B，C，D ）的问题。

A. 计算锅炉的负荷　　B. 计算传热量和传热损失

C. 确定壁面上的温度　　D. 确定保温层的厚度

18. 影响传热膜系数的因素有很多，其中主要有（ A，B，C，D ）。

A. 流体的种类　　B. 流体的性质

C. 流体的运动状态　　D. 流体的对流状况

19. 物体的黑度主要取决于物体的（ B，C，D ）。

A. 表面抗冲击能力　　B. 表面温度　　C. 表面状况　　D. 性质

20. 工程上，湿空气进入干燥器之前先预热的目的是（ A，B ）。

A. 提高湿空气的焓值

B. 提高温度，加快传热速率

C. 增大相对湿度，以提高吸湿的能力

D. 降低相对湿度提高吸湿的能力

21. 下列为水分蒸发中物料平衡计算式，正确的为（ A，B，C，D ）。

A. $F=W+(F-W)$　　B. $F\cdot X_0=(F-W)X_1$

C. $X_1=\frac{F}{F-W}X_0$　　　　D. $W=F(1-X_0/X_1)$

22. 根据蒸发时压强的不同，可将蒸发操作分为(B，C，D)。

A. 高压蒸发　　B. 加压蒸发　　C. 减压蒸发　　D. 常压蒸发

23. 下列说法正确的是(A，D)。

A. 易溶气体在溶液上方的气相平衡分压低

B. 易溶气体在溶液上方的气相平衡分压高

C. 难溶气体在溶液中的浓度高

D. 难溶气体在溶液中的浓度低

24. 双组分连续精馏塔的工艺计算包括(A，B，C，D)等。

A. 物料衡算　　B. 塔板数或填料层高度的计算

C. 塔高和塔径的计算　　D. 热量衡算

25. 恒沸蒸馏时，加入的第三组分应具备的条件是(A，B，C)。

A. 至少应与欲分离的混合液中的一个组分形成共沸物

B. 所组成的共沸物的沸点比原来的任一组分的都低

C. 来源广泛，价格便宜

D. 与分离组分起化学反应

26. 实际精馏塔系统内相当于理论板的是(B，C)。

A. 进料板　　B. 再沸器　　C. 塔顶冷凝器　　D. 灵敏板

27. 按腐蚀破坏的分布特征有(A，B，D)。

A. 均匀腐蚀、电偶腐蚀　　B. 缝隙腐蚀、小孔腐蚀

C. 应力腐蚀、电化学腐蚀　　D. 晶间腐蚀、磨损腐蚀

28. 滚动轴承和滑动轴承相比其特点是(A，B，C，D)。

A. 摩擦系数小　　B. 内部间隙小　　C. 运转精度高　　D. 润滑油消耗低

29. 仪表的灵敏度，在数值上等于单位被测参数变化量所引起的仪表指针移动的(A，B)。

A. 距离　　B. 转角　　C. 方向　　D. 次数

30. 测量系统中常见的信号类型有(A，B，C，D)。

A. 位移信号　　B. 压力信号　　C. 电信号　　D. 光信号

31. 关于比例控制，下列说法正确的是(B，D)。

A. 比例度越小，控制作用越小

B. 比例度越大，余差越大

C. 比例度越大，过渡过程曲线越陡

D. 比例度越大，过渡过程曲线越平稳

32. 下列属于气开阀的是(C，D)。

A. 气压信号增加，阀关小　　B. 气压信号减小，阀开大

C. 气压信号增加，阀开大　　D. 气压信号减小，阀关小

33. 活塞式执行机构在结构上是无弹簧的汽缸活塞式，适用于(A，C，D)的场合。

A. 高静压　　B. 小口径

C. 高压差，只有一个控制阀　　D. 大口径

34. 所谓简单控制系统，通常是指由变送器和（ A，B，C，D ）所构成的单闭环控制系统，也称单回路控制系统。

A. 一个测量元件　B. 一个控制器　C. 一个控制阀　D. 一个控制对象

35. 集散控制系统的显示画面的层次大致可分为（ A，B，C，D ）。

A. 区域显示　B. 单元显示　C. 组显示　D. 纲目显示

36. 我国制定《计量法》的目的是为了（ A，B，C，D ）。

A. 加强计量监督管理

B. 保障国家计量单位制的统一和量值的准确可靠

C. 有利于生产贸易和科学技术的发展

D. 适应社会主义现代化建设的需要，维护国家、人民的利益

工种理论知识试题

判断题

1. 离心泵单机试车应先单试电机转向是否正确。（√）

2. 机、泵投用时机泵的转动部分转动灵活，无摩擦、卡死现象。（√）

3. 往复泵能够进行空载试车，但空运时间不能超过 1h。（√）

4. 试压过程中，升压要缓慢提高；升压至规定试验压力后，稳定 20min，然后降压至设计值，至少保持 15min，同时进行检查，检查时不得用小锤敲击。（×）

正确答案：试压过程中，升压要缓慢提高；升压至规定试验压力后，稳定 30min，然后降压至设计值，至少保持 30min，同时进行检查，检查时可以用小锤敲击焊缝。

5. 使用长管式防毒面具时需注意作业人员与监护人员时常联系，作业人员要经常更换，工作时间不超过 1h。（×）

正确答案：监护人员与使用长管式防毒面具时作业人员需注意时常联系，作业人员工作时间不超过 0.5h。

6. 设备水运的目的是检查流程的贯通情况，机械设备运行情况，各仪表完好情况等是否符合设计要求，同时进行设备、管线的清洗，为装置气密试验做好准备。（×）

正确答案：设备水运的目的是检查流程的贯通情况，机械设备运行情况，各仪表完好情况等是否符合设计要求，同时进行设备、管线的清洗，为投料开车做好准备。

7. 在开车前，常采用替代法接入替代源完成仪表调校。（√）

8. 机、泵投用时机泵的转动部分转动灵活，无摩擦、卡死现象。（√）

9. 机、泵投用时各静电接地线必须连接良好。（√）

10. 装置建成后，首次吹扫的目的是清除设备、工艺管线内的固体杂物。（√）

11. 凡拆除法兰吹扫，另一端必须用铁皮或者盲板封住，以免吹扫杂物进入下游设备、管线。（√）

12. 催化蒸馏塔灵敏板温度的控制只是操作参考，和塔釜 MTBE 产品质量没有必然联系。（√）

13. 在检修后开车过程中，丁烯-1 装置脱重塔塔顶压力平衡线上的阀门应关闭。（×）

正确答案：在检修后开车过程中，丁烯-1 装置脱重塔塔顶压力平衡线上的阀门应打开。

14. 如果 BBR 原料中 1,3-丁二烯超标，为了不影响丁烯-1 装置的生产，醚后碳四物料最好切出装置。(√)

15. 在工艺操作基本正常的情况下，若 MTBE 产品中碳四含量长时间超标，加入二乙胺可以降低碳四含量。(√)

16. 加入二乙胺的目的使落入催化蒸馏塔塔釜的树脂催化剂失活。(√)

17. “三查四定”工作的关键在于检查管线等是否按图施工，阀门、垫片、法兰的材质、选型等没有关注的必要。(×)

正确答案：“三查四定”涉及许多方面，其中即包括检查施工质量，也包括对阀门、垫片、法兰的材质和选型的确认。

18. 水压试验前应将不参与水压试验的系统、设备、仪表和管道加盲板隔离。(√)

19. 灵敏板温度只受塔釜加热量及塔顶回流量的影响。(×)

正确答案：灵敏板温度不只受塔釜加热量及塔顶回流量的影响，还受进料等参数的影响。

20. 塔釜液位对灵敏板温度没有影响。(×)

正确答案：塔釜液位对灵敏板温度有影响。

21. 开车初期造成催化蒸馏塔中间泵过滤器易堵塞的原因：一是树脂包拆装时散落的催化剂；二是设备腐蚀的锈渣。(√)

22. 正常生产中醇烯比低，提高反应温度将会造成甲醇缩合生成二甲醚，使反应系统的水含量增加。(×)

正确答案：正常生产中纯烯比过高，提高反应温度将会造成甲醇缩合生成二甲醚，使反应系统的水含量增加。

23. 筒式反应器设置外循环能够降低反应的剧烈程度。(√)

24. 催化蒸馏不能够将反应热进行合理利用。(×)

正确答案：催化蒸馏能够将反应热进行合理利用并且减少了蒸汽用量。

25. 甲醇萃取塔的作用是脱除醚后碳四中的甲醇和极少量的 MTBE。(√)

26. 甲醇回收塔的作用是脱除醚后碳四中的甲醇和极少量的 MTBE。(×)

正确答案：甲醇回收塔的作用是回收萃取塔萃取水中的甲醇。

27. 丁烯-1 脱轻塔的作用是脱除比丁烯-1 轻的组分。(√)

28. 水是在丁烯-1 脱轻塔塔釜脱除的。(×)

正确答案：水是在丁烯-1 脱轻塔塔顶脱除的。

29. 丁烯-1 脱重塔的作用是脱除比丁烯-1 重的组分。(√)

30. 顺、反丁烯是在丁烯-1 脱重塔塔顶脱除的。(×)

正确答案：顺、反丁烯是在丁烯-1 脱重塔塔釜脱除的。

31. 催化蒸馏塔内既能合成 MTBE，也能提纯 MTBE 产品。(√)

32. 催化蒸馏塔进料时，异丁烯在筒式反应器的转化率没有要求。(×)

正确答案：催化蒸馏塔进料时，异丁烯在筒式反应器的转化率要达到 90%以上。

33. 催化蒸馏塔刚进料时，建立回流后应进行全回流操作来降低床层温度，提高异丁烯转化率。(√)

34. 精馏塔物料平衡，可以用 $Fx_F = +Dx_D + Wx_W$ 表示。(√)

35. 对于进料组成变化大的精馏塔，轻组分含量高，应减少提馏段的塔板数，采用下部的进料口。 (×)

正确答案：对于进料组成变化大的精馏塔，轻组分含量高，应增加提馏段的塔板数，采用上部的进料口进料。

36. 塔压的变化对产品质量无影响。 (×)

正确答案：塔压的变化严重影响产品质量，会导致整个精馏塔操作困难。

37. 工艺操作稳定的情况下，进料量降低，应提高重沸蒸汽加入量。 (×)

正确答案：工艺操作稳定的情况下，进料量降低，应降低重沸蒸汽加入量。

38. 提高精馏塔回流比，可使操作压力升高。 (√)

39. 在串级调节中为了防止调节系统产生震荡，主副对象时间常数接近为好。 (×)

正确答案：实际工作证明，主副对象时间常数的分割采用3~10较为合适。

40. 甲醇萃取塔进料中MTBE含量较高时，通过加大萃取水量可以有效脱除。 (×)

正确答案：甲醇萃取塔进料中MTBE含量较高时，通过加大萃取水量不一定能够脱除。

41. PID是比例、积分、微分三种规律结合起来的所谓三作用调节器。 (√)

42. 在自动调节系统中，干扰是破坏系统平衡状态，引起被调参数发生波动的外部因素。 (√)

43. 调节器的输出改变量与被调参数的偏差值成比例的调节规律称为比例调节规律。 (√)

44. 比例调节规律中在放大系数一定时，被调参数偏差越大，调节作用越强；偏差越小，调节作用越弱。 (√)

45. 比例调节规律中调节器的输出变化量与偏差成反比。 (×)

正确答案：比例调节规律中调节器的输出变化量与偏差成正比。

46. 消除余差的方法，就是用调节器在比例调节的基础上进行不停地再调节，直到把被调参数调回到给定值时为止。 (√)

47. 尽管偏差可能很小，但它存在的时间越长，输出信号就越大，当偏差信号减弱时，输出信号就不再变化。 (×)

正确答案：尽管偏差可能很小，但它存在的时间越长，输出信号就越大，只有当偏差信号消除时，输出信号才不再继续变化。

48. 微分时间愈长，微分作用愈强。 (×)

正确答案：微分时间愈长，微分作用愈弱。

49. 当系统受到干扰后，系统的平衡状态被破坏，被调参数就要发生波动。 (√)

50. 被调参数应代表一定的工艺操作指标，或能反映一定的操作状态，一般都是工艺过程中主要的参数。 (√)

51. 被调参数在工艺操作过程中常常受到一定的干扰而变化，且有足够大的灵敏度。 (√)

52. 被调参数可以是不独立的和不可调的。 (×)

正确答案：被调参数应该是独立的和可调的。

53. 由于干扰作用破坏了平衡时，被调参数产生变化，自动化装置就会改变调节参数以克服干扰作用的影响，并力图使系统恢复平衡。 (√)

54. 调节参数的选择可以把对被调参数影响不灵敏的可控因素作为调节参数。 (×)

正确答案：调节参数的选择原则是把对被调参数影响较灵敏的可控因素作为调节参数。

55. 克服干板阻力的压降与阀孔气速成正比。（×）

正确答案： 克服干板阻力的压降与阀孔气速的平方成正比。

56. 精馏塔操作中，雾沫夹带过量会导致液泛。（√）

57. 根据空塔速度可以粗略的计算出塔径。（×）

正确答案： 根据空塔速度和塔内的气体体积流量可以估算出塔径。

58. 塔板效率反映了实际塔板上气液两相间的传热的完善程度。（×）

正确答案： 塔板效率反映了实际塔板上气液两相间的传质的完善程度。

59. 物料平衡是热量平衡和汽液平衡的基础，反过来又受二者影响。（√）

60. 回流罐液位、压力大幅波动会影响精馏塔正常操作。（√）

61. 树脂催化剂装填数量要适当，如果装入数量过多，在开车投料后易造成筒式反应器损坏。（√）

62. 为了防止树脂催化剂泄漏，必须装两层不锈钢丝网和石英砂。其中 80 目不锈钢丝网在上，120 目在下；粒径大的石英砂在上，小的在下。（×）

正确答案： 为了防止树脂催化剂泄漏，必须装两层不锈钢丝网和石英砂。其中 80 目不锈钢丝网在下，120 目在上；粒径大的石英砂在下，小的在上。

63. 萃取水温度高，对萃取效果不好，因为温度高，甲醇在水中的溶解度降低。（√）

64. 碳四进料量过大时，碳四在甲醇萃取塔内形成湍流与萃取水接触不均，水洗效果不好。（√）

65. MTBE 合成反应是吸热反应，MTBE 分解反应是放热反应，合成与分解是一对可逆平衡反应。（×）

正确答案： MTBE 合成反应是放热反应，MTBE 分解反应是吸热反应，合成与分解是一对可逆平衡反应。

66. 醚化反应物料在催化剂床层上的停留时间越长，越有利于 MTBE 合成反应。（×）

正确答案： 醚化反应停留时间的长短，要兼顾异丁烯的转化率和选择性，同时也要考虑生产能力、床层阻力等因素。

67. 树脂催化剂的溶胀比与催化剂制造中的交联度有关，交联度越大，溶胀比越小。（√）

68. MTBE 产品主要用途是用作汽油的添加剂，可以提高汽油的辛烷值。（√）

69. MTBE 产品除用作汽油添加剂外，还可以制取高纯度异丁烯。（√）

70. MTBE 是一种优良的汽油添加剂，对环境无任何影响。（×）

正确答案： MTBE 虽然是一种优良的汽油添加剂，但也存在着对地下水资源污染的问题。

71. 精馏塔的操作压力应保持相对恒定。（√）

72. 停工时，如果催化蒸馏塔内催化剂包不更换，A 塔可保持一定的液面，床层催化剂要用甲醇淋洗。（√）

73. 催化蒸馏塔蒸煮时，要从各设备的低点排凝排汽，排汽口见汽 24h 可以停止蒸煮。（√）

74. 只要原料甲醇中断，就必须紧急停车处理。（×）

正确答案： 原料甲醇中断，中断时间较长，作紧急停车处理，短时间中断，不应作紧急停车处理。

75. 装置联锁控制阀为原料碳四进料阀、抽余液排出阀、蒸汽热源总阀。(×)

正确答案：装置内外间联锁控制阀为原料碳四进料阀、蒸汽热源总阀。

76. 安全技术是为了防止工伤事故，保障职工安全和减轻劳动强度而采取的技术措施。(√)

77. 丁烯-1脱轻塔停进料后，塔釜物料可继续采脱重塔，但要保证异丁烷不超标。(√)

78. 催化蒸馏塔降负荷，筒式反应器的进料负荷也要降低。(√)

79. 催化蒸馏塔停车时降压操作的目的是回收筒式反应器中的物料。(√)

80. 催化蒸馏塔反应床层装完新催化剂包后，少量催化剂颗粒只能落在A塔塔釜中。(×)

正确答案：催化蒸馏塔反应床层装完新催化剂包后，在A、B塔塔釜中都有少量催化剂颗粒。

81. 萃取塔停碳四进料后，继续进萃取水的目的是顶出塔内碳四物料。(√)

82. 筒式反应器退料后期，可以充氮气增压向催化蒸馏塔赶筒式反应器的残余物料。(√)

83. 筒式反应器刚开始退料时，外循环泵就可以停。(×)

正确答案：筒式反应器刚开始退料时，外循环泵不可以停。

84. 隔膜计量泵泵体进出口阀采用闸阀。(×)

正确答案：隔膜计量泵泵体进出口阀采用单向阀。

85. 隔膜计量泵泵体进出口单向阀安装时要分清方向，保证进口阀与进口管相对应。(√)

86. 中开式多级离心泵的叶轮通常是为偶数对称布置，消除了不平衡轴向力，因而不需要装轴向平衡。(√)

87. 柱塞泵缸体内侧应力集中区域易发生腐蚀疲劳裂纹，增加柱塞数及设置缓冲罐，可使排出系统压力和流量趋于平衡。(√)

88. 离心泵可以在任一流量下运行。(×)

正确答案：离心泵不宜在低流量下长时间运行。

89. 离心泵停运时必须先关闭入口阀。(×)

正确答案：离心泵停运时必须先关闭出口阀。

90. 在一对摩擦副中，采用同一的材料制造动环和静环。(×)

正确答案：在一对摩擦副中，为了避免运转时发生咬合现象，不用同一的材料制造动环和静环。

91. 变频机泵切换至工频机泵时，如果逐渐关小变频机泵的出口阀门，其转速会逐渐减小。(×)

正确答案：变频机泵切换至工频机泵时逐渐关小变频机泵出口阀门，其转速不变。

92. 在实际的生产中，相同公称直径的压力容器法兰和管道法兰可以相互代用。(×)

正确答案：相同公称直径的压力容器法兰和管道法兰的连接尺寸不同，因而不可以相互代用。

93. 用泵将液体从低处送到高处的高度，为升扬高度。升扬高度与泵的扬程和管路特性有关，泵运行时，其升扬高度一定小于扬程。(√)

94. 离心泵的扬程随流量增加而降低，功率随流量增加而平稳上升，流量为零功率为零，电机启动就是利用了这一原理。(√)

95. 静态混合器的特点是在混合元件作用下，使流体流动方向保持不变。（×）

正确答案：静态混合器的特点是在混合元件作用下，不断改变流体流动方向。

96. 静态混合器的混合过程是靠固定在管内的混合元件进行的。（√）

97. 离心泵不上量肯定是发生了汽蚀。（×）

正确答案：离心泵不上量可能是发生了气缚。

98. 水锤对管道设备没有危害，故不需要预防。（×）

正确答案：水锤会损坏管道设备，故生产上要避免水锤。

99. 调节阀阀门定位器的作用之一是能改善调节阀的动态特性，减少信号传递滞后。（√）

100. 离心泵的效率开始时随流量的增加而上升，达最大值后再增加流量，效率只能维持在一定值。（×）

正确答案：离心泵的效率开始时随流量的增加而上升，达最大值后再增加流量，效率反而会下降。

101. 填料的作用是使液体在塔内流动时能润滑填料，沿填料的表面形成一层液膜，增加相间接触面积。（√）

102. UPS 是后备式电源的英文缩写，主要功能是在失电状态下，延续 DSC 供电 30min。（√）

103. 催化蒸馏塔吹扫置换使用的气体介质为空气。（×）

正确答案：催化蒸馏塔吹扫置换使用的气体介质为氮气。

104. 静密封工作原理：密封副帖近转动轴，不产生相对运动而始终处于相对静止状态，保证达到良好密封。（√）

105. 动密封类型按照工作原理，可分为液膜(压)、接触式、动力及阻尼式密封。（×）

正确答案：动密封类型按照工作原理，可分为液膜(压)、抽气、动力及阻尼式密封。

106. 仪表灌封油结束后，工艺操作人员应该比对仪表情况，发现异常，通知仪表人员校表。（√）

107. 蒸气上升速度接近液泛速度时，操作效果最好，但对精馏操作不利。（×）

正确答案：一般来讲，蒸汽上升速度接近液泛速度时，操作效果最好，对精馏操作有利。

108. 可根据再沸器的壳程压力的大小来判断再沸器是否堵塞。（√）

109. 催化蒸馏塔塔釜温度低将会造成碳四落入塔釜致使碳四超标。（√）

110. 催化蒸馏塔塔釜温度过低将会造成塔顶 MTBE 超标。（×）

正确答案：催化蒸馏塔塔釜温度过高将会造成塔顶 MTBE 超标。

111. 催化蒸馏塔塔釜蒸汽用量大将会造成催化蒸馏塔压力偏高。（√）

112. 甲醇萃取塔压力偏高可能是因为萃取水进料量过小引起的。（×）

正确答案：甲醇萃取塔压力偏高可能是因为萃取水进料量过大引起的。

113. 甲醇萃取塔的分离原理是，利用甲醇和碳四在水中溶解度的不同，来达到分离的目的。（√）

114. 碳四进料量大不会造成萃取塔界面偏高。（×）

正确答案：碳四进料量大能够造成萃取塔界面偏高。

115. 萃取塔扩大段水相液位太高造成醚后碳四中甲醇超标的原因是碳四在萃取塔内形

成了湍流。 (×)

正确答案：萃取塔扩大段水相液位太高造成醚后碳四中甲醇超标的原因是：碳四相液位太薄，醚后碳四在碳四液层停留时间不足。

116. 装置突然停电时，应与供电部门联系，了解恢复供电的情况及时间，以制定相应的处理方案。 (√)

117. 装置突然停水时，应与供水部门联系，了解恢复供水的情况及时间，以制定相应的处理方案。 (√)

118. 装置突然停蒸汽时，应与供蒸汽部门联系，了解恢复供蒸汽的情况及时间，以制定相应的处理方案。 (√)

119. 装置突然停仪表风时，应与供仪表风部门联系，了解恢复供仪表风的情况及时间，以制定相应的处理方案。 (√)

120. 装置突然停物料时，应与供应部门联系，了解物料供应的情况及时间，以制定相应的处理方案。 (√)

121. 萃取塔扩大段碳四相液位太薄造成醚后碳四中甲醇超标时采取的措施为降低萃取水排出量。 (×)

正确答案：萃取塔扩大段碳四相液位太薄造成醚后碳四中甲醇超标时采取的措施为加大萃取水排出量。

122. 装置实施紧急停工，是为了在事故出现恶性发展时，能最大限度的减少事故造成的损失。 (√)

123. 实施紧急停工，设专人监视各工艺条件的变化，其目的是为了防止物料大量泄漏。 (×)

正确答案：实施紧急停工，设专人监视各工艺条件的变化，其目的是为了确保设备的安全。

124. 生产中巡检不到位是导致电机超温的因素之一。 (×)

正确答案：生产中巡检不到位是导致电机超温不能及时发现的重要因素。

125. 甲醇回收塔回流偏小将会造成塔顶产品含水量偏高。 (√)

126. 甲醇回收塔塔釜温度过低将会造成塔釜甲醇含量偏高。 (√)

127. 离心泵流量随泵出口阀开度的增加而逐渐下降，当出口阀全关时，流量也只能达到一定数值。 (×)

正确答案：离心泵流量随泵出口阀开度的增加而逐渐上升，当出口阀全关时，流量为零。

128. 催化蒸馏塔塔釜碳四超标时可以采取降低塔釜温度的措施。 (×)

正确答案：催化蒸馏塔塔釜碳四超标时采取的措施是提高塔釜温度。

129. 如果 MTBE 产品中的 MSBE、DIB 含量偏高同样会造成 MTBE 产品纯度低。 (√)

130. 开工初期催化剂中含水量高，会造成 MTBE 产品纯度低，是因为有叔丁醇的生成。 (√)

131. 甲醇萃取塔压力控制失灵压力偏高时，产生的危害是容易造成萃取塔塔顶安全阀起跳。 (√)

132. 萃取水进料量突然降低，会造成甲醇萃取塔压力偏高。 (×)

正确答案：萃取水进料量突然增大，会造成甲醇萃取塔压力偏高。

133. 回流比过小不会造成催化蒸馏塔塔顶 MTBE 超标。 （×）

正确答案：回流比过小能够造成催化蒸馏塔塔顶 MTBE 超标。

134. 离心泵机械密封泄漏应立即切换泵，物料进出口阀关闭并倒空置换以便检修。（√）

135. 机泵结构简图中应该包括泵进出口阀门。 （√）

136. 摩尔百分比只适合气相混合物，液相混合物、固相混合物只能用质量百分比来表示。 （×）

正确答案：摩尔百分比都适合气相混合物、液相混合物、固相混合物。

137. 气体混合物的体积百分比就等于它的摩尔百分比。 （√）

单选题

1. 螺杆泵、齿轮泵单机负荷试车，应注意（ C ）。
   A. 润滑系统良好　　B. 压力表安装正确
   C. 进出口阀开度不小于 30%　　D. 电机转向正确

2. 下列（ A ）不属于正确的水清洗的方法和要求。
   A. 卸除吹扫清洗时加的盲板、挡板，保证流程畅通
   B. 水清洗按方案中的清洗程序采用分段的方法进行，即每个清洗口合格后，再复位进行后续系统的清洗
   C. 各泵的入口管线清洗合格后，按规程启动泵清洗出口管线，合格后再送塔器等清洗
   D. 清洗时，必须在换热器、塔器入口侧加盲板，只有待上游段清洗合格后，才能进入设备

3. 新装置水运时对泵、塔的检查，主要是检查泵、塔的（ D ）是否达到要求。
   A. 吹扫情况　　B. 流量计准确情况
   C. 泄漏情况　　D. 运行情况及各技术参数

4. 对于会产生高报的压力仪表，校验时压力应输入一个（ B ）的信号，以确定其报警值。
   A. 由高到低　　B. 由低到高
   C. 视其量程而定　　D. 没有规律可言

5. 甲醇属于（ C ）级危害毒物。
   A. 一　　B. 二　　C. 三　　D. 四

6. 甲醇慢性中毒主要表现在（ B ）系统的症状。
   A. 内分泌　　B. 神经　　C. 呼吸　　D. 消化

7. 装置气密压力最终要达到（ A ）。
   A. 操作压力的 1.05~1.1 倍　　B. 安全阀定压值
   C. 低于设计操作压力　　D. 设备实验压力

8. MTBE 产品中碳四组分含量较高，则催化蒸馏塔灵敏板温度（ D ）。
   A. 偏高　　B. 不变化　　C. 偏低　　D. 变化无规律

9. 催化蒸馏塔灵敏板温度偏高，说明该塔盘上含量增加的组分是（ A ）。
   A. 甲醇　　B. 丁烯-1　　C. 异丁烯　　D. 二聚物

10. 丁烯-1 装置脱轻塔塔釜水值不合格，则塔釜物料走向（ D ）。

A. 进脱重塔　B. 采产品罐　C. 返回原料罐　D. 送出装置

11. 如果丁烯-1装置脱重塔从下部塔进料，开车操作步骤正确的是(B)。
A. 塔釜升温→建回流→塔顶排空→启动中间泵→工艺指标调整
B. 塔釜升温→塔顶排空→建回流→启动中间泵→工艺指标调整
C. 塔釜升温→塔顶排空→启动中间泵→建回流→工艺指标调整
D. 塔釜升温→建回流→启动中间泵→塔顶排空→工艺指标调整

12. 对于化工型MTBE装置，由于上游抽提装置发生波动，容易造成碳四原料中(A)。
A. 1，3-丁二烯超标　B. 异丁烯超标
C. 丁烯-1超标　D. 正丁烷超标

13. 醚化装置开车前，碳四原料收入原料罐中，通过脱水可以检查碳四原料中(D)。
A. 是否含有甲醇　B. 是否1，3-丁二烯超标
C. 是否含碳五组分　D. 是否带有溶剂

14. 催化蒸馏塔加入的二乙胺将(A)。
A. 落入塔釜　B. 和碳四形成共沸从塔顶排出
C. 与MTBE发生反应　D. 和甲醇发生反应

15. 下列各项中，不属于“三查四定”内容的是(D)。
A. 查设计漏项　B. 查施工质量隐患
C. 查未完工程　D. 竣工管线试压查漏

16. 压力容器水压试验的压力表应安装在(B)。
A. 试压系统最高处　B. 试压系统最低处
C. 打压泵出口　D. 安全阀入口

17. 精馏塔的灵敏板温度突然升高，可能的原因是(A)。
A. 加热量增加　B. 回流量增加
C. 塔顶冷剂量增加　D. 加热量减小

18. 精馏塔的灵敏板温度突然降低，可能的原因是(C)。
A. 冷剂量减小　B. 回流量减小
C. 加热量突然减小　D. 加热量增大

19. 丁烯-1装置脱轻塔开工投料后，塔顶需要排不凝气，当(B)应停止排放。
A. 塔釜见液面后　B. 回流罐见液面后
C. 塔釜升温后　D. 中间泵启动后

20. 丁烯-1装置脱轻塔正常开车步骤是(A)。
A. 进料→升温→排空→回流　B. 进料→排空→升温→回流
C. 进料→回流→排空→升温　D. 进料→升温→回流→排空

21. 丁烯-1装置脱重塔开车投料后，若塔顶采用全回流，会影响(A)的合格时间。
A. 水值　B. 正丁烷　C. 丁烯-1　D. 顺反丁烯

22. 对于MTBE和丁烯-1装置，开车初期可以采取全回流的塔是(A)。
A. 甲醇回收塔　B. 催化蒸馏塔　C. 甲醇萃取塔　D. 脱轻塔

23. MTBE装置反应系统水的来源不正确的是(C)。
A. 碳四原料带水　B. 甲醇原料带水

C. 异丁烯与甲醇反应有水生成　　D. 甲醇缩合产生水

24. 正常生产中 MTBE 装置反应系统水的来源说法不正确的是(A)。

A. 催化剂分解生成的水　　B. 甲醇缩合产生水

C. 回收的甲醇带水　　D. 原料碳四带水

25. 关于筒式反应器外循环的作用，下列说法不正确的是(C)。

A. 取走反应产生的热量　　B. 稀释反应物料中异丁烯的浓度

C. 提高反应的剧烈程度　　D. 降低反应的剧烈程度

26. 关于催化蒸馏的优点，下列说法不正确的是(B)。

A. 减少了建设资金和操作费用

B. 增大了 MTBE 的高浓度区域

C. 消除了过热点，延长了催化剂的使用寿命

D. 排除了催化剂与塔设备的直接接触，设备腐蚀轻微

27. 关于甲醇萃取塔的说法，下列不正确的是(D)。

A. 为下游丁烯-1 装置提供合格的原料

B. 脱除醚后碳四中的甲醇

C. 利用碳四和甲醇在水中溶解度不同的原理

D. 利用碳四和甲醇相对挥发度不同的原理

28. 甲醇萃取塔内物料的相态，正确的是(A)。

A. 碳四和水均为液态　　B. 碳四是液态，水是气态

C. 碳四是气态，水是液态　　D. 碳四和水均为气态

29. 关于甲醇回收塔的作用，下列说法正确的是(A)。

A. 回收萃取塔萃取水含有的甲醇　　B. 回收醚后碳四中的 MTBE

C. 利用水和甲醇互溶的原理回收甲醇　　D. 回收 MTBE 产品中的甲醇

30. 甲醇回收塔塔顶采出的物料是(B)。

A. 水　　B. 甲醇　　C. MTBE　　D. 醚后碳四

31. 甲醇回收塔塔釜采出的物料主要是(A)。

A. 水　　B. 甲醇　　C. MTBE　　D. 醚后碳四

32. 丁烯-1 脱轻塔塔釜控制的轻关键组分是(B)。

A. 异丁烯　　B. 异丁烷　　C. 顺丁烯　　D. 丙烯

33. 丁烯-1 脱重塔塔釜控制的组分是(A)。

A. 丁烯-1　　B. 顺丁烯　　C. 反丁烯　　D. 水值

34. 产生热虹吸现象的根本原因是介质存在(A)。

A. 密度差　　B. 重量差　　C. 体积差　　D. 质量差

35. 和普通精馏塔相比，催化蒸馏塔不仅有精馏和提馏段，而且还有(B)。

A. 扩大段　　B. 反应段　　C. 分解段　　D. 再生段

36. 甲醇能从催化蒸馏塔塔顶脱出，这是因为(A)。

A. 甲醇能和碳四形成共沸物　　B. 甲醇相对挥发度大于 MTBE

C. 甲醇的沸点低于 MTBE　　D. 甲醇相对碳四易汽化

37. 精馏塔的主要性能要求如下：塔板效率高，生产能力大，操作平稳，操作弹性大，

塔板的压降小，结构简单，制造和维修方便。则应选择的塔板类型为(C)。

A. 泡罩　B. 筛板　C. 浮阀　D. 泡罩筛板

38. 精馏塔的操作弹性指精馏塔(A)。

A. 能正常操作的最大气相负荷与能正常操作的最小气相负荷的比

B. 最大允许操作压力与最小允许操作压力的比

C. 最大允许操作温度与最小允许操作温度的比

D. 最大回流与最小回流的比

39. 精馏塔的汽液平衡是指单位时间内(C)。

A. 精馏塔的进料物质的量等于气相物料的物质的量

B. 精馏塔的进料物质的量等于液相物料的物质的量

C. 由液相进入气相的物料物质的量与由气相进入液相物料的物质的量相等

D. 气相物料与液相物料的质量相等

40. 正常操作时，精馏塔进料中轻组分多，回流量应(A)。

A. 降低　B. 提高　C. 不变　D. 提高后再减少

41. 正常操作时，精馏塔进料中重组分多，塔顶温度(B)，所以应提高回流量。

A. 降低　B. 升高　C. 不变　D. 不确定

42. 提高精馏塔操作压力，可以降低塔内的(A)。

A. 汽相负荷　B. 液相负荷　C. 塔温　D. 塔板效率

43. 精馏塔在操作中，塔顶压力下降过快，易造成精馏塔(D)。

A. 淹塔　B. 塔温上升　C. 塔釜液位上升　D. 液泛

44. 其他操作参数稳定的条件下，提高精馏塔进料量，应(D)重沸器加热蒸汽量。

A. 降低　B. 先减少后提高　C. 不变　D. 增加

45. 如果进料组成不变，提高精馏塔进料量，塔顶采出量(A)。

A. 增加　B. 降低　C. 不变　D. 不稳定

46. 精馏塔塔顶压力高，可适当(A)。

A. 减少再沸器加热蒸汽量　B. 增加再沸器加热蒸汽量

C. 提高回流量　D. 增加采出量

47. 串级调节系统的设计关键在于(A)。

A. 主副对象的选择　B. 主副调节器调节规律

C. 调节器正、反作用的确定　D. 串级调节系统方案的实施

48. 调整甲醇萃取塔萃取水量的关键在于(C)。

A. 塔顶采出量　B. 塔顶压力　C. 进料中甲醇含量　D. 塔顶温度

49. 甲醇萃取塔进料中甲醇含量一定时，如果萃取水量加大，会对（ B ）的操作产生影响。

A. 催化蒸馏塔　B. 甲醇回收塔　C. 脱轻塔　D. 脱重塔

50. 关于积分调节器调节规律的特征，论述正确的是(D)。

A. 偏差存在时间长，输出信号的变化量就小

B. 积分调节器输出信号的大小只与偏差信号的大小

C. 有关输出信号的大小取决于偏差存在的时间的长短

D. 只有偏差信号等于零时，调节器的输出信号才能稳定

51. 自动调节系统的分类有多种，在闭环控制系统中，按给定值信号的不同分类，错误的是(D)。

A. 定值调节系统　　B. 随动调节系统
C. 程序控制系统　　D. 对象控制系统

52. (A)就是指调节器输入的变化量占量程变化的百分数与调节器输出的变化量占调节器输出范围的百分数之比。

A. 比例度　　B. 余差　　C. 微分度　　D. 积分度

53. 如果能使调节器的输出(即阀门开度)与被调参数成比例，就有可能使被调参数趋于稳定，达到平衡状态。这种阀的开度与被调参数的偏差成比例的调节规律，称为(D)。

A. 比例积分调节作用　　B. 积分调节规律
C. 微分调节规律　　D. 比例调节规律

54. 当对调节质量有更高要求时，必须在比例调节的基础上，再加上消除余差的(A)。

A. 积分调节作用　　B. 比例调节作用
C. 微分调节规律　　D. 比例积分调节规律

55. (C)是根据偏差的变化趋势(变化速度)而动作的，它主要用来克服容易滞后的对象。

A. 积分调节作用　　B. 比例调节作用
C. 微分调节规律　　D. 比例积分调节规律

56. 在自动调节领域中，把需要调节的工艺设备有关部分称为(D)。

A. 被调参数　　B. 比例调节机构　　C. 微分调节机构　　D. 被调对象

57. 把能够表示设备运转情况并需要进行调节的工艺参数称为(A)。

A. 被调参数　　B. 比例调节机构　　C. 微分调节机构　　D. 被调对象

58. 根据工艺操作特点，选择被调参数的途径之一是：当工艺按质量指标如(C)进行操作时，照理应以质量指标为直接指标进行控制，但目前尚缺乏合适的获取质量指标的工具，只好采用间接指标控制。

A. 比例调节机构　　B. 温度、压力等
C. 物料纯度、水分含量等　　D. 被调对象

59. 用来克服干扰对被调参数的影响，实现调节作用的参数叫做(D)。

A. 被调参数　　B. 被调对象　　C. 微分调节机构　　D. 调节参数

60. 精馏塔塔板压降影响到塔底的(A)。

A. 操作压力　　B. 采出量　　C. 液位　　D. 产品组成

61. 精馏塔塔板压降是气体通过塔板泡沫层时，要克服其(D)形成的。

A. 动能　　B. 势能　　C. 重力　　D. 静压力

62. 精馏塔塔板压降是气体克服塔板上(A)形成的。

A. 各种阻力　　B. 势能　　C. 重力　　D. 动能

63. 精馏操作中，雾沫夹带量高，塔板上气液接触面积(A)。

A. 增大　　B. 不变　　C. 降低　　D. 不确定

64. 塔板效率是指达到同样分离效果所需的(C)。

A. 理论塔板数　　B. 实际塔板数
C. 理论塔板数与实际塔板数之比　　D. 实际塔板数与理论塔板数之比

65. 精馏塔的热量平衡主要受(D)影响。
A. 汽液平衡　　B. 物料平衡
C. 大气压力　　D. 物料平衡和汽液平衡

66. 精馏塔塔顶有不凝气，冷凝器换热效果(D)。
A. 好　　B. 不变　　C. 不确定　　D. 差

67. 回流罐液位较大幅度波动，容易造成(D)。
A. 回流泵不上量　　B. 冷凝器换热效果不好
C. 不凝气多　　D. 塔压波动

68. 筒式反应器装填树脂催化剂前需要做准备工作，程序正确的是(A)。
A. 先在支撑格栅上铺放两层不锈钢丝网，再在两层不锈钢丝网上堆放一定高度的石英砂
B. 先在支撑格栅上堆放一定高度的石英砂，再在石英砂上铺放两层不锈钢丝网
C. 先在石英砂上铺放两层不锈钢丝网，再在支撑格栅上堆放一定高度的石英砂
D. 先在两层不锈钢丝网上堆放一定高度的石英砂，再在支撑格栅上铺放两层不锈钢丝网

69. 正常生产中，甲醇萃取塔扩大段内碳四物料是(D)。
A. 固相　　B. 气相　　C. 气液相　　D. 液相

70. 甲醇回收塔顶温度偏高，回收甲醇中水含量较高，会造成(A)。
A. MTBE 中 TBA 含量升高　　B. 丁烯-1 中水含量升高
C. 萃取水中甲醇含量升高　　D. 塔釜温度降低

71. 甲醇回收塔气相负荷过大，会造成塔顶(C)含量升高。
A. CH_3OH　　B. 空气　　C. H_2O　　D. C_4

72. 对于筒式反应器，下列操作有利于 MTBE 合成反应的是(C)。
A. 降低反应温度　　B. 提高反应压力　　C. 提高反应温度　　D. 降低反应压力

73. 交换容量是树脂催化剂的一个主要技术指标，关于交换容量的定义，下列描述正确的是(A)。
A. 一定数量的树脂所含有的可交换的氢离子的数量
B. 一定数量的树脂所含有的可交换的氢氧离子的数量
C. 一定数量的树脂所含有的可交换的磺酸根的数量
D. 一定数量的树脂所含有的可交换的铵离子的数量

74. 对于“风干型”树脂催化剂是指(C)。
A. 催化剂不含水
B. 催化剂含水 50%左右
C. 催化剂外表面无水，微孔内含水 35%左右
D. 催化剂的交换容量大于 5mmol/g(干)

75. 从活性和阻力来考虑，树脂催化剂的粒径应选择在(A)。
A. 大于 0. 3mm，小于 1. 1mm　　B. 小于 0. 3mm 或大于 1. 1mm

C. 大于 1.1mm　　D. 小于 0.3mm

76. 在甲醇回收塔高效浮阀塔盘上进行的是(B)。

A. 只有传质过程　　B. 传质和传热过程

C. 只有传热过程　　D. 醚化反应过程

77. 作为 MTBE 的替代产物，目前正在推广的另一种汽油添加剂是(B)。

A. 丁醇　　B. 乙醇　　C. 丙醇　　D. 辛醇

78. 在一定压力下，丁烯-1 装置脱重塔塔釜温度降低，则(C)含量增加。

A. 顺丁烯　　B. 正丁烷　　C. 丁烯-1　　D. 反丁烯

79. 丁烯-1 装置脱重塔塔顶正丁烷含量增加，工艺上应采取(D)。

A. 提高塔釜蒸汽量　　B. 加大塔顶采出

C. 降低回流　　D. 增加塔釜采出

80. 板式塔正常操作时，保持液相负荷不变，不断降低气相负荷，最终可能因为产生(C)现象而导致板效率急剧下降。

A. 雾沫夹带　　B. 液泛　　C. 漏液　　D. 干吹

81. 润滑油三级过滤的目的为(C)。

A. 防止润滑油在运输过程中带入杂质　　B. 防止润滑油在管理过程中带入杂质

C. 防止润滑油在加注过程中带入杂质　　D. 防止润滑油在润滑过程中带入杂质

82. 集散控制系统是以(B)为核心的综合仪表系统。

A. 单板机　　B. 微处理机　　C. 微型计算机　　D. 大型计算机

83. 装置紧急停仪表风时影响最大的是(D)。

A. 甲醇回收系统　　B. 水洗系统　　C. 丁烯-1 系统　　D. 反应系统

84. 安全技术是(B)的重要组成部分。

A. 安全保障　　B. 劳动保护工作

C. 提高安全系数　　D. 职工安全保障

85. 丁烯-1 脱轻塔的轻关键组分是(A)。

A. 异丁烷　　B. 异丁烯　　C. 丁烯-1　　D. 反丁烯

86. 筒式反应器退料时，碳四泵和甲醇泵停泵的次序是(C)。

A. 先停甲醇泵，后停碳四泵　　B. 先停碳四泵，后停甲醇泵

C. 同时停碳四和甲醇泵　　D. 只停碳四泵，甲醇泵不停

87. 隔膜计量泵依靠(A)将电机的圆周运动转变为往复运动。

A. 曲轴连杆机构　　B. 调节机构　　C. 联轴器　　D. 柱塞杆

88. 柱塞泵出口压力、流量描述正确的说法是(A)。

A. 呈脉冲式变化　　B. 压力大，流量大

C. 压力小，流量小　　D. 压力大，流量小

89. 离心泵启动前必须将液体灌满泵体，其目的是(C)。

A. 便于启动　　B. 防止空运

C. 排除泵内气体　　D. 防止启动时泵压过高

90. 离心泵工作中(A)来调节输出流量。

A. 可以用出口阀　　B. 可以用入口阀

C. 可以同时用出入口阀　　　　　　　　D. 不可以用出口阀

91. 折流板与管束呈垂直安装，称为横向折流板，不属于横向折流板形式的是(A)。

A. U 形　　　B. 弓形　　　C. 扇形　　　D. 圆盘-圆环形

92. 对横向折流板和纵向折流板的描述正确的是(B)。

A. 横向折流板比纵向折流板换热效率好

B. 横向、纵向折流板都有支撑管束作用

C. 横向：流体横过管束；纵向：流体平行管束呈

D. 横向：折流板与管束呈垂直；纵向：折流板与管束呈平行

93. 下列对于精馏塔溢流堰的作用说法不正确的是(A)。

A. 不能使降液管底隙形成液封　　　　B. 减少气泡随液流入降液管

C. 接受从上层塔板流下的液体　　　　D. 使塔板维持一定的液层高度

94. 法兰连接的密封性能与法兰密封面型式有直接的关系，由于压力等级不高，经常使用的密封法兰面型式最广的是(C)。

A. 锥形密封面　　　　B. 凹凸形密封面

C. 平面形密封面　　　　D. 梯形槽形密封面

95. 对离心泵扬程的理解叙述不正确的有(C)。

A. 泵给每公斤液体的能量

B. 铭牌上的扬程是指全扬程

C. 是液体进泵前与出泵后的压头差

D. 是位压头、动压头、静压头和阻力损失四项之和

96. 离心泵扬程与功率的关系正确的是(A)。

A. 输送液体的黏度越大，扬程减小而功率增大

B. 输送液体的密度越大，扬程减小而功率增大

C. 输送液体的黏度越大，扬程增大而功率增大

D. 输送液体的密度越小，扬程无关而功率增大

97. 离心泵启动时将出口阀门关闭，目的是(C)。

A. 为了排出泵内气相　　　　B. 为了检验泵的扬程

C. 为了降低启动功率　　　　D. 离心泵启动设计需要

98. 流体在静态混合器内流动时，不仅将中心流体推向周边，而且能将周边流体推向中心，从而造成良好的(C)混合效果。

A. 轴向环流　　　　B. 斜向环流

C. 径向环流　　　　D. 轴向环流和斜向环流并存

99. 关于离心泵气缚的现象，下列选项中正确的是(D)。

A. 电机电流高　　B. 泵出口压力高　　C. 泵入口压力低　　D. 泵出口流量低

100. 下列不属于离心泵汽蚀现象的是(D)。

A. 泵体发出噪声　　B. 泵出口压力低　　C. 泵出口流量低　　D. 电机电流正常

101. 关于离心泵气缚的原因，下列说法正确的是(A)。

A. 泵内有气体　　B. 泵内液体气化　　C. 泵入口压力低　　D. 泵结构有问题

102. (D)不属于离心泵转子的部件。

A. 叶轮　B. 主轴　C. 轴套　D. 机械密封

103. 目前精馏塔的控制中，大多数采用的温度控制方案是(C)。

A. 精馏塔顶温控方案　B. 精馏塔精馏段温控方案

C. 精馏塔提馏段温控方案　D. 精馏塔釜温控方案

104. 下列选项中对离心泵效率与流量的关系的描述错误的是(C)。

A. 开始时呈正比　B. 效率开始时随流量的增加而上升

C. 达最大值后再增加流量，效率会上升　D. 达最大值后再增加流量，效率会下降

105. 离心泵流量与效率的关系正确的是(A)。

A. 效率开始时随流量的增加而上升

B. 随着流量的减小，效率反而上升

C. 随着流量的减小，效率也随之下降

D. 随着流量的升高，效率也随之上升

106. 反射式玻璃板液位计是把条形玻璃夹在金属槽内，玻璃板的面带有(B)槽，用以反射光线。

A. 矩形　B. 棱形　C. 梯形　D. 柱形

107. 反射式玻璃板液面计工作原理是利用玻璃对(C)折光率不同。

A. 不同气相　B. 不同液相　C. 气相和液相　D. 固态和液态

108. 下列选项中(A)不是填料密封常用填料种类。

A. 玻璃棉　B. 石棉填料

C. 棉织填料　D. 金属箔包石棉蕊子填料

109. 填料塔填料的作用是为了(D)。

A. 降低物料流速　B. 增加物流阻力

C. 减少液相间接触面积　D. 增加液相间接触面积

110. 组合密封密封油自循环的关键是(D)。

A. 密封油的加入液位够高　B. 密封油的黏度够大

C. 冷却水的温度是否满足　D. 冷却水是否畅通

111. 温度升高时，组合密封密封油品体积膨胀，它的密度(A)。

A. 下降　B. 上升　C. 不变　D. 不确定

112. 停工检修时催化蒸馏塔氮气吹扫置换的步骤是(A)。

A. 倒空、泄压、N_2 吹扫、蒸煮、空气置换

B. 倒空、泄压、蒸煮、N_2 吹扫、空气置换

C. 倒空、泄压、空气置换、N_2 吹扫、蒸煮

D. 倒空、蒸煮、泄压、N_2 吹扫、空气置换

113. 按照密封位置不同，分为(B)。

A. 接触式和非接触式

B. 端面密封和圆周密封

C. 气体、液体和固体密封

D. 液膜(压)、抽气、动力及阻尼式密封

114. 丁烯-1 产品组成中水值的设计含量是(B)mg/kg。

A. ≤20　　B. ≤25　　C. ≥20　　D. ≥25

115. 冬季仪表灌封油的目的是(B)。

A. 润滑　　B. 防凝　　C. 冷却　　D. 冲洗

116. 通过塔顶气体温度与回流罐间温差是否超过(D)是判断塔内是否有不凝气的方法之一。

A. 4℃　　B. 6℃　　C. 8℃　　D. 正常值

117. 进料量状态变化对精馏操作的影响描述不正确是(C)。

A. 进料为气相时，塔顶产品重组分浓度增加

B. 进料为冷凝或饱和液体时，塔釜中轻组分含量增加

C. 只要进料状态发生变化，对塔顶、塔釜将有很大影响

D. 进料为汽液混合时，会增加精馏段的气体负荷和提馏段段的液体负荷

118. 塔顶采出量，随进料量变化而变化，进料量增加塔顶采出量增加以保持回流比恒定，下列说法错误的有(B)。

A. 若进料量不变，塔顶采出量增加，回流将减少

B. 若进料量不变，塔顶采出量减少，回流将减少

C. 若进料量加大，塔顶采出量不变，回流将增大

D. 若进料量减少，塔顶采出量不变，回流将减少

119. 下列选项中(B)不是精馏塔液泛的常见原因。

A. 负荷过大　　B. 物料组分　　C. 升温太快　　D. 回流量过大

120. 若(D)时会导致回流罐液面超高。

A. 回流量过大　　B. 塔压突然上升

C. 塔内出现堵塞　　D. 塔釜加热量过大

121. 下列选项中当(D)时不是回流罐液面超高的原因。

A. 塔压突然下降　　B. 塔釜加热量过大

C. 进料中轻组分过多　　D. 进料中重组分过多

122. 催化剂树脂落入塔釜造成碳四超标的原因是(A)。

A. MTBE 发生可逆反应

B. 催化剂自身分解生成碳四

C. 碳四和甲醇在催化剂床层不能够反应完全

D. 碳四和甲醇不能够形成共沸物上升至塔顶

123. 不会造成催化蒸馏塔塔顶 MTBE 超标的是(B)。

A. 进料温度过高　　B. 进料温度过低

C. 塔顶温度明显偏高　　D. 塔顶压力控制过低

124. 不会造成催化蒸馏塔压力超高的是(C)。

A. 回流量高即回流比过大　　B. 塔顶冷凝器堵塞

C. 进料中异丁烯含量高　　D. 塔釜加热蒸汽量大

125. 下列关于催化蒸馏塔压力偏高时的说法不正确的是(A)。

A. 一定是由回流量过大引起的

B. 会造成催化剂床层温度高

C. 催化剂活性较低时可以将压力控制的稍高些

D. 催化蒸馏塔压力的高低与催化剂床层的反应无关系

126. 甲醇萃取塔压力偏高的原因不正确的是(A)。

A. 碳四进料温度过低　　B. 碳四进料温度过高

C. 醚后碳四缓冲罐的压力过高　　D. 萃取水量过大

127. 甲醇与碳四在水中溶解度的关系是(A)。

A. 甲醇大于碳四　　B. 甲醇小于碳四

C. 甲醇与碳四相近　　D. 甲醇与碳四均难溶于水

128. 属于萃取塔与蒸馏塔分离原理相同点是(C)。

A. 都是利用组分在另一种介质中溶解度的不同

B. 都是利用组分之间相对挥发度的不同

C. 都需要控制物料流量及系统压力

D. 塔釜都需要加热再沸器

129. 关于甲醇萃取塔界面的说法正确的是(D)。

A. 液相碳四与气相碳四的分界面　　B. 液相碳四与甲醇的分界面

C. 萃取水与甲醇的分界面　　D. 萃取水与液相碳四的分界面

130. 若甲醇萃取塔进料组成中甲醇含量增大，则萃取塔的界面(B)。

A. 降低　　B. 无影响　　C. 增高　　D. 无法判断

131. 下列关于甲醇萃取塔界面高的原因说法不正确的是(C)。

A. 萃取水进料量大　　B. 碳四进料温度高

C. 碳四进料温度低　　D. 界面计的数值失真

132. 催化蒸馏塔底重沸器管程泄漏，一般都是检查凝结水是否带有 MTBE，其依据是(B)。

A. 凝结水温度比较高　　B. 凝结水压力比较低

C. 闻味道或者进行化验分析　　D. 凝结水流速比较慢

133. 催化蒸馏塔底重沸器管程泄漏，其(B)必然含有 MTBE 组分，这是一种判断重沸器管程泄漏的方法。

A. 循环水系统　　B. 凝结水系统　　C. 氮气系统　　D. 原料

134. 丁烯-1 脱轻塔塔底液位空的原因不正确的是(B)。

A. 仪表显示错误　　B. 塔底采出泵过滤器堵塞

C. 再沸器蒸汽量太大　　D. 塔底采出量过大

135. 醚后碳四中甲醇超标的原因不正确的是(D)。

A. 萃取水量太少　　B. 萃取塔碳四进料量不稳

C. 碳四与甲醇在萃取塔内的分布不均　　D. 萃取水量过大

136. 蒸汽凝液罐压力高的原因分析正确的是(C)。

A. 生产负荷高　　B. 凝液罐温度高

C. 凝液中夹带蒸汽　　D. 循环凝液利用量小

137. 蒸汽凝液罐压力高的处理方法有误的是(B)。

A. 加大凝液循环利用

B. 降低凝液罐自控设定压力

C. 检查蒸汽疏水器是否正常工作

D. 降低第二精馏塔蒸汽凝液再沸器凝液出口温度

138. 装置紧急停蒸汽时影响最大的是(C)。

A. 离子过滤器　　B. 甲醇回收塔　　C. 丁烯-1 脱重塔　　D. 甲醇回收塔

139. 醚后碳四中甲醇超标时采取的措施不正确的是(D)。

A. 增加萃取水量　　B. 稳定萃取塔碳四进料量

C. 增加碳四与甲醇在萃取塔内的停留时间　　D. 降低萃取水量

140. 不属于甲醇回收塔塔顶产品含水量偏高原因的是(B)。

A. 甲醇回收塔塔顶温度偏高　　B. 回流量偏高

C. 塔釜加热蒸汽量大　　D. 塔分离效果差

141. 不属于甲醇回收塔塔釜甲醇含量偏高原因的是(C)。

A. 塔釜加热蒸汽量少　　B. 进料中甲醇浓度过高

C. 塔釜温度过高　　D. 进料温度过低

142. 工艺操作条件正常时，催化蒸馏塔塔釜碳四和甲醇同时超标时所应采取的措施为(A)。

A. 向塔釜加入适量的二乙胺　　B. 提高塔釜温度

C. 提高回流量　　D. 提高催化蒸馏塔的醇烯比

143. 为防止开工初期 MTBE 产品中叔丁醇含量高，造成 MTBE 纯度偏低，可采取的措施是(B)。

A. 降低筒式反应器的醇烯比

B. 开工前含水的催化剂要用甲醇浸泡置换

C. 提高筒式反应器的操作压力

D. 提高催化蒸馏塔的进料温度

144. 催化蒸馏塔塔顶 MTBE 超标的处理措施不正确的是(A)。

A. 提高塔釜操作温度　　B. 降低塔釜操作温度

C. 降低进料温度　　D. 提高塔顶控制压力

145. 离心泵机械密封泄漏较大时，处理方法正确的是(C)。

A. 停泵等待检修　　B. 通知设备人员处理并检修

C. 切换泵，对该泵倒空置换并报检修　　D. 切换泵并报检修

146. 下列机泵结构简图正确的是(B)。

A. 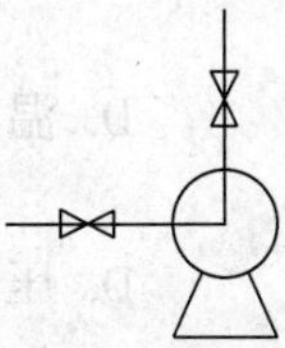　B. 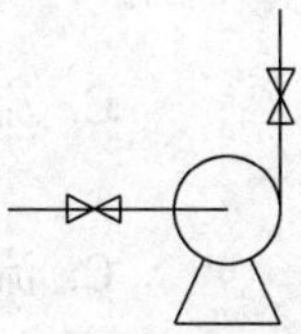　C. 　D. 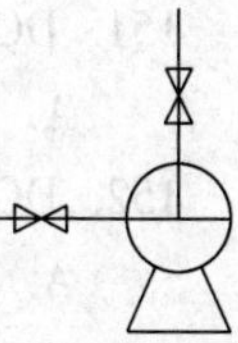

147. 正确的机泵出口单向阀的简图是(A)。

A. 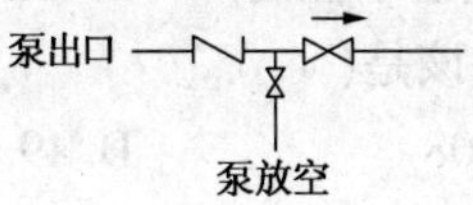

B. 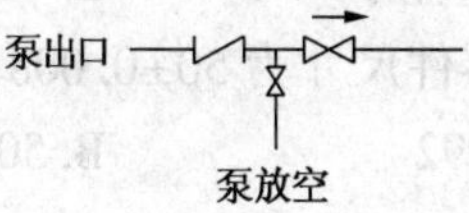

C. 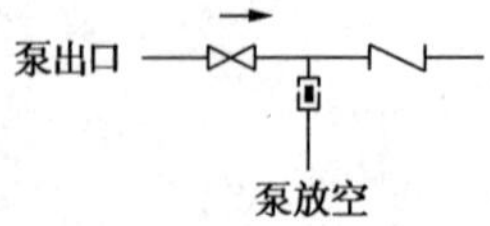

D. 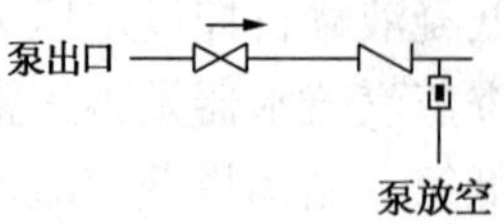

148. 泡罩塔盘结构和操作状态示意图如下所示，图中 2 所指的应该是(C)。

A. 泡罩　B. 升气管　C. 降液板　D. 溢流堰

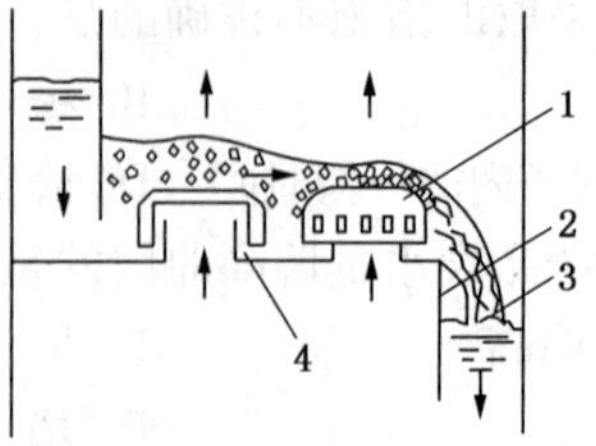

泡罩塔盘结构

149. 泡罩塔盘结构和操作状态示意图如下所示，图中 4 所指的应该是(B)。

A. 泡罩　B. 升气管　C. 堰板　D. 溢流堰

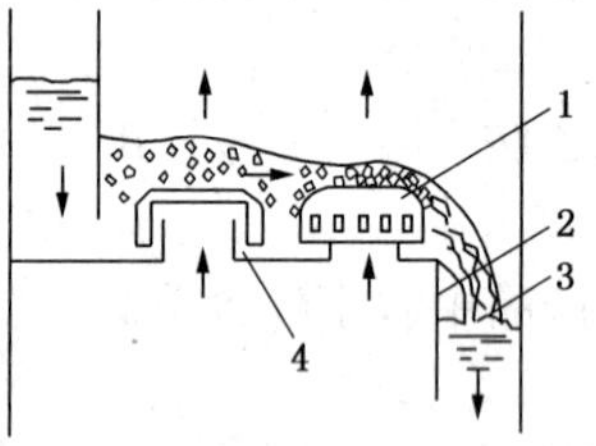

泡罩塔盘结构

150. 某容器开口接管示意图如下所示，图中 1 所指的应该是(B)。

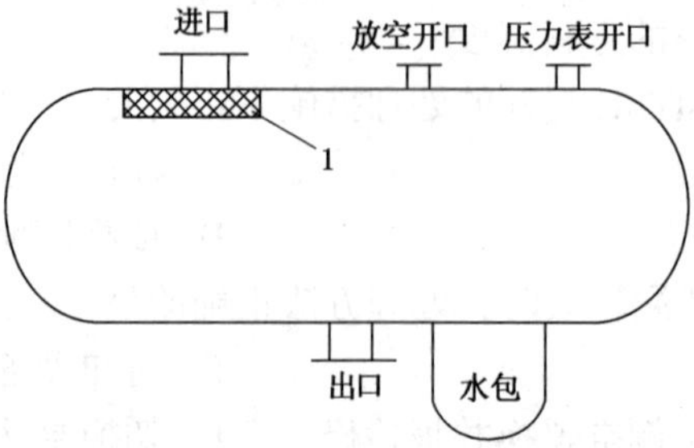

A. 填料　B. 破沫网　C. 衬里　D. 保温

151. DCS 仪表符号中 TIC 代表(D)。

A. 温度显示　B. 压力控制　C. 流量控制　D. 温度显示控制

152. DCS 仪表符号中 PI 代表(B)。

A. 温度显示　B. 压力显示　C. 流量控制　D. 压力控制

153. DCS 仪表符号中 FIC 代表(C)。

A. 流量显示　B. 压力显示　C. 流量显示控制　D. 压力控制

154. 已知零件尺寸为 50±0. 008，零件最大极限尺寸应该是(C)。

A. 49. 992　B. 50. 016　C. 50. 008　D. 49. 984

155. 已知零件尺寸为50±0.008，零件最小极限尺寸应该是(A)。

A. 49.992　　B. 50.016　　C. 50.008　　D. 49.984

156. 质量分数为20%的 NaOH 溶液，已知 NaOH 密度为 1.23g/cm^3，其物质的量浓度为(C)mol/L。

A. 4.15　　B. 5.15　　C. 6.15　　D. 7.15

157. 将 20gNaOH 固体完全溶解于 2000mL 水中，溶液的密度近似于水的密度，该溶液的物质的量浓度为(B) mol/L。

A. 0.15　　B. 0.25　　C. 0.35　　D. 0.45

158. 某温度下，将一定质量的 NaOH 固体完全溶于水中，得到 1L 物质的量浓度为 5mol、密度为 1.2g/cm^3 的溶液，该 NaOH 溶液的质量百分含量(A)%。(相对原子质量：Na：23；O：16；H：1)

A. 11.67　　B. 12.67　　C. 13.67　　D. 16.67

159. 已知甲醇-水溶液中(按质量分数计)，甲醇占 90%，水为 10%，求此甲醇溶液在 293K 时的密度近似值为(A)kg/m^3。(293K 时，甲醇密度为 792kg/m^3，水密度为 998kg/m^3)

A. 809.7　　B. 709.7　　C. 609.7　　D. 509.7

160. 已知空气的组成为 21%的氧气和 79%氮气(体积分数)，求 100kPa、300K 时空气的密度(B)kg/m^3。(氧气的摩尔质量 M_{O_2}=32kg/kmol，氮气的摩尔质量 M_{N_2}=28kg/kmol)

A. 0.809　　B. 1.156　　C. 1.256　　D. 1.356

161. 已知 200kPa 时，某混合气体的密度为 0.823kg/m^3，平均相对分子质量为 20，混合气体的温度为(D)K。

A. 554.6　　B. 564.6　　C. 574.6　　D. 584.6

162. 已知氮气和氢气混合气体中氮气的体积分数为 0.3，混合气体在 5MPa、400K 时的密度为(C)kg/m^3。(氢气的摩尔质量 M_{H_2}=2kg/kmol，氮气的摩尔质量 M_{N_2}=28kg/kmol)

A. 12.73　　B. 13.73　　C. 14.73　　D. 15.73

163. 2mol 氧气和 1mol 二氧化碳混合后的平均相对分子质量为(A)。(氧气的相对分子质量为 32，二氧化碳的相对分子质量为 44)

A. 36.1　　B. 35.1　　C. 34.1　　D. 33.1

164. 已知 20℃、1 个标准大气压下，某混合气体的密度为 1.025kg/m^3，混合气体的平均相对分子质量为(A)。

A. 14.7　　B. 24.7　　C. 34.7　　D. 44.7

165. 400K、0.5MPa 的 5 L 氧气与 300K、0.4MPa 的 2 L 氮气混合后的平均相对分子质量(D)。

A. 15.8　　B. 20.8　　C. 25.8　　D. 30.8

166. 293K 的水在内径为 50mm 的直管内流动，流速为 1m/s。雷诺准数为(C)。(293K 时，水的密度=998.2kg/m^3，黏度=1.005×10^{-3}Pa · s)

A. 46662　　B. 47662　　C. 48662　　D. 49762

167. 293K 的苯在一大管与小管组成的环状截面中流动，流速为 1.5m/s，大管内径 53mm，小管外径为 38mm，其流动状态(C)。(293K 苯的密度 =879kg/m^3，黏度 =0.7×10^{3}Pa · s)

A. 过渡流　　B. 层流　　C. 湍流　　D. 稳定流

168. 筒式反应器出口物料中 MTBE 含量为 30%，甲醇含量为 0.9%，异丁烯含量为 1.1%。该筒式反应器进料的醇烯比是(A)。

A. 1.02　　B. 0.92　　C. 1　　D. 0.6

169. 原料 C_4 中异丁烯质量含量为 20%，筒式反应器转化率为 94%，共沸蒸馏塔顶物料中含甲醇为 2%，进料醇烯比是(B)。

A. 1.1　　B. 1.082　　C. 1.021　　D. 1.010

170. 某精馏塔设计理论塔盘数为 60 块，实际安装数为 80 块，该塔盘的板效率为(C)%。

A. 30　　B. 50　　C. 75　　D. 60

171. 一定温度下 4molH_2 与 1molN_2 在 60L 的容器中进行反应，若 N_2 转化率为 70%，反应将混合气体冷却到 300K，N_2 的分压(D)×10^4Pa。[R=8.314J/(mol·K)]

A. 1.55　　B. 1.05　　C. 1.45　　D. 1.25

172. 将 400K、300kPa 的 50 L 氧气与 500K、400kPa 的 30 L 氮气混合后，若混合后气体体积不变，求温度为 400K 时气体的总压(C)×10^5Pa。[R=8.314J/(mol·K)]

A. 1.08　　B. 4.08　　C. 3.08　　D. 2.08

173. 筒式反应器每小时进料 6t，经过反应后生成 MTBE2.3t，有(A)kcal/h 反应热量。(MTBE 相对分子质量为 88，MTBE 反应放热量为 8.7kcal/mol)

A. 22.7×10^4　　B. 21.7×10^4　　C. 24.7×10^4　　D. 23.7×10^4

174. 已知：筒式反应器出口物料中 MTBE 含量为 30%，甲醇含量为 0.9%，异丁烯含量为 1.1%。该反应进料的醇烯分子比为(B)。

A. 0.02　　B. 1.02　　C. 1.12　　D. 1.22

175. 已知：反应进料为 10t/h，原料中异丁烯浓度为 20%，转化率为 90%，选择性为 99%，每公斤 MTBE 生成的反应热为 100cal。筒式反应器的反应热(C) cal/h。(MTBE 相对分子质量为 88.15，异丁烯相对分子质量为 56.10)

A. 260006　　B. 270006　　C. 280006　　D. 290006

176. 有一混合物由 A、B 两种物质组成，120kg 混合物中 A 有 30kg，则 B 的质量分数为(D)。

A. 25.0%　　B. 33.33%　　C. 75.0%　　D. 75.0%

177. 有一混合物由 A、B 两种物质组成，100kg 混合物中 A 的摩尔分数为 40%，则 B 的质量分数为(D)。

A. 40　　B. 50

C. 60　　D. 缺少条件不能计算

178. 已知一个三组分的气相混合物，其中 A 有 50kg，B 体积百分比是 25%，C 的摩尔分数是 30%，A 的质量分数(D)%。(A 相对分子质量为 30，B 相对分子质量为 40，C 相对分子质量为 60)

A. 29.53　　B. 30.53　　C. 31.53　　D. 32.53

179. 有一混合物由 A、B、C 三种物质组成，80kg 混合物中 A 的摩尔分数为 40%，C 的质量分数为 30%，还必须知道(C)，就可以计算 B 的摩尔分数。

A. ABC 的相对分子质量　　D. 一年一次　　D. 一年一次

B. A 的相对分子质量、混合物的平均相对分子质量

C. C 的相对分子质量、混合物的平均相对分子质量

D. B 的相对分子质量、混合物的平均相对分子质量

180. 已知：MTBE 产品组成中 MTBE 含量 99.5%，叔丁醇含量 0.3%，二聚物含量 0.2%，醚化反应的选择性(A)%。

A. 99.8　B. 96.8　C. 95.8　D. 94.8

多选题

1. 设备单机试车前，确认的内容有(A，B，C，D)。

A. 各零部件安装齐全　B. 盘车无卡涩

C. 点试电动机转向符合要求　D. 记录、试车方案齐全

2. 装置开车前仪表方面需准备的内容有(A，B，C，D)等。

A. 仪表调试　B. 仪表校验

C. 仪表完好　D. 仪表风符合工况要求

3. 长管式防毒面具使用时需注意的事项有(A，B，C，D)。

A. 不猛拉导气管

B. 使用前应检验长管是否漏气

C. 在使用过程中严禁把面罩拿掉

D. 导气管进气端应放在远离有毒区域的上风口

4. 水运时对塔、容器、冷换设备的检查，主要检查(A，B，C)。

A. 液面计是否准确好用　B. 压力表等是否准确好用

C. 阀门是否好用　D. 漏点

5. 新装置水运时对工艺流程检查有(C，D)。

A. 机械设备单机试运情况　B. 吹扫情况

C. 流程是否畅通　D. 阀门是否严密好用

6. 下列各项中，(A，B，C)属于常压容器投用必须具备的条件。

A. 设备内部干净，无异物

B. 设备本体无严重腐蚀、无泄露，各排净阀已关闭

C. 液位计、流量计、氮封好用

D. 最终设计资料

7. 下列各项中，(A，B，C，D)属于塔投用必须具备的条件。

A. 塔内部干净，无异物

B. 塔内件(塔板、挡板、降液管、溢流堰等)清理干净并已安装就绪

C. 塔板安装平整、无缝隙，筛孔无堵塞现象，溢流堰高度适当

D. 介质进出管口、压力表和安全阀等连接管路畅通

8. 下列各项中，(A，B，C)属于机、泵投用必须具备的条件。

A. 电机正常，电机旋转方向正确

B. 轴承的润滑油量适当，油质干净

C. 机泵的转动部分转动灵活，无摩擦、卡死现象

D. 气密试验合格

9. 下列各项中，(A，B，C)属于开车前对仪表检查的内容。
   A. 各调节阀的开闭试验是否正常
   B. 各联锁系统、报警系统是否运行正常
   C. 各流量计是否好用
   D. 各种防护用具是否准备齐全、好用
10. 下列各项中，(A，B，C)属于开车前对电气检查的内容。
   A. 通讯系统是否良好　　B. 各转动设备是否已送电，开停动作正常
   C. 各静电接地点是否连接良好　　D. 各种防护用具是否准备齐全、好用
11. 影响催化蒸馏塔灵敏板温度的因素有(A，B，C)。
   A. 塔釜蒸汽量　　B. 补充甲醇量
   C. 塔顶操作压力　　D. 塔釜采出量
12. “三查四定”中的“四定”是指对检查出来的问题(A，B，C，D)。
   A. 定任务　　B. 定负责人　　C. 定措施　　D. 定时间、期限解决
13. 影响灵敏板温度的因素主要有(A，B，C)。
   A. 进料状况　　B. 加热介质的流量、压力、温度变化
   C. 冷剂的流量、压力、温度变化　　D. 塔顶产品质量
14. 造成原料碳四罐压力高的原因(B，C，D)。
   A. 罐液面低　　B. 环境温度升高　　C. 罐内有不凝气　　D. 罐进料大于出料
15. 醚后碳四原料合格后，脱轻塔可以进料，醚后碳四中需控制的组分(A，B，C)。
   A. 甲醇　　B. MTBE　　C. 异丁烯　　D. 丁烯-1
16. 水值合格后，丁烯-1 装置脱重塔采取全回流运转，可以较快的(A，B)。
   A. 提高丁烯-1 纯度　　B. 降低正丁烷含量
   C. 降低水含量　　D. 降低异丁烷含量
17. 关于精馏塔的汽液平衡，说法正确的是(A，B，D)。
   A. 易挥发组分在液相中的组成可能为零
   B. 某一组分在液相的含量可能大于其在气相的含量
   C. 易挥发组分在进料中的摩尔数要大于其在气相中的摩尔数
   D. 难挥发组分在进料中的摩尔数等于其在气相中的摩尔数与在液相的摩尔数之和
18. 对于一个操作稳定的精馏塔，进料中的轻组分浓度降低，应采取(A，C，D)。
   A. 适当提高回流量　　B. 适当降低回流比
   C. 适当降低塔底温度　　D. 适当降低塔底温度和适当减少采出
19. 对于处理一定物系的精馏塔而言，塔压降低则(B，C)。
   A. 塔顶温度上升　　B. 塔顶温度下降
   C. 塔底温度下降　　D. 塔底温度上升
20. 提高精馏塔进料量，工艺上需要调整(A，B，C)等参数以保证工艺稳定。
   A. 重沸器蒸汽加入量　　B. 回流量
   C. 塔底采出　　D. 回流罐液位
21. 可以降低精馏塔压力的操作有(C，D)。
   A. 提高回流量　　B. 增加进料量　　C. 降低塔釜温度　　D. 降低生产负荷

22. 对微分调节规律的特征论述错误的是(B，D)。
    A. 偏差固定不变时，微分作用无输出
    B. 微分器的输出与偏差的存在与否有关
    C. 微分器的输出只与偏差的变化速度有关
    D. 微分的输出值大小与偏差的大小也有关
23. 当一个调节系统发生发散振荡时，应采取(A，B)的措施使其稳定。
    A. 增大比例度　　B. 增大积分时间
    C. 减小比例度　　D. 减小积分时间
24. 气体通过塔板时需克服(A，B，D)形成了该板的总压降。
    A. 塔板本身的各种阻力　　B. 液层的静压强
    C. 液体流量　　D. 液体的表面张力
25. 影响精馏塔雾沫夹带的主要因素是(C，D)。
    A. 气体密度　　B. 塔板数量　　C. 空塔气速　　D. 板间距
26. 关于空塔速度的上下限叙述正确的是，空塔速度(B，C)。
    A. 上限是严重的漏液线　　B. 下限是严重的漏液线
    C. 上限是严重的雾沫夹带或液泛线　　D. 下限是严重的雾沫夹带或液泛线
27. 影响塔板效率的因素主要有(B，C，D)等方面。
    A. 环境变化　　B. 塔板结构　　C. 操作条件　　D. 物料性质
28. 影响精馏塔热量平衡的因素有(A，B，C，D)的变化。
    A. 进料量　　B. 回流量　　C. 回流温度　　D. 进料组成
29. 影响精馏塔塔顶冷凝器换热效果的因素有(A，B，C，D)。
    A. 冷却介质温度　　B. 冷凝器换热效率　　C. 塔压　　D. 塔顶气相负荷
30. 装填树脂催化剂时，应注意(A，B，C，D)。
    A. 催化剂包装袋不遗留在筒式反应器内　　B. 不接触新鲜水
    C. 不使用金属工具　　D. 搬运时轻拿轻放
31. 甲醇萃取塔萃取水量偏低，水洗效果不好，其原因是(A，B)。
    A. 水在塔内分布不均匀　　B. 水与碳四接触不充分
    C. 水与碳四形成共沸　　D. 甲醇在水中的溶解度降低
32. 萃取水中甲醇含量超标的原因是(A，D)。
    A. 甲醇回收塔塔釜温度低　　B. 萃取塔碳四进料量偏低
    C. 萃取塔界面控制高　　D. 萃取水冷却器内漏
33. 影响甲醇回收塔进料中甲醇含量的因素有(A，B，C，D)。
    A. 甲醇萃取塔萃取水量　　B. 筒反系统的醇烯比
    C. 催化蒸馏塔补充甲醇量　　D. 甲醇萃取塔的水洗效果
34. 正常生产中，造成甲醇回收塔塔釜液面满的主要原因(A，B)。
    A. 萃取水量过大　　B. 塔釜采出量偏小
    C. 塔釜蒸汽量偏高　　D. 回流量过小
35. 甲醇回收塔塔釜压力升高，塔顶塔釜均不合格，此时正确操作是(A，B，C，D)。
    A. 降低塔釜蒸汽量　　B. 降低回流量

C. 提高甲醇萃取塔界面　　D. 减少塔顶采出

36. MTBE 调入汽油后，对汽油性能起到很大的改观，具体表现在(A，D)。

A. 提高汽油的品质　　B. 提高汽油的挥发损失

C. 降低提高汽油的蒸汽压　　D. 使汽油燃烧充分

37. 丁烯-1 装置脱重塔塔釜采出中丁烯-1 含量较高，会造成(A，B)。

A. 塔釜温度降低　　B. 丁烯-1 收率降低

C. 塔釜压力升高　　D. 釜液泵不上量

38. 板式塔正常操作时，保持液相负荷不变，不断加大气相负荷，最终可能因为产生(A，B)现象而导致板效率急剧下降。

A. 雾沫夹带　　B. 液泛　　C. 漏液　　D. 干吹

39. 精馏塔操作应遵循的原则包括(A，C)。

A. 塔压相对恒定　　B. 灵敏板温度保持恒定

C. 进料组成相对稳定　　D. 回流量保持固定

40. 装置联锁控制的调节阀是指(A，B，C)。

A. 热源控制总阀　　B. 原料碳四进料阀

C. 产品丁烯-1 排出阀　　D. 甲醇回收塔进料阀

41. 停工操作时需注意的注意事项有(A，B，C，D)。

A. 清除地面油污易燃物　　B. 降温降量速度不宜过快

C. 管道中物料送出装置外　　D. 严禁有毒和腐蚀性介质就地排放

42. 催化蒸馏塔降负荷时，需要进行调整的工艺条件包括(A，B)。

A. 蒸汽量　　B. 回流量　　C. 操作压力　　D. 床层温度

43. 如果催化蒸馏塔有大量催化剂泄漏到塔釜，MTBE 产品中会含有较多的(A，B)。

A. 异丁烯　　B. 甲醇　　C. 顺丁烯　　D. 丁烯-1

44. 萃取塔的退料方法正确的是(B，C)。

A. 继续进碳四　　B. 继续进萃取水，顶出塔内碳四物料

C. 萃取水进甲醇回收塔　　D. 顶出塔内碳四物料，继续进萃取水

45. 多级离心泵有分段式和中开式两种结构，其性能相比，说法正确的是(A，C)。

A. 中开式体积大　　B. 中开式扬程大

C. 分段式制造简单　　D. 分段式流量范围大

46. 机械密封装置有四个泄露点，叙述正确的有(B，D)。

A. 静环与压盖间的密封，是动密封

B. 动环和轴间的密封，是相对静止的

C. 压盖与泵体间的垫圈，是一个动密封

D. 动环和静环端面间的密封，是径向动密封

47. 标准法兰公称压力的确定与(B，C，D)有关。

A. 与使用的场合　　B. 与法兰的材料

C. 与法兰的操作温度　　D. 与法兰的最大操作压力

48. 静态混合器的径向环流混合作用，能使流体在管子截面上的(A，B，D)梯度明显减少。

A. 温度　　B. 速度　　C. 压力　　D. 质量

49. 离心泵气缚的现象有(A，B，D)。

A. 电机电流低　　B. 泵出口压力低　　C. 泵入口压力低　　D. 泵发出噪声

50. 下列属于离心泵汽蚀的原因的有(A，B，C)。

A. 吸入口压力太低　　B. 吸入口温度太高

C. 泵安装高度太高　　D. 泵机械密封漏

51. 水锤的危害有(A，B，C)。

A. 会使管道损坏　　B. 会使换热器损坏

C. 会使调节阀损坏　　D. 不会损坏管道，只会损坏容器设备

52. 精馏塔一般采用的控制方案有(A，B，C，D)。

A. 塔压控制　　B. 液位控制　　C. 温度控制　　D. 物料流量的控制

53. 调节阀定位器起到(A，B，C，D)的作用。

A. 改变调节阀的流量特性　　B. 改善调节阀的动态特性

C. 可改变调节阀的动作方向　　D. 实现控制系统的分程调节

54. 固定管板式换热器可分为(A，B，D)式换热器。

A. 单程　　B. 双程　　C. 三程　　D. 多程

55. 填料塔内装填的填料在正常生产中的作用是为了(B，C，D)。

A. 增加物流阻力　　B. 加强萃取效果

C. 增加液相间接触面积　　D. 沿田填料的表面形成一层液膜

56. 检修后开工前催化蒸馏塔的吹扫置换描述正确的是(A，B，D)。

A. 吹扫使用的气体介质为氮气

B. 吹扫置换的目的是驱除系统内的氧气

C. 泄压通过放空系统排放

D. 泄压是通过倒淋现场排放

57. 机泵调试时通常内容包括(A，B，C，D)等。

A. 轴承的检查或更换　　B. 泵部件需修理或更换

C. 调整泵各部间隙至正常值　　D. 泵和驱动机需进行中心调整

58. 塔内有不凝气体，操作上会明显出现(C，D)现象。

A. 压差高　　B. 温度高

C. 塔顶压力升高　　D. 塔顶压力难以控制

59. 进料温度的变化，将改变精馏设备原有的热平衡，下列说法正确的是(A，C)。

A. 进料温度降低，使轻组分下降

B. 进料温度降低，只要通过加大再沸器的热量就可以

C. 进料温度增高，使提馏段下降液量减少，使重组分上升

D. 进料温度增高，顶温上升，只要能被冷却，塔平衡就不会被破坏

60. 再沸器的堵塞可根据(C，D)进行判断。

A. 塔压　　B. 塔釜液面

C. 实际的加热效果　　D. 再沸器的壳程压力

61. 导致精馏塔液泛的常见原因有(A，B，C，D)等。

A. 塔内堵塞　　B. 升温过速　　C. 回流量过大　　D. 加热蒸汽量大

62. 当发生(A，B，C)时会导致回流罐液面超高。

A. 回流泵不上量　　B. 塔压突然下降

C. 回流调节阀失灵　　D. 塔釜加热量过小

63. 催化蒸馏塔塔釜碳四超标的原因有(B，C)。

A. 塔釜温度高　　B. 塔釜温度低

C. 催化剂树脂落入塔釜　　D. 催化蒸馏塔的醇烯比过大

64. 催化蒸馏塔塔顶 MTBE 超标的原因有(A，B，C)。

A. 塔顶压力控制偏低　　B. 塔顶压力频繁波动

C. 塔顶温度明显偏高　　D. 塔顶温度明显偏低

65. 催化蒸馏塔压力超高的原因有(B，D)。

A. 回流量低即回流比过小　　B. 塔顶冷凝器堵塞

C. 塔釜再沸器漏　　D. 塔釜温度高

66. 甲醇萃取塔压力偏高的原因正确的有(A，D)。

A. 塔顶碳四排出量小　　B. 塔顶碳四排出量大

C. 碳四进料量小　　D. 碳四进料量大

67. 关于蒸馏塔分离物质的说法正确的是(B，C，D)。

A. 利用组分在另一种介质中溶解度的不同

B. 借助物质的相平衡常数的不同达到分离的目的

C. 需要控制回流量及系统的压力

D. 塔釜需要加热，塔顶需要冷凝

68. 正确的 PHA(预先危险性分析)分析步骤是(A，C，D)。

A. 熟悉系统　　B. 分析触发时间

C. 找出形成事故的原因　　D. 制定安全措施

69. 丁烯-1 脱重塔塔底液位空的原因有(A，B，C，D)。

A. 仪表显示错误　　B. 塔底采出量太大

C. 再沸器蒸汽量太大　　D. 中间回流泵跳停

70. 醚后碳四中甲醇超标的原因有(A，B，D)。

A. 萃取水量太少

B. 碳四在萃取塔内与萃取水的接触效果不好

C. 萃取塔扩大段水相液位太低

D. 醚后碳四缓冲罐脱水不及时

71. 瞬间停仪表风时，恢复供仪表风后，对系统内(B，C，D)进行检查，使之恢复正常状态。

A. 管线　　B. 调节阀　　C. 泵　　D. 压缩机

72. 醚后碳四中甲醇超标时采取的措施中正确的有(A，B，D)。

A. 增加萃取水量

B. 增强碳四在萃取塔内与萃取水的接触效果

C. 提高萃取塔扩大段的水相液位

D. 醚后碳四缓冲罐及时脱水

73. 化工生产中突发性事件的发生极易造成(A，C，D)等严重超标，危及设备的安全。
A. 温度 B. 产品质量 C. 压力 D. 流量
74. 导致电机超温着火的因素有(A，C)。
A. 单相运行 B. 巡检不到位
C. 定子、转子相碰 D. 电机接地不好
75. 甲醇回收塔塔顶产品含水量偏高的原因有(A，B，D)。
A. 甲醇回收塔塔顶冷凝器内漏 B. 回流量偏小
C. 塔釜加热蒸汽量小 D. 塔压差较大，塔分离效果差
76. 甲醇回收塔塔釜甲醇含量偏高的原因有(A，B，C，D)。
A. 塔釜温度过低 B. 回流量过大
C. 进料中甲醇浓度过高 D. 塔分离效果差
77. 装置防止静电的措施有(A，B，C，D)等。
A. 塔接地 B. 机泵接地 C. 罐换热器接地 D. 工作服抗静电
78. 催化蒸馏塔塔釜碳四超标的处理方法正确的是(B，C)。
A. 降低塔釜温度 B. 提高塔釜温度
C. 向塔釜加入适量的二乙胺 D. 提高催化蒸馏塔的醇烯比
79. 催化蒸馏塔塔釜甲醇偏高引起 MTBE 纯度偏低时，可采取的措施有(A，B)。
A. 降低甲醇进料量 B. 向塔釜加入适量的二乙胺
C. 提高催化蒸馏塔的醇烯比 D. 提高甲醇进料量
80. 甲醇萃取塔压力控制失灵，造成压力偏低时产生的危害有(B，C)。
A. 塔顶碳四排出量小 B. 塔顶碳四夹带甲醇
C. 塔顶碳四中水含量大 D. 萃取塔塔顶安全阀起跳
81. 甲醇萃取塔压力偏低时的处理措施有(A，D)。
A. 降低塔顶碳四排出量 B. 增加萃取水进料量
C. 降低碳四进料量 D. 增大碳四进料量
82. 催化蒸馏塔塔顶 MTBE 超标的处理措施正确的有(A，B，C)。
A. 稳定塔顶压力 B. 降低塔釜加热蒸汽量
C. 降低进料温度 D. 降低塔顶压力

四、技能操作鉴定要素细目表

鉴定范围						鉴定点	
一级		二级		三级		代码	名称
代码	名称	代码	名称	代码	名称		
A	技能要求	A	工艺操作	A	开车准备	001	机泵送电试运转操作
						002	开工前仪表控制阀阀位确认
						003	脱甲醇塔底重沸器气密试压试漏操作
						004	装置引循环水操作
						005	催化蒸馏塔流程检查
						006	丁烯-1 精馏系统的气密操作
						007	丁烯-1 精馏系统的氮气干燥操作

续表

鉴定范围						鉴定点	
一级		二级		三级		代码	名称
代码	名称	代码	名称	代码	名称		
				B	开车操作	001	催化蒸馏塔进料条件确认
						002	催化蒸馏塔塔顶回流建立
						003	现场液位计与仪表液位校对
						004	装置热源投用后检查
						005	装置容器投用后检查
						006	精馏塔的全回流运转操作
						007	操作压力对精馏塔操作影响分析
						008	丁烯-1产品质量控制
				C	正常操作	001	催化蒸馏塔压力调节
						002	根据现场仪表指示调节泵出口流量
						003	可燃气体报警相应DCS操作
						004	日常巡检
						005	手动投串级操作
						006	提高MTBE纯度操作
						007	催化蒸馏塔提负荷操作
						008	催化蒸馏塔出现压力突然降低调节
						009	共沸塔灵敏板温度调节
						010	精制塔侧线采出量调节
						011	精制塔回流量调节
				D	停车操作	001	催化蒸馏塔退料操作
						002	催化蒸馏塔蒸汽吹扫操作
						003	装置降量操作
						004	装置外管道吹扫操作
						005	装置外管道加装盲板操作
						006	催化蒸馏塔停车操作
						007	第二精馏塔停车
						008	管线内物料倒空
		B	设备使用与维护	A	使用设备	001	变频泵切换操作
						002	测温仪测机泵温度操作
						003	测振仪测机泵振动操作
						004	故障机泵修理前处理
						005	快速切断阀切换操作
				B	维护设备	001	串级密封巡检检查
						002	阀门日常保养
						003	机泵维护保养
						004	停用循环水冷却器的防冻防凝操作

续表

鉴定范围						鉴定点	
一级		二级		三级		代码	名称
代码	名称	代码	名称	代码	名称		
		C	事故判断与处理	A	判断事故	001	安全阀泄漏分析
						002	冲塔事故的判断
						003	循环水冷却器泄漏分析
						004	阀门阀杆脱落的判断
				B	处理事故	001	MTBE 甲醇含量超标事故的处理
						002	冲塔事故的处理
						003	机泵气缚处理
						004	装置停电事故的处理
						005	装置停蒸汽事故的处理
						006	装置小火警事故的处理
						007	离心泵不上量的处理
		D	绘图与计算	A	绘图	001	MTBE 全装置流程图的绘制
						002	MTBE 塔内构件设备简图绘制

五、技能操作试题

试题 1：机泵送电试运转操作

（考核时间：15min）

序号	考核内容	考核要点	配分	评分标准	检测结果	扣分	得分	备注
1	准备工作	穿戴劳保用品	3	未穿戴整齐扣 3 分				
		工具、用具准备	2	工具选择不正确扣 2 分				
2	操作前提	工作联系及时到位，送电单填写正确	15	送电单填写不正确扣 10 分				
				工作联系错误扣 5 分				
		机泵检查到位无遗漏	15	未检查机泵放空扣 5 分				
				未检查机泵安装质量扣 5 分				
				未检查机泵管线流程扣 5 分				
		机泵加油正确	15	选用润滑油不正确扣 5 分				
				机泵加油方法错误扣 5 分				
				机泵未加油扣 10 分				
3	操作过程	阀门操作正确无遗漏	10	阀门每开错一个扣 5 分				
				阀门开关顺序错误扣 5 分				
		机泵盘车方法正确	15	机泵未盘车扣 15 分				
				机泵盘车不到位扣 5 分				
		机泵试运转方法正确	10	机泵转向判断错误扣 10 分				
				点动方法错误扣 5 分				

续表

序号	考核内容	考核要点	配分	评分标准	检测结果	扣分	得分	备注
4	操作注意事项	操作注意事项符合操作规程，遵守安全规定	10	未观察电流变化扣5分				
				未注意机泵转向扣5分				
				机泵电流长时间超载扣5分				
5	使用工具	正确使用工具	2	工具使用不正确扣2分				
		正确维护工具	3	工具乱摆乱放扣3分				
合　计			100					

试题2：开工前仪表控制阀阀位确认

（考核时间：15min）

序号	考核内容	考核要点	配分	评分标准	检测结果	扣分	得分	备注
1	准备工作	穿戴劳保用品	3	未穿戴整齐扣3分				
		工具、用具准备	2	工具选择不正确扣2分				
2	操作前提	了解风开、风关阀相关知识	10	风开阀特点不清楚扣5分				
				风关阀特点不清楚扣5分				
		具体阀门位置清楚	10	装置具体阀门不清楚扣10分				
		控制阀状态检查	10	控制阀安装质量未检查扣5分				
				控制阀风表指示未检查扣5分				
3	操作过程	联系工作清晰及时	10	调试过程中与内操联系不及时扣10分				
		调试方法正确，步骤顺序无遗漏	30	控制阀类型判断错误扣10分				
				调试漏项每处扣5分				
				调试过程方法不正确扣10分				
				调试过程不精确到位扣5分				
4	操作结果	故障类型判断正确，处理及时	20	调试不合格控制阀故障类型不清楚扣10分				
				调试不合格控制阀未及时联系修理扣10分				
5	使用工具	正确使用工具	2	工具使用不正确扣2分				
		正确维护工具	3	工具乱摆乱放扣3分				
合　计			100					

试题3：丁烯-1精馏系统的气密操作

（考核时间：35min）

序号	考核内容	考核要点	配分	评分标准	检测结果	扣分	得分	备注
1	准备工作	穿戴劳保用品	3	未穿戴整齐扣3分				
		工具、用具准备	2	工具选择不正确扣2分				

续表

序号	考核内容	考核要点	配分	评分标准	检测结果	扣分	得分	备注
2	操作前提	气密升压目的	5	气密升压目的不明确扣5分				
		气密升压方法	5	气密升压方法不清楚扣5分				
		气密压力指标范围	10	气密压力指标不清楚扣10分				
		气密升压流程的确认	10	未确认流程盲板扣5分				
				未检查放空阀每处扣5分				
3	操作过程	工作联系及时到位	5	未及时联系扣5分				
		操作中气密升压速度符合操作规程要求	5	气密升压速度过快扣5分				
		操作步骤按顺序无遗漏，安全阀手阀位置清楚	20	漏项每处扣5分				
				安全阀手阀未确认关闭扣10分				
		操作注意事项符合操作规程，遵守安全规定	15	气密过程未遵守安全规定扣10分				
				未检查流程上压力表，每漏一个扣5分				
4	操作结果	气密后保压规定清楚，气密后流程检查规范	15	气密后保压规定不清楚扣5分				
				气密后流程未检查扣5分				
				误操作引起环境污染扣5分				
5	使用工具	正确使用工具	2	工具使用不正确扣2分				
		正确维护工具	3	工具乱摆乱放扣3分				
		合　计	100					

试题4：丁烯-1精馏系统的氮气干燥操作

（考核时间：35min）

序号	考核内容	考核要点	配分	评分标准	检测结果	扣分	得分	备注
1	准备工作	穿戴劳保用品	3	未穿戴整齐扣3分				
		工具、用具准备	2	工具选择不正确扣2分				
2	操作前提	氮气干燥目的	5	氮气干燥目的不明确扣5分				
		氮气干燥方法	5	氮气干燥方法不清楚扣5分				
		氮气压力范围	10	氮气压力指标不清楚扣10分				
		氮气干燥流程的确认	10	未确认流程盲板扣5分				
				未检查放空阀每处扣5分				
3	操作过程	工作联系及时到位	5	未及时联系扣5分				
		操作中氮气升压速度符合操作规程要求	5	氮气升压速度过快扣5分				
		操作步骤按顺序无遗漏，安全阀手阀位置清楚	20	漏项每处扣5分				
				安全阀手阀未确认关闭扣10分				
		操作注意事项符合操作规程，遵守安全规定	15	氮气升压过程未遵守安全规定扣10分				
				未检查流程上压力表，每漏一个扣5分				

续表

序号	考核内容	考核要点	配分	评分标准	检测结果	扣分	得分	备注
4	操作结果	氮气干燥后保压规定清楚，氮气干燥后流程检查规范	15	氮气干燥规定不清楚扣5分				
				氮气干燥流程未检查扣5分				
				误操作引起环境污染扣5分				
5	使用工具	正确使用工具	2	工具使用不正确扣2分				
		正确维护工具	3	工具乱摆乱放扣3分				
		合　计	100					

试题5：催化蒸馏塔进料条件确认

（考核时间：20min）

序号	考核内容	考核要点	配分	评分标准	检测结果	扣分	得分	备注
1	准备工作	穿戴劳保用品	3	未穿戴整齐扣3分				
		工具、用具准备	2	工具选择不正确扣2分				
2	技术准备	了解催化蒸馏塔进料控制方案	20	进料质量控制指标不清楚扣10分				
				进料控制方案不清楚扣5分				
				进料调节方法不清楚扣5分				
3	操作程序	工作联系正确及时	5	未及时联系采样分析扣5分				
		流程检查确认	20	漏项每处扣5分				
				流程不清楚扣10分				
				放空阀未关闭每处扣5分				
		设备检查确认	20	安全附件未检查确认扣10分				
				塔设备本体状态未检查确认扣5分				
				机泵状态未确认扣5分				
				仪表状态未确认扣5分				
		操作方法、顺序正确无遗漏	10	条件确认先后顺序不当扣5分				
				确认方法不正确扣5分				
4	操作结果	操作判断正确，处理正确及时	15	判断不正确扣10分				
				不满足条件叙述不正确扣5分				
				操作调整方法不正确扣5分				
5	使用工具	正确使用工具	2	工具使用不正确扣2分				
		正确维护工具	3	工具乱摆乱放扣3分				
		合　计	100					

试题6：催化蒸馏塔塔顶回流建立

（考核时间：15min）

序号	考核内容	考核要点	配分	评分标准	检测结果	扣分	得分	备注
1	准备工作	穿戴劳保用品	5	未穿戴整齐扣5分				
2	技术准备	操作目的表述完整	5	回流作用表述不准确扣5分				
		影响因素分析透彻，调节对象理解深刻	10	回流建立条件不清楚扣5分				
				主要影响因素叙述不完整扣5分				
				调节对象表述错误扣5分				
		流程、设备检查正确无误	10	未检查流程状态扣5分				
				未检查回流泵状态扣5分				
		联系工作及时	5	工作联系不及时扣5分				
3	操作过程	操作步骤按先后顺序完成，无不当操作	30	操作步骤漏项扣10分				
				操作不当扣5分				
				开错阀门扣10分				
				未按先后顺序进行扣10分				
		系统调节平稳，调节无滞后现象	20	仪表控制系统调节错误扣10分				
				未及时注意观察系统变量变化，造成波动扣5分				
				调节滞后扣5分				
				DCS操作不熟练扣5分				
4	操作结果	操作能达到要求	10	回流未建立要求扣5分				
				操作波动影响其他系统扣5分				
5	使用工具	正确使用工具	2	工具使用不正确扣2分				
		正确维护工具	3	工具乱摆乱放扣3分				
		合　计	100					

否定项说明：违章操作或发生事故须停止操作，成绩计零分。

试题7：现场液位计与仪表液位校对

（考核时间：15min）

序号	考核内容	考核要点	配分	评分标准	检测结果	扣分	得分	备注
1	准备工作	穿戴劳保用品	3	未穿戴整齐扣3分				
		工具、用具准备	2	工具选择不正确扣2分				
2	技术准备	液位控制原理、液位计型号清楚	20	仪表液面控制知识不清楚扣5分				
				仪表液面计型号不清楚扣5分				
				就地液位计位置不熟悉扣5分				
				就地液面计工作原理不清楚扣5分				

续表

序号	考核内容	考核要点	配分	评分标准	检测结果	扣分	得分	备注
3	操作程序	操作步骤无遗漏	20	漏项或操作不当扣5分				
				开错阀门扣10分				
		操作方法正确	20	校对方法不正确扣20分				
		操作注意事项	10	未与DCS联系确认扣10分				
4	操作结果	操作结果判断准确，处理及时	20	操作过程中发生环境污染扣5分				
				发生偏差原因分析不正确扣5分				
				发生偏差联系处理不及时扣10分				
5	使用工具	正确使用工具	2	工具使用不正确扣2分				
		正确维护工具	3	工具乱摆乱放扣3分				
		合　计	100					

试题8：操作压力对精馏塔操作影响分析

（考核时间：15min）

序号	考核内容	考核要点	配分	评分标准	检测结果	扣分	得分	备注
1	准备工作	穿戴劳保用品	3	未穿戴整齐扣3分				
		工具、用具准备	2	工具选择不正确扣2分				
2	事故现象表述	引发事故因素表述清晰完整	10	事故因素表述不完整扣5分				
				表述不清晰扣5分				
		事故现象信息充分无遗漏	10	事故现象信息缺一项扣5分				
			10	事故现象信息表述不充分扣10分				
			20	事故关键现象信息缺扣20分				
3	事故原因分析	事故原因分析透彻有深度，完整无遗漏	20	事故原因分析不完整扣10分				
				分析无深度扣5分				
			20	事故关键原因缺扣20分				
4	使用工具	正确使用工具	2	工具使用不正确扣2分				
		正确维护工具	3	工具乱摆乱放扣3分				
		合　计	100					

试题9：丁烯-1产品质量控制

（考核时间：15min）

序号	考核内容	考核要点	配分	评分标准	检测结果	扣分	得分	备注
1	准备工作	穿戴劳保用品	5	未穿戴整齐扣5分				
2	技术准备	了解丁烯-1产品纯度指标	5	丁烯-1产品纯度指标范围不清楚扣5分				

续表

序号	考核内容	考核要点	配分	评分标准	检测结果	扣分	得分	备注
		影响因素分析准确完整，主要控制点叙述准确	20	丁烯-1各产品纯度控制点不清楚1个扣5分				
				引起参数变化不清楚扣5分				
				主要控制点不准确扣5分				
				主要影响因素叙述不完整扣5分				
				调节对象表述错误扣10分				
		流程检查	5	未检查流程扣5分				
3	操作程序	操作过程按先后顺序进行，无漏项	25	漏项或操作不当扣5分				
				未按先后顺序进行扣5分				
				仪表控制系统调节错误扣10分				
				开错阀门扣5分				
		操作注意事项	15	对其他参数影响及后果考虑不周扣5分				
				未及时注意观察系统压力与质量扣10分				
4	操作结果	操作调节及时，波动小	20	调节滞后扣10分				
				操作时引起波动大扣10分				
5	使用工具	正确使用工具	2	工具使用不正确扣2分				
		正确维护工具	3	工具乱摆乱放扣3分				
		合　计	100					

否定项说明：违章操作或发生超压事故须停止操作，成绩计零分。

试题10：催化蒸馏塔压力调节

（考核时间：15min）

序号	考核内容	考核要点	配分	评分标准	检测结果	扣分	得分	备注
1	准备工作	穿戴劳保用品	5	未穿戴整齐扣5分				
2	技术准备	指标范围清楚	5	压力控制指标不清楚扣5分				
		影响因素分析全面，了解主要控制点	20	影响因素不清楚扣3分				
				主要影响因素叙述不完整扣2分				
				引起参数变化不清楚扣5分				
				主要控制点不准确扣5分				
				调节对象表述错误扣5分				
		流程检查全面	5	未检查流程扣5分				
3	操作程序	工作联系及时到位	5	内外操联系不及时扣5分				
		操作过程按先后顺序无漏项	30	漏项或操作不当扣5分				
				未按先后顺序进行扣5分				
				仪表控制系统调节错误扣10分				
				开错阀门扣10分				

续表

序号	考核内容	考核要点	配分	评分标准	检测结果	扣分	得分	备注
		操作注意事项考虑全面	10	对其他参数影响及后果考虑不周扣5分				
				未及时注意观察系统压力与质量扣5分				
4	操作结果		15	调节滞后扣5分				
				操作不平稳扣10分				
5	使用工具	正确使用工具	2	工具使用不正确扣2分				
		正确维护工具	3	工具乱摆乱放扣3分				
		合　计	100					

否定项说明：违章操作或发生事故须停止操作，成绩计零分。

试题11：根据仪表就地指示泵出口流量调节

（考核时间：15min）

序号	考核内容	考核要点	配分	评分标准	检测结果	扣分	得分	备注
1	准备工作	穿戴劳保用品	3	未穿戴整齐扣3分				
		工具、用具准备	2	工具选择不正确扣2分				
2	操作前提	了解机泵流量调节方法，仪表一次表现场位置清楚	25	仪表一次表位置不熟悉扣5分				
				仪表一次表量程不清楚扣10分				
				机泵流量调节相关知识不清楚扣10分				
		机泵状态检查	5	未检查机泵状态扣5分				
3	操作程序	操作步骤按先后顺序进行	40	漏项或操作不当每处扣5分				
				开错阀门扣10分				
				未按先后顺序扣10分				
				操作不熟练扣10分				
		操作注意事项	10	未注意机泵电流、压力参数变化扣10分				
4	操作结果	操作结果达到要求	10	操作调节波动大扣5分				
				与指定流量偏差超过10%扣5分				
5	使用工具	正确使用工具	2	工具使用不正确扣2分				
		正确维护工具	3	工具乱摆乱放扣3分				
		合　计	100					

试题12：可燃气体报警相应DCS操作

（考核时间：15min）

序号	考核内容	考核要点	配分	评分标准	检测结果	扣分	得分	备注
1	准备工作	穿戴劳保用品	3	未穿戴整齐扣3分				
		工具、用具准备	2	工具选择不正确扣2分				

续表

序号	考核内容	考核要点	配分	评分标准	检测结果	扣分	得分	备注
2	技术准备	可燃气体报警值与现场位置清楚	30	可燃气体报警相关知识不清楚扣10分				
				可燃气体报警值不清楚扣10分				
				可燃气体报警仪位置不熟悉扣10分				
3	操作程序	操作步骤	30	报警未及时发现扣10分				
				报警未确认扣5分				
				未及时联系外操现场确认扣5分				
				报警处理方法不正确扣10分				
		操作注意事项考虑全面，符合操作规程	20	现场确认未配带防护用品扣10分				
				未对相关参数进行比对扣10分				
4	操作结果	判断准确，处理及时	10	判断错误扣5分				
				处理方法错误扣5分				
5	使用工具	正确使用工具	2	工具使用不正确扣2分				
		正确维护工具	3	工具乱摆乱放扣3分				
		合　计	100					

试题13：日常巡检

（考核时间：20min）

序号	考核内容	考核要点	配分	评分标准	检测结果	扣分	得分	备注
1	准备工作	穿戴劳保用品	3	未穿戴整齐扣3分				
		工具、用具准备	2	工具选择不正确扣2分				
2	巡检前的准备	巡检目的清楚	5	不清楚巡检目的扣5分				
		巡检时间在要求范围内	10	不清楚巡检时间扣5分				
				不清楚巡检频次扣5分				
3	巡检路线	巡检路线正确无误	5	巡检路线错扣3分				
				巡检路线不熟悉扣2分				
		清楚巡检点位置并按时到巡检点位置	10	不清楚巡检点位置扣5分				
				未按时到巡检位置扣5分				
		巡检内容无一缺漏	10	巡检内容缺一扣5分				
4	巡检过程处理	巡检过程能够发现泄漏点等其他异常现象	15	发现泄漏点未挂牌扣5分				
				有异常现象未发现扣10分				
		及时处理和记录巡检过程异常情况	10	发现异常未记录扣5分				
				发现异常未及时处理扣5分				

续表

序号	考核内容	考核要点	配分	评分标准	检测结果	扣分	得分	备注
5	现场的日常维护	设备维护保养符合规范	15	未检查设备状况扣10分				
				安全附件状态未检查扣10分				
				液面判断错误扣5分				
				压力判断错误扣5分				
		区域内卫生状况良好	10	现场脏乱差扣5分				
				发现现场有杂物未处理扣5分				
6	使用工具	正确使用工具	2	工具使用不正确扣2分				
		正确维护工具	3	工具乱摆乱放扣3分				
		合　计	100					

试题14：提高MTBE纯度操作调节

（考核时间：15min）

序号	考核内容	考核要点	配分	评分标准	检测结果	扣分	得分	备注
1	准备工作	穿戴劳保用品	5	未穿戴整齐扣5分				
2	技术准备	了解丙烯纯度指标	5	丙烯纯度指标范围不清楚扣5分				
		影响因素分析准确完整，主要控制点叙述准确	20	丙烯纯度影响因素不清楚扣5分				
				引起参数变化不清楚扣5分				
				主要控制点不准确扣5分				
				主要影响因素叙述不完整扣5分				
				调节对象表述错误扣10分				
		流程检查	5	未检查流程扣5分				
3	操作程序	操作过程按先后顺序进行，无漏项	25	漏项或操作不当扣5分				
				未按先后顺序进行扣5分				
				仪表控制系统调节错误扣10分				
				开错阀门扣5分				
		操作注意事项	15	对其他参数影响及后果考虑不周扣5分				
				未及时注意观察系统压力与质量扣10分				
4	操作结果	操作调节及时，波动小	20	调节滞后扣10分				
				操作时引起波动大扣10分				
5	使用工具	正确使用工具	2	工具使用不正确扣2分				
		正确维护工具	3	工具乱摆乱放扣3分				
		合　计	100					

否定项说明：违章操作或发生超压事故须停止操作，成绩计零分。

试题 15：催化蒸馏塔提负荷操作

（考核时间：15min）

序号	考核内容	考核要点	配分	评分标准	检测结果	扣分	得分	备注
1	准备工作	穿戴劳保用品	3	未穿戴整齐扣 3 分				
		工具、用具准备	2	工具选择不正确扣 2 分				
2	操作程序	解除加热蒸汽串级，手动加大加热蒸汽量，保持塔釜温度不变，温度稳定后，主调节器投自动，副调节器投串级	20	未及时调节蒸汽量扣 20 分				
3		适当加大塔顶回流量，加大塔顶采出轻组份量，保持回流比不变	20	未调节塔顶回流量扣 10 分 未调节塔顶轻组分采出量扣 10 分				
4		加大冷凝器循环水量，保持塔顶回流温度	20	未调节冷凝器循环水量扣 20 分				
5		加大塔釜采出量，保持塔釜液位的稳定	20	未调节塔釜采出量扣 20 分				
6		注意塔压的变化	10	未注意压力扣 10 分				
7	使用工具	正确使用工具	2	工具使用不正确扣 2 分				
		正确维护工具	3	工具乱摆乱放扣 3 分				
		合　计	100					

否定项说明：若出现严重超温、超压、采出不合格产品等情况，该题为零分。

试题 16：共沸塔灵敏板温度调节

（考核时间：15min）

序号	考核内容	考核要点	配分	评分标准	检测结果	扣分	得分	备注
1	准备工作	穿戴劳保用品	3	未穿戴整齐扣 3 分				
		工具、用具准备	2	工具选择不正确扣 2 分				
2	操作程序	当灵敏板温度发生变化时，查找原因	20	未查找原因扣 20 分				
3		如果因进料量发生变化，解除灵敏板串级系统	20	未解除灵敏板串级扣 20 分				
4		手动调节加热蒸汽调节阀，保持塔釜温度	20	未调节加热蒸汽量扣 20 分				
5		稳定后，主调节器投自动，副调节器投串级	20	调节不稳定扣 20 分				
6		注意塔的压力	10	未注意压力扣 10 分				
7	使用工具	正确使用工具	2	工具使用不正确扣 2 分				
		正确维护工具	3	工具乱摆乱放扣 3 分				
		合　计	100					

否定项说明：若出现严重超温、超压等情况，该题为零分。

试题17：催化蒸馏塔退料操作

（考核时间：15min）

序号	考核内容	考核要点	配分	评分标准	检测结果	扣分	得分	备注
1	准备工作	穿戴劳保用品	3	未穿戴整齐扣3分				
		工具、用具准备	2	工具选择不正确扣2分				
2	操作前提	了解退料对操作的影响，退料手段与阶段清楚	20	退料过程操作变化不清楚扣10分				
				退料调节手段不清楚扣5分				
				退料阶段不清楚扣5分				
		流程检查全面	5	流程状态未检查扣5分				
3	操作程序	联系工作及时到位	5	未及时联系扣5分				
		操作步骤按先后顺序进行，无漏项	30	漏项或操作不当每处扣5分				
				指挥工作错误扣5分				
				操作不熟练扣5分				
				未按先后顺序扣10分				
		操作注意事项	15	未检查参数变化扣5分				
				退料各阶段操作调整不及时扣10分				
4	操作结果	操作平稳，波动小	15	引起设备损坏扣10分				
				引起操作波动扣5分				
5	使用工具	正确使用工具	2	工具使用不正确扣2分				
		正确维护工具	3	工具乱摆乱放扣3分				
		合　计	100					

试题18：催化蒸馏塔蒸汽吹扫操作

（考核时间：15min）

序号	考核内容	考核要点	配分	评分标准	检测结果	扣分	得分	备注
1	准备工作	穿戴劳保用品	3	未穿戴整齐扣3分				
		工具、用具准备	2	工具选择不正确扣2分				
2	操作准备	了解操作的前提条件，操作阶段清楚	20	蒸汽吹扫前提不清楚扣10分				
				吹扫阶段不熟悉扣10分				
		流程检查全面	5	流程状态未检查确认扣5分				
3	操作程序	联系工作及时到位	5	未及时联系扣5分				
		操作步骤按先后顺序进行，无漏项	30	漏项或操作不当每处扣5分				
				指挥错误扣5分				
				操作不熟练扣5分				
				未按先后顺序扣10分				
		操作注意事项	10	蒸汽未脱水扣5分				
				各阶段操作调整不及时扣5分				

续表

序号	考核内容	考核要点	配分	评分标准	检测结果	扣分	得分	备注
4	操作结果	操作平稳，波动小	20	造成重复吹扫扣5分				
				引起环境安全风险的扣10分				
				造成水击扣5分				
5	使用工具	正确使用工具	2	工具使用不正确扣2分				
		正确维护工具	3	工具乱摆乱放扣3分				
		合　　计	100					

试题19：装置降量操作

（考核时间：20min）

序号	考核内容	考核要点	配分	评分标准	检测结果	扣分	得分	备注
1	准备工作	穿戴劳保用品	3	未穿戴整齐扣3分				
		工具、用具准备	2	工具选择不正确扣2分				
2	操作前提	了解装置降量对操作的影响，降量手段与阶段清楚	20	降量对操作的影响不清楚扣10分				
				降量调节手段不清楚扣5分				
				降量阶段不清楚扣5分				
		流程检查全面	5	流程状态未检查扣5分				
3	操作程序	联系工作及时到位	5	未及时联系扣5分				
		操作步骤按先后顺序进行，无漏项	30	漏项或操作不当每处扣5分				
				指挥工作错误扣5分				
				操作调节不熟练扣5分				
				未按先后顺序扣10分				
		操作注意事项考虑全面	15	未检查参数变化扣5分				
				降量各阶段操作调整不及时扣10分				
4	操作结果	操作平稳，波动小	15	引起设备损坏扣10分				
				引起操作波动扣5分				
5	使用工具	正确使用工具	2	工具使用不正确扣2分				
		正确维护工具	3	工具乱摆乱放扣3分				
		合　　计	100					

试题20：催化蒸馏塔停车操作

（考核时间：30min）

序号	考核内容	考核要点	配分	评分标准	检测结果	扣分	得分	备注
1	准备工作	穿戴劳保用品	3	未穿戴整齐扣3分				
		工具、用具准备	2	工具选择不正确扣2分				

续表

序号	考核内容	考核要点	配分	评分标准	检测结果	扣分	得分	备注
2		当催化蒸馏塔停止进料后，调节塔顶回流量调节阀，适当降低回流量	5	没有适当降低回流量该项不得分				
3	操作程序	缓慢调节塔底液面调节阀降低液面，在液面低于20%后，关闭调节阀停止塔底产品的采出	10	没有适时（指液面剩余过高或采出不合格产品）停止塔底产品采出扣10分				
4		解除串级系统，手动关闭塔底的蒸汽流量调节阀，加大塔顶冷凝器的循环水量，进行塔的降温操作	15	没有及时解除串级系统扣5分				
				没有加大冷凝器的循环水量扣5分				
				进行塔的降温操作不正确扣5分				
5		在塔顶温度下降至50℃以下，塔顶压力开始下降且回流罐液面低于20%后，停止回流泵，关闭塔顶产品采出调节阀和回流量调节阀	35	塔顶温度没有降至50°C以下时停止回流的扣5分				
				在塔顶压力没有下降时停止回流的扣10分				
				停止回流后回流罐液面剩余过高扣5分				
				停回流泵的操作不正确扣10分				
				没有关闭回流量调节阀扣2分				
				没有关闭塔顶采出量调节阀扣3分				
6		当塔顶压力下降至0.4MPa以下后，手动关闭塔顶压力调节阀和冷凝器循环水量调节阀	10	在塔顶压力没有降至0.4MPa以下时关闭调节阀造成塔超压的扣5分				
				在塔顶压力没有降至0.4MPa以下时关闭冷凝器循环水的扣5分				
7		在塔底温度降低至40℃后，压力不再上升时，催化蒸馏塔停车全部完成	10	在塔底温度未降低至40℃以下，停止停车操作的扣5分				
				压力还在波动时即停止停车操作的扣5分				
8		停车后加强巡检，防止出现局部超温超压现象的发生	5	停车后巡检不到位的该项不得分				
9	使用工具	正确使用工具	2	工具使用不正确扣2分				
		正确维护工具	3	工具乱摆乱放扣3分				
		合　计	100					

否定项说明：若出现超温超压、采出不合格产品等情况，该题为零分。

试题21：第二精馏塔停车

（考核时间：30min）

序号	考核内容	考核要点	配分	评分标准	检测结果	扣分	得分	备注
1	准备工作	穿戴劳保用品	3	未穿戴整齐扣3分				
		工具、用具准备	2	工具选择不正确扣2分				

续表

序号	考核内容	考核要点	配分	评分标准	检测结果	扣分	得分	备注
2	操作程序	降低塔顶回流量	5	没有适当降低回流量该项不得分				
3		停塔底采出	10	没有适时(指液面剩余过高或采出不合格产品)停止塔底产品采出扣10分				
4		塔降温操作	15	没有及时解除串级系统扣5分				
				没有加大冷凝器的循环水量扣5分				
				进行塔的降温操作不正确扣5分				
5		停塔顶采出和回流泵	35	塔顶温度没有降至要求以下时停止回流的扣5分				
				在塔顶压力没有下降时停止回流的扣10分				
				停止回流后回流罐液面剩余过高扣5分				
				停回流泵的操作不正确扣10分				
				没有关闭回流量调节阀扣2分				
				没有关闭塔顶采出量调节阀扣3分				
6		关闭循环水	10	在塔顶压力没有降至要求以下时关闭调节阀造成塔超压的扣5分				
				在塔顶压力没有降至要求以下时关闭冷凝器循环水的扣5分				
7		完全停车	10	在塔底温度未降低至要求以下，停止停车操作的扣5分				
				压力还在波动时即停止停车操作的扣5分				
8		停车后加强巡检，防止出现局部超温超压现象的发生	5	停车后巡检不到位的该项不得分				
9	使用工具	正确使用工具	2	工具使用不正确扣2分				
		正确维护工具	3	工具乱摆乱放扣3分				
		合　计	100					

否定项说明：若出现超温超压、采出不合格产品等情况，该题为零分。

试题22：故障机泵修理前处理

（考核时间：15min）

序号	考核内容	考核要点	配分	评分标准	检测结果	扣分	得分	备注
1	准备工作	穿戴劳保用品	3	未穿戴整齐扣3分				
		工具、用具准备	2	工具选择不正确扣2分				
2	操作准备	了解机泵修理程序	10	机泵修理程序不清楚扣10分				
		流程检查确认	10	流程未检查扣10分				
		机泵状态检查确认	10	机泵状态未检查扣10分				

续表

序号	考核内容	考核要点	配分	评分标准	检测结果	扣分	得分	备注
3	操作程序	机泵泄压步骤完整，泄压速度适中	25	机泵泄压过快扣10分				
				泄压完毕未及时关闭进出口阀门扣5分				
				未按先后顺序扣10分				
		机泵拉电规范	10	拉电单填写错误扣5分				
				拉电后未确认扣5分				
		工作联系及时到位	5	未及时联系修理扣5分				
		操作注意事项考虑全面	10	未检查参数变化扣5分				
				未确认泄压完毕扣5分				
4	操作结果	操作平稳，波动小	10	不具备修理条件扣5分				
				引起火炬波动扣5分				
5	使用工具	正确使用工具	2	工具使用不正确扣2分				
		正确维护工具	3	工具乱摆乱放扣3分				
		合　计	100					

试题23：阀门日常保养

（考核时间：15min）

序号	考核内容	考核要点	配分	评分标准	检测结果	扣分	得分	备注
1	准备工作	穿戴劳保用品	3	未穿戴整齐扣3分				
		工具、用具准备	2	工具选择不正确扣2分				
2	操作前提	阀门保养目的、内容清楚	30	阀门保养内容不清楚扣10分				
				阀门保养目的不清楚扣10分				
				阀门类型不清楚扣10分				
3	操作程序	操作步骤无漏项	35	漏项或操作不当每处扣5分				
				场地未保养扣5分				
				阀门部件未检查保养扣10分				
				保养方法不正确扣10分				
		操作注意事项	10	未注意检查阀门状态扣10分				
4	操作结果	异常情况处理正确及时	15	未能发现异常现象扣5分				
				发现异常处理方法错误扣5分				
				发现缺陷未能及时联系处理扣5分				
5	使用工具	正确使用工具	2	工具使用不正确扣2分				
		正确维护工具	3	工具乱摆乱放扣3分				
		合　计	100					

试题 24：停用循环水冷却器防冻防凝操作

（考核时间：15min）

序号	考核内容	考核要点	配分	评分标准	检测结果	扣分	得分	备注
1	准备工作	穿戴劳保用品	3	未穿戴整齐扣 3 分				
		工具、用具准备	2	工具选择不正确扣 2 分				
2	操作前提	设备现场位置清楚，了解防冻防凝作用	30	设备位置不熟悉扣 10 分				
				停用设备防冻防凝要点不清楚扣 10 分				
				防冻防凝作用不清楚扣 10 分				
3	操作程序	操作步骤无漏项	20	漏项或操作不当扣 10 分				
				开错阀门扣 10 分				
		操作方法正确	20	放空方法不正确扣 10 分				
				连通阀门开度不当扣 5 分				
				介质未按要求排放扣 5 分				
		操作注意事项	10	未检查压力扣 5 分				
				未确认工作效果扣 5 分				
4	操作结果	操作结果符合要求无不当操作	10	未达到防冻防凝要求扣 10 分				
				操作不当引起冻结者不得分				
5	使用工具	正确使用工具	2	工具使用不正确扣 2 分				
		正确维护工具	3	工具乱摆乱放扣 3 分				
		合　计	100					

否定项说明：违章操作或发生冻坏设备须停止操作，成绩计零分。

试题 25：安全阀泄漏分析

（考核时间：15min）

序号	考核内容	考核要点	配分	评分标准	检测结果	扣分	得分	备注
1	准备工作	穿戴劳保用品	3	未穿戴整齐扣 3 分				
		工具、用具准备	2	工具选择不正确扣 2 分				
2	事故现象表述	引发事故因素表述清晰完整	10	事故因素表述不完整扣 5 分				
				表述不清晰扣 5 分				
		事故现象信息充分无遗漏	10	事故现象信息缺一项扣 5 分				
			10	事故现象信息表述不充分扣 10 分				
			20	事故关键现象信息缺扣 20 分				
3	事故原因分析	事故原因分析透彻有深度，完整无遗漏	20	事故原因分析不完整扣 10 分				
				分析无深度扣 10 分				
			20	事故关键原因缺扣 20 分				
4	使用工具	正确使用工具	2	工具使用不正确扣 2 分				
		正确维护工具	3	工具乱摆乱放扣 3 分				
		合　计	100					

试题 26：循环水冷却器泄漏分析

（考核时间：15min）

序号	考核内容	考核要点	配分	评分标准	检测结果	扣分	得分	备注
1	准备工作	穿戴劳保用品	3	未穿戴整齐扣 3 分				
		工具、用具准备	2	工具选择不正确扣 2 分				
2	事故现象表述	引发事故因素表述清晰完整	10	事故因素表述不完整扣 5 分				
				表述不清晰扣 5 分				
		事故现象信息充分无遗漏	10	事故现象信息缺一项扣 5 分				
			10	事故现象信息表述不充分扣 10 分				
			20	事故关键现象信息缺扣 20 分				
3	事故原因分析	事故原因分析透彻有深度，完整无遗漏	20	事故原因分析不完整扣 10 分				
				分析无深度扣 10 分				
			20	事故关键原因缺扣 20 分				
4	使用工具	正确使用工具	2	工具使用不正确扣 2 分				
		正确维护工具	3	工具乱摆乱放扣 3 分				
		合　计	100					

试题 27：MTBE 质量甲醇含量超标事故处理

（考核时间：30min）

序号	考核内容	考核要点	配分	评分标准	检测结果	扣分	得分	备注
1	准备工作	穿戴劳保用品	3	未穿戴整齐扣 3 分				
		工具、用具准备	2	工具选择不正确扣 2 分				
2	事故现象判断	引发事故因素表述清晰完整	5	引发事故因素表述不完整扣 3 分				
				表述不清晰扣 2 分				
		事故现象信息充分无遗漏	10	事故现象信息缺一扣 5 分				
				事故现象信息表述不完整扣 5 分				
		关键事故现象	5	事故关键现象描述不清楚扣 5 分				
3	事故原因分析	事故原因分析完整无遗漏，分析透彻有深度	5	事故原因分析不完整扣 3 分				
				分析无深度扣 2 分				
		事故关键原因分析准确	5	事故关键原因不准确扣 5 分				
4	事故处理操作	联系工作及时到位	5	未及时联系扣 5 分				
		处理原则表述完整	10	处理原则表述不完整扣 10 分				
		处理步骤先后顺序正确并无遗漏、操作不当	20	处理步骤顺序不对扣 10 分				
				漏项或操作不当扣 10 分				
		处理注意事项符合事故处理预案规范	10	未考虑操作对上下游带来的影响扣 10 分				

续表

序号	考核内容	考核要点	配分	评分标准	检测结果	扣分	得分	备注
5	事故处理操作质量	事故处理调节熟练，迅速，过程平稳波动小并无调节错误	15	处理事故过程引起生产波动大扣10分				
				调节滞后扣5分，调节错误扣15分				
6	使用工具	正确使用工具	2	工具使用不正确扣2分				
		正确维护工具	3	工具乱摆乱放扣3分				
		合　计	100					

否定项说明：违章操作或发生事故须停止操作，成绩计零分

试题28：装置停电事故的处理

（考核时间：30min）

序号	考核内容	考核要点	配分	评分标准	检测结果	扣分	得分	备注
1	准备工作	穿戴劳保用品	3	未穿戴整齐扣3分				
		工具、用具准备	2	工具选择不正确扣2分				
2	事故现象判断	引发事故因素表述清晰完整	5	引发事故因素表述不完整扣3分				
				表述不清晰扣2分				
		事故现象信息充分无遗漏	10	事故现象信息缺一扣5分				
				事故现象信息表述不完整扣5分				
		关键事故现象	5	事故关键现象描述不清楚扣5分				
3	事故原因分析	事故原因分析完整无遗漏，分析透彻有深度	5	事故原因分析不完整扣3分				
				分析无深度扣2分				
		事故关键原因分析准确	5	事故关键原因不准确扣5分				
4	事故处理操作	联系工作及时到位	5	未及时联系扣5分				
		处理原则表述完整	10	处理原则表述不完整扣10分				
		处理步骤先后顺序正确并无遗漏、操作不当	20	处理步骤顺序不对扣10分				
				漏项或操作不当扣10分				
		处理注意事项符合事故处理预案规范	10	未考虑操作对上下游带来的影响扣10分				
5	事故处理操作质量	事故处理调节熟练，迅速，过程平稳波动小并无调节错误	15	处理事故过程引起生产波动大扣10分				
				调节滞后扣5分，调节错误扣15分				
6	使用工具	正确使用工具	2	工具使用不正确扣2分				
		正确维护工具	3	工具乱摆乱放扣3分				
		合　计	100					

否定项说明：违章操作或发生事故须停止操作，成绩计零分

试题 29：装置停蒸汽事故的处理

（考核时间：30min）

序号	考核内容	考核要点	配分	评分标准	检测结果	扣分	得分	备注
1	准备工作	穿戴劳保用品	3	未穿戴整齐扣 3 分				
		工具、用具准备	2	工具选择不正确扣 2 分				
2	事故现象判断	引发事故因素表述清晰完整	5	引发事故因素表述不完整扣 3 分				
				表述不清晰扣 2 分				
		事故现象信息充分无遗漏	10	事故现象信息缺一扣 5 分				
				事故现象信息表述不完整扣 5 分				
		关键事故现象	5	事故关键现象描述不清楚扣 5 分				
3	事故原因分析	事故原因分析完整无遗漏，分析透彻有深度	5	事故原因分析不完整扣 3 分				
				分析无深度扣 2 分				
		事故关键原因分析准确	5	事故关键原因不准确扣 5 分				
4	事故处理操作	联系工作及时到位	5	未及时联系扣 5 分				
		处理原则表述完整	10	处理原则表述不完整扣 10 分				
		处理步骤先后顺序正确并无遗漏、操作不当	20	处理步骤顺序不对扣 10 分				
				漏项或操作不当扣 10 分				
		处理注意事项符合事故处理预案规范	10	未考虑操作对上下游带来的影响扣 10 分				
5	事故处理操作质量	事故处理调节熟练，迅速，过程平稳波动小并无调节错误	15	处理事故过程引起生产波动大扣 10 分				
				调节滞后扣 5 分，调节错误扣 15 分				
6	使用工具	正确使用工具	2	工具使用不正确扣 2 分				
		正确维护工具	3	工具乱摆乱放扣 3 分				
		合　计	100					

否定项说明：违章操作或发生事故须停止操作，成绩计零分

试题 30：MTBE 全装置原则流程图绘制

（考核时间：30min）

序号	考核内容	考核要点	配分	评分标准	检测结果	扣分	得分	备注
1	准备工作	工具、用具准备	5	未自带工具扣 5 分				
2	图形绘制	工艺流程走向正确，排布合理	30	工艺流程画错一处扣 5 分				
				工艺流程走向画错一处扣 5 分				
				工艺流程排列不整齐扣 10 分				
		流程图内设备位置正确，无遗漏，排列整齐	30	流程图内设备画错一处扣 5 分				
				流程图内设备漏画一处扣 5 分				
				流程图内设备排列不整齐扣 10 分				

续表

序号	考核内容	考核要点	配分	评分标准	检测结果	扣分	得分	备注
3	绘图标注	标注符合要求	30	设备名称、位号标注错一处扣5分				
				介质名称、来源、去向标注错一处扣5分				
				标注位置错误扣10分				
4	卷面情况	绘图卷面清晰，整洁	5	卷面不整洁扣5分				
		合　计	100					

第三部分

高 级 工

一、国家职业标准(高级工工作要求)

职业功能	工作内容	技能要求	相关知识
工艺操作	(一) 开车准备	能按岗位操作法、工艺方案做好本装置开车各项准备工作： 1. 能将各种原辅料引入装置 2. 能完成装置的各项试压、试漏、吹扫、置换等工作 3. 能完成装置开车前的各项综合检查工作 4. 能完成装置开车流程的确认	开车条件确认相关知识
	(二) 开车操作	能完成装置开车工作： 1. 能打通装置流程 2. 能完成装置开车的各步操作 3. 能处理装置开车过程的疑难问题 4. 能平衡装置开车过程的物料、蒸汽 5. 能完成岗位间开车过程的工序衔接 6 能完成反应器新装填树脂催化剂的水洗、甲醇浸泡的操作 7. 能完成反应蒸馏塔新装填的树脂催化剂包的甲醇浸润操作 8. 能完成甲醇水洗回收系统萃取水的循环操作 9. 能确定反应蒸馏塔进料中甲醇补加量的操作 10. 能完成装置开车过程反应、反应蒸馏、甲醇水洗回收各生产工序的开车投料	1. 开停车方案及注意事项 2. 树脂的水洗、甲醇浸泡方案 3. 反应蒸馏塔开车主要事项 4. 甲醇水洗回收系统开车方案 5. 反应蒸馏塔补加原则 6. 甲基叔丁基醚装置开车过程的物料、公用工程平衡知识
	(三) 正常操作	1. 能调节装置各工艺参数 2. 能判断和处理装置的各种工艺波动 3. 能协调各岗位的操作 4. 能根据原料和组成的变化对装置运行及时调整 5. 能完成 MTBE 合成反应的反应温度、循环温度、外循环量的优化操作 6. 能完成反应蒸馏塔塔釜落入树脂催化剂后，加二已胺破坏活性的操作 7. 能确定甲醇水洗塔萃取水的置换时间及水洗效果 8. 能完成高速离心泵的切换及故障诊断 9. 能根据分析结果和运行状况判断反应、反应蒸馏系统的醇烯比正常与否	1. 工艺技术规程 2. 装置工艺流程及 DCS 知识 3. HSE 管理标准基本知识 4. MTBE 反应的优化操作原则 5. 二已胺加入的操作要求及规程 6. 甲醇水洗塔操作原理 7. 高速离心泵操作步骤及故障诊断知识 8. 影响 MTBE 反应的因素及影响机理
	(四) 停车操作	能按岗位操作法及工艺方案完成装置的停车操作 1. 能完成装置工艺系统的各部停车操作 2. 能完成与本装置互连的外围管线的物料停送后的工艺处理 3. 能停装置的水、电、气、风等公用介质 4. 能根据工艺要求完成设备、管线的安全交付检修工作 5. 能完成反应器内树脂催化剂和反应蒸馏塔内树脂催化剂包不更换时的保护操作 6. 能完成将设备、管线、机泵内剩余的甲醇、MTBE、碳四物料排入地下罐的操作 7. 能确定甲醇水洗回收系统萃取水的排放时间	1. 装置倒空置换程序 2. 本装置停车方案及注意事项 3. 装置的水、电、气、风等公用介质的停用条件 4. 设备、管线的安全交付检修工作内容及处理要求 5. 树脂催化剂和树脂催化剂包使用知识 6. 反应和反应蒸馏系统倒空操作要领 7. 排放萃取水的要求

续表

职业功能	工作内容	技能要求	相关知识
设备使用与维护	（一）使用设备	能操作本装置各种化工设备如：气化炉、固定床反应器、反应釜、精馏塔、冷冻机、分离器、干燥气等	1. 设备结构原理 2. 设备的操作知识 3. 设备运行参数
	（二）维护设备	1. 能根据设备运行情况组织防腐检查、提出防腐建议 2. 能根据设备运行情况，提出改进建议 3. 能参与仪表参数的整定，并协助处理仪表、电气故障 4. 能验收设备	1. 设备完好标准 2. 设备运行条件 3. 设备防腐知识 4. 仪表各种调节方案 5. 设备验收知识
事故判断与处理	（一）判断事故	1. 能判断较复杂的产品质量、换热设备内漏、催化剂污染等事故 2. 能发现和消除事故隐患	1. 故障产生原因及处理方法 2. 分析项目有关知识
	（二）处理事故	1. 能处理装置各种事故 2. 能针对装置运行情况提出开、停等建议 3. 能协调处理火雨事故 4. 能协调处理装置重大着火及大面积停车事故 5. 能处理 MTBE 产品和回收甲醇中间产品、醚后碳四副产品的质量事故 6. 能根据生产经验和理论数据判定 MTBE 专业树脂催化剂是否中毒，并能提出处理措施 7. 能处理抽余碳四原料窜入二甲基甲酰胺事故 8. 能处理仪表（包括 DCS）停电、联锁引起的事故	1. 各种事故的处理方法 2. 紧急停车步骤 3. 仪表联锁的有关知识火雨事故的预防措施 4. 装置重大着火及大面积停车事故处理预案 5. 产品、中间产品、副产品标准知识 6. MTBE 专业树脂催化剂中毒特征 7. 抽余碳四原料窜入二甲基甲酰胺的防范措施 8. 装置紧急停车方案
绘图与计算	（一）绘图	1. 能识读仪表联锁图 2. 能绘制设备结构简图 3. 能绘制工艺配管单线图	1. 仪表联锁图知识 2. 工艺配管单线图知识
	（二）计算	能进行简单的热量衡算	热量计算的有关知识
培训与指导	培训与指导	1. 协助培训初、中级操作人员 2. 能指导他人进行工作	培训基本知识

二、理论知识鉴定要素细目表

行业通用理论知识鉴定要素细目表

鉴定范围						鉴定点		
一级		二级		三级		代码	名称	重要程度
代码	名称	代码	名称	代码	名称			
A	基本要求	B	基础知识	A	记录填写基础知识	001	班组交接记录的填写要求	X
						002	班组安全活动记录填写要求	X
				B	识图基础知识	001	剖视图知识	X
						002	断面图知识	X
						003	化工设备图表示方法	X
						004	零件图的内容	X

续表

鉴定范围						鉴定点		
一级		二级		三级		代码	名称	重要程度
代码	名称	代码	名称	代码	名称			
				C	安全环保基础知识	001	清洁生产审计的程序	X
						002	HSE 管理体系文件架构	X
						003	ISO 14001 环境管理体系的组成要素	X
						004	ISO 14000 系列标准的指导思想	X
						005	ISO 14001 环境管理体系的运行模式	X
						006	防尘防毒的技术措施	X
						007	防尘防毒的管理措施	X
						008	国家劳动安全卫生管理体制职责划分的内容	X
						009	ISO 14001 环境管理体系建立的步骤	X
						010	HSE 危害辨识	X
						011	HSE 风险评价的概念	X
						012	HSE 风险评价的目的	X
				D	质量基础知识	001	不合格品的处置途径	X
						002	ISO 9001 族标准质量管理审核的特点	X
						003	ISO 9000 族标准第一、第二、第三方审核的区别	X
						004	质量统计直方图	X
						005	质量统计排列图	X
						006	质量统计因果图	X
						007	质量统计控制图	X
						008	不良产品的分级	X
				E	计算机基础知识	001	Word 绘图	X
						002	Excel 公式与函数的运用	X
						003	Excel 数据的简单分析与管理	X
						004	Excel 简单的图表处理	X
B	相关知识	E	管理知识	A	生产管理	001	班组的管理	X
						002	班组的成本核算	X
				B	编写技术文件	001	总结的格式	X
						002	报告的格式	X
						003	请示的格式	X

职业通用理论知识鉴定要素细目表(《烃类衍生物生产工》)

鉴定范围						鉴定点		
一级		二级		三级		代码	名称	重要程度
代码	名称	代码	名称	代码	名称			
A	基本要求	B	基础知识	A	无机化学基础知识	001	混合气体的分压定律	X
						002	混合气体的分压定律的应用	Y
						003	可逆反应的基本概念	X
						004	化学反应速率的表示方法	X
						005	影响化学反应速率的因素	Y
						006	化学平衡的概念	X
				B	有机化学基础知识	001	饱和烃的同分异构	X
						002	烯烃加成反应的概念	X
						003	烯烃聚合反应的概念	Y
						004	烯烃氧化反应的概念	X
						005	二烯烃加成反应的概念	X
						006	炔烃的加成反应的概念	X
						007	炔烃的聚合反应的概念	Y
						008	炔烃的氧化反应的概念	X
				C	化工单元操作知识	001	稳定流动下的物料衡算	X
						002	稳定流动下的能量衡算	X
						003	稳定流动下直管流体阻力的计算	Y
						004	离心泵的特性曲线参数识别	X
						005	离心泵的功率计算	X
						006	离心泵的扬程计算	X
						007	往复式压缩机的工作原理	Y
						008	离心式压缩机的工作原理	X
						009	间壁两侧流体的热交换计算	X
						010	强化传热的途径	X
						011	气体吸收的物料衡算	X
						012	连续精馏的操作线方程	Z
						013	精馏塔汽液相负荷调节知识	X
						014	相图的基本概念	X
						015	自由度的概念	Y
				D	化工设备基础知识	001	常见防腐蚀的方法	X
						002	齿轮传动知识	X
						003	滑动轴承的原理	X

续表

鉴定范围						鉴定点		
一级		二级		三级		代码	名称	重要程度
代码	名称	代码	名称	代码	名称			
				E	电工基础及安全用电知识	001	三相异步电动机的结构	X
						002	静电及静电危害知识	X
				F	化工仪表及自动化	001	速度式流量计的测量原理	X
						002	气动执行器的选择原则	X
						003	容积式流量计的测量原理	X
						004	质量流量计基础知识	X
						005	串级调节系统原理	X
						006	分程调节系统原理	X
						007	比值控制系统原理	X
						008	选择性控制系统原理	X
				G	计量及化工分析基础知识	001	容量分析的种类	Y
						002	常用分析仪器的种类	Y

工种理论知识鉴定要素细目表

鉴定范围						鉴定点		
一级		二级		三级		代码	名称	重要程度
代码	名称	代码	名称	代码	名称			
B	相关知识	A	工艺操作	A	开车准备	001	PID 参数的调整原则	X
						002	装置投料前的注意事项	X
						003	装置投料前达到的标准	X
						004	装置投料试车前的检查	X
						005	装置投料前安全方面检查标准	X
						006	装置投料前公用工程的检查标准	X
						007	丁烯-1 精馏塔开车的注意事项	X
						008	催化蒸馏塔开车的注意事项	X
						009	丁烯-1 装置的脱水原理	X
						010	填料装填的注意事项	X
						011	催化剂装填的注意事项	Z
						012	甲醇回收塔提前开工的原因	Y
						013	甲醇萃取塔扩大段的作用	Y
				B	开车操作	001	投用串级仪表的原则	X
						002	单机试车操作要点	X
						003	联动试车操作要点	X
						004	容器设备投用必须具备的条件	X

续表

鉴定范围						鉴定点		
一级		二级		三级		代码	名称	重要程度
代码	名称	代码	名称	代码	名称			
						005	塔投用必须具备的条件	X
						006	换热设备投用必须具备的条件	X
						007	机泵投用必须具备的条件	X
						008	几种物态的静电产生过程	X
						009	催化蒸馏塔热量平衡	X
						010	催化蒸馏塔相平衡	X
						011	精馏塔压力平衡的条件	X
						012	精馏塔物料平衡的条件	X
						013	进料状态对产品质量的影响	X
						014	萃取塔的分散相	X
						015	筒式反应器的压降概念	X
						016	开车过程中回流罐液面低调整操作方法	X
						017	催化蒸馏塔进料后压力偏高调整方法	X
						018	催化蒸馏塔进料后塔釜温度提不上的原因	X
						019	催化蒸馏塔进料后塔釜温度提不上调整操作方法	X
						020	筒式反应器开工	X
						021	影响反应因素	X
						022	原料异丁烯波动的操作方法	X
						023	筒式反应器底部循环线的作用	X
						024	筒式反应器开车操作的特点	X
				C	正常操作	001	精馏塔进料温度对精馏操作的影响	X
						002	精馏塔塔顶温度对精馏操作的影响	X
						003	精馏塔塔底温度对精馏操作的影响	X
						004	精馏塔塔顶出料量对精馏操作的影响	X
						005	精馏塔塔底出料量对精馏操作的影响	X
						006	精馏塔汽液相负荷控制手段	X
						007	操作压力对精馏塔操作的影响	X
						008	萃取精馏与普通精馏的区别	X
						009	温度测量系统投用顺序	X
						010	串级仪表投用顺序	X
						011	事故停车的原因	Y
						012	使用空气呼吸器安全注意事项	Y

续表

鉴定范围						鉴定点		
一级		二级		三级		代码	名称	重要程度
代码	名称	代码	名称	代码	名称			
						013	物料平衡对精馏塔影响	X
						014	提高传热速率的途径	X
						015	在生产中液位测量主要目的	X
						016	爆炸性气体混合物的分级	X
						017	停工方案的主要内容	X
						018	催化蒸馏塔补加甲醇的注意事项	X
						019	MTBE 反应温度调节方法	X
						020	催化蒸馏塔温度调节	X
						021	醇烯比的选择	X
						022	催化剂的活性	X
						023	影响催化蒸馏塔塔底的温度因素	X
						024	催化剂寿命的延长	X
						025	原料组分变化及时调整操作的方法	X
						026	提高甲醇萃取塔效率的途径	X
						027	醇烯比的概念	Y
						028	甲醇不合格质量调节方法	X
						029	压力对合成 MTBE 反应的影响	X
						030	催化蒸馏塔质量的调节	X
						031	水对合成 MTBE 反应的影响	Z
				D	停车操作	001	装置停工注意事项	X
						002	萃取塔停工	X
						003	甲醇回收塔停工	X
						004	催化蒸馏塔停工	X
						005	脱重塔的停车	X
						006	装置紧急停工条件	X
		B	设备使用与维护	A	设备使用	001	阀门的验收标准	X
						002	冷换设备验收标准	X
						003	管线防腐涂漆标准	X
						004	DCS 系统故障诊断	X
						005	换热器折流挡板的作用	X
						006	固定管板式换热器管子与管板连接方式	X
						007	再沸器内设折流挡板的原因	X
						008	弓形折流板换热器的特点	X
						009	固定管板式换热器的结构特点	Y

续表

鉴定范围						鉴定点		
一级		二级		三级		代码	名称	重要程度
代码	名称	代码	名称	代码	名称			
						010	机械密封泄漏的主要原因	X
						011	设备强度试验具体要求	X
						012	固定管板式换热器膨胀节的作用	X
						013	调节阀的选型原则	X
						014	压力传感器的作用	X
						015	浮阀塔浮阀开度概念	Y
						016	泵的性能曲线	X
						017	正常生产中，停用流量二次表时操作方法	Y
						018	变频机泵与工频机泵的切换	X
						019	丁烯-1 精馏塔淹塔的原因	X
						020	精馏塔塔压波动的原因	Z
						021	精馏塔塔顶温度低的原因	Z
				B	维护设备	001	调节控制方案确定的原则	X
						002	调节阀旁路的作用	Z
						003	机械振动的类型	Y
						004	集散控制系统(DCS)的特点	Z
						005	水锤现象产生的原因	X
						006	管道保温的常用材料	Z
						007	润滑油混水的危害	Y
						008	多个再沸器不能用一个疏水器的原因	Z
						009	设备内动火的准备工作	X
						010	管道防腐的常用方法	Z
						011	影响密封性能的因素	Y
		C	事故判断与处理	A	判断事故	001	测量孔板装反时二次表的现象	X
						002	造成塔板脱落的原因	X
						003	MTBE 质量不合格的原因	X
						004	筒式反应器床层温度超高的原因	X
						005	催化蒸馏塔床层温度超高的原因	Z
						006	液化气燃烧爆炸的特点、危害性	X
						007	DCS 控制回路死机现象	X
						008	DCS 黑屏现象	X
						009	DCS 控制卡件损坏工艺现象	X

续表

鉴定范围						鉴定点		
一级		二级		三级		代码	名称	重要程度
代码	名称	代码	名称	代码	名称			
						010	FMEA(故障类型和影响分析)的概念	X
						011	催化剂失活的原因	X
						012	萃取塔碳四中甲醇超标的原因	X
						013	甲醇萃取塔操作压力的影响因素	X
						014	温度对合成 MTBE 反应的影响	X
						015	醇烯比对合成 MTBE 反应的影响	Z
				B	处理事故	001	甲醇回收塔操作中回流突然停时的处理措施	X
						002	安全阀内漏的现象	X
						003	丁烯-1 精制系统的事故处理预案	X
						004	精馏塔塔釜液面空的原因	X
						005	甲醇中断处理方法	X
						006	MTBE 原料中断处理方法	Y
						007	甲醇泄漏处理	Y
						008	筒式反应器床层温度超高的处理	X
						009	催化蒸馏塔床层温度超高的处理	Z
						010	甲醇回收塔压力高的处理方法	X
						011	甲醇回收塔塔釜温度低的处理方法	X
						012	丁烯-1 装置防止串水的措施	X
		D	绘图与计算	A	绘图	001	剖视图知识	X
						002	断面图知识	X
						003	化工设备结构特点和内容	X
						004	化工设备图表达方法	X
						005	工艺配管单线图知识	X
						006	仪表联锁图知识	X
						007	识别换热器结构简图	X
				B	计算	001	质量分率与摩尔分率的换算	X
						002	换热器平均温差的计算	X
						003	全装置物料平衡的计算	X
						004	MTBE 收率的计算	X
						005	转化率的计算	X

三、理论知识试题

行业通用理论知识试题

判断题

1. 班组交接班记录必须凭旧换新。 (√)

2. 车间主要领导参加班组安全日活动每月不少于2次。 (×)

正确答案：车间主要领导参加班组安全日活动每月不少于3次。

3. 在剖视图中，零件后部的不见轮廓线、虚线一律省略不画。 (×)

正确答案：在剖视图中，零件后部的不见轮廓线、虚线一般省略不画，只有对尚未表达清楚的结构，才用虚线画出。

4. 剖面图是剖视图的一种特殊视图。 (×)

正确答案：剖面图是零件上剖切处断面的投影，而剖视图是剖切后零件的投影。

5. 化工设备图的视图布置灵活，俯(左)视图可以配置在图面任何地方，但必须注明“俯(左)视图”的字样。 (√)

6. 化工设备图中的零件图与装配图一定分别画在不同的图纸上。 (×)

正确答案：化工设备图中的零件图可与装配图画在同张图纸上。

7. 零件图不需要技术要求，在装配图表述。 (×)

正确答案：零件图一般需要技术要求。

8. 零件图用视图、剖视图、剖面图及其他各种表达方法，正确、完整、清晰地表达零件的各部分形状和结构。 (√)

9. ISO 14000系列标准对管理标准的一个重大改进，就是建立了一套对组织环境行为的评价体系，这便是环境行为评价标准。 (√)

10. 环境管理体系的运行模式，遵守由查理斯·德明提供的规划策划(PLAN)、实施(DO)、验证(CHECK)和改进(ACTION)运行模式可简称PDCA模式。 (√)

11. 环境管理体系的运行模式与其他管理的运行模式相似，共同遵循PDCA运行模式，没有区别。 (×)

正确答案：环境管理体系的运行模式与其他管理的运行模式相似，除了共同遵循PDCA运行模式外，它还有自身的特点，那就是持续改进，也就是说它的环线是永远不能闭合的。

12. 采取隔离操作，实现微机控制，不属于防尘防毒的技术措施。 (×)

正确答案：采取隔离操作，实现微机控制是防尘防毒的技术措施之一。

13. 严格执行设备维护检修责任制，消除“跑冒滴漏”是防尘防毒的技术措施。 (×)

正确答案：严格执行设备维护检修责任制，消除“跑冒滴漏”是防尘防毒的管理措施。

14. 在ISO 14001环境管理体系中，初始环境评审是建立环境管理体系的基础。 (√)

15. 在HSE管理体系中，定量评价指不对风险进行量化处理，只用发生的可能性等级和后果的严重度等级进行相对比较。 (×)

正确答案：在HSE管理体系中，定性评价指不对风险进行量化处理，只用发生的可能性等级和后果的严重度等级进行相对比较。

16. HSE管理体系规定，在生产日常运行中各种操作、开停工、检维修作业、进行基建及变更等活动前，均应进行风险评价。 (√)

17. 对某项产品返工后仍需重新进行检查。 (√)

18. ISO 9000 族标准中，质量审核是保证各部门持续改进工作的一项重要活动。 (√)

19. ISO 9000 族标准的三种审核类型中，第三方审核的客观程度最高，具有更强的可信度。 (√)

20. 平顶型直方图的形成由单向公差要求或加工习惯等引起。 (×)

正确答案：平顶型直方图的形成往往因生产过程有缓慢因素作用引起。

21. 质量统计排列图分析是质量成本分析的方法之一。 (√)

22. 质量统计因果图的作用是为了确定“关键的少数”。 (×)

正确答案：质量统计排列图的作用是为了确定“关键的少数”。

23. 质量统计控制图上出现异常点时，才表示有不良品发生。 (×)

正确答案：不一定。在质量统计控制图上，即使点子都在控制线内，但排列有缺陷，也要判做异常。

24. 国际上通用的产品不良项分级共分三级。 (×)

正确答案：国际上通用的产品不良项分级共分四级。

25. 在计算机应用软件 Word 中插入的文本框不允许在文字的上方或下方。 (×)

正确答案：Word 中插入的文本框通过设置文本框格式当中的版式允许在文字的上方或下方。

26. 在计算机应用软件 Word 中绘制图形要求两个图形能准确对齐可通过调整绘图网格的水平、垂直间距来实现。 (√)

27. 在计算机应用软件 Excel 中“COUNTIF(　　)”函数的作用是计算某区域满足条件的单元格数。 (√)

28. Excel 数据表中汉字排序一般是按拼音顺序排序，但也可以按笔画排序。 (√)

29. Excel 数据表中分类汇总的选项包括分类字段、汇总方式两方面的内容。 (×)

正确答案：Excel 数据表中分类汇总的选项包括分类字段、汇总方式多方面的内容。

30. Excel 数据表中修改图表中的数据标志是通过图表区格式选项中的数据标志选项实现的。 (×)

正确答案：Excel 数据表中修改图表中的数据标志是通过数据系列格式选项中的数据标志选项实现的。

31. 班组建设不同于班组管理，班组建设是一个大概念，班组管理从属于班组建设。 (√)

32. 一般来说，班组的成本核算是全面的统计核算、业务核算和会计核算。 (×)

正确答案：一般来说，班组的成本核算是局部核算和群众核算。

33. 总结的基本特点是汇报性和陈述性。 (×)

正确答案：总结的基本特点是回顾过去，评估得失，指导将来。

34. 报告的目的在于把已经实践过的事情上升到理论认识，指导以后的实践，或用来交流，加以推广。 (×)

正确答案：报告的主要目的是下情上达，向上级汇报工作、反映情况、提出意见和建议。

35. 为了减少发文，可以把若干问题归纳起来向上级写综合请示，但不能多方请示。 (×)

正确答案：要坚持“一文一事”的原则，切忌“一文数事”使上级机关无法审批。

单选题

1. 班组交接班记录填写时，一般要求使用的字体是(B)。

A. 宋体　　B. 仿宋　　C. 正楷　　D. 隶书

2. 下列选项中不属于班组安全活动的内容是(A)。

A. 对外来施工人员进行安全教育

B. 学习安全文件、安全通报

C. 安全讲座、分析典型事故，吸取事故教训

D. 开展安全技术座谈、消防、气防实地救护训练

3. 安全日活动常白班每周不少于(D)次，每次不少于 1h。

A. 4　　B. 3　　C. 2　　D. 1

4. 当物体结构形状复杂，虚线就愈多，为此，对物体上不可见的内部结构形状采用(C)来表示。

A. 旋转视图　　B. 局部视图　　C. 全剖视图　　D. 端面图

5. 单独将一部分的结构形状向基本投影面投影需要用(B)来表示。

A. 旋转视图　　B. 局部视图　　C. 全剖视图　　D. 端面图

6. 用剖切平面把物体完全剖开后所得到的剖视图称为(D)。

A. 局部剖视图　　B. 局部视图　　C. 半剖视图　　D. 全剖视图

7. 画在视图外的剖面图称为(A)剖面图。

A. 移出　　B. 重合　　C. 局部放大　　D. 局部

8. 重合在视图内的剖面图称为(B)剖面图。

A. 移出　　B. 重合　　C. 局部放大　　D. 局部

9. 化工设备图中，表示点焊的焊接焊缝是(A)。

A. ○　　B. ∪　　C. △　　D. ⊿

10. 下列选项中，不属于零件图内容的是(D)。

A. 零件尺寸　　B. 技术要求　　C. 标题栏　　D. 零件序号表

11. 在 HSE 管理体系中，(C)是管理手册的支持性文件，上接管理手册，是管理手册规定的具体展开。

A. 作业文件　　B. 作业指导书　　C. 程序文件　　D. 管理规定

12. ISO 14001 环境管理体系共由(B)个要素所组成。

A. 18　　B. 17　　C. 16　　D. 15

13. ISO 14000 系列标准的指导思想是(D)。

A. 污染预防　　B. 持续改进

C. 末端治理　　D. 污染预防，持续改进

14. 不属于防尘防毒技术措施的是(C)。

A. 改革工艺　　B. 湿法除尘

C. 安全技术教育　　D. 通风净化

15. 防尘防毒治理设施要与主体工程(A)、同时施工、同时投产。

A. 同时设计　　B. 同时引进　　C. 同时检修　　D. 同时受益

16. 在 HSE 管理体系中，物的不安全状态是指使事故(B)发生的不安全条件或物质条件。

A. 不可能　　B. 可能　　C. 必然　　D. 必要

17. 在 HSE 管理体系中，风险指发生特定危害事件的(C)性以及发生事件结果严重性的结合。

A. 必要　　B. 严重　　C. 可能　　D. 必然

18. 在(B)情况下不能对不合格品采取让步或放行。

A. 有关的授权人员批准　　B. 法律不允许

C. 顾客批准　　D. 企业批准

19. 不合格品控制的目的是(C)。

A. 让顾客满意　　B. 减少质量损失

C. 防止不合格品的非预期使用　　D. 提高产品质量

20. 在 ISO 9001 族标准中，内部审核是(D)。

A. 内部质量管理体系审核

B. 内部产品质量审核

C. 内部过程质量审核

D. 内部质量管理体系、产品质量、过程质量的审核

21. 在 ISO 9001 族标准中，第三方质量管理体系审核的目的是(C)。

A. 发现尽可能多的不符合项

B. 建立互利的供方关系

C. 证实组织的质量管理体系符合已确定准则的要求

D. 评估产品质量的符合性

22. ISO 9000 族标准规定，(C)属于第三方审核。

A. 顾客进行的审核　　B. 总公司对其下属公司组织的审核

C. 认证机构进行的审核　　D. 对协作厂进行的审核

23. 在 ISO 9000 族标准中，组织对供方的审核是(D)。

A. 第一方审核　　B. 第一、第二、第三方审核

C. 第三方审核　　D. 第二方审核

24. 数据分组过多或测量读数错误而形成的质量统计直方图形状为(A)型。

A. 锯齿　　B. 平顶　　C. 孤岛　　D. 偏峰

25. 把不同材料、不同加工者、不同操作方法、不同设备生产的两批产品混在一起时，质量统计直方图形状为(D)型。

A. 偏向　　B. 孤岛　　C. 对称　　D. 双峰

26. 在质量管理过程中，以下哪个常用工具可用于明确“关键的少数”(A)。

A. 排列图　　B. 因果图　　C. 直方图　　D. 调查表

27. 质量统计图中，图形形状像“鱼刺”的图是(D)图。

A. 排列　　B. 控制　　C. 直方　　D. 因果

28. 在质量统计控制图中，若某个点超出了控制界限，就说明工序处于(D)。

A. 波动状态　　B. 异常状态

C. 正常状态　　D. 异常状态的可能性大

29. 质量统计控制图的上、下控制限可以用来(B)。

A. 判断产品是否合格　　B. 判断过程是否稳定

C. 判断过程能力是否满足技术要求　　D. 判断过程中心与技术中心是否发生偏移

30. 产品的不良项分为 A、B、C、D 四级，A 级不良项是指产品的(C)不良项。

A. 轻微　　B. 一般　　C. 致命　　D. 严重

31. 产品的不良项分为 A、B、C、D 四级，C 级不良项是指产品的(B)不良项。

A. 轻微　　B. 一般　　C. 致命　　D. 严重

32. 在计算机应用软件 Word 中插入的图片(A)。

A. 可以嵌入到文本段落中

B. 图片的位置可以改变，但大小不能改变

C. 文档中的图片只能显示，无法用打印机打印输出

D. 不能自行绘制，只能从 Office 的剪辑库中插入

33. 在 Excel97 工作表中，单元格 C4 中有公式"=A3+　C　5"，在第 3 行之前插入一行之后，单元格 C5 中的公式为(A)。

A. =A4+　C　6　　B. =A4+　C　5

C. =A3+　C　6　　D. =A3+　C　5

34. 图中所指的按钮是(B)。

A. 降序按钮　　B. 升序按钮　　C. 插入字母表　　D. 删除字母表

35. 建立图表的方法是从(C)菜单里点击图表。

A. 编辑　　B. 视图　　C. 插入　　D. 工具

36. 班组管理是在企业整个生产活动中，由(D)进行的管理活动。

A. 职工自我　　B. 企业　　C. 车间　　D. 班组自身

37. 属于班组经济核算主要项目的是(C)。

A. 设备完好率　　B. 安全生产　　C. 能耗　　D. 环保中的三废处理

多选题

1. 属于班组交接班记录的内容是(A，B，C)。

A. 生产运行　　B. 设备运行　　C. 出勤情况　　D. 安全学习

2. 下列属于班组安全活动的内容是(B，C，D)。

A. 对外来施工人员进行安全教育

B. 学习安全文件、安全通报

C. 安全讲座、分析典型事故，吸取事故教训

D. 开展安全技术座谈，消防、气防实地救护训练

3. 化工设备装配图中，螺栓连接可简化画图，其中所用的符号可以是(C，D)。

A. 细实线+　　B. 细实线×　　C. 粗实线+　　D. 粗实线×

4. 下列选项中，属于零件图内容的是(A，C)。

A. 零件尺寸　　B. 零件的明细栏　　C. 技术要求　　D. 零件序号表

5. 清洁生产审计有一套完整的程序，是企业实行清洁生产的核心，其中包括以下(B，C，D)阶段。

A. 确定实施方案　B. 方案产生和筛选　C. 可行性分析　D. 方案实施

6. HSE 体系文件主要包括(A，B，C)。

A. 管理手册　B. 程序文件　C. 作业文件　D. 法律法规

7. 下列叙述中，属于生产中防尘防毒技术措施的是(A，B，C，D)。

A. 改革生产工艺　B. 采用新材料新设备

C. 车间内通风净化　D. 湿法除尘

8. 下列叙述中，不属于生产中防尘防毒的管理措施的有(A，B)。

A. 采取隔离法操作,实现生产的微机控制　B. 湿法除尘

C. 严格执行安全生产责任制　D. 严格执行安全技术教育制度

9. 我国在劳动安全卫生管理上实行“(A，B，C，D)”的体制。

A. 企业负责　B. 行业管理　C. 国家监察　D. 群众监督

10. 在 HSE 管理体系中，危害识别的状态是(A，B，C)。

A. 正常状态　B. 异常状态　C. 紧急状态　D. 事故状态

11. 在 HSE 管理体系中，可承受风险是根据企业的(A，B)，企业可接受的风险。

A. 法律义务　B. HSE 方针　C. 承受能力　D. 心理状态

12. 在 HSE 管理体系中，风险控制措施选择的原则是(A，B)。

A. 可行性　B. 先进性、安全性

C. 经济合理　D. 技术保证和服务

13. 对于在产品交付给顾客及产品投入使用时才发现不合格产品，可采用以下方法处置(B，D)。

A. 一等品降为二等品　B. 调换

C. 向使用者或顾客道歉　D. 修理

14. 在 ISO 9000 族标准中，关于第一方审核说法正确的是(A，B，D)。

A. 第一方审核又称为内部审核

B. 第一方审核为组织提供了一种自我检查、自我完善的机制

C. 第一方审核也要由外部专业机构进行的审核

D. 第一方审核的目的是确保质量管理体系得到有效地实施

15. 质量统计排列图的作用是(A，B)。

A. 找出关键的少数　B. 识别进行质量改进的机会

C. 判断工序状态　D. 度量过程的稳定性

16. 质量统计因果图具有(C，D)特点。

A. 寻找原因时按照从小到大的顺序　B. 用于找到关键的少数

C. 是一种简单易行的科学分析方法　D. 集思广益，集中群众智慧

17. 质量统计控制图包括(B，C，D)。

A. 一个坐标系　B. 两条虚线　C. 一条中心实线　D. 两个坐标系

18. 产品不良项的内容包括(A，C，D)。

A. 对产品功能的影响　B. 对质量合格率的影响

C. 对外观的影响　D. 对包装质量的影响

19. 在计算机应用软件 Word 中页眉设置中可以实现的操作是(A，B，D)。

A. 在页眉中插入剪贴画　　　　B. 建立奇偶页内容不同的页眉
C. 在页眉中插入分隔符　　　　D. 在页眉中插入日期

20. 在计算机应用软件 Excel 中单元格中的格式可以进行(A，B，C)等操作。
A. 复制　　B. 粘贴　　C. 删除　　D. 连接

21. 自动筛选可以实现的条件是(A，C，D)。
A. 自定义　　B. 数值　　C. 前 10 个　　D. 全部

22. 对于已生成的图表，说法正确的是(A，B，D)。
A. 可以改变图表格式　　B. 可以更新数据
C. 不能改变图表类型　　D. 可以移动位置

23. 班组的劳动管理包括(A，B，D)。
A. 班组的劳动纪律　　B. 班组的劳动保护管理
C. 对新工人进行“三级教育”　　D. 班组的考勤、考核管理

24. 班组生产技术管理的主要内容有(A，C，D)。
A. 定时查看各岗位的原始记录，分析判断生产是否处于正常状态
B. 对计划完成情况进行统计公布并进行分析讲评
C. 指挥岗位或系统的开停车
D. 建立指标管理账

25. 在班组经济核算中，从项目的主次关系上看，属于主要项目的有(A，C，D)指标。
A. 产量　　B. 安全生产　　C. 质量　　D. 工时

26. 总结与报告的主要区别是(A，C，D)不同。
A. 人称　　B. 文体　　C. 目的　　D. 要求

27. 报告与请示的区别在于(A，B，C，D)不同。
A. 行文目的　　B. 行文时限　　C. 内容　　D. 结构

28. 请示的种类可分为(A，B，C，D)的请示。
A. 请求批准　　B. 请求指示　　C. 请求批转　　D. 请求裁决

简答题

1. 清洁生产审计有哪几个阶段？

答：①筹划与组织；②预评估；③评估；④方案产生和筛选；⑤可行性分析；⑥方案实施；⑦持续清洁生产。

2. ISO 14001 环境管理体系由哪些基本要素构成？

答：ISO 14001 环境管理体系由环境方针、规划、实施、测量和评价、评审和改进等五个基本要素构成。

3. 防尘防毒的主要措施是什么？

答：我国石化工业多年来治理尘毒的实践证明，在大多数情况下，靠单一的方法防尘治毒是行不通的，必须采取综合治理措施。即首先改革工艺设备和工艺操作方法，从根本上杜绝和减少有害物质的产生，在此基础上采取合理的通风措施，建立严格的检查管理制度，这样才能有效防止石化行业尘毒的危害。

4. 什么叫消除二次尘毒源？

答：对于因“跑冒滴漏”而散落地面的粉尘、固、液体有害物质要加强管理，及时清扫、

冲洗地面，实现文明生产，叫消除二次尘毒源。

5. 什么是劳动安全卫生管理体制中的“行业管理”？

答：劳动安全卫生管理体制中的“行业管理”就是行业主管部门根据本行业的实际和特点切实提出本行业的劳动安全卫生管理的各项规章制度，并监督检查各企业的贯彻执行情况。

6. 简述 ISO 14001 环境管理体系建立的步骤。

答：一般而言，建立环境管理体系过程包括以下六大阶段：①领导决策与准备；②初始环境评审；③体系策划与设计；④环境管理体系文件编制；⑤体系运行；⑥内部审核及管理评审。

7. HSE 管理体系中危害识别的思路是什么？

答：①存在什么危害(伤害源)？②谁(什么)会受到伤害？③伤害怎样发生？

8. 什么是第一方审核？第二方审核？第三方审核？

答：第一方审核又称为内部审核，第二方审核和第三方审核统称为外部审核。①第一方审核指由组织的成员或其他人员以组织的名义进行的审核。这种审核为组织提供了一种自我检查、自我完善的机制。②第二方审核是在某种合同要求的情况下，由与组织有某种利益关系的相关方或由其他人员以相关方的名义实施的审核。这种审核旨在为组织的相关方提供信任的证据。③第三方审核是由独立于受审核方且不受其经济利益制约的第三方机构依据特定的审核准则，按规定的程序和方法对受审核方进行的审核。

9. 什么是排列图？

答：排列图又叫帕累托图，在质量管理中，排列图是用来寻找影响产品质量的主要问题，确定质量改进关键项目的图。

10. 控制图的主要用途是什么？

答：①分析用的控制图主要用于分析工艺过程的状态，看工序是否处于稳定状态；②管理用的控制图主要用于预防不合格品的产生。

11. 国际上通用的产品不良项分为几级？

答：国际上通用的产品不良项分级共分为：致命(A 级)、严重(B 级)、一般(C 级)、轻微(D 级)四级。

12. 班组在企业生产中的地位如何？

答：①班组是企业组织生产活动的基本单位；②班组是企业管理的基础和一切工作的立脚点；③班组是培养职工队伍，提高工人技能的课堂；④班组是社会主义精神文明建设的重要阵地。

13. 班组管理有哪些基本内容？

答：①建立和健全班组的各项管理制度；②编制和执行生产作业计划，开展班组核算；③班组的生产技术管理；④班组的质量管理；⑤班组的劳动管理；⑥班组的安全管理；⑦班组的环境卫生管理；⑧班组的思想政治工作。

14. 班组经济核算的基本原则和注意事项是什么？

答：班组经济核算应遵循“干什么、管什么、算什么”的原则，力求注意三个问题：一是计算内容少而精；二是分清主次；三是方法简洁。

15. 总结的写作要求是什么?

答:①要新颖独特，不能报流水账；②要重点突出，找出规律，避免事无巨细面面俱到；③要实事求是，全面分析问题，从中找出经验教训；④要材料取舍得当；⑤要先叙后议或夹叙夹议。

16. 什么是报告?

答:报告是下级机关向上级机关汇报工作、反映情况、提出意见或建议，答复上级机关的询问时使用的行文。

17. 请示的特点是什么?

答:请示的最大特点是请求性。指本机关、本部门打算办理某件事情，而碍于无权自行决定、或者无力去做，或不知该不该办，必须请求上级机关批准、同意后方可办理。

职业通用理论知识试题(《烃类衍生物生产工》)

判断题

1. 依据气体分压定律可以计算混合气、液的分压，也可以根据总压、摩尔数计算组分的分压。 (×)

正确答案:依据分压定律可以计算混合气体的总压，也可以根据总压、摩尔数计算混合气体的分压。

2. 按反应方程式，自右向左进行的反应为正反应，自左向右为逆反应。 (×)

正确答案:按反应方程式自左向右进行的反应为正反应，自右向左为逆反应。

3. 在催化剂存在情况下，烯烃直接加成生成醇的反应叫做烯烃间接水合法。 (×)

正确答案:在催化剂存在情况下，烯烃直接加成生成醇的反应叫做烯烃直接水合法。

4. 炔烃三键上的氢具有弱碱性。 (×)

正确答案:炔烃三键上的氢具有弱酸性。

5. 乙炔在高温下(400~500℃)，可发生三聚合反应生成苯。 (√)

6. 炔烃被氧化剂氧化时，不能被完全氧化，只能形成烯烃。 (×)

正确答案:炔烃被氧化剂氧化时，三键断裂，最后得到完全氧化的产物。

7. 泵的扬程与输送液体的密度无关。 (√)

8. 可以独立改变的变量数目叫自由度数。 (√)

9. 航行于海上的船舶，为了免受海水的腐蚀，常采用的一种防腐蚀方法是阳极保护。 (×)

正确答案:航行于海上的船舶，为了免受海水的腐蚀，常采用的一种防腐蚀方法是阴极保护。

10. 鼠笼式电动机具有构造简单、价格低廉、工作可靠、使用方便等优点。 (√)

11. 加强企业管理，改变作业环境，减少易燃易爆物质的泄漏、爆炸，改善环境卫生条件，是防止静电危害的根本措施。 (√)

12. 节流装置中有孔板、喷嘴、弹簧管等。 (×)

正确答案:节流装置中有孔板、喷嘴等，没有弹簧管。

13. 在选用控制阀的流量特性时，一般先按控制系统的特点来选择阀的希望流量特性，然后再考虑工艺配管情况来选择相应的理想流量特性。 (√)

14. 椭圆齿轮流量计对被测介质的黏度变化敏感，不适合用于测量高黏度的流体。(×)

正确答案:椭圆齿轮流量计对被测介质的黏度变化不敏感，适合用于测量高黏度的流体。

15. 在分程控制系统中，一台控制器的输出最多可以同时控制两台控制阀。（×）

正确答案：在分程控制系统中，一台控制器的输出可以同时控制两台（含两台）以上的控制阀。

16. 比值控制器要求从动物料迅速跟上主动物料量的变化，且越快越好，一般不希望发生振荡。（√）

17. 选择性控制系统在结构上的特点是使用了选择器，选择器只能接在调节器的输出端。（×）

正确答案：选择性控制系统在结构上的特点是使用了选择器，选择器可以接在调节器的输出端，也可以接在几个变送器的输出端。

18. 化学分析法包括重量分析法、容量分析法和电化学分析法。（×）

正确答案：化学分析法包括重量分析法、容量分析法。

单选题

1. 混合气体的总压等于各组分气体（ A ）之和。

A. 分压　B. 分体积　C. 摩尔分数　D. 相对分子质量

2. $P=P_1+P_2+\cdots\cdots+P_i$ 和 $P_i=X_i \cdot P$ 两式是（ C ）数学表达式。

A. 盖斯定律　B. 亨利定律

C. 道尔顿分压定律　D. 波马定律

3. 气体分压是指各组分气体单独占有（ C ）体积时的压强。

A. 部分　B. 一半　C. 整个　D. 任意

4. 在一定条件下，既能向正反应方向进行，同时又能向逆反应方向进行的反应叫（ D ）。

A. 正反应　B. 副反应　C. 不可逆反应　D. 可逆反应

5. 下列属于化学反应速率的单位是（ D ）。

A. s　B. mol　C. mol/s　D. mol/(L·s)

6. 在其他条件不变的情况下，增大反应物浓度，反应速率（ D ）。

A. 不变　B. 减慢　C. 为零　D. 加快

7. 反应中有气体物质参与，增大压强会使反应速率（ A ）。

A. 加快　B. 不变　C. 减慢　D. 时快时慢

8. 建立化学平衡的前提是（ A ）。

A. 一定温度下，在密闭容器中进行的可逆反应

B. 一定压力下的可逆反应

C. 一定状态下的可逆反应

D. 一定催化剂的可逆反应

9. 分子组成相同而分子结构不同的化合物叫做（ A ）。

A. 同分异构体　B. 多变体　C. 相似体　D. 异构体

10. 乙烷共有（ C ）个不同碳架的异构体。

A. 3　B. 4　C. 5　D. 2

11. 烯烃由（ B ）进攻而进行的加成反应称为亲电加成。

A. 格氏试剂　B. 亲电试剂　C. 马氏试剂　D. 金属

12. 能进行聚合反应的低分子量的化合物称为（ D ）。

A. 生成物　　B. 引发剂　　C. 聚合体　　D. 单体

13. 用银或氧化银作催化剂，(B)被空气中的氧直接氧化，可以生成环氧乙烷，如果温度超过300℃则生成CO_2和水。

A. 乙烷　　B. 丙烯　　C. 乙烯　　D. 乙二烯

14. 通过双烯合成反应可以将链状化合物变为(D)。

A. 异戊二烯　　B. 1，3-丁二烯

C. 顺-1，4-聚丁二烯　　D. 六元环状化合物

15. 当分子中兼有双键和三键时，与卤素的加成反应(D)。

A. 不能发生　　B. 双键和三键不分先后

C. 首先发生在三键上　　D. 首先发生在双键上

16. 三键的亲电加成反应与双键相比进行程度(B)。

A. 容易　　B. 很难　　C. 很难说　　D. 都一样

17. 已知某一分子炔烃被高锰酸钾溶液氧化后的产物为二分子的乙酸，由此推出该炔烃是(A)。

A. $H_3C—C≡C—CH_3$　　B. $HC≡C—CH_2—CH_3$

C. $HC≡C—CH_3$　　D. $HC≡CH$

18. 在稳定流动时，流体的流速与导管的截面积(D)。

A. 数值相等　　B. 数值相反　　C. 成正比　　D. 成反比

19. 理想气体在流动时的内摩擦力(D)。

A. 随流速增大而增大　　B. 随流速增大而减小

C. 零　　D. 无法确定

20. 制造厂铭牌标出的Q、H、N值都是在(B)最高时测量的数值。

A. 功率　　B. 效率　　C. 温度　　D. 流量

21. 电动机传给泵的功率称为轴功率用符号(A)表示。

A. $N_{轴}$　　B. Q　　C. $W_{轴}$　　D. $N_{有}$

22. 某离心泵当转速为2900r/min时，功率为7kW，若转速提高一倍，则功率为(D)kW。

A. 7　　B. 14　　C. 28　　D. 56

23. 某离心泵当转速为2900r/min时，扬程为20m，若转速提高一倍，则扬程为(C)m。

A. 20　　B. 40　　C. 80　　D. 160

24. 单位重量的液体由泵的入口被输送至出口所获得的能量增量叫泵的(A)。

A. 扬程　　B. 效率　　C. 功率　　D. 升扬高度

25. 往复式压缩机的实际工作循环是由(C)阶段组成。

A. 二个　　B. 三个　　C. 四个　　D. 五个

26. 压缩机在膨胀阶段里，吸入阀处于(A)状态。

A. 开启　　B. 半开　　C. 关闭　　D. 开关不确定状态

27. 离心式压缩机是产生(B)的机械，是透平压缩机的一种。

A. 动力　　B. 压力　　C. 热量　　D. 变化

28. 在某冷凝器内，以300K的冷却水来冷凝某精馏塔内上升的有机物的饱和蒸气，已知有机物蒸气的温度为348K，冷却水的出口温度为313K，则冷、热流体的平均温度差(A)K。

A. 41　　B. 50　　C. 30　　D. 35

29. 同一种流体，流速愈大，对流传热系数(D)。

A. 不变　　B. 愈小　　C. 大小不定　　D. 愈大

30. 在间壁式换热中要提高传热总系数 K 值，必须设法(A)。

A. 提高对流传热较小一侧的系数 α_1　　B. 降低对流传热较小一侧的系数 α_2

C. 增大液膜厚度 δ　　D. 提高摩擦阻力系数 λ

31. 吸收过程就是利用不同气体在液体中的(C)差异，来完成分离器气体混合物的单元操作。

A. 温度　　B. 挥发度　　C. 溶解度　　D. 黏度

32. 在精馏塔生产中，当 $0<q<1$ 时，进料热状况为(D)。

A. 低于沸点的冷液体　　B. 饱和液体

C. 过热蒸气　　D. 气液混合物

33. 气相负荷过大的危害易形成塔(C)。

A. 干板　　B. 回流量太大　　C. 液泛　　D. 底泵抽空

34. 在一定的压力下，部分互溶的两层共轭溶液同时沸腾的温度叫(D)。

A. 沸点　　B. 熔点　　C. 露点　　D. 共沸点

35. 能够维持系统原有(A)而可以独立改变的变量叫自由度。

A. 相数　　B. 压力　　C. 温度　　D. 化学性质

36. 通过改变金属电解质溶液的电极电位从而控制金属腐蚀的方法称为(B)。

A. 覆盖层保护　　B. 电化学保护　　C. 缓蚀剂保护　　D. 阴极保护

37. 下列齿轮传动中按轴线相互位置分不是(D)。

A. 平行轴传动　　B. 相交轴传动　　C. 交错轴传动　　D. 斜齿圆柱传动

38. 巴氏合金通常被用来制作滑动轴承的(B)。

A. 轴套　　B. 轴承衬　　C. 含油轴瓦　　D. 轴承座

39. 三相异步电动机分为定子和(A)两个基本部分。

A. 转子　　B. 轴承　　C. 机座　　D. 风扇

40. “静电”是在一定物体中或其表面上存在电荷集团，一定带电区的电荷量值是在该带电区内(C)的代数和。

A. 正电荷　　B. 负电荷　　C. 正负电荷　　D. 自由电子

41. 控制阀的气开、气关型式的选择主要从工艺生产的(B)要求考虑。

A. 方便　　B. 安全　　C. 节省　　D. 稳定

42. 控制阀的气开、气关形式的选择原则是(C)。

A. 优先保证生产的稳定　　B. 优先考虑流程的优化

C. 优先考虑保证设备和操作人员的安全　　D. 优先考虑经济效益

43. 质量流量计是一种以测量流体流过的(A)为依据的流量计。

A. 质量　　B. 速度　　C. 容积　　D. 压差

44. 在串级调节系统中有(B)个控制器。

A. 一　　B. 二　　C. 三　　D. 四

45. 从系统结构来看，串级调节系统有(B)个闭合回路。

A. 1　B. 2　C. 3　D. 4

46. 把控制器的输出信号分割成若干个信号范围段，由每一段信号去控制一台控制阀，这样的控制系统是(C)。

A. 简单控制系统　B. 串级控制系统　C. 分程控制系统　D. 多冲量控制系统

47. 在生产过程中，要求物料调节有较大范围的，应选用两台控制阀(C)的分程控制方案。

A. 串联　B. 交替　C. 并联　D. 交叉

48. 实现两个或两个以上物料流量符合一定比例关系的调节系统，是(B)调节系统。

A. 串级　B. 比值　C. 分程　D. 均匀

49. 若以 Q_1 表示主物料流量(主流量)，Q_2 表示副物料流量(副流量)，K 表示副流量与主流量的流量比值系数，则下列表达式中正确的是(C)。

A. $K=Q_1+Q_2$　B. $K=Q_1\times Q_2$　C. $K=Q_2/Q_1$　D. $K=Q_1/Q_2$

50. 能实现(B)控制的控制系统称为选择性控制系统。

A. 硬限　B. 软限　C. 自动　D. 手动

51. 将已知浓度的试剂溶液滴加到待测物质溶液中，使其与待测组分发生反应，而加入的试剂量又恰好为完成反应所必需的，根据加入试剂的准确体积计算出待测组分的含量，这样的分析方法称为滴定分析法，又称(A)。

A. 容量分析法　B. 仪器分析法　C. 重量分析法　D. 化学分析法

52. 化工分析一般分为(B)与仪器分析方法两类。

A. 物理分析法　B. 化学分析法　C. 重量分析法　D. 容量分析法

多选题

1. 当温度为25℃时，把17克 NH_3，48克 O_2 和14克 N_2，装放在一体积为5升的密闭容器中，则求得三种气体物质的量为(A，B，D)

A. 温度　B. 压强　C. 浓度　D. 催化剂

2. 反应式 $N_2O_4 \rightleftharpoons 2NO_2$ 中，“$\rightleftharpoons$”表示(A，B，D)。

A. 可逆反应　B. 其中“$\rightharpoonup$”为 N_2O_4 分解生成 NO_2

C. 不可逆反应

D. 其中“$\leftharpoondown$”表示为 NO_2 结合生成 N_2O_4 的逆反应

3. 常见的亲电试剂有(B，D)。

A. 金属　B. 无机酸　C. 碱　D. 卤素

4. 对于固体物质，影响化学反应速率的因素主要有(A，D)。

A. $n(NH_3)$为1mol　B. $n(O_2)$为1.5mol

C. $n(O_2)$为3mol　D. $n(N_2)$为0.5mol

5. 1，3-丁二烯发生加成反应可以是(A，D)。

A. 1，2加成　B. 2，4加成　C. 2，3加成　D. 1，4加成

6. 下列属于炔烃的加成反应的是(A，B，C)

A. $CH\equiv CH + HCl \xrightarrow[150\sim160℃]{HgCl_2} CH=CHCl$

B. $HC\equiv CH + HX \rightarrow CH_2=CHX \xrightarrow{HX} CH_3-CHX_2$

C. $HC \equiv CH + CH_3OH \xrightarrow[160℃]{20\%KOH} CH_2 = CH - O - CH_3$

D. $HC \equiv CH + 2Ag(NH_3)_2NO_2 \rightarrow AgC \equiv CAg\downarrow + 2H_4NO_3 + 2NH_3$

7. 炔烃与高锰酸钾溶液发生反应，根据颜色的变化和氧化后的产物，可以判断（A，B，D）。

A. 三键是否存在　B. 三键的位置　C. 生成物结构　D. 炔烃的结构

8. 在稳定流动时，对于圆形截面的导管流速与截面积关系表示正确的是（C，D）。

A. $\frac{u_2}{u_1}=\left(\frac{d_2}{d_1}\right)^2$　B. $\frac{u_1}{u_2}=\left(\frac{d_1}{d_2}\right)^2$　C. $\frac{u_1}{u_2}=\left(\frac{d_2}{d_1}\right)^2$　D. $\frac{u_2}{u_1}=\left(\frac{d_1}{d_2}\right)^2$

9. 流体流动时，所具有的机械能包括（A，C，D）。

A. 位能　B. 热能　C. 静压能　D. 动能

10. 减小流体阻力的途径有（A，B，D）。

A. 管路尽可能短些　B. 尽量走直线少拐弯

C. 采用不锈钢材质的管子　D. 适当放大管径

11. 为了计算简便，在吸收操作的计算中，采用了（A，B）的概念。

A. 比质量分率　B. 比摩尔分率　C. 体积分率　D. 质量分率

12. 实现稳定的精馏操作必须保持的两个基本条件是（C，D）。

A. 进料量不变　B. 回流量不变　C. 全塔物料平衡　D. 全塔热量平衡

13. 自由度中可以独立改变的变量是（B，C，D）。

A. 状态　B. 温度　C. 组成　D. 压力

14. 下面是平行轴传动的是（B，C，D）。

A. 蜗杆　B. 斜齿圆柱　C. 人字齿圆柱　D. 直齿圆柱

15. 滑动轴承主要失效形式为（A，C，D）。

A. 磨损　B. 胶合　C. 挤压变形　D. 疲劳破坏

16. 三相异步电动机的转子根据构造上的不同分为（B，C）。

A. 调速式　B. 鼠笼式　C. 绕线式　D. 固定式

17. 静电造成的危害有（A，C，D）。

A. 爆炸　B. 地震　C. 人身伤害　D. 火灾

18. 控制阀的结构形式主要根据（A，B，C，D）来选择。

A. 介质温度　B. 介质压力

C. 介质的物理性质　D. 介质的化学性质

19. 按测量方式分质量流量计分为（A，C）两类。

A. 直接式　B. 陀螺式　C. 间接式　D. 量热式

20. 分程控制系统就两个控制阀的开关形式可以分为（A，B）。

A. 同向　B. 异向　C. 气开　D. 气关

21. 选择性控制系统常用的防积分饱和方法有（A，B，C）。

A. 限幅法　B. 积分切除法　C. 积分外反馈法　D. 限时法

22. 气相色谱分为（A，C）。

A. 气固色谱　B. 液固色谱　C. 气液色谱　D. 液液色谱

简答题

1. 什么是混合气体的分压定律？

答：混合气体的总压等于各组分气体分压之和，或者是某组分气体分压的大小和它在气体混合物中摩尔分数成正比。

2. 什么叫化学平衡？

答：在可逆反应中，当正反应速率和逆反应速率相等时，反应物和生成物浓度不再随时间而改变的状态，叫做化学平衡。

3. 写出丙烯的氨氧化反应方程式。

答：$CH_2=CHCH_3+NH_3+\frac{3}{2}O_2\xrightarrow[470℃]{磷钼酸铋}CH_2=CH—CN+3H_2O$

反应物正确，生成物正确，方程式配平，反应条件正确

4. 为什么液体的黏度随温度的升高而减小，气体的黏度随温度的升高而增加？

答：液体的黏度随温度升高而减小，黏度越大的液体越明显，这是因为：温度升高液体分子之间的距离增大，造成分子间引力减小的缘故。而气体分子之间的吸引力本来就不大，虽然温度升高也引起体积膨胀，但对分子间引力的影响不大，而分子运动速度增加了，气体层与层之间相对运动所产生的摩擦力增加了，从而造成气体的黏度随温度升高而增加。

5. 简述离心式压缩机的工作原理。

答：是工作轮在高速旋转的过程中，由于旋转离心力的作用及工作轮中的扩大流动，使气体的压力得到提高，速度也随之提高。随后在扩压器中进一步把速度能转化为压力能，以提高气体的输出压力。

6. 说出双膜理论的基本要点。

答：①流体在相界面两侧各有一个稳定的薄膜；②在相界面处，气液两相处于平衡；③传质阻力主要集中在双膜内。

7. 液相负荷的大小对精馏塔的影响有哪些？

答：液相负荷过大或过小都会影响塔的正常操作。液相负荷过小，塔板上不能建立足够高的液层，气液相之间的接触时间减少，会影响塔板的效率，严重时会出现干板现象；液相负荷过大，会造成降液管内的流量超过限度，严重时以至整个塔盘空间里充满了液体，亦即出现液泛现象，使操作无法进行。另外，液相负荷过大，还可能使精馏釜的温度降低，影响到气相负荷的大小。

8. 什么是牺牲阳极保护法？

答：依靠电位较负的金属(例如锌)的溶解来提供保护所需的电流，在保护过程中，这种电位较负的阳极金属逐渐溶解牺牲掉，这种保护方法叫牺牲阳极保护法。

9. 简述椭圆齿轮流量计的工作原理。

答：椭圆齿轮流量计的测量部分是由两个相互啮合的椭圆形齿轮 A 和 B、轴及壳体组成，椭圆齿轮与壳体之间形成测量室。如图所示：

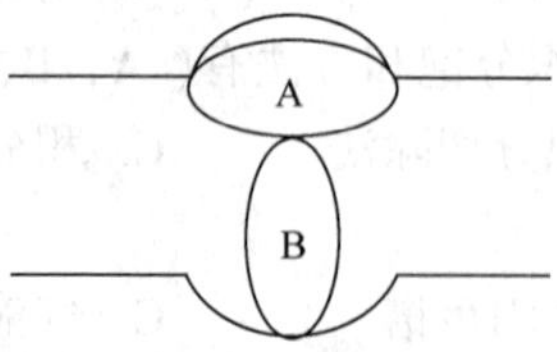

当流体流过椭圆齿轮流量计时，由于要克服阻力，将会引起阻力损失，从而使进口侧压力大于出口侧压力，在此压力差的作用下，产生作用力矩使椭圆齿轮连续转动，椭圆齿轮每转动一圈所排除的被测介质量为测量室容积的 4 倍，因此，只要知道椭圆齿轮转速 n 和测量室容积 V 就能算出被测介质的流量：$Q=4nv$。

10. 请画出串级控制系统典型方块图。

答：

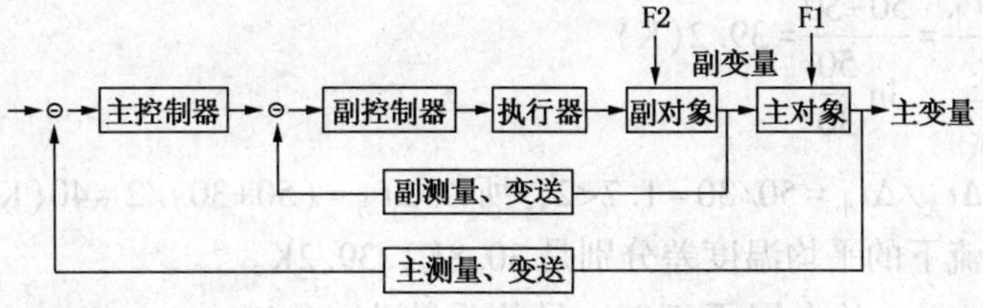

11. 容量分析有哪几种方法？

答：①酸碱滴定法(中和法)；②沉淀滴定法(容量沉淀法)；③络合滴定法；④氧化还原滴定法。

计算题

1. 在 20℃，760mmHg 用排水取气法收集 0.362L 氧气，求经干燥后在同样条件下氧气的体积(20℃时，$P_{水}=17.5$mmHg)。

解：据，　$P_i=X_i\cdot P$，$X_i=V_i/V$ 得

$$P_{O_2}/P=V_{O_2}/V$$

$$V_{O_2}=P_{O_2}V/P$$

$$=(760-17.5)\times0.362/760$$

$$=0.354(\text{L})$$

答：经干燥后氧气的体积为 0.354L。

2. 某离心泵的总效率为 70%，实测的流量为 $70.37\text{m}^3/\text{h}$，扬程为 50.5m，介质的密度为 998.2kg/m^3，试确定电动机的功率。($g=9.81\text{m/s}^2$，按 1.2 倍轴功率配备)

解：已知　$Q=70.37\text{m}^3/\text{h}=0.0196\text{m}^3/\text{s}$　$H=50.5\text{m}$　$\rho=998.2\text{kg/m}^3$

① 由 $N_{效}=QH\rho g$

得 $N_{效}=0.0196\times50.5\times998.2\times9.81/1000$

$=9.69(\text{kW})$

② 又知泵的总效率 $\eta=0.7$　根据 $\eta=N_{效}/N_{轴}\times100\%$

则 $N_{轴}=N_{效}/\eta=9.69/0.7=13.84(\text{kW})$

则电动机的功率为 $N_{电}=1.2\times13.84=16.6(\text{kW})$

答：电动机的功率为 16.6kW。

3. 在某换热器内，用热水加热某种溶液，已知热水的进口温度为 360K，出口温度为 340K，冷溶液则从 290K 被加热到 330K，试分别计算并流和逆流下的平均传热温度差。

解：并流时　　热流体从　　360→340K

　　　　　　　冷流体从　　290→330K

$\Delta t_{大}=70\text{K}$　　$\Delta t_{小}=10\text{K}$

① $\Delta t=\dfrac{\Delta t_{大}-\Delta t_{小}}{\ln\dfrac{\Delta t_{大}}{\Delta t_{小}}}=\dfrac{70-10}{\ln\dfrac{70}{10}}=30.8(K)$

逆流时　　　热流体从　　$360\to340K$

　　　　　　冷流体从　　$330\leftarrow290K$

　　　　　　$\Delta t_{大}=50K$　　$\Delta t_{小}=30K$

② $\Delta t=\dfrac{\Delta t_{大}-\Delta t_{小}}{\ln\dfrac{\Delta t_{大}}{\Delta t_{小}}}=\dfrac{50-30}{\ln\dfrac{50}{30}}=39.2(K)$

或者：因为，$\Delta t_{大}/\Delta t_{小}=50/30=1.7<2$，所以 $\Delta t_{均}=(50+30)/2=40(K)$

答：并流和逆流下的平均温度差分别是 30.8K，39.2K。

4. 有一厚度为 2mm 的金属平面壁，导热系数为 46.5W/(m·K)，内侧通冷水，$\alpha_1=1330W/(m^2\cdot K)$，外侧为饱和水蒸气冷凝，$\alpha_2=4600W/(m^2\cdot K)$，试求无垢层时的传热系数。

解：

根据 $K=\dfrac{1}{\dfrac{1}{\alpha_1}+\sum\dfrac{\delta}{\lambda}+\dfrac{1}{\alpha_2}}$ 计算无垢的传热系数：

已知：$\alpha_1=1330W/(m^2\cdot K)$，$\alpha_2=4600W/(m^2\cdot K)$，$\delta=2mm=0.002m$，$\lambda=46.5W/(m\cdot K)$

$$K=\frac{1}{\dfrac{1}{1300}+\dfrac{0.002}{46.5}+\dfrac{1}{4600}}=985[W/(m^2\cdot K)]$$

答：无垢层时的传热系数为 $985W/(m^2\cdot K)$。

5. 在某换热器中，采用 $\phi25mm\times2.5mm$ 无缝钢管为管束，管内外流体的传热膜系数分别为 $400W/(m^2\cdot K)$ 和 $2500W/(m^2\cdot K)$，不考虑垢层影响，试求：

1）在该条件下的传热系数

2）将 α_1 提高一倍时的 K 值

3）将 α_2 提高一倍时的 K 值

4）比较计算结果 你有何体会？[钢的 $\lambda=46.5W/(m\cdot K)$]

解：

① 已知：$d_{外}=0.025m$，$d_{内}=0.02m$，$\alpha_1=400W/(m^2\cdot K)$

$\alpha_2=2500W/(m^2\cdot K)$，$\delta=0.0025m$，$R_{垢内}=R_{垢外}=0$

$\dfrac{d_{外}}{d_{内}}=0.025/0.02=1.25<2$ 故可以用平壁计算：

$$K=\frac{1}{\dfrac{1}{\alpha_1}+\sum\dfrac{\delta}{\lambda}+\dfrac{1}{\alpha_2}+R_{垢内}+R_{垢外}}$$ 代入数据得

$$K=\frac{1}{\frac{1}{400}+\frac{0.0025}{46.5}+\frac{1}{2500}}\approx 338.52[\mathrm{W/(m^2\cdot K)}]$$

② 将 α_1 提高一倍 $\alpha_1=2\times400=800\mathrm{W/(m^2\cdot K)}$，则

$$K=\frac{1}{\frac{1}{800}+\frac{0.0025}{46.5}+\frac{1}{2500}}\approx 586.85[\mathrm{W/(m^2\cdot K)}]$$

③ 将 α_2 提高一倍 $\alpha_2=2\times2500=5000\mathrm{W/(m^2\cdot K)}$，则

$$K=\frac{1}{\frac{1}{400}+\frac{0.0025}{46.5}+\frac{1}{5000}}\approx 363.1[\mathrm{W/(m^2\cdot K)}]$$

④ 通过计算结果得知：要想提高传热系数 K 值，关键在于提高数值较小一方的 α 值，但是两方的比值比较接近时，则应该同时予以提高。

6. 在一填料塔中用净油来吸收混合气体中的苯，已知混合气体的总量为 $1000\mathrm{m^3/h}$，其中苯的体积分率为4%，操作压强为101.3kPa，温度为293K，吸收剂的用量为103kmol/h，要求吸收率为80%，试求塔底溶液出口的浓度。

解：

① 求塔底液相浓度可通过式：$X_1=\frac{V}{L}(Y_1-Y_2)+X_2$ 算得，

已知：$y_1=0.04$

$Y_1=y_1/(1-y_1)=0.04/(1-0.04)=0.0417$

则，$Y_2=Y_1(1-y_{吸})=0.0417\times(1-0.8)=0.00834$

② 已知塔顶为净油，即 $X_2=0$

混合气体中的惰性气体量 $V=1000\times(1-0.04)=960(\mathrm{m^3/h})$

惰性气体量 $V=\frac{960}{22.4}\times\frac{273}{293}=39.93(\mathrm{kmol/h})$

已知吸收剂用量：$V=103\mathrm{kmol/h}$，将以上各值代入得：

$$X_1=\frac{39.93}{103}\times(0.0417-0.00834)+0=0.013\text{kmol 苯/kmol 油}$$

答：塔底溶液出口的浓度为0.013kmol苯/kmol油。

工种理论知识试题

判断题

1. 尽管偏差可能很小，但它存在的时间越长，输出信号就越大，当偏差信号减弱时，输出信号就不再变化。 (×)

正确答案：尽管偏差可能很小，但它存在的时间越长，输出信号就越大，只有当偏差信号消除时，输出信号才不再继续变化。

2. 化工投料试车必须坚持高标准、严要求，化工投料之前要按各装置岗位操作法认真地进行一次全面检查。 (√)

3. 装置投料前要严格执行程序，坚持项项达到标准，要坚持“六不开车”，即：不具备

条件不开车；程序不明不开车；指挥不在现场不开车；出了问题未查清不开车；存在问题未解决不开车；指挥违章不开车。 (√)

4. 装置投料前要检查各阀门开关情况、盲板抽堵情况及静密封点密封是否符合标准；安全阀下的底阀是否已经打开(铅封、防爆板是否破损)。 (√)

5. 装置投料前蒸汽引入时要慢慢打开蒸汽总阀1~2扣,先进行管线预热,打开倒淋,排放冷凝水至全部为蒸汽,关闭倒淋阀,视蒸汽总阀处压力表的压力,缓慢间断地打开总阀。 (√)

6. 蒸汽系统暖管时，暖管速度无需控制，只要达到规定的温度即可。 (×)

正确答案：蒸汽系统暖管时，暖管速度必须控制，缓慢进行。

7. 脱重塔再沸器引入蒸汽时应排净设备及管道内的水。 (√)

8. 水洗后醚后碳四中的水可以在脱重塔中脱除。 (×)

正确答案：水洗后醚后碳四中的水可以在脱轻塔中脱除。

9. 催化蒸馏塔开车时要注意防止催化剂床层超温。 (√)

10. 催化蒸馏塔开车时催化剂床层温度升高，可以暂时增加回流量降温。 (√)

11. 淋洗催化蒸馏塔内催化剂的甲醇不需要回收。 (×)

正确答案：淋洗催化蒸馏塔内催化剂的甲醇需要回收。

12. 脱轻塔进料中的水在脱轻塔回流罐底部的脱水包脱除。 (√)

13. 醚后碳四中的水是重组分，因此不能在脱轻塔中脱除。 (×)

正确答案：醚后碳四中的水是微量饱和水，可以在脱轻塔中脱除。

14. 脱轻塔进料中的水是碳四中微量饱和水，能与碳四形成非均相共沸物，因此可以从脱轻塔脱除。 (√)

15. 萃取塔所使用的填料是一寸的拉西环。 (√)

16. 萃取塔装填料时为了防止拉西环破碎，塔内要充水。 (√)

17. 筒式反应器的气密性试验应该在催化剂装填完毕后进行。 (×)

正确答案：筒式反应器的气密性试验应该在催化剂装填前进行。

18. 新催化剂分为干基型催化剂和湿基型催化剂。 (√)

19. 干基型催化剂和湿基型催化剂的膨胀率是一样的。 (×)

正确答案：干基型催化剂和湿基型催化剂的膨胀率是不一样的。

20. 甲醇回收塔开工进料时要求与萃取塔建立起水循环。 (√)

21. 甲醇回收塔提前开工处理的物料来自于洗新催化剂后的甲醇水溶液。 (√)

22. 催化剂水洗的目的是降低催化剂的酸性，所用的水是新鲜水。 (×)

正确答案：催化剂水洗的目的是降低催化剂的酸性，所用的水是软化水。

23. 甲醇萃取塔扩大段位于萃取塔的顶部，它的直径比下部塔径要大。 (√)

24. 在扩大段内下部是水相，上部是碳四相，水和碳四是互不溶物，所以有界面存在。 (√)

25. 萃取塔中碳四物料自上向下流动，萃取水是自下向上流动。 (×)

正确答案：萃取塔中碳四物料自下向上流动，萃取水是自上向下流动。

26. 串级仪表投用时，一定要等各参数稳定后，先将主参数仪表投自动，再将副参数仪表投自动。 (×)

正确答案：串级仪表投用时，一定要等各参数稳定后，先将副参数仪表投自动，再将主参数仪表投自动。

27. 联动试车时，全部设备和仪表均应投入，以进一步考核设备的技术性能。(√)

28. 联动试车以生产为主，建设、设计单位配合参加。(√)

29. 容器设备投用前，安全附件应按要求校定合格，并装配齐全。(√)

30. 塔投用时检查塔的安全阀是否完好，并使安全阀处于投用状态，同时检查与设备相连的阀门开关情况及是否符合完好标准。(√)

31. 换热设备投用前应按设计压力完成水压试验，并按要求安装换热器封头。(√)

32. 机泵投用时电机接地线符合标准，按要求送电，进行点动检查电机运转方向正确。(√)

33. 接触带电是液体在管内流动带电。(×)

正确答案：接触带电是指两种固体物质接触、分离后带电。

34. 流动带电是指两种物质接触、分离后带电。(×)

正确答案：流动带电是指液体在管内流动带电。

35. 气体通过塔板时需要克服的阻力包括塔板本身干板阻力、板上液体层的静压力以及液体的表面张力。(√)

36. 改变精馏塔的操作压力，将使每块塔板上物料的汽液平衡组成发生变化。(√)

37. 精馏塔操作压力的变化，对分离组份间的相对挥发度没有影响。(×)

正确答案：精馏塔操作压力的变化，对分离组份间的相对挥发度有影响。

38. 精馏塔操作，物料平衡是基础，主要靠进料量和塔顶塔釜采出量来调节。(√)

39. 精馏塔操作，轻组分的采出量超过了物料平衡的量，会造成塔顶重组分的浓度增加。(√)

40. 精馏塔操作，重组分的采出量超过了物料平衡的量，会造成釜液中轻组分的浓度增加。(√)

41. 萃取塔中碳四物料自下向上流动，碳四物料是分散相。(√)

42. 萃取塔中碳四物料自下向上流动，碳四物料的状态是气态。(×)

正确答案：萃取塔中碳四物料自下向上流动，碳四物料的状态是液态。

43. 萃取塔的操作压力必须大于操作温度下的碳四饱和蒸汽压，以保证碳四物料呈液相。(√)

44. 筒式固定床反应器的进出口压力表测出的压差，包含了液态物料的静压差。(√)

45. 膨胀床反应器中的催化剂在膨胀状态下，反应器压降几乎等于床层的自重。(√)

46. 筒式固定床反应器内的催化剂如果含大量水，碳四物料通过床层时，压力降不大。(×)

正确答案：筒式固定床反应器内的催化剂如果含大量水，碳四物料通过床层时，压力降过大。

47. 开车时塔建立回流后回流罐液面低，发生的原因往往是塔釜加热量少或塔内有不凝气。(√)

48. 开车时塔建立回流后回流罐液面低，实际是塔内汽相负荷大，必须增加回流，使液相增加。(×)

正确答案：开车时塔建立回流后回流罐液面低，实际是塔内汽相负荷少，需要增加塔釜加热量，减少回流量。

49. 催化蒸馏塔进料后，压力偏高会引起催化剂床层温度上升。(√)

50. 催化蒸馏塔进料后，塔底温度提不上来，会造成 MTBE 产品中碳四含量高。(√)

51. 转化率是反应组分中已转化的原料组分和进料中原料组分的比值。（√）

52. 醚化反应是一个可逆反应，提高反应温度可增加正反应速度和逆反应速度。（√）

53. 醇烯比是影响醚化反应的一个重要因素。（√）

54. 醚化反应是一个可逆反应，甲醇过量可以提高异丁烯的转化率。（√）

55. 筒式反应器底部循环线是从筒式反应器底部到筒式反应器顶部的一条专用管线。（√）

56. 筒式反应器底部循环线是从三段循环泵出口至筒式反应器进料的一条管线。（√）

57. 醚化反应是一个放热反应，提高反应温度逆反应速度降低。（×）

正确答案：醚化反应是一个放热反应，提高反应温度逆反应速度加快。

58. 筒式反应器的外循环系统是筒式反应器的热量交换部分。（√）

59. 进料温度是影响精馏塔操作的最重要因素。（×）

正确答案：影响精馏塔操作的因素包括多个方面，进料温度只是影响精馏塔操作的最重要因素之一。

60. 精馏塔塔顶温度过高会造成塔压降低。（×）

正确答案：精馏塔塔顶温度过高会造成塔压升高。

61. 其他条件不变，塔底温度过低会使塔底产品不合格。（√）

62. 其他条件不变，精馏塔塔顶产品采出量过大或过小都会影响精馏塔的正常操作。（√）

63. 塔底产品采出量过大，会造成塔釜液位空，塔底温度过高。（×）

正确答案：塔底产品采出量过大会造成塔釜液位空，塔底温度升不起来。

64. 精馏塔进料温度的变化会影响汽液两相的负荷。（√）

65. 提高操作压力可使塔的处理能力提高，但会使相对挥发度下降，分离效果变差。（√）

66. 萃取精馏组分间的相对挥发度是借助萃取剂的加入量来调节的，并随萃取剂在液相中浓度的上升而增大。（√）

67. 温度测量系统投用顺序是控制机构→测量机构→执行机构。（×）

正确答案：温度测量系统投用顺序是测量机构→控制机构→执行机构。

68. 凡采用串级调节的自动化仪表，先投辅助回路的系统，待辅助回路和主回路两个参数基本正常后，再将串级系统全部投入运行。（√）

69. 空气呼吸器是配有高压氧气瓶作为气源的隔绝式呼吸护具。（×）

正确答案：空气呼吸器是配有高压空气瓶作为气源的隔绝式呼吸护具。

70. 当精馏塔轻组分的采出量超过了物料平衡的量时，塔顶馏分中重组分的浓度减少。（×）

正确答案：当精馏塔轻组分的采出量超过了物料平衡的量时，塔顶馏分中重组分的浓度增加。

71. 当精馏塔重组分的采出超过了物料平衡的量时，釜液中轻组分的浓度增加。（√）

72. 传热速率的方程为 $q=KA\Delta t_m$，从该方程上可看出，传热面积 A，传热系数 K，传热平均温度 Δt_m 任何一个增大，q 都将提高。（√）

73. 通过液位测量，了解液位是否在规定范围内，使生产正常进行，保证产品质量是液位测量目的之一。（√）

74. MTBE 装置各个工序的停工方案主要内容相同。（×）

正确答案：MTBE 装置的各个工序的停工方案主要内容不同。

75. 常压贮罐附件包括安全阀、液面计。（×）

正确答案：常压贮罐附件包括液面计但不包括安全阀。

76. 在催化蒸馏塔反应段补加甲醇，可以增加反应的推动力，有利于异丁烯的深度转化。(√)

77. 催化蒸馏塔反应段补加的甲醇，不需要进行净化处理。(×)

正确答案：催化蒸馏塔反应段补加的甲醇，因含有杂质也需要进行净化处理。

78. MTBE 反应温度对催化剂的选择性、反应速度、催化剂的活性、副产物生成量都有影响。(√)

79. 床层温度超温，会使催化剂上磺酸根脱落，引起催化剂失活。(√)

80. 对 S-54 号催化剂做短时的超温条件(120℃)试验，会引起催化剂活性迅速下降。当反应温度再返回 60℃时，催化剂的活性无法恢复。(×)

正确答案：对 S-54 号催化剂做短时的超温条件(120℃)试验，会引起催化剂活性迅速下降。当反应温度再返回 60℃时，催化剂的活性可以恢复到原来的水平。

81. 筒式反应器醇烯比过高，会造成催化蒸馏塔塔釜温度高。(×)

正确答案：筒式反应器醇烯比过高，会造成催化蒸馏塔塔釜温度低。

82. 塔釜加热量、甲醇补加量、回流量及进料中甲醇含量等因素影响催化蒸馏塔塔釜温度。(√)

83. 对筒式反应器来说醇烯比的选择，不仅要考虑异丁烯的转化率，还要兼顾催化蒸馏塔碳四共沸物夹带甲醇的量。(√)

84. 在一定的催化剂、空速、醇烯比、异丁烯浓度、转化率条件下，筒式反应器反应温度控制越高，说明筒式反应器中的催化活性越低。(√)

85. 催化剂的活性是以比表面积来衡量的，不是以交换当量来衡量的。(×)

正确答案：催化剂的活性是以交换当量来衡量的，不是以比表面积来衡量的。

86. 操作压力是影响催化蒸馏塔塔底温度的主要因素。(√)

87. 在一定压力下，催化蒸馏塔塔底温度降低，可能造成 MTBE 产品中甲醇和碳四同时超标。(√)

88. 来自甲醇回收塔釜液的萃取水，水中的甲醇含量不能超标，否则甲醇萃取塔效率降低。(√)

89. 增大萃取水与碳四物料的比值有利于提高萃取塔的萃取效率。(√)

90. 提高萃取水温度会降低萃取塔的萃取效率。(√)

91. 醇烯比是甲醇与反应物中异丁烯的摩尔比。(√)

92. 醚化反应醇烯比低，异丁烯聚合物会迅速增加。(√)

93. 正常情况下，甲醇回收塔灵敏板温度过高，可能造成甲醇中水值超标。(√)

94. 甲醇回收塔甲醇质量不合格指的是甲醇中水值超标。(√)

95. 甲醇回收塔回流量过小会造成甲醇质量不合格。(√)

96. 因筒式反应器的物料处于液相状态，所以过压操作对醚化反应速度和转化率都没有影响。(√)

97. 操作压力的提高会引起催化蒸馏塔反应床层温度的升高。(√)

98. 对筒式反应器而言，压力大小的选择是控制反应在该条件下呈液相状态，还要考虑整个系统的阻力及分离系统所需的操作压力。(√)

99. 在操作压力一定的条件下，催化蒸馏塔塔底温度降低，会造成 MTBE 产品中碳四含量升高。 (√)

100. 筒式反应器出口物料异丁烯和甲醇含量的变化不会影响催化蒸馏塔的产品质量。 (×)

正确答案：筒式反应器出口物料异丁烯和甲醇含量的变化会影响催化蒸馏塔的产品质量。

101. 水与异丁烯的反应是放热反应。 (√)

102. 筒式反应器中的催化剂含水时，会降低异丁烯与甲醇的反应速度。 (√)

103. 筒式反应器停工时，床层温度没降下来前停止外循环会造成床层温度超温。 (√)

104. 萃取塔停工时，塔内的液体碳四物料是用氮气吹扫到醚后碳四罐的。 (×)

正确答案：萃取塔停工时，塔内的液体碳四物料是用水顶到醚后碳四罐的。

105. 萃取塔停工时，塔内的液体碳四物料是用水顶至醚后碳四罐的。 (√)

106. 甲醇回收塔晚停工的原因是为了回收萃取塔内含有甲醇的萃取水。 (√)

107. 正常停工时，为处理筒式反应器中的物料，催化蒸馏塔要降压操作。 (√)

108. 丁烯-1 系统脱重塔停止进料后，维持正常操作条件继续采出合格的丁烯-1。 (√)

109. 在化工装置、储罐等生产区易起火，如扑救不及时，火势扩大既影响生产，又造成财产损失或人身伤亡时叫火灾；在起火初期，能及时扑救，没有较大损失时，不称为火灾，而叫做火情或火警。 (√)

110. 阀门试验合格后，内部应清理干净，阀门两端应加盲板。 (×)

正确答案：阀门试验合格后，内部应清理干净，阀门两端应加防护盖。

111. 阀门安装结束，随装置运行，各项指标应达到技术标准或满足生产要求，安全阀要合格铅封。 (√)

112. 管道防腐涂漆一般底漆选用红丹防锈漆或防锈漆。 (√)

113. 维修后的管道，涂漆前必须将旧涂层彻底清除干净，并重新除锈或表面清理后，才能重涂各类涂料。 (√)

114. 流程图画面是单元级显示画面，包括本控制台所在区域内单独的不连续或连续单元的操作状态和趋势。 (√)

115. 操作员可以通过画面改变操作参数外的其他参数和特性。 (×)

正确答案：操作员可以通过各种画面改变操作参数，管理员和过程工程师可以改变其他的参数和特性。

116. 在对流传热的换热器中，折流挡板可增大壳程流体的流速和减少湍流程度，以提高传热速率。 (×)

正确答案：在对流传热的换热器中，折流挡板可增大壳程流体的流速和湍流程度，以提高传热速率。

117. 采用弓形折流板的换热器，流体经折流板圆缺部分而垂直流过管束，流动中死区较小，结构也简单。 (√)

118. 固定管板式换热器当筒体管道的流体温度相差较大时，需要用伸缩接头。 (√)

119. 机械密封的泄漏，其中压盖与密封箱体、轴套与轴表现为静密封的泄漏。 (√)

120. 设备强度试验时工作压力越高，则试验压力越高。 (√)

121. 膨胀节是装在换热器外壳上的挠性元件，对管子和外壳的温差变形进行补偿，从而消除温差应力。 (√)

122. 选择调节阀气开、气关原则是从保护设备安全考虑的。(√)

123. 压力传感器的作用是感受压力并把压力参数变换成电量。(√)

124. 浮阀限定最大开度是防止严重漏液和雾沫夹带，有利于汽液充分接触。(√)

125. 浮阀限定最大开度可以防止浮阀因为开度过大而引起的卡死。(√)

126. 变频机泵切换至工频机泵时，逐渐关小变频机泵出口阀门，变频机泵转速会逐渐减小。(×)

正确答案：变频机泵切换至工频机泵时，逐渐关小变频机泵出口阀门，变频机泵转速不变。

127. 工频机泵切换至变频机泵时，逐渐开大变频机泵出口阀门，变频机泵转速会逐渐增大。(×)

正确答案：工频机泵切换至变频机泵时，逐渐开大变频机泵出口阀门，变频机泵转速不变。

128. 丁烯-1系统脱轻塔发生腐蚀会造成塔内降液管和塔板的堵塞，操作时易发生泛塔。(√)

129. 丁烯-1系统脱轻塔发生腐蚀的原因是水以共沸物的形式在塔顶形成游离水，在酸性环境下发生电化学腐蚀。(√)

130. 精馏塔塔压波动时，汽液混合物的泡点露点发生变化，温度与产品的质量对应关系也将发生改变。(√)

131. 对某一精馏塔在其他操作条件一定的情况下，降低操作压力，塔顶温度会降低。(√)

132. 在一定的操作压力下，塔顶轻组分浓度增加塔顶温度降低。(√)

133. 调节阀旁路的主要作用是便于冬天防冻。(×)

正确答案：调节阀旁路的主要作用是保证调节阀故障时，连续化的生产过程不会因此中断。

134. 旋转轴在某一特定回转角速度下，产生激烈的弓状回旋振动，此时轴的回转角速度称为临界转速。工作转速比临界转速低的称为柔性轴。(×)

正确答案：旋转轴在某一特定回转角速度下，产生激烈的弓状回旋振动，此时轴的回转角速度称为临界转速。工作转速比临界转速低的称为刚性轴。

135. 管道常用保温的材料有石棉、岩棉、超细玻璃棉、煤焦油等。(×)

正确答案：石棉、岩棉、超细玻璃棉属于管道常用保温的材料，而煤焦油属防腐材料。

136. 当润滑油中混水时可使润滑油黏度上升，从而破坏润滑性能。(×)

正确答案：当润滑油中混水时可使润滑油黏度发生较大变化，从而破坏润滑性能。

137. 多个再沸器可采用一个疏水器。(×)

正确答案：因各再沸器蒸汽换热所需的推动力不同，故各再沸器蒸汽壳程压力也不同，因此多个再沸器不能用一个疏水器。

138. 介质对密封性能的影响主要表现黏度越小的渗透性越小，密封要求越高。(×)

正确答案：介质对密封性能的影响主要表现黏度越小的渗透性越大，密封要求越高。

139. 如将孔板装反，则流体通过孔板时产生的压差明显增加，则二次表读数明显偏高。(×)

正确答案：如将孔板装反，则流体通过孔板时产生的压差明显减少，则二次表读数明显偏低。

140. 塔板腐蚀、塔板固定螺栓掉等原因可造成塔板脱落。(√)

141. 催化蒸馏塔塔灵敏板温度的变化会影响 MTBE 产品质量。(√)

142. 甲醇回收塔回收甲醇的水含量不会对 MTBE 质量产生影响。(×)

正确答案：甲醇回收塔回收甲醇的水含量能造成产品中叔丁醇超标，会对 MTBE 质量产生影响。

143. 对低温活性好的新催化剂，冷进料可以防止筒式反应器床层温度超高。(√)

144. 离子过滤器发生醚化反应，会影响筒式反应器床层温度的控制。(√)

145. 筒式反应器中异丁烯转化率较低，易引起催化蒸馏塔床层温度超高。(√)

146. 催化蒸馏塔回流比大小对催化蒸馏塔床层温度没有影响。(×)

正确答案：催化蒸馏塔回流比大小对催化蒸馏塔床层温度有影响，回流比过大会使床层温度超高。

147. 液化气爆炸的危害远远大于油品燃烧。(√)

148. DCS 控制回路死机，控制阀将会"自动"切换成"手动"。(×)

正确答案：DCS 控制回路死机，控制阀将会保持原来的控制状态。

149. 故障类型和影响分析(FMEA)是系统危险性分析的重要方法之一。(√)

150. 碱性物质是造成催化剂失活的原因之一。(√)

151. 萃取塔碳四中甲醇超标的原因是萃取塔水洗效果不好。(√)

152. 甲醇萃取塔操作压力的稳定有利于提高萃取塔的萃取效率。(√)

153. 甲醇萃取塔萃取水量的大小不影响操作压力，但影响甲醇回收塔进料中甲醇的浓度。(√)

154. 在低温时，醚化反应速度低，反应速率由动力学控制。(√)

155. 提高温度可加快 MTBE 合成反应的速度，也能加快逆反应的速度。(√)

156. 醇烯比是影响 MTBE 反应的一个重要因素。(√)

157. 筒式反应器醇烯比如果控制的高一些，则催化蒸馏塔反应床层不需要补加甲醇。(×)

正确答案：筒式反应器醇烯比要控制的合适，催化蒸馏塔反应床层也需要补加甲醇。

158. 甲醇回收塔操作中回流突然停时，应根据分析的原因做相应处理，当一时不能恢复正常操作时，应停止塔顶采出。(√)

159. 安全阀有内漏时，一般用手摸可感觉到有异常振动，而且前后有温差甚至挂霜。(√)

160. 精馏塔液面空，而其他参数都正常，可判断液位指示可能有误。(√)

161. 生产过程中甲醇突然中断，会造成筒式反应器床层温度升高，长时间会烧坏催化剂。(√)

162. 因甲醇泵故障造成甲醇中断，应马上到现场切换备用泵。(√)

163. MTBE 原料中断包括甲醇中断和碳四中断。(√)

164. 人体接触甲醇后必须用大量水清洗，尤其接触眼睛后，要用清水彻底清洗。(√)

165. 在开工初期，为防止催化蒸馏塔床层温度超高，应尽量提高筒式反应器中异丁烯的转化率。(√)

166. 甲醇回收塔压力高会造成塔釜温度高。(√)

167. 若塔釜液面过高将重沸器气相返回口淹没，无论给多大的蒸汽，甲醇回收塔塔底温度是提不起来的。(√)

168. 甲醇回收塔塔釜温度低，可以增加塔釜蒸汽量。（√）

169. 醚后碳四原料中的水是操作温度下的饱和水。（√）

170. 一般在断面图上方标注断面图的名称“X-X”（X为大写拉丁字母），在相应的视图上用剖切符号表示剖切位置和投射方向，并标注相同字母。（√）

171. 断面图的移出断面图图形应画在视图之内，轮廓线用细实线绘制。（×）

正确答案：断面图的移出断面图图形应画在视图之外，轮廓线用粗实线绘制。

172. 绘制流程中的设备图形及相对位置，一般按一定比例进行放大来绘制。（×）

正确答案：绘制流程中的设备图形及相对位置，一般按一定比例进行缩小来绘制。

173. 工艺配管单线图的厂房和设备均用粗实线绘制。（×）

正确答案：工艺配管单线图的厂房和设备均用细实线绘制。

174. 联锁回路中，联锁继电器得电或失电时，带动其触点动作，常开触点闭合，常闭触点断开。（√）

单选题

1. 脱轻塔再沸器壳程内物料的名称是（ D ）。
A. MTBE　B. 异丁烯　C. 中压蒸汽　D. 低压蒸汽

2. 醚后碳四中的水在（ B ）脱除。
A. 脱重塔顶部　B. 脱轻塔顶部　C. 脱轻塔釜部　D. 脱重塔釜部

3. 甲醇萃取塔萃取水进料口位于扩大段的（ C ）。
A. 顶部　B. 中间部位　C. 下部　D. 中上部

4. 串级调节系统的主要特点是（ D ）。
A. 定值调节　B. 有两个调节器　C. 自适应能力弱　D. 抗干扰能力强

5. （ D ）通常包括接触起电、物理效应起电、非对称摩擦起电、静电感应起电等。
A. 粉体静电　B. 液体静电　C. 沉浮静电　D. 固体静电

6. 在一定条件下，汽液混合物达到相平衡是一种（ C ）平衡。
A. 静态　B. 不规律　C. 动态　D. 既非动态又非静态

7. 气体通过塔板时，压降一般都可以用经验公式来计算，塔板类型不同，选用不同的公式，浮阀类型不同，则（ B ）计算。
A. 选用同一公式和统一值　B. 选用不同的公式
C. 不能确定　D. 选用同一公式和不同值

8. 催化精馏塔物料组成变化最敏感的部位是（ D ）。
A. 塔顶　B. 进料板　C. 塔釜　D. 灵敏板

9. 一般精馏塔的灵敏板温度上升说明（ C ）。
A. 轻组分上升　B. 轻组分下降　C. 重组分上升　D. 重组分下降

10. 精馏塔进料状态一般选（ C ）为好。
A. 汽液混合　B. 过热蒸汽　C. 泡点　D. 露点

11. 进料组分中重组分含量增高，则该塔的（ A ）的塔板数相对不足。
A. 精馏段　B. 提馏段　C. 进料段　D. 塔顶抽出

12. 甲醇精馏塔进料中甲醇含量较低时，应选择（ B ）的进料口。
A. 顶部　B. 下部　C. 中部　D. 上部

13. 脱轻塔进料中异丁烷含量增加时，应选择(D)的进料口。

A. 顶部　　B. 下部　　C. 中部　　D. 上部

14. 开车时塔建立回流后，回流罐液面低往往伴随(A)的现象。

A. 塔压高　　B. 进料量低　　C. 泛塔　　D. 塔釜温度低

15. 催化蒸馏塔进料后，压力偏高的调整方法是(D)。

A. 增加回流　　B. 减少回流

C. 增加热源　　D. 塔顶排放不凝气

16. 催化蒸馏塔进料后，塔釜液面过高，提高重沸器的热源量，也不能把温度提上来的原因是(C)。

A. 热源温度过高　　B. 需要加热的物料太多

C. 重沸器有效蒸发面积太少　　D. 重沸器结垢严重

17. 催化蒸馏塔进料后，塔釜温度提不上来，检查重沸器、热源和仪表都没有问题，那一定是(D)。

A. 进料量偏大　　B. 进料量偏小　　C. 塔顶泄压阀内漏　　D. 塔釜有水

18. 蒸汽凝液系统投用后，若凝液水管网不畅通，则会发生(D)现象。

A. 塔底液面抽空　　B. 塔底温度过高

C. 塔顶压力超高　　D. 塔底温度提不起来

19. 表示某一反应组分转化的百分率或分率的是(B)。

A. 收率　　B. 转化率　　C. 反应速率　　D. 反应进度

20. 精馏塔生产负荷不变，进料温度降低，塔底再沸器的热负荷(C)。

A. 不变　　B. 降低　　C. 增加　　D. 不确定

21. 精馏塔生产负荷不变，进料由冷进料改为泡点进料，塔顶冷凝器的热负荷(C)。

A. 不变　　B. 降低　　C. 增加　　D. 不确定

22. 精馏塔塔顶温度高，塔顶冷凝器的冷负荷(A)。

A. 增加　　B. 降低　　C. 不变　　D. 不确定

23. 精馏塔塔顶温度低，塔顶组成中重组分含量(D)。

A. 增加　　B. 不确定　　C. 不变　　D. 降低

24. 其他条件不变，提高精馏塔塔底温度，精馏塔的操作压力将(A)。

A. 提高　　B. 降低　　C. 不变　　D. 不确定

25. 其他条件不变，精馏塔塔底温度高，塔顶产品中的重组分含量(A)。

A. 升高　　B. 降低　　C. 不变　　D. 不确定

26. 其他条件不变，精馏塔塔顶产品采出量过大，会造成(D)。

A. 塔顶温度低　　B. 塔釜液位空　　C. 回流温度降低　　D. 回流罐液位空

27. 其他条件不变，精馏塔塔顶产品采出量过小，会造成(A)。

A. 回流罐满　　B. 塔釜液位空　　C. 回流温度降低　　D. 塔压降低

28. 其他条件不变，精馏塔塔底产品采出量过大，会造成(D)。

A. 塔顶温度低　　B. 回流罐液位空　　C. 回流温度降低　　D. 塔釜液位空

29. 其他条件不变，精馏塔塔底产品采出量过小，会造成(A)。

A. 塔釜液位满　　B. 回流罐液位满

C. 回流温度升高　　D. 塔压升高

30. 其他条件不变，提高塔釜温度，精馏塔的气液相负荷变化是(A)。

A. 气相负荷增加　　B. 液相负荷增加

C. 气液两相负荷降低　　D. 气液两相负荷增加

31. 其他条件不变，提高回流量，精馏塔的汽液相负荷变化是(B)。

A. 气相负荷增加　　B. 液相负荷增加

C. 气液两相负荷降低　　D. 气液相负荷增加

32. 提高精馏塔的操作压力，当塔顶、塔釜产品质量不变时，则(A)。

A. 顶温升高　　B. 灵敏板温度下降

C. 釜温下降　　D. 塔釜加热量减少

33. 降低精馏塔操作压力时，下列说法错误的是(C)。

A. 顶温下降　　B. 灵敏板温度下降

C. 处理能力增大　　D. 轻重组分的相对挥发度增大

34. 联锁事故停车的原因不包括(D)。

A. 仪表风中断　　B. 冷却水中断　　C. 蒸汽热源中断　　D. 压缩空气中断

35. 空气呼吸器的空气瓶正常情况下必须充气至额定工作压力(C)MPa。

A. 10　　B. 20　　C. 30　　D. 40

36. 当精馏塔轻组分的采出量超过了物料平衡的量时会导致(B)。

A. 全塔温度逐渐降低　　B. 塔内的物料重组分增加

C. 塔顶馏分中重组分的浓度减少　　D. 塔釜馏分中轻组分的浓度增加

37. 当精馏塔重组分的采出量超过了物料平衡的量时会导致(C)。

A. 全塔温度逐渐上升　　B. 塔内的物料重组分的浓度增加

C. 塔顶馏分中重组分的浓度减少　　D. 塔釜馏分中轻组分的浓度减少

38. 提高换热器的传热速率的途径有(C)。

A. 减少传热面积、提高冷热流体的平均温差、提高传热系数

B. 增大传热面积、降低冷热流体的平均温差、提高传热系数

C. 增大传热面积、提高冷热流体的平均温差、提高传热系数

D. 增大传热面积、提高冷热流体的平均温差、降低传热系数

39. 爆炸性气体第四级闪爆等级 δ 数值范围为(D)。

A. <0.4　　B. ≥0.4　　C. >0.4　　D. ≤0.4

40. 开工初期，催化剂的活性很高，随着开工时间延长，催化剂的活性(A)。

A. 降低　　B. 升高　　C. 不变　　D. 变化不一定

41. 一般在(D)情况下要更换催化剂。

A. 催化剂活性高　　B. 产品中杂质过多

C. 筒式反应器内催化剂泄漏　　D. 转化率大幅度下降

42. 精馏塔进料量 F 为 10kmol/h，提馏段液体的物质的量为 8kmol/h，精馏塔的进料热状态参数 q 为(C)。

A. 0.8　　B. 0.25　　C. 1.25　　D. 18

43. 碳四原料中碳三组分增加，应该尽量在(C)排掉。

A. 甲醇回收塔　B. 萃取塔　C. 脱轻塔　D. 催化蒸馏塔

44. 萃取塔的停工操作错误的是(D)。

A. 回收塔内甲醇　B. 塔内液体碳四全部赶入醚后碳四罐

C. 先停碳四，后停萃取水　D. 先停萃取水，后停碳四

45. MTBE 装置停工最晚的系统是(C)。

A. 反应系统　B. 共沸蒸馏系统　C. 甲醇回收系统　D. 催化蒸馏系统

46. 阀门验收时，应提交阀门压力试验记录、安全阀(A)压力实验记录。

A. 调整　B. 设定　C. 启跳　D. 设计

47. 在对流传热的换热器中折流挡板起到(B)作用。

A. 支撑换热器　B. 提高传热速率

C. 减小壳程流体的流速和湍流程度　D. 增大管程流体的流速和湍流程度

48. 折流挡板有利于提高换热器的传热速率，其途径有(D)。

A. 提高焓差　B. 增大传热面积

C. 提高冷热流体平均温差　D. 增大壳程流体的流速和湍流程度

49. 再沸器内设折流挡板的目的是(B)。

A. 增大传热面积　B. 增加总的传热系数

C. 提高冷热流体平均温差　D. 减少流体在壳程的湍流程度

50. 下列选项中不属于固定管板式换热器结构特点的是(A)。

A. 结构复杂　B. 管束不能拉出

C. 筒体无法兰盘　D. 不能吸收热膨胀

51. 机械密封产生泄漏主要途径有(B)。

A. 压盖与轴的静密封　B. 端面摩擦部的密封面

C. 静环轴套的动环密封处　D. 动环与压盖的静环密封处

52. 调节阀选气开、气关是从(A)角度考虑。

A. 设备安全　B. 物料介质　C. 操作压力　D. 操作温度

53. 浮阀保持最小开度是当气量很小，阀片(B)，气体仍能通过最小间隙均匀地鼓泡，避免了阀片起、闭不稳的脉动现象。

A. 刚升起　B. 不升起　C. 全开　D. 半开

54. 泵制造厂所提供的离心泵特性曲线是用(B)进行测定的，所以对黏度较大的流体要对泵的特性曲线进行修正。

A. 汽油　B. 常温清水　C. 液化气　D. 煤油

55. 离心泵特性曲线中压头损失最小，效率最高的流量是(B)。

A. 标准流量　B. 额定流量　C. 最大流量　D. 最佳流量

56. 正常生产中，停用流量二次表后可以根据(A)来操作。

A. 流量一次表　B. 压力　C. 控制阀开度　D. 经验

57. 变频机泵切换至工频机泵时，先开工频泵，缓慢打开工频泵出口，同时将变频机泵电流相应调小，直至为 0，然后关闭变频泵出口，用(A)控制流量。

A. 工频泵出口流量控制阀　B. 工频泵电机电流

C. 工频泵电机电压　D. 工频泵出口闸阀

58. 调节阀旁路的主要作用是(D)。

A. 冬天防冻　B. 便于停车倒空

C. 吹扫线

D. 调节阀故障时，可用旁路调节，保证生产过程连续

59. 关于滚动轴承的振动，下列说法错误的是(C)。

A. 当振动频率<1000Hz 时，为振动问题，当振动频率>1000Hz 时，为噪声问题

B. 该振动可能是由于滚珠直径不均引起的

C. 该振动与轴承结构无关

D. 改善轴承润滑条件可减小振动

60. 下列不是 DCS 系统特点的是(D)。

A. 数据处理方便　B. 系统构成灵活，可扩张性好

C. 安装简单　D. 风险集中

61. DCS 系统的特点有(C)。

A. 数据处理较复杂　B. 自诊断功能差

C. 可靠性高　D. 安装复杂

62. 关于蒸汽管线发生水锤的原因，下列叙述正确的是(C)。

A. 蒸汽流速过快　B. 蒸汽管线长度过长

C. 蒸汽管线暖管不充分　D. 蒸汽管线暖管时间过长

63. (D)不属于管道保温的材料。

A. 石棉　B. 岩棉　C. 玻璃棉　D. 环氧粉末

64. 因各再沸器蒸汽换热所需的推动力不同，故各再沸器蒸汽(A)也不同。

A. 壳程压力　B. 管程压力　C. 壳程温度　D. 管程温度

65. 管道防腐的常用材料有(C)。

A. 硅藻土砖　B. 高温玻璃棉

C. 聚乙烯防腐料　D. 挤塑泡沫保温材料

66. 介质(B)不是影响密封性能的因素。

A. 温度　B. 稳定性　C. 压力　D. 性质

67. 某一点或数点输出回路没有响应(如：阀门不动作、伴随有系统报警)这属于(A)故障。

A. 卡件故障　B. 工作站死机

C. 显示器故障　D. 控制器的通讯不正常

68. 单个显示器黑屏用这属于(C)故障，这种故障不影响生产。

A. 输入卡件故障　B. 工作站死机

C. 显示器故障　D. 控制器的通讯不正常

69. DCS 计算机操作一般是通过(C)操作。

A. 流程画面　B. 分组画面　C. 流程和分组画面　D. 报警画面

70. 发现 DCS 上电源与系统报警，是(B)发生故障，还可以依靠 UPS 的电源操作半小时。

A. 通讯处理器　B. 电源　C. 工作站死机　D. 安全栅

71. 对故障类型和影响分析(FMEA)，致命度分析(CA)说法正确的是(D)。
A. 故障类型和影响分析(FMEA)，致命度分析(CA)都是定性分析
B. 故障类型和影响分析(FMEA)，致命度分析(CA)都是定量分析
C. 故障类型和影响分析(FMEA)是定量分析，致命度分析(CA)是定性分析
D. 故障类型和影响分析(FMEA)是定性分析，致命度分析(CA)是定量分析

72. 原料中金属离子含量高对催化剂有影响，因为金属阳离子会置换催化剂苯环磺酸根上的(B)，使催化剂中毒失活。
A. 氧原子　B. 氢离子　C. 金属离子　D. 碳酸根

73. 在一定的反应温度和空速条件下，评价催化剂活性高低的主要指标是(C)。
A. 筒式反应器温差　B. 反应压力
C. 转化率　D. 选择性

74. 判断催化剂是否中毒的方法是(C)。
A. 催化剂的活性是否上升　B. 催化剂的选择性是否下降
C. 催化剂的转化率是否下降　D. 产物中的异丁烯与甲醇的比例是否下降

75. 萃取塔碳四进料中的甲醇含量增大，则塔顶的界面(B)。
A. 降低　B. 没有变化　C. 升高　D. 变化不确定

76. 影响甲醇萃取塔操作压力的因素有(D)。
A. 水与碳四进料比　B. 萃取水温度
C. 萃取水中甲醇含量　D. 碳四进料量波动

77. 安全阀内漏时，有可能出现的现象是(D)。
A. 安全阀起跳　B. 出口温度升高　C. 安全阀堵塞　D. 安全阀挂霜

78. 下列选项中，不会导致精馏塔塔釜液位空的是(A)。
A. 负荷偏高　B. 负荷过低
C. 塔釜液位控制阀失灵　D. 现场换热器切换

79. 甲醇回收塔塔顶压力超高的主要因素是(D)。
A. 灵敏板温度高　B. 回流小
C. 回流罐液面高　D. 有大量烃类组分进入塔内

80. 在剖视图中，被剖切物体的断面应该用(D)表示。
A. 粗实线　B. 点划线　C. 虚线　D. 剖面线

81. 假想用平面将机件某处切断，仅画出断面的图形，画上剖面符号，这种图称为(A)。
A. 剖面图　B. 剖视图　C. 局部图　D. 拆分图

82. 化工设备的结构特点必须具备足够的强度、密封性、耐腐蚀性及(D)。
A. 传热性　B. 伸缩性　C. 振动性　D. 稳定性

83. 化工设备的施工图样一般包括总图、装配图和(B)。
A. 零件图　B. 局部剖视图　C. 主视图　D. 斜视图

84. 工艺配管单线图是单根管道或管段的(A)，它详细注明管道、阀门或其他管件的尺寸，并附有详细的材料表。
A. 立体图　B. 主视图　C. 斜视图　D. 俯视图

85. 对于工艺配管单线图绘制，下列说法正确的是(C)。

A. 单线图的管线多用中实线表示

B. 工艺管道的管段图采用正二等轴侧投影法绘制

C. 单线图中管件、阀门用细实线绘制

D. 斜管的绘制用中实线画成平行四边形来表示所在平面

86. 这是一个(B)管壳式换热器。

A. 两壳程两管程　B. 两壳程四管程　C. 四壳程两管程　D. 四壳程四管程

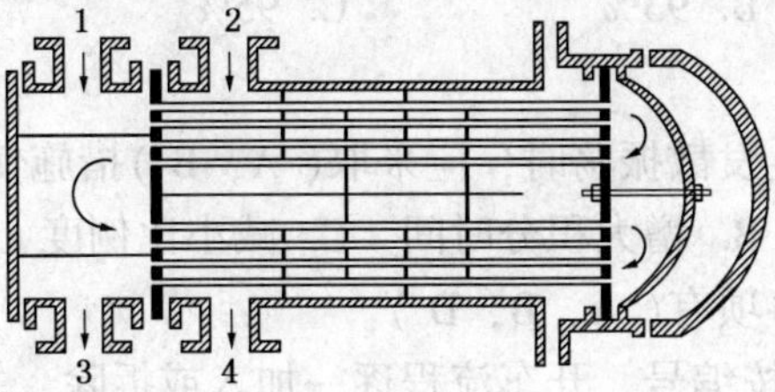

87. 这是一个换热器的结构简图。图中 1 是这个换热器的(A)。

A. 管程进口　B. 壳程进口　C. 管程出口　D. 壳程出口

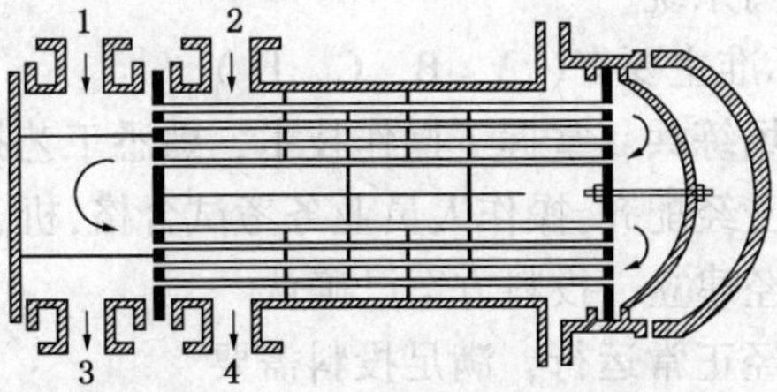

88. 这是一个换热器的结构简图。图中 4 是这个换热器的(D)。

A. 管程进口　B. 壳程进口　C. 管程出口　D. 壳程出口

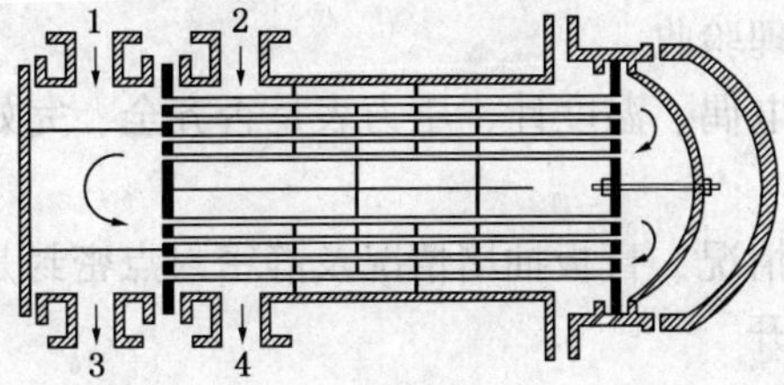

89. 有一混合物由 A、B 两种物质组成，混合物中 A 摩尔分率为 40%，则 A 的质量分率为(C)。(A 的分子量为 80，B 的分子量为 30)

A. 12%　B. 32%

C. 64%　D. 缺少数据无法计算

90. 有一混合物由 A、B 两种物质组成，100kg 混合物中 A 摩尔分率为 30%，只需要知道(B)就可以计算出 A 的质量分率。

A. A 的相对分子质量　B. B 的相对分子质量

C. 混合物平均相对分子质量　D. A、B 及混合物平均相对分子质量任意两个

91. 处理混合碳四 5813t，甲醇 641t，生产 MTBE1407t，未反应碳四 4952t，损失 95t，MTBE 收率是(C)。

A. 22.80%　B. 81.80%　C. 21.80%　D. 50%

92. C_4原料中异丁烯浓度为18%(质量分数)，反应后，未反应C_4中的异丁烯浓度为2%(质量分数)，异丁烯转化率为(C)。

A. 80%　B. 90%　C. 88.89%　D. 92%

93. 反应进料中异丁烯含量为22%(质量分数)，筒式反应器出料中异丁烯含量为1.5%(质量分数)，该筒式反应器出口异丁烯的转化率为(B)。

A. 83%　B. 93%　C. 95%　D. 90%

多选题

1. 当一个调节系统发生发散振荡时，应采取(A，B)措施使其稳定。

A. 增大比例度　B. 增大积分时间　C. 减小比例度　D. 减小积分时间

2. 装置投料前的注意事项有(A，B，D)。

A. 全装置的盲板应按编号、开车流程逐一加入或拆除，并检查确认

B. 常开阀、常闭阀是否按开车工艺流程处于适当位置，倒淋、排气阀是否已关闭

C. 冷换设备清理验收

D. 备用设备是否切离系统

3. 装置投料前达到的标准主要有(A，B，C，D)。

A. 生产人员经过现场练兵，掌握了操作技术，熟悉工艺指标，做到了“四懂三会”

B. 各岗位操作人员已经配齐,操作人员业务考试合格,机、电、仪、修系统准备充分

C. 生产指挥系统已经建立，投料方案已确认

D. 公用工程系统已经正常运行，满足投料需要

4. 装置投料试车前的工艺方面检查主要包括(A，C，D)。

A. 管线安装是否良好，检查工艺管线及阀门、法兰等配件是否完好；工艺排净阀是否已全部关闭

B. 管线、阀门的清理验收

C. 工艺管线上的热电偶、温度计、压力表是否齐全、完好；全部动设备是否可以投入使用

D. 检查各阀门开关情况、盲板抽堵情况及静密封点密封是否符合标准；安全阀下的底阀是否已经打开

5. 装置投料试车前的工艺方面检查主要包括(B，C，D)。

A. 管线、阀门的清理验收　B. 各配制槽的氮封情况是否良好

C. 自动开停的设备，切换开关是否已扳到“自动”位置上

D. 气体置换是否合格；全装置气密试验是否合格

6. 装置投料试车前的安全方面检查主要包括(B，C，D)。

A. 管线、阀门的清理验收　B. 可燃气体检测器动作是否正常

C. 装置现场是否已经清理完毕　D. 消防器材是否处于备用状态

7. 装置投料试车前的公用工程的检查主要包括(A，C，D)。

A. 水的引入检查及操作　B. 管线的清理验收

C. 仪表风的引入检查及操作　D. 蒸汽的引入检查及操作

8. 以下符合装置开车前条件的有(A，B，C，D)。

A. 工艺流程编排正确　　B. 公用工程具备条件
C. 通讯系统，照明系统可以使用　　D. 安全消防设施配备齐全

9. 催化蒸馏塔床层的催化剂包由(A，B，C)组成。
A. 不锈钢丝网　B. 玻璃纤维袋　C. 催化剂　D. 不锈铁丝

10. 装置刚开工时，甲醇回收塔所进水为(B，D)。
A. 新鲜水　B. 蒸汽凝水　C. 循环水　D. 软化水

11. 下列各项中，(A，B，C)属于单机试车方案的内容。
A. 开停方法　　B. 试车注意事项
C. 试车验收办法　　D. 各种防护用具是否准备齐全、好用

12. 从全塔热量平衡的角度看，MTBE 装置催化蒸馏塔的热量来源有(A，B，D)。
A. 蒸汽提供的热量　　B. 进料带入的热量
C. 回流带入的热量　　D. 醚化反应放出的热量

13. 从全塔热量平衡的角度看,离开 MTBE 装置催化蒸馏塔的热量主要有(A,B,C,D)。
A. 塔顶循环水带走的热量　　B. 塔釜产品带走的热量
C. 损失于周围的热量　　D. 塔顶产品带走的热量

14. 开车时塔建立回流后，回流罐液面低，此时应该采取的正确操作是(B，C，D)。
A. 提高回流量　B. 排放不凝气　C. 增加塔釜热源量　D. 降低回流量

15. 催化蒸馏塔建立回流后，压力偏高的主要原因是(A，B)。
A. 塔釜热加量偏大　　B. 塔内有不凝气
C. 塔釜热源量过小　　D. 进料量超负荷

16. 催化蒸馏塔刚建立回流时，压力偏高的错误调整方法是(B，C，D)。
A. 降低塔釜加热量　　B. 增加塔釜加热量
C. 增加塔釜采出量　　D. 提高塔的进料量

17. 催化蒸馏塔进料后，塔釜温度提不上来的可能原因是(A，B，C，D)。
A. 塔釜有水　　B. 塔釜甲醇含量较高
C. 仪表故障　　D. 蒸汽压力低

18. 筒式反应器中的催化剂开工前用甲醇浸泡的原因(A，B，D)。
A. 降低床层阻力　B. 脱水　C. 脱酸　D. 提高转化率

19. 影响筒式反应器醚化反应的因素有(A，C，D)。
A. 催化剂的活性　B. 反应压力　C. 反应温度　D. 空速

20. 筒式反应器操作温度对(A，B，C，D)有影响。
A. 催化剂的选择性　　B. 反应速度
C. 催化剂的活性　　D. 副产物生成量

21. 精馏塔进料温度的变化幅度过大时，精馏塔内的(B，C)发生变化。
A. 回流量　　B. 汽液平衡组成
C. 精馏段、提馏段负荷　　D. 塔压

22. 精馏塔塔顶温度过高，可采取(A，C，D)等措施。
A. 提高回流量　B. 减少塔底采出　C. 降低回流温度　D. 降低塔底蒸汽量

23. 其他条件不变，精馏塔底温度降低，对精馏操作的影响有(A，C)。

A. 塔顶温度降低　　B. 塔压升高

C. 塔顶产品纯度提高　　D. 塔底产品纯度提高

24. 正常条件下，进料量不变，控制精馏塔汽液相负荷的手段有(B，C)。

A. 调节进料量　B. 调节塔釜温度　C. 调节回流量　D. 调节进料组成

25. 影响普通精馏的四大因素为(A，B，C，D)。

A. 温度　B. 压力　C. 液面　D. 流量

26. 降低精馏塔的操作压力，可以使(A，D)。

A. 相对挥发度增大　　B. 分离效果变好

C. 处理能力提高　　D. 处理能力降低

27. 当精馏塔轻组分的采出量超过了物料平衡的量时会导致(A，B，D)。

A. 全塔温度逐渐升高　　B. 塔内的物料重组分浓度增加

C. 塔釜馏分中轻组分的浓度减少　　D. 塔顶馏分中重组分的浓度增加

28. 当精馏塔重组分的采出量超过了物料平衡的量时会导致(A，B，C)。

A. 塔身温度下降　　B. 塔内的物料重组分的浓度减少

C. 釜液中轻组分的浓度增加　　D. 塔顶馏分中重组分的浓度增加

29. 反应系统醇烯比过低的不良后果是(A，B，C)。

A. 异丁烯转化率下降　　B. 催化剂失活

C. 床层温度上升　　D. 床层温度下降

30. 影响催化蒸馏塔塔底温度的因素有(A，B，C，D)。

A. 进料中甲醇含量 B. 蒸汽加入量　C. 补加甲醇量　D. 塔操作压力

31. 关于催化剂的描述正确的是(A，B)。

A. 反应温度高会加快催化剂失活　　B. 结碳会使催化剂失活

C. MTBE 纯度低会使催化剂活性降低

D. 筒式反应器出口温度高于入口温度会使催化剂活性降低

32. 提高催化剂的使用寿命的方法有：控制好筒式反应器进口温度和反应醇烯比；控制好床层温度，使催化剂床层不超温；严格控制物料中的(A，B)。

A. 金属离子含量　B. 碱性物质含量　C. 酸性物质　D. 水

33. 提高甲醇萃取塔效率的途径有(A，B，C，D)。

A. 水与碳四比　B. 萃取水温度　C. 萃取水中甲醇含量　D. 塔操作压力

34. 甲醇产品中水值偏高的主要原因是(B，C)。

A. 灵敏板温度低　B. 灵敏板温度高　C. 回流量过小　D. 塔顶压力低

35. MTBE 装置停工过程中，可能对大气造成污染物质有(B，C，D)。

A. 废催化剂　B. MTBE　C. 碳四　D. 甲醇

36. 阀门试验合格后，蝶阀、底阀及(A，B，D)等阀门应处于全关位置。

A. 闸阀　B. 截止阀　C. 单向阀　D. 节流阀

37. 安全阀的调整压力试验项目包括(B，D)压力及阀门动作重复性和有无频跳、颤振、卡阻或其他有害振动。

A. 最高操作　B. 开启　C. 试验　D. 回座

38. 固定管板式换热器管子与管板连接方式种类有(A，B，D)。

A. 胀接　　B. 焊接　　C. 浇铸　　D. 胀焊接

39. 再沸器内设折流挡板的原因是为了(B，C)。

A. 增大传热面积　　B. 增加总的传热系数

C. 增加流体在壳程的湍流程度　　D. 减少流体在壳程的湍流程度

40. 弓形折流板的优越性主要表现在(B，C)。

A. 无死区　　B. 死区较小　　C. 结构简单　　D. 制造简单

41. 固定管板式换热器缺点主要有(A，B，C，D)。

A. 管束不能拉出　　B. 只适用于耐泄漏的场合

C. 筒体不能进行机械清洗　　D. 两端管板不能吸收热膨胀

42. 设备强度试验时下列表述正确的是(A，B，C，D)。

A. 工作压力越低，则试验压力越低　　B. 工作压力越高，则试验压力越高

C. 常温时材料的许用应力越大，则试验压力越高

D. 工作温度时材料的许用应力越大，则试验压力越低

43. 固定管板式换热器膨胀节的作用是(A，D)。

A. 消除温差应力　　B. 补偿介质温度

C. 对管子和外壳的温差进行补偿　　D. 对管子和外壳的温差变形进行补偿

44. 离心泵的特性曲线影响因素有(A，C，D)。

A. 黏度　　B. 压力　　C. 转速　　D. 叶轮外径

45. 精馏塔发生泛塔的原因有(A，B，C，D)。

A. 进料量过大　　B. 塔内堵塞　　C. 汽相负荷过大　　D. 塔压波动过大

46. 精馏塔塔压波动会对(A，B，C，D)产生影响。

A. 产品质量　　B. 组分间的相对挥发度

C. 塔的生产能力　　D. 塔顶产品采出量

47. 开工过程中催化蒸馏塔压力高，主要原因为(A，B，C)。

A. 塔顶温度过高　　B. 塔内有不凝汽　　C. 没有回流　　D. 反应转化率低

48. 影响精馏塔塔压波动的因素有(A，B，C，D)。

A. 进料量变化　　B. 进料组成变化　　C. 回流量比变化　　D. 塔釜加热量变化

49. 影响精馏塔塔顶温度的因素有(A，B，C，D)。

A. 塔压　　B. 进料温度　　C. 回流量　　D. 回流温度

50. 调节控制方案的确定，需考虑众多因素，包括(A，B，C，D)。

A. 工艺条件　　B. 介质性质　　C. 安全条件　　D. 操作要求

51. 下列四种情况下，容易发生水锤现象的有(A，B，C)。

A. 蒸汽管线暖管速度过快　　B. 饱和蒸汽经过阀门后被节流

C. 蒸汽冷凝速度过快　　D. 已经正常投用的过热蒸汽管线

52. 当润滑油中混水时会造成(A，B，C，D)等危害。

A. 油膜强度减弱　　B. 润滑油黏度降低

C. 油的凝固点上升　　D. 促进分子的有机酸对金属的腐蚀

53. 当润滑油中混水时对润滑油的危害有(A，C，D)等。

A. 破坏润滑性能　　B. 降低油的凝固点

C. 加速油品的变质　　D. 产生泡沫形成乳化状态

54. 当润滑油中混水时对设备的危害有(A，C)等。

A. 破坏润滑性能　　B. 降低油品的低温流动性

C. 促进分子的有机酸对金属的腐蚀　　D. 促进分子的无机酸对金属的腐蚀

55. 设备内动火时通常要做(A，B，C，D)等准备工作。

A. 加盲板　　B. 办理动火票

C. 设备内物料倒空　　D. 有毒或易燃物料的设备需蒸煮

56. 造成塔板脱落的原因主要有(A，C，D)。

A. 塔板腐蚀　　B. 换热器与管板胀口(焊口)裂开

C. 塔板堵挂胶严重　　D. 塔板固定螺栓掉

57. 造成 MTBE 产品不合格的原因有(A，B，C，D)。

A. 醇烯比低　　B. 原料带水

C. 催化蒸馏塔釜温度低　　D. 回流比过小

58. 造成筒式反应器床层温度超高的原因有(A，B，C，D)。

A. 醇烯比低　　B. 进料异丁烯浓度高

C. 循环量少　　D. 预热温度高

59. 造成催化蒸馏塔床层温度超高的原因有(A，B，C，D)。

A. 甲醇补加量少　　B. 进料异丁烯浓度高

C. 蒸汽量大　　D. 回流量过小

60. 萃取塔碳四中甲醇超标的原因有(A，B，C，D)。

A. 塔压不稳　　B. 进料量波动　　C. 萃取水量过少　　D. 界面波动

61. 影响筒式反应器反应温度的因素有(A，B，C，D)。

A. 预热温度　　B. 循环量　　C. 循环物料温度　　D. 催化剂活性

62. 甲醇回收塔回流突然停止，分析原因做相应处理，一时不能恢复正常操作时，应(C,D)。

A. 加大塔釜采出　　B. 加大塔顶采出

C. 减少塔釜采出　　D. 停止塔顶采出

63. 甲醇回收塔操作中回流突然停止可能由(A，B，C，D)原因造成。

A. 泵电机跳闸　　B. 泵故障

C. 回流罐液面抽空　　D. 回流泵入口管线堵塞

64. 甲醇回收塔塔釜液位空可能的原因有(A，B，C，D)。

A. 仪表假指示　　B. 液位调节阀失灵

C. 塔釜采出量过大　　D. 再沸器蒸汽过大

65. 筒式反应器床层温度超高的处理措施有(A，B，C，D)。

A. 提高醇烯比　　B. 降低循环物料温度

C. 增大循环量　　D. 降低预热温度

66. 催化蒸馏塔床层温度超高的处理措施有(A，B，C)。

A. 增加甲醇补加量　　B. 提高筒式反应器异丁烯的转化率

C. 降低蒸汽量　　D. 减少回流量

67. 甲醇回收塔塔釜温度低的主要原因是(A，D)。

A. 塔底热源偏小　B. 塔底热源偏大　C. 塔顶放空阀内漏　D. 回流液过冷

68. 甲醇回收塔塔釜温度低，排除仪表问题后，正确的调整方法有(A，C，D)。

A. 增加塔底热源量　　B. 增加回流量

C. 提高回流液温度　　D. 降低回流量

简答题

1. 装置投料前循环水的引入应注意什么问题?

答：①首先联系确认各使用循环水的换热器系统是否已达投运状态；②检查各工段循环水进出口总阀开关状态，进出口总阀开度不小于 1/2 阀位；③联系厂调度室准备接收循环水。

2. 装置投料前蒸汽的引入应注意什么问题?

答：①联系厂调度室并获得许可；②联系各工段确认已具备接收蒸汽的条件；③打开蒸汽自动调节阀前后倒淋阀，打开副线阀；④关闭低压蒸汽调节阀前后手阀及支线阀；⑤打开各蒸汽疏水器阀门；⑥慢慢打开总阀 1~2 扣，先进行管线预热，打开倒淋排放冷凝水，至全部为蒸汽时，关闭倒淋阀，视蒸汽总阀处压力表的压力，缓慢间断地打开总阀。

3. 催化蒸馏塔床层上的催化剂包为何要用甲醇淋洗?

答：① 用甲醇浸泡催化剂包可以把催化剂中的水置换出来，有利于开车进料后醚化反应的进行，同时还可减少叔丁醇的生成；②甲醇浸泡的催化剂能保持湿润状态，防止催化剂颗粒的破碎与损坏，对催化剂起保护作用。

4. 脱轻塔的脱水原理?

答：①脱轻塔进料中的水是碳四中微量饱和水；②纯水中水分子以氢键相缔合，所以纯水沸点高，挥发能力相对较低；③碳四中微量水的水分子被大量碳四分子所包围，水分子被互相隔开，没有水分子之间的相互缔合作用，这样水分子的挥发能力比纯水中水分子的挥发能力大大增加，可达 400 倍以上，甚至于超过醚后碳四中丁烯-1 的挥发能力，因水能与碳四形成非均相共沸物，可以从脱轻塔脱除醚后碳四中的水。

5. 萃取塔装拉西环填料的注意事项是什么?

答：① 把塔底部人孔封闭，向塔内加入新鲜水至顶部人孔；②从顶部人孔向塔内倒入拉西环填料至规定高度；③封闭人孔，把塔内的水放干净。

6. 筒式反应器如何装填催化剂?

答：①打开筒式反应器每一段底部的人孔，把旧催化剂导出来；②封闭筒式反应器底部的人孔，打开筒式反应器每一段顶部的人孔，把新催化剂倒进去；③根据催化剂的膨胀率，留足充裕的膨胀空间。

7. 催化蒸馏塔床层装填催化剂包有哪些注意点?

答：①每一层催化剂由大包和小包组成，要保证每一层装填数量相等，紧实度一样；②上层与下层之间催化剂包要错开，防止出现沟流；③装填催化剂时避免用铁制工具，要用木制或塑料工具。

8. 甲醇萃取塔扩大段的作用是什么?

答:① 萃取塔中萃取水和碳四物料充分接触,在相对错流中,碳四物流中可能会有碳四包水或水包碳四的非均相物,这会降低萃取塔的效率,因此设计时要在萃取塔顶部设有扩大段;②如果扩大段截面积增大一倍,则物流速度降低一倍,物流速度的降低有利于游离水的分离;③在扩大段内,下部是水相,上部是碳四相,水和碳四是互不溶物,所以有界面存在;④扩大段高度大约在5~6m,容积较大,其目的是让碳四物料在扩大段有足够的停留时间,确保碳四物料中不含游离水。

9. 使用串级仪表应遵循的规律有哪些?

答:①主参数仪表的输出值为副参数仪表的输入值;②串级仪表投用时,待各参数稳定后,先将副参数仪表投自动,再将主参数仪表投自动。

10. 压力容器投用前应具备哪些条件?

答:①内部清理(或吹扫干燥)完毕;②容器安全附件按要求校定合格,并装配齐全;③有报警装置的按要求进行调试,使其达到使用标准;④所属管线、阀门(包括倒淋阀)装配齐全,并达到完好标准;⑤容器人孔按要求封闭;⑥容器试压、试漏合格,并用N_2置换至罐内氧含量合格。

11. 塔投用前应具备哪些条件?

答:①塔内清理干净,塔内各部件完好,塔盘装配齐全符合标准,人孔按要求封闭;②安全阀、压力表等检查校验合格并按要求装配齐全;③所属阀门、管线装配齐全,符合使用标准;④塔釜液面计清晰,阀门完好;⑤管线、阀门装配齐全且达到完好标准;⑥热电偶、测压点装配齐全,且按要求调校合格,达到使用标准;⑦塔进行吹扫、试压、试漏合格,且用N_2置换至塔内氧含量合格。

12. 换热设备投用前应具备哪些条件?

答:①换热器管程与壳程清理、冲洗干净;②按设计压力完成水压试验,并按要求安装换热器封头;③所属管线、阀门装配齐全,并达到使用标准;④出入口热电偶(或温度计)、压力表校验合格,装配齐全;⑤对换热器进行吹扫、试漏及N_2置换合格。

13. 机泵投用必须具备的条件有哪些?

答:①电机完好,电机旋转方向正确;②轴承的润滑油量适当,油质干净;③机泵的转动部分转动灵活,无摩擦、卡死现象;④各部分螺栓已把紧;⑤灌泵已完成;⑥轴封装置密封腔内已充满液体;⑦各附件已安装完好。

14. 由静电而导致的起火及爆炸经过几个过程?

答:①静电的产生;②静电积蓄;③静电场的形成;④放电等。

15. 固体静电通常包括几种?

答:①接触起电;②物理效应起电;③非对称摩擦起电;④电解起电;⑤静电感应起电等。

16. 液体静电的概念是什么?

答:液体静电通常是指流体在流动、搅拌、沉降、过滤、摇晃、喷射、飞溅、冲刷、灌注等过程中产生的静电。

17. 甲醇回收塔进料组成变化时如何调整进料位置？

答：①随着催化蒸馏塔顶碳四物料甲醇含量及生产负荷的变化，甲醇回收塔进料组成会发生变化；②当进料中甲醇含量高时，进料口应该上移；③如果进料中甲醇含量降低，进料位置应该下移；④总之，应该按进料组成的变化调整进料位置。

18. 催化蒸馏塔进料后，塔底温度提不上来的主要原因有哪些？

答：塔底温度提不上来的主要原因有：①塔底液面过高，重沸器有效蒸发面积减少；②回流量过大；③蒸汽凝液流程不通；④塔釜有水。

19. 筒式反应器一段返离子过滤器循环线在开工中的作用是什么？

答：①离子过滤器中新催化剂的低温活性较高，物料进入后发生剧烈的醚化反应；②离子过滤器内温度快速上升；③通过一段返离子过滤器循环线返回冷物料，降低离子过滤器内的温度，确保离子过滤器不超温。

20. 筒式反应器开工投料前有哪些准备工作？

答：①筒式反应器系统的全面吹扫、试漏；②向筒式反应器装催化剂；③氮气置换，正压封存；④催化剂水洗、甲醇浸泡 ；⑤回收甲醇。

21. 反应系统的循环线在开工中的作用是什么？

答：因开工之前催化剂要用甲醇浸泡，因此反应系统升温前醇烯比较高，反应速度较慢，因此通过反应系统循环线将筒式反应器出口甲醇含量较高的物料返回入口，通过多次循环反应降低进入催化精馏塔物料中甲醇的含量，使催化蒸馏塔系统开工快速安全，确保 MT-BE 产品在短时间内合格。

22. 筒式反应器开车操作的特点是什么？

答：①筒式反应器中催化剂在甲醇浸泡时，催化剂表面和微孔中还存在有大量甲醇，进碳四原料时，可暂时不进甲醇，也不要预热；②当碳四充满筒式反应器时，立即停止碳四进料，并及时启动外循环泵，使碳四和甲醇自身循环；③通过外循环冷却系统控制床层温度在 50~70℃，观察筒式反应器的温度和压力变化；④反应开始时放出热量由小到大，再由大到小，床层温度升高也由小到大，再由大到小，最后床层温度逐渐平稳；⑤做样分析转化率，如果异丁烯的转化率未达到要求，则筒式反应器还要继续循环，直至反应比较完达到要求。

23. 萃取精馏与普通精馏有何区别？

答：①萃取精馏塔的板效率低，约为普通精馏塔的一半左右；②当塔顶产品不合格时，不能采用加大回流的方法来调节；③以萃取剂恒定浓度与萃取剂温度作主要被调参数，以保持全塔的稳定；④在萃取塔顶、塔釜温度变化大。

24. 物料平衡对精馏塔有何影响？

答：①轻组分的采出量超过了物料平衡的量，全塔温度逐渐升高，塔顶馏分中重组分的浓度增加，以致使质量不合格；②重组分的采出超过了物料平衡的量，全塔的物料组成将随着操作的进行而逐渐变轻，全塔温度下降，釜液中轻组分的浓度增加。

25. 在生产中液位测量主要目的是什么？

答：①通过液位测量确知容器原料、中间产品或产品的量，以保证能连续供应生产中各个环节所需的物料或进行物料经济核算；②通过液位测量，了解液位是否在规定范围内，使生产正常进行，保证产品质量。

26. 爆炸性气体混合物按爆炸能力分几级？

答：爆炸性气体混合在标准试验条件下，按闪爆能分为四级(δ为试验最大闪爆)。①一级，$\delta>1.0$；②二级，$0.6<\delta\leqslant1.0$；③三级，$0.4<\delta\leqslant0.6$；④四级，$\delta\leqslant0.4$。

27. MTBE 装置的停工方案主要内容有哪些？

答：①停工目的；②停工时间；③各工序停工步骤；④停工操作；⑤物料倒空；⑥加盲板；⑦蒸煮置换；⑧停工注意事项；⑨交出检修。

28. 为何要在催化蒸馏塔反应段补加甲醇？

答：①MTBE 合成反应是可逆反应，补加甲醇，可以增加反应的推动力，达到异丁烯的深度转化的目的；②在催化蒸馏塔反应段补加甲醇，可以抑制异丁烯二聚物的产生，保证异丁烯的转化率；③进料中甲醇经过筒式反应器再到催化蒸馏塔，塔顶醚后碳四携带的甲醇量有限，甲醇量超过碳四共沸量时，甲醇就要落到塔釜 MTBE 中，不能一次从筒式反应器加过多的甲醇。

29. 筒式反应器系统反应温度是如何控制的？

答：①碳四和甲醇进料温度由预热器来控制；②通过三段外循环冷却系统调整返回量和物料冷却温度来控制筒式反应器床层温度；③离子过滤器的温度通过一段返离子过滤器循环线返回冷物料，来控制离子过滤器温度在正常范围。

30. 影响催化蒸馏塔灵敏点温度的因素有哪些？

答：①影响催化蒸馏塔灵敏点温度的最主要因素是塔的操作压力。塔压的高低影响全塔各处的温度，灵敏点温度也不例外，压力增加，温度升高，压力降低，温度降低。②进料中甲醇多少影响灵敏点温度。③塔釜加热量的多少影响灵敏点温度及位置的改变。

31. 反应系统醇烯比过低的不良后果有哪些？

答：醇烯比过低会降低异丁烯转化率，异丁烯自聚物增加，可能造成 MTBE 产品中的二聚物含量超标，造成催化剂床层温度高。

32. 筒式反应器的操作压力对醚化合成反应有何影响？

答：因在筒式反应器中进行的是液相反应，因此压力只要能保持反应物料状态为液相即可，在液相状态下压力对反应没有影响。

33. 压力对催化蒸馏塔醚化反应有何影响？

答：①操作压力与床层温度有直接关系。②塔操作压力越高，床层温度越高，反应速度越快，反之亦然，所以塔的操作压力要与床层所要求的温度保持一致，③操作压力还影响碳四共沸物的组成，压力越高，共沸物中甲醇含量越多，对产品纯度有利。

34. 催化蒸馏塔回流比对质量调节有何影响？

答：催化蒸馏塔保持一定的回流比对操作很有利。①如果回流比变化不大，对产品分离不会有明显的影响。②如果回流比增大的很多，对产品分离没有坏处，但有可能因为负荷过大而液泛。③如果回流比减少的很多，对产品分离构成危害，所以说回流比对产品是个重要的控制参数。

35. 醚化反应原料含水量高有何不良后果？

答：原料中含水量过高主要是会造成反应产物中叔丁醇增多，使 MTBE 产品中叔丁醇含量超标；同时水中含有的金属阳离子会置换催化剂苯环磺酸根上氢离子，造成催化剂中毒失活。

36. 萃取塔内的碳四物料顶完后如何处理?

答:①萃取塔内的碳四物料顶完后，停止向萃取塔进水，同时关闭塔顶压力控制阀和前后保护阀；②利用压差或充氮气将萃取塔内的甲醇水压入甲醇回收塔；③甲醇回收完后，进行氮气置换或蒸煮；④醚后碳四罐底部进行脱水，罐内碳四全部送出。

37. 甲醇回收塔停工时如何操作?

答:①甲醇水全部压入甲醇回收塔，关闭进料阀；②塔釜继续加热，逐渐减少回流，回收系统的甲醇；③当塔顶温度上升到100℃时，停止塔釜的蒸汽，并同时停止回流；④回流罐中的物料送到甲醇原料罐；⑤塔釜的水就地排放。

38. 催化蒸馏塔临时停工如何操作?

答:①停止进料和补甲醇；②停塔釜蒸汽；③根据回流罐液面高低停回流泵；④根据A塔液面高低停中间泵，调整B塔液面最后停止出料；⑤注意塔罐液面的变化，防止超温超压。

39. 催化蒸馏塔停工如何操作?

答:①筒式反应器停止进料后，催化蒸馏塔继续处理筒式反应器的剩余物料；停止补甲醇；②逐渐减少塔釜蒸汽，减少回流量，加大回流罐物料的采出；③当塔压降下来时，停止塔釜蒸汽加热，停止回流量，回流罐物料送萃取塔；④塔内物料要倒空，直至没有液体物料；⑤若催化剂不需要更换，床层补加一定量的甲醇，保持催化剂润湿。

40. 脱重塔的停工如何操作?

答:①停止进料，继续调节产品质量采出合格丁烯-1；②逐渐减少回流，减少塔釜加热量，降低回流罐液面；③停止回流，A塔物料送到B塔，停中间泵；④回流罐物料及B塔物料送出，停回流泵和B塔塔釜泵；⑤关闭塔顶、塔底物料采出调节阀的保护阀门。

41. 装置紧急停工条件是什么?

答:因发生公用工程突然中断、重大意外事故着火爆炸及自然灾害造成装置不能够继续运行时，应立即实行紧急停车。

42. 装置反应系统如何进行紧急停工?

答:①为了在紧急情况下，顺利实现紧急停车，设置了紧急停车按钮；②在需要紧急停车的情况下，按下停车按钮；③关闭机泵全部出口阀门，蒸汽调节阀和采出阀；④停车后要密切注意压力及回流罐液面的变化，一旦超压要放空，液面超高要启动回流泵将物料返回塔内。

43. 折流挡板有何作用?

答:①增大壳程流体的流速和湍流程度，提高传热速率；②支撑换热管。

44. 丁烯-1系统脱轻塔泛塔的原因有哪些?

答:①塔内降液管及塔盘因腐蚀发生堵塞；②回流量过大；③蒸汽量过大；④进料负荷过大。

45. 温度对MTBE合成反应有何影响?

答:①从反应动力学讲，提高温度可加快反应速度，所以有利于醚的合成反应；②但由于醚化合成反应是放热反应，所以从反应平衡来讲，提高反应温度则不利于醚化合成反应。

46. 筒式反应器温度高的原因是什么?

答:①物料的预热温度高。②循环量偏小，抽出循环物料温度高。③醇烯比小，床层甲醇量量少。④原料中异丁烯含量升高。

47. 筒式反应器温度低的原因是什么?

答：①碳四和甲醇物料的预热温度低；②循环量偏大，③抽出循环物料温度低；④床层甲醇过量；⑤催化剂活性下降。

48. 合成 MTBE 反应为何要控制醇烯比?

答：在 MTBE 合成反应的条件下，除了主反应外还有许多副反应发生，醇烯比低，异丁烯易发生自聚，反应温度超高，易烧坏催化剂；醇烯比高，不仅增加了催化蒸馏塔和甲醇水洗回收系统的负荷，能耗增大，甲醇缩合反应增多，生成较多的二甲醚，MTBE 质量不合格。

49. 甲醇回收塔操作中回流突然停时应如何处理?

答：①回流泵电机跳闸，启动回流泵；②回流罐液面被抽空，关闭采出；③调节阀故障，开副线阀控制；④当一时不能恢复正常操作时，应停止塔顶采出进行全回流操作。

50. 丁烯-1 系统蒸汽中断如何处理?

答：①如果在短时间(5~10min)之内可恢复蒸汽的供给，适当降低进料负荷、回流量，降低冷却器的循环水流量，稳定各塔的工艺参数，待蒸汽正常时恢复生产；②如果长时间不能恢复蒸汽的正常供给，立即按紧急停车处理：a. 停脱轻塔进料泵，停脱轻塔和脱重塔塔釜采出泵。关闭去脱重塔的进料阀；b. 停脱轻塔和脱重塔的回流泵，并关闭回流调节阀和采出调节阀；c. 停脱轻塔和脱重塔中间泵，关闭调节阀和保护阀；d. 如果回流罐满，再次启动回流泵将物料打入塔内。

51. 丁烯-1 精制系统循环水中断如何处理?

答：①循环水中断时，先切断热源；特别注意罐液面不能过满，防止塔罐出现超压现象；②停脱轻塔进料泵和塔釜采出泵，关闭其流量控制调节阀，关闭去脱重塔进料线上的阀；③停脱轻塔和脱重塔的回流泵，并关闭回流调节阀和采出调节阀；④停脱重塔塔釜采出泵，关闭采出调节阀；⑤停脱轻塔和脱重塔中间泵，关闭流量调节阀；⑥如果塔压超高，打开塔顶放空阀。

52. 丁烯-1 系统仪表风中断如何处理?

答：①仪表风中断时，装置控制回路调节阀将全部失去控制 ；②停脱轻塔进料泵和塔釜采出泵，关闭其流量控制调节阀，关闭去脱重塔进料线上的阀门；③停脱轻塔和脱重塔的回流泵，并关闭回流调节阀和采出调节阀；④停脱重塔塔釜采出泵，关闭采出调节阀；⑤停脱轻塔和脱重塔中间泵，关闭流量调节阀；⑥如果塔压超高，打开塔顶放空阀排空。当罐液面超高时，启动泵将物料返回塔内。

53. 丁烯-1 系统停电如何处理?

答：①如在 5 秒之内恢复送电，泵可采用现场强制起动机泵的方法恢复生产。②不能恢复供电，按紧急停车的有关规定立即进行停车：a. 为防止串料，关闭丁烯-1 精制系统各机泵的出口阀；b. 关闭蒸汽调节阀；c. 关闭脱轻塔进料、塔釜采出控制调节阀，关闭去脱重塔进料线上的阀门；d. 关闭脱轻塔和脱重塔回流调节阀和采出调节阀。关闭脱重塔塔釜采出调节阀；e. 关闭停脱轻塔和脱重塔中间流量调节阀；f. 如果塔压超高，打开塔顶放空阀排空。若罐液面过高时，通过管线将物料平衡到塔内，以防超压。

54. 甲醇中断如何处理?

答：①如果是机械原因或泵跳闸，立即切换备用泵；②如果是调节阀卡或误动作，打开调节阀副线阀，用现场阀控制流量；③如果短时间甲醇流量恢复不了，降低碳四负荷；长时间甲醇流量恢复不了停止碳四进料，筒式反应器维持外循环，防止床层催化剂超温；甲醇流量正常后，重新恢复生产。

55. 甲醇中断的原因是什么？

答：①泵的运行有异常情况，如机械原因、泵跳闸或泵不上量；②甲醇流量调节阀卡或误动作；③甲醇管线发生泄漏。

56. 碳四中断的原因是什么？

答：①泵的运行有异常情况，如机械原因、泵跳闸或碳四罐压力低泵不上量；②碳四流量调节阀卡或误动作；③碳四管线发生泄漏。

57. 甲醇泄漏如何处理？

答：①切断与泄漏点有联系的管线、管件或设备，防止甲醇继续泄漏；②泄漏点周围的甲醇物料要用水冲洗干净；③在泄漏部位压力下降后，将漏点堵好；需要动火时必须处理合格，具备条件后方可进行动火消漏。

58. 筒式反应器床层温度超高如何处理？

答：①根据原料碳四中异丁烯浓度，核算醇烯比，醇烯比低增加甲醇进料量；②降低循环物料的温度；③增大冷物料的循环量；④降低物料预热温度；⑤若床层温度超高严重，停止进料。

59. 催化蒸馏塔床层温度超高如何处理？

答：①增加甲醇补加量 ；②提高筒式反应器异丁烯的转化率，减少催化蒸馏塔床层催化剂的反应负荷；③降低塔釜蒸汽量；④调整合适的回流比。

60. 丁烯-1 装置脱重塔为何要防止游离水进入？

答：因脱重塔进入游离水后，无法在该塔内脱除，只能靠物料向外带，会造成丁烯-1产品水值长时间超标。

61. 检修时丁烯-1 装置脱重塔防止串水的措施有哪些？

答：①再沸器、冷却器避免用水试漏试压，应用气试漏试压。②防止尾气系统的水通过安全阀副线进入塔内。③塔釜塔顶采出管线要打开三阀组倒淋阀，防止水串入塔内。④氮气置换时先检查氮气管线是否有水，从塔的低点排气。

62. 机械绘图中，剖视图的定义是什么？

答：①用假想剖面(平面或柱面)剖开机件；②将处在观察者和剖切面之间的部分移去；③将其余部分向投影面投影所得到的图形称之为剖视图。

63. 联锁线路通常是由哪几个部分组成？

答：①联锁线路通常是由输入部分、逻辑部分和输出部分这三个部分组成；②输入部分是由现场开关、控制盘开关、按钮、选择开关等组成；③逻辑部分是建立输入输出关系的继电器触点电路和可编程程序控制器的程序等组成；④输出部分是包括驱动装置、电磁阀、电动机起动器、指示灯等。

计算题

1. 在标准状态下，有一气相混合物由 A、B 两种物质组成，A 的体积分数为 60%，(A 的相对分子质量为 60，B 的相对分子质量为 30)，求 A 的质量分数。

解：① 混合物平均相对分子质量 $=0.60\times60+0.40\times30=48$

② 设混合物有 M mol，A 的质量为 $M\ 0.60\times60$

③ 混合物质量为 $48M$

④ A 的质量分数 $= M0.60\times60/(48M)\times100\% = 75\%$

答：A 的质量分数为 75%。

2. 在标准状态下，有一气相混合物由 A、B 两种物质组成，A 的相对分子质量为 M_A，B 的相对分子质量为 M_B，试推导 A 的质量分率 X_A 与 A 的摩尔分率 x_A 的关系式。

解：① 混合物平均相对分子质量为 $x_AM_A+(1-x_A)M_B = M_B+(M_A-M_B)x_A$。

② 设混合物有 Mmol，A 的质量为 Mx_AM_A

③ 混合物质量为 $M[M_B+(M_A-M_B)x_A]$

④ A 的质量分数 $X_A = Mx_AM_A/\{M[M_B+(M_A-M_B)x_A]\}\times100\% = x_AM_A/[M_B+(M_A-M_B)x_A]\times100\%$

答：A 的质量分数与摩尔分数的关系式为 $X_A = x_AM_A/[M_B+(M_A-M_B)x_A]$

3. 内径为 100mm 的管线在 2h 内通过了 20000kg 的抽余碳四原料，求抽余碳四的流速。(已知抽余碳四的 $\rho = 567kg/m^3$)

解：① 流量 = 每小时通过的碳四体积为：$20000\div2\div567 = 17.64(m^3/h)$

② 管线截面积为：$3.14\times(0.1\div2)^2 = 0.00785(m^2)$

③ 流速 $= 17.64\div0.00785\div3600 = 0.624(m/s)$

答：抽余碳四的流速为 0.624m/s。

4. 连续操作的精馏塔将 15000kg/h 含甲醇 40%和水 60%的混合物分离成含甲醇 99.85%的塔顶馏出液和含甲醇 0.1%的塔底残液，求塔顶馏出液和塔底残液的流量。

① 全塔物料衡算：15000 = 塔顶馏出液 + 塔底残液

② 甲醇组分的物料衡算：15000×40% = 塔顶馏出液 99.85% + 塔底残液 0.1%

③ 解得：塔顶馏出液流量 = 5994.6kg/h

④ 塔底残液流量 = 9005.4kg/h

答：塔顶馏出液流量为：5994.6kg/h ，塔底残液流量 = 9005.4kg/h

5. 已知：塔进料量是 3000kg/h，丁烯-1 含量为 65%，丁烯-1 的收率为 90%，丁烯-1 产品的纯度是 99%，求：塔顶采出丁烯-1 产品的量是多少？

解：① 纯丁烯-1 的产量是：$3000\times65\%\times90\% = 1755(kg/h)$

② 丁烯-1 产品的产量是：$1755\times99\% = 1772.73(kg/h)$

答：塔顶采出丁烯-1 产品的量是 1772.73kg/h。

6. 已知：丁烯-1 进料为 3000kg/h，异丁烷含量为 4%，塔顶丁烯-1 产品产量为 1800kg/h，其中异丁烷含量为 0.35%，求：脱轻塔顶脱除的异丁烷是多少？

解：① 进料中异丁烷的量：$3000\times4\% = 120(kg/h)$

② 丁烯-1 产品中异丁烷的量：$1800\times0.35\% = 6.3(kg/h)$

③ 脱轻塔顶脱除的异丁烷的量是：$120-6.3 = 113.7(kg/h)$

答：塔底除掉的异丁烷的量是 113.7kg/h。

7. 已知塔进料量是 3000kg/h，丁烯-1 含量为 62%，塔底采出量是 2800kg/h，塔底分析丁烯-1 含量为 63%，求塔损失丁烯-1 的量是多少？

解：① 塔损失顶丁烯-1 的量是：3000×62%＝1860(kg/h)

② 塔底丁烯-1 的量是：2800×63%＝1764(kg/h)

③ 损失丁烯-1 的量是：1860－1764＝96(kg/h)

答：塔损失丁烯-1 的量是 96kg/h。

8. 已知塔进料量是 2950kg/h，塔顶不凝气排放量是 $14m^3/h$，塔顶碳三、碳四液体采出量是 200kg/h，求塔底采出量是多少？(气相密度是 $2.45kg/m^3$)。

解：①不凝气排放量为：14×2.45＝34.3(kg/h)

②塔底采出量是：2950－34.3－200＝2715(kg/h)

答：塔底采出量是 2715.7kg/h。

9. 已知脱轻塔顶中异丁烷的含量是 48%，从脱轻塔顶碳三碳四液体中除去异丁烷的量是 120kg/h，求脱轻塔顶碳三碳四采出量是多少？

解：脱轻塔塔顶液化汽采出量＝120×48%＝250(kg/h)

答：脱轻塔塔顶液化汽采出量是 250kg/h。

10. 一台 U 形管换热器中，热水的流量 W 为 2000kg/h，热水的进口温度 $T=80℃$，热水的出口温度 $t=50℃$，水的比热 $C_p=4.2kJ/(kg \cdot ℃)$，求该换热器的热流量 Q。

解：换热器的热流量 $Q=WC_p(T-t)=2000\times4.2\times(80-30)=252000(kJ/h)$

答：换热器的热流量 Q 为 252000kJ/h。

11. 一台板式换热器，热流 2000kg/h，冷流 3000kg/h，热流进口温度 $T_1=80℃$，冷流进口温度 $t_1=10℃$，若要将冷流加热到 $t_2=30℃$，试求并流时的平均温差。已知冷热流物料比热都等于 4.2kJ/(kg · ℃)。

解：① 根据热量平衡 $W_1C_1(T_1-T_2)=W_2C_1(t_2-t_1)$

② $2000\times(80-T_2)=3000\times(30-10)$

③ $T_2=50℃$

④ 并流时候 $\Delta t_1=80-10=70(℃)$，$\Delta t_2=50-30=20(℃)$

⑤ $\Delta t_m=(\Delta t_1-\Delta t_2)/\ln(\Delta t_1/\Delta t_2)=39.9℃$

答：并流时的平均温差为 39.9℃。

12. 塔进料甲醇含量为 5%(重)，进料量为 4t，塔顶甲醇纯度为 99%，塔底水纯度为 100%，求塔顶甲醇产品量。

解：① 设塔顶甲醇产品量为 X

② $5\%\times4=99\%X$

③ $X=5\%\times4/99\%=0.2t=200(kg)$

答：塔顶甲醇产品量为 200kg。

13. 一甲醇回收塔，进料量 1250kg/h，进料中甲醇浓度为 8%。问甲醇回收塔回收率。(塔顶回收甲醇中含水量<1.0%，塔釜排水中含甲醇<0.1%)

解：① 塔釜排水量：1250×(1－8%)＝1150(kg/h)

② 塔釜排出甲醇量：1150×0.1%＝1.15(kg/h)

③ 甲醇的量：1250×8%＝100(kg/h)

④ 甲醇的回收率为：(100-1.15)/100=98.85%。

答：甲醇的回收率为98.85%。

四、技能操作鉴定要素细目表

鉴定范围						鉴定点	
一级		二级		三级		代码	名称
代码	名称	代码	名称	代码	名称		
A	技能要求	A	工艺操作	A	开车准备	001	催化蒸馏塔气密试压试漏操作
						002	甲醇回收塔塔顶回流罐试压试漏操作
						003	开工前DCS调度校对
						004	催化蒸馏塔开车前确认
						005	第一精馏塔系统的氮气置换操作
				B	开车操作	001	开车时分析催化蒸馏塔塔底 C_4 含量数据后相应操作调整
						002	开车时分析催化蒸馏塔塔顶MTBE含量数据后相应操作调整
						003	开车时分析甲醇回收塔底甲醇含量数据后相应操作调整
						004	开车时分析甲醇回收塔顶水含量数据后相应操作调整
						005	催化蒸馏塔开车操作
				C	正常操作	001	调用规定时间段操作趋势操作
						002	甲醇回收塔顶水含量超标相应操作调节
						003	提高醇烯比操作调节
						004	现场调整PID操作
						005	根据原料组分变化调节MTBE质量
						006	MTBE开车过程中MTBE不合格调整操作
						007	共沸塔压力控制操作
						008	MTBE产品采出管线吹扫操作
				D	停车操作	001	催化蒸馏塔蒸汽吹扫条件确认
						002	外管道加盲板条件确认
		B	设备使用与维护	A	使用设备	001	高速泵切换
						002	换热器投用确认
						003	机泵投用确认
						004	容器投用确认
						005	塔投用确认

续表

鉴定范围						鉴定点	
一级		二级		三级		代码	名称
代码	名称	代码	名称	代码	名称		
				B	维护设备	001	机泵全面维护检查
						002	停用管线防冻防凝操作
						003	停用机泵防冻防凝操作
						004	液面计防冻防凝操作
		C	事故判断与处理	A	判断事故	001	安全阀起跳的判断
						002	产品出装置憋压原因的判断
						003	催化蒸馏塔压力超高原因的判断
						004	循环水冷却器气阻现象的判断
						005	液泛的判断
						006	控制阀失灵确认
						007	离心泵轴承超温因素分析
						008	停循环水的判断
						009	停电的判断
						010	停仪表风的判断
				B	处理事故	001	DCS 系统 UPS 失电事故的处理
						002	机泵汽蚀的处理
						003	塔底液位计失灵的处理
						004	脱甲醇塔回流罐进口法兰泄漏事故的处理
						005	液泛的处理
						006	停净化风事故的处理
						007	停循环水事故的处理
		D	绘图与计算	A	绘图	001	催化蒸馏塔系统带自控点流程图绘制
						002	塔盘气液两相简图绘制
						003	装置循环水系统示意图绘制
				B	计算	001	现场数据采集 MTBE 收率计算
						002	现场数据采集物料平衡计算

五、技能操作试题

试题 1：开工前 DCS 调试校对

（考核时间：15min）

序号	考核内容	考核要点	配分	评分标准	检测结果	扣分	得分	备注
1	准备工作	穿戴劳保用品	2	未穿戴整齐扣 2 分				
		工具、用具准备	3	工具选择不正确扣 3 分				

续表

序号	考核内容	考核要点	配分	评分标准	检测结果	扣分	得分	备注
2	操作前提	设备检查确认	30	未检查确认 DCS 硬件系统扣 10 分				
				DCS 相关知识不清楚扣 10 分				
				未检查 DCS 软件系统扣 10 分				
3	操作程序	工作联系及时到位	5	未及时联系扣 5 分				
		操作步骤按顺序无遗漏	35	漏项每处扣 5 分				
				操作不当每处扣 5 分				
				未按操作顺序扣 20 分				
		操作注意事项	10	未观察系统报警扣 5 分				
				系统报警未确认扣 5 分				
4	操作结果	操作结果符合要求	10	未能发现异常情况扣 5 分				
				发现异常情况未及时联系处理扣 5 分				
5	使用工具	正确使用工具	3	工具使用不正确扣 3 分				
		正确维护工具	2	工具乱摆乱放扣 2 分				
		合　计	100					

试题 2：开车时候分析催化蒸馏塔塔底 C_4 含量数据后相应操作调整

（考核时间：20min）

序号	考核内容	考核要点	配分	评分标准	检测结果	扣分	得分	备注
1	准备工作	穿戴劳保用品	5	未穿戴整齐扣 5 分				
2	技术准备	控制目的表述完整	5	C_4 含量控制目的表述不准确扣 5 分				
		控制指标表述准确	5	C_4 含量控制指标不准确扣 5 分				
				主要控制点不准确扣 5 分				
		影响因素分析透彻，调节对象理解深刻	10	主要影响因素叙述不完整扣 5 分				
				调节对象表述错误扣 5 分				
				对其他参数影响及后果考虑不周扣 5 分				
		流程检查正确无误	5	未检查流程扣 5 分				
3	操作过程	操作步骤按先后顺序完成，操作方法正确	30	操作步骤漏项扣 5 分				
				操作不当扣 10 分				
				开错阀门扣 5 分				
				未按先后顺序进行扣 10 分				

续表

序号	考核内容	考核要点	配分	评分标准	检测结果	扣分	得分	备注
		系统调节平稳，调节无滞后现象	25	仪表控制系统调节错误扣10分				
				未及时注意观察系统变量变化，造成波动扣5分				
				调节滞后扣5分				
				操作不熟练扣5分				
4	操作结果	对参数控制能达到要求	10	温度未达到要求扣5分				
				分析结果不正确扣5分				
5	使用工具	正确使用工具	2	工具使用不正确扣2分				
		使用工具摆放整齐	3	工具乱摆乱放扣2分				
		合　计	100					

否定项说明：违章操作或发生事故须停止操作，成绩计零分。

试题3：开车时候分析催化蒸馏塔塔顶MTBE含量数据后相应操作调整

（考核时间：20min）

序号	考核内容	考核要点	配分	评分标准	检测结果	扣分	得分	备注
1	准备工作	穿戴劳保用品	5	未穿戴整齐扣5分				
2	技术准备	控制目的表述完整	5	MTBE含量控制目的表述不准确扣5分				
		控制指标表述准确	5	MTBE含量控制指标不准确扣5分				
				主要控制点不准确扣5分				
		影响因素分析透彻，调节对象理解深刻	10	主要影响因素叙述不完整扣5分				
				调节对象表述错误扣5分				
				对其他参数影响及后果考虑不周扣5分				
		流程检查正确无误	5	未检查流程扣5分				
3	操作过程	操作步骤按先后顺序完成，操作方法正确	30	操作步骤漏项扣5分				
				操作不当扣10分				
				开错阀门扣5分				
				未按先后顺序进行扣10分				
		系统调节平稳，调节无滞后现象	25	仪表控制系统调节错误扣10分				
				未及时注意观察系统变量变化，造成波动扣5分				
				调节滞后扣5分				
				操作不熟练扣5分				

续表

序号	考核内容	考核要点	配分	评分标准	检测结果	扣分	得分	备注
4	操作结果	对参数控制能达到要求	10	温度未达到要求扣5分				
				分析结果不正确扣5分				
5	使用工具	正确使用工具	2	工具使用不正确扣2分				
		使用工具摆放整齐	3	工具乱摆乱放扣3分				
		合　计	100					

否定项说明：违章操作或发生事故须停止操作，成绩计零分。

试题4：开车时候分析甲醇回收塔底甲醇含量数据后相应操作调整

（考核时间：15min）

序号	考核内容	考核要点	配分	评分标准	检测结果	扣分	得分	备注
1	准备工作	穿戴劳保用品	5	未穿戴整齐扣5分				
2	技术准备	控制目的表述完整	5	甲醇含量控制目的表述不准确扣5分				
		控制指标表述准确	5	甲醇含量控制指标不准确扣5分				
				主要控制点不准确扣5分				
		影响因素分析透彻，调节对象理解深刻	10	主要影响因素叙述不完整扣5分				
				调节对象表述错误扣5分				
				对其他参数影响及后果考虑不周扣5分				
		流程检查正确无误	5	未检查流程扣5分				
3	操作过程	操作步骤按先后顺序完成，操作方法正确	30	操作步骤漏项扣5分				
				操作不当扣10分				
				开错阀门扣5分				
				未按先后顺序进行扣10分				
		系统调节平稳，调节无滞后现象	25	仪表控制系统调节错误扣10分				
				未及时注意观察系统变量变化，造成波动扣5分				
				调节滞后扣5分				
				操作不熟练扣5分				
4	操作结果	对参数控制能达到要求	10	温度未达到要求扣5分				
				分析结果不正确扣5分				
5	使用工具	正确使用工具	2	工具使用不正确扣2分				
		使用工具摆放整齐	3	工具乱摆乱放扣3分				
		合　计	100					

否定项说明：违章操作或发生事故须停止操作，成绩计零分。

试题5：开车时候分析甲醇回收塔顶水含量数据后相应操作调整

（考核时间：20min）

序号	考核内容	考核要点	配分	评分标准	检测结果	扣分	得分	备注
1	准备工作	穿戴劳保用品	5	未穿戴整齐扣5分				
2	技术准备	控制目的的表述完整	5	水含量控制目的的表述不准确扣5分				
		控制指标表述准确	5	水含量控制指标不准确扣5分				
				主要控制点不准确扣5分				
		影响因素分析透彻，调节对象理解深刻	10	主要影响因素叙述不完整扣5分				
				调节对象表述错误扣5分				
				对其他参数影响及后果考虑不周扣5分				
		流程检查正确无误	5	未检查流程扣5分				
3	操作过程	操作步骤按先后顺序完成，操作方法正确	30	操作步骤漏项扣5分				
				操作不当扣10分				
				开错阀门扣5分				
				未按先后顺序进行扣10分				
		系统调节平稳，调节无滞后现象	25	仪表控制系统调节错误扣10分				
				未及时注意观察系统变量变化，造成波动扣5分				
				调节滞后扣5分				
				操作不熟练扣5分				
4	操作结果	对参数控制能达到要求	10	温度未达到要求扣5分				
				分析结果不正确扣5分				
5	使用工具	正确使用工具	2	工具使用不正确扣2分				
		正确维护工具	3	工具乱摆乱放扣3分				
		合　计	100					

否定项说明：违章操作或发生事故须停止操作，成绩计零分。

试题6：催化蒸馏塔开车操作

（考核时间：25min）

序号	考核内容	考核要点	配分	评分标准	检测结果	扣分	得分	备注
1	准备工作	穿戴劳保用品	3	未穿戴整齐扣3分				
		工具、用具准备	2	工具选择不正确扣2分				
2	操作程序	当催化蒸馏塔开始进料后手动缓慢调节塔釜再沸器的蒸汽量调节阀，催化蒸馏塔缓慢升温(升温的速度由塔底液位和板层温度共同确定)	10	升温速度控制不好该项不得分				

续表

序号	考核内容	考核要点	配分	评分标准	检测结果	扣分	得分	备注
3		在塔底开始升温后，手动全开催化蒸馏塔塔顶压力调节阀，随时注意塔顶压力，稳定后切为自动控制	15	压力控制不好扣 10 分				
				不能投为自动控制扣 5 分				
4		当催化蒸馏塔回流罐液面开始上升后，启动回流泵，手动调节回流量调节阀控制塔顶温度、回流罐液面。注意调节冷凝器循环水量保证回水温度不超高	18	回流泵的启动不正确扣 10 分				
				塔顶温度控制不稳扣 3 分				
				回流罐液面控制不稳扣 2 分				
				冷凝器循环水温度超高扣 3 分				
5		当塔顶压力、灵敏板温度稳定至正常值后，采出塔底产品	18	塔底产品采出流程不正确扣 10 分				
				产品采出质量严重不合格扣 8 分				
6		当塔顶压力、温度稳定至正常值后，手动调节塔顶采出流量调节阀，控制采出流量，控制回流罐液面	15	塔顶采出流程错误扣 5 分				
				产品采出质量严重不合格扣 7 分				
				回流罐液面控制不稳扣 3 分				
7		调节蒸汽量、回流量、塔顶塔底采出量，调整塔底、塔顶温度达到工艺标准值	10	塔顶温度控制不准扣 5 分				
				塔底温度控制不准扣 5 分				
8		在系统稳定后，灵敏板温度与塔底蒸汽流量投为串级控制，回流罐液面与采出量调节阀投为串级控制	4	灵敏板温度与塔底蒸汽流量串级投不稳扣 2 分				
				回流罐液面与采出量调节阀的串级投不稳扣 2 分				
9	使用工具	正确使用工具	2	工具使用不正确扣 2 分				
		正确维护工具	3	工具乱摆乱放扣 3 分				
		合　计	100					

否定项说明：若出现严重超温、超压、冒顶等情况，该题为零分。

试题 7：提高醇烯比操作调节

（考核时间：20min）

序号	考核内容	考核要点	配分	评分标准	检测结果	扣分	得分	备注
1	准备工作	穿戴劳保用品	5	未穿戴整齐扣 5 分				
2	技术准备	控制目的表述完整	5	醇烯比控制目的表述不准确扣5 分				
		控制指标表述准确	5	醇烯比控制指标不准确扣 5 分				
				主要控制点不准确扣 5 分				
		影响因素分析透彻，调节对象理解深刻	10	主要影响因素叙述不完整扣 5 分				
				调节对象表述错误扣 5 分				
				对其他参数影响及后果考虑不周扣 5 分				
		流程检查正确无误	5	未检查流程扣 5 分				

续表

序号	考核内容	考核要点	配分	评分标准	检测结果	扣分	得分	备注
3	操作过程	操作步骤按先后顺序完成，操作方法正确	30	操作步骤漏项扣5分				
				操作不当扣10分				
				开错阀门扣5分				
				未按先后顺序进行扣10分				
		系统调节平稳，调节无滞后现象	25	仪表控制系统调节错误扣10分				
				未及时注意观察系统变量变化，造成波动扣5分				
				调节滞后扣5分				
				操作不熟练扣5分				
4	操作结果	对参数控制能达到要求	10	醇烯比未达到要求扣5分				
				分析结果不正确扣5分				
5	使用工具	正确使用工具	2	工具使用不正确扣2分				
		正确维护工具	3	工具乱摆乱放扣3分				
		合　计	100					

否定项说明：违章操作或发生事故须停止操作，成绩计零分。

试题8：原料组分变化 MTBE 质量调节

（考核时间：20min）

序号	考核内容	考核要点	配分	评分标准	检测结果	扣分	得分	备注
1	准备工作	穿戴劳保用品	5	未穿戴整齐扣5分				
2	技术准备	控制目的表述完整	5	MTBE质量控制目的表述不准确扣5分				
		控制指标表述准确	5	MTBE质量控制指标不准确扣5分				
				主要控制点不准确扣5分				
		影响因素分析透彻，调节对象理解深刻	10	主要影响因素叙述不完整扣5分				
				调节对象表述错误扣5分				
				对其他参数影响及后果考虑不周扣5分				
		流程检查正确无误	5	未检查流程扣5分				
3	操作过程	操作步骤按先后顺序完成，操作方法正确	30	操作步骤漏项扣5分				
				操作不当扣10分				
				开错阀门扣5分				
				未按先后顺序进行扣10分				

续表

序号	考核内容	考核要点	配分	评分标准	检测结果	扣分	得分	备注
		系统调节平稳，调节无滞后现象	25	仪表控制系统调节错误扣10分				
				未及时注意观察系统变量变化，造成波动扣5分				
				调节滞后扣5分				
				操作不熟练扣5分				
4	操作结果	对参数控制能达到要求	10	MTBE质量未达到要求扣5分				
				分析结果不正确扣5分				
5	使用工具	正确使用工具	2	工具使用不正确扣2分				
		正确维护工具	3	工具乱摆乱放扣3分				
		合　计	100					

否定项说明：违章操作或发生事故须停止操作，成绩计零分。

试题9：MTBE开车过程中MTBE不合格调整操作

（考核时间：25min）

序号	考核内容	考核要点	配分	评分标准	检测结果	扣分	得分	备注
1	准备工作	穿戴劳保用品	3	未穿戴整齐扣3分				
		工具、用具准备	2	工具选择不正确扣2分				
2	操作程序	如果因反应器转化率低造成MTBE产品不合格，应提高反应器预热温度和入口温度，以提高反应器转化率	20	未调节反应器预热温度扣10分				
				未调节反应器入口温度扣10分				
3		如果因反应器醇烯比不合适造成MTBE产品不合格，应调节原料甲醇量	15	未调节反应器醇烯比扣15分				
4		如果因反应器床层温度高造成MTBE不合格，应降低反应器预热温度和入口温度，调节外循环量	15	未调节床层温度扣15分				
5		调节催化蒸馏塔灵敏板温度至规定值，确保进入MTBE精制塔的粗MTBE合格	15	未调节催化蒸馏塔灵敏板温度扣15分				
6		通过调节MTBE精制塔塔釜温度来调节侧线采出温度，至规定值	20	未调节MTBE精制塔塔釜加热蒸汽量扣20分				
7		根据计算结果调节侧线采出量	5	未调节侧线采出量扣5分				
8	使用工具	正确使用工具	2	工具使用不正确扣2分				
		正确维护工具	3	工具乱摆乱放扣3分				
		合　计	100					

试题10：MTBE产品采出管线吹扫操作

（考核时间：30min）

序号	考核内容	考核要点	配分	评分标准	检测结果	扣分	得分	备注
1	准备工作	穿戴劳保用品	3	未穿戴整齐扣3分				
		工具、用具准备	2	工具选择不正确扣2分				
2	操作程序	当MTBE产品停止采出后联系罐区关闭精MTBE罐收料阀。倒空精MTBE采出线	20	未联系罐区关闭收料阀扣10分				
				没有倒空管线扣10分				
3		检查装置服务站氮气压力应高于0.4MPa，选择合适的位置接氮气胶管至MTBE采出线	20	未检查氮气压力扣10分				
				充氮气位置选取不合理扣10分				
4		检查吹扫流程是否畅通：打开流量计、调节阀的副线阀、打开界区总阀。联系罐区打开管线进罐前的倒淋阀	20	未打开流量计副线扣5分				
				未打开调节阀的副线扣5分				
				未打开界区总阀扣5分				
				未联系罐区打开倒淋阀扣5分				
5		组织好流程后，打开氮气阀进行吹扫，并随时检查氮气压力	20	流程未组织好即打开氮气的扣10分				
				没有随时检查氮气压力的扣10分				
6		吹扫完毕后分析管内可燃气含量应在0.2%以下，如不合格应继续吹扫直至分析合格	10	吹扫后分析不合格该项不得分				
7	使用工具	正确使用工具	2	工具使用不正确扣2分				
		正确维护工具	3	工具乱摆乱放扣3分				
		合　计	100					

否定项说明：若出现氮气窜入其他系统或装置、使用氮气违反安全规定等情况，该题为零分。

试题11：高速泵切换

（考核时间：15min）

序号	考核内容	考核要点	配分	评分标准	检测结果	扣分	得分	备注
1	准备工作	穿戴劳保用品	3	未穿戴整齐扣3分				
		工具、用具准备	2	工具选择不正确扣2分				
2	操作前提	流程、设备检查全面	25	高速泵组成不清楚扣10分				
				流程未检查扣10分				
				机泵状态未检查扣5分				
3	操作程序	工作联系正确及时	5	联系工作不及时扣5分				
		操作步骤无漏项，操作方法正确	25	漏项或操作不当每处扣5分				
				开错阀门扣5分				
				方法不正确扣15分				
		操作注意事项	20	未检查压力扣10分				
				未检查流量扣10分				

续表

序号	考核内容	考核要点	配分	评分标准	检测结果	扣分	得分	备注
4	操作结果	切换波动小	15	切换波动大扣10分				
				机泵异常未及时联系修理扣5分				
5	使用工具	正确使用工具	2	工具使用不正确扣2分				
		正确维护工具	3	工具乱摆乱放扣3分				
		合　计	100					

否定项说明：发生润滑油未循环就开泵情况，该题为零分。

试题12：换热器投用确认

（考核时间：20min）

序号	考核内容	考核要点	配分	评分标准	检测结果	扣分	得分	备注
1	准备工作	穿戴劳保用品	3	未穿戴整齐扣3分				
		工具、用具准备	2	工具选择不正确扣2分				
2	技术准备	了解设备控制方案	20	压力控制指标不清楚扣5分				
				设备主要部件不清楚扣5分				
				设备安全附件未检查扣10分				
3	操作程序	工作联系正确及时	5	联系工作不及时扣5分				
		流程检查确认	20	漏项每处扣5分				
				流程不清楚扣10分				
				放空阀未关闭每处扣5分				
		设备检查确认	20	安全附件未检查确认扣10分				
				设备本体状态未检查确认扣5分				
				设备基础状态未确认扣5分				
				仪表状态未确认扣5分				
		操作方法、顺序正确无遗漏	10	条件确认先后顺序不当扣5分				
				确认方法不正确扣5分				
4	操作结果	操作判断正确，处理正确及时	15	判断不正确扣10分				
				不满足条件叙述不正确扣5分				
				操作调整方法不正确扣5分				
5	使用工具	正确使用工具	2	工具使用不正确扣2分				
		正确维护工具	3	工具乱摆乱放扣3分				
		合　计	100					

试题 13：塔投用确认

（考核时间：20min）

序号	考核内容	考核要点	配分	评分标准	检测结果	扣分	得分	备注
1	准备工作	穿戴劳保用品	3	未穿戴整齐扣 3 分				
1	准备工作	工具、用具准备	2	工具选择不正确扣 2 分				
2	技术准备	了解塔设备控制方案	20	塔压力控制指标不清楚扣 5 分				
2	技术准备	了解塔设备控制方案	20	塔设备主要部件不清楚扣 5 分				
2	技术准备	了解塔设备控制方案	20	塔设备安全附件未检查扣 10 分				
3	操作程序	工作联系正确及时	5	联系工作不及时扣 5 分				
3	操作程序	流程检查确认	20	漏项每处扣 5 分				
3	操作程序	流程检查确认	20	流程不清楚扣 10 分				
3	操作程序	流程检查确认	20	放空阀未关闭每处扣 5 分				
3	操作程序	设备检查确认	20	安全附件未检查确认扣 10 分				
3	操作程序	设备检查确认	20	塔设备本体状态未检查确认扣 5 分				
3	操作程序	设备检查确认	20	设备基础状态未确认扣 5 分				
3	操作程序	设备检查确认	20	仪表状态未确认扣 5 分				
3	操作程序	操作方法、顺序正确无遗漏	10	条件确认先后顺序不当扣 5 分				
3	操作程序	操作方法、顺序正确无遗漏	10	确认方法不正确扣 5 分				
4	操作结果	操作判断正确，处理正确及时	15	判断不正确扣 10 分				
4	操作结果	操作判断正确，处理正确及时	15	不满足条件叙述不正确扣 5 分				
4	操作结果	操作判断正确，处理正确及时	15	操作调整方法不正确扣 5 分				
5	使用工具	正确使用工具	2	工具使用不正确扣 2 分				
5	使用工具	正确维护工具	3	工具乱摆乱放扣 3 分				
		合 计	100					

试题 14：液面计防冻防凝操作

（考核时间：15min）

序号	考核内容	考核要点	配分	评分标准	检测结果	扣分	得分	备注
1	准备工作	穿戴劳保用品	3	未穿戴整齐扣 3 分				
1	准备工作	工具、用具准备	2	工具选择不正确扣 2 分				
2	操作前提	设备现场位置清楚，了解防冻防凝作用	30	设备位置不熟悉扣 10 分				
2	操作前提	设备现场位置清楚，了解防冻防凝作用	30	停用设备防冻防凝要点不清楚扣 10 分				
2	操作前提	设备现场位置清楚，了解防冻防凝作用	30	防冻防凝作用不清楚扣 10 分				
3	操作程序	操作步骤无漏项	20	漏项或操作不当扣 10 分				
3	操作程序	操作步骤无漏项	20	开错阀门扣 10 分				

续表

序号	考核内容	考核要点	配分	评分标准	检测结果	扣分	得分	备注
		操作方法正确	20	放空方法不正确扣10分				
				阀门开度不当扣5分				
				介质未按要求排放扣5分				
		操作注意事项	10	未检查压力扣5分				
				未确认工作效果扣5分				
4	操作结果	操作结果符合要求无不当操作	10	未达到防冻防凝要求扣10分				
				操作不当引起冻结者不得分				
5	使用工具	正确使用工具	2	工具使用不正确扣2分				
		正确维护工具	3	工具乱摆乱放扣3分				
		合　计	100					

否定项说明：违章操作或发生冻坏设备须停止操作，成绩计零分。

试题15：催化蒸馏塔压力超高原因的判断

（考核时间：15min）

序号	考核内容	考核要点	配分	评分标准	检测结果	扣分	得分	备注
1	准备工作	穿戴劳保用品	3	未穿戴整齐扣3分				
		工具、用具准备	2	工具选择不正确扣2分				
2	压力超高现象表述	压力超高原因表述清晰完整	10	压力超高原因表述不完整扣5分				
				表述不清晰扣5分				
		压力超高现象信息充分无遗漏	10	压力超高现象信息缺一项扣5分				
			10	压力超高现象信息表述不充分扣10分				
			20	压力超高关键现象信息缺扣20分				
3	压力超高原因分析	压力超高原因分析透彻有深度，完整无遗漏	20	压力超高原因分析不完整扣10分				
				分析无深度扣5分				
			20	压力超高关键原因缺扣20分				
4	使用工具	正确使用工具	2	工具使用不正确扣2分				
		正确维护工具	3	工具乱摆乱放扣3分				
		合　计	100					

试题16：循环水冷却器气阻现象的判断

（考核时间：15min）

序号	考核内容	考核要点	配分	评分标准	检测结果	扣分	得分	备注
1	准备工作	穿戴劳保用品	3	未穿戴整齐扣3分				
		工具、用具准备	2	工具选择不正确扣2分				

续表

序号	考核内容	考核要点	配分	评分标准	检测结果	扣分	得分	备注
2	事故现象表述	引发事故因素表述清晰完整	10	事故因素表述不完整扣5分				
				表述不清晰扣5分				
		事故现象信息充分无遗漏	10	事故现象信息缺一项扣5分				
			10	事故现象信息表述不充分扣10分				
			20	事故关键现象信息缺扣20分				
3	事故原因分析	事故原因分析透彻有深度，完整无遗漏	20	事故原因分析不完整扣10分				
				分析无深度扣5分				
			20	事故关键原因缺扣20分				
4	使用工具	正确使用工具	2	工具使用不正确扣2分				
		正确维护工具	3	工具乱摆乱放扣3分				
		合　计	100					

试题17：液泛的判断

（考核时间：15min）

序号	考核内容	考核要点	配分	评分标准	检测结果	扣分	得分	备注
1	准备工作	穿戴劳保用品	3	未穿戴整齐扣3分				
		工具、用具准备	2	工具选择不正确扣2分				
2	事故现象表述	引发事故因素表述清晰完整	10	事故因素表述不完整扣5分				
				表述不清晰扣5分				
		事故现象信息充分无遗漏	10	事故现象信息缺一项扣5分				
			10	事故现象信息表述不充分扣10分				
			20	事故关键现象信息缺扣20分				
3	事故原因分析	事故原因分析透彻有深度，完整无遗漏	20	事故原因分析不完整扣10分				
				分析无深度扣5分				
			20	事故关键原因缺扣20分				
4	使用工具	正确使用工具	2	工具使用不正确扣2分				
		正确维护工具	3	工具乱摆乱放扣3分				
		合　计	100					

试题18：控制阀失灵的确认

（考核时间：15min）

序号	考核内容	考核要点	配分	评分标准	检测结果	扣分	得分	备注
1	准备工作	穿戴劳保用品	3	未穿戴整齐扣3分				
		工具、用具准备	2	工具选择不正确扣2分				

续表

序号	考核内容	考核要点	配分	评分标准	检测结果	扣分	得分	备注
2	事故现象表述	引发事故因素表述清晰完整	10	事故因素表述不完整扣5分				
				表述不清晰扣5分				
		事故现象信息充分无遗漏	10	事故现象信息缺一项扣5分				
			10	事故现象信息表述不充分扣10分				
			20	事故关键现象信息缺扣20分				
3	事故原因分析	事故原因分析透彻有深度，完整无遗漏	20	事故原因分析不完整扣10分				
				分析无深度扣5分				
			20	事故关键原因缺扣20分				
4	使用工具	正确使用工具	2	工具使用不正确扣2分				
		正确维护工具	3	工具乱摆乱放扣3分				
		合　计	100					

试题19：停仪表风的判断

（考核时间：15min）

序号	考核内容	考核要点	配分	评分标准	检测结果	扣分	得分	备注
1	准备工作	穿戴劳保用品	3	未穿戴整齐扣3分				
		工具、用具准备	2	工具选择不正确扣2分				
2	事故现象表述	引发事故因素表述清晰完整	10	事故因素表述不完整扣5分				
				表述不清晰扣5分				
		事故现象信息充分无遗漏	10	事故现象信息缺一项扣5分				
			10	事故现象信息表述不充分扣10分				
			20	事故关键现象信息缺扣20分				
3	事故原因分析	事故原因分析透彻有深度，完整无遗漏	20	事故原因分析不完整扣10分				
				分析无深度扣5分				
			20	事故关键原因缺扣20分				
4	使用工具	正确使用工具	2	工具使用不正确扣2分				
		正确维护工具	3	工具乱摆乱放扣3分				
		合　计	100					

试题20：塔底液位计失灵的处理

（考核时间：30min）

序号	考核内容	考核要点	配分	评分标准	检测结果	扣分	得分	备注
1	准备工作	穿戴劳保用品	3	未穿戴整齐扣3分				
		工具、用具准备	2	工具选择不正确扣2分				

续表

序号	考核内容	考核要点	配分	评分标准	检测结果	扣分	得分	备注
2	事故现象判断	引发事故因素表述清晰完整	5	引发事故因素表述不完整扣3分				
				表述不清晰扣2分				
		事故现象信息充分无遗漏	10	事故现象信息缺一项扣5分				
				事故现象信息表述不完整扣5分				
		关键事故现象	5	事故关键现象描述不清楚扣5分				
3	事故原因分析	事故原因分析完整无遗漏，分析透彻有深度	5	事故原因分析不完整扣3分				
				分析无深度扣2分				
		事故关键原因分析准确	5	事故关键原因不准确扣5分				
4	事故处理操作	联系工作及时到位	5	未及时联系扣5分				
		处理原则表述完整	10	处理原则表述不完整扣10分				
		处理步骤先后顺序正确并无遗漏、操作不当	20	处理步骤顺序不对扣10分				
				漏项或操作不当扣10分				
		处理注意事项符合事故处理预案规范	10	未考虑操作对上下游带来的影响扣10分				
5	事故处理操作质量	事故处理调节熟练，迅速，过程平稳波动小并无调节错误	15	处理事故过程引起生产波动大扣10分				
				调节滞后扣5分，调节错误扣20分				
6	使用工具	正确使用工具	2	工具使用不正确扣2分				
		正确维护工具	3	工具乱摆乱放扣3分				
		合　计	100					

否定项说明：违章操作或发生事故须停止操作，成绩计零分。

试题 21：液泛的处理

（考核时间：30min）

序号	考核内容	考核要点	配分	评分标准	检测结果	扣分	得分	备注
1	准备工作	穿戴劳保用品	3	未穿戴整齐扣3分				
		工具、用具准备	2	工具选择不正确扣2分				
2	事故现象判断	引发事故因素表述清晰完整	5	引发事故因素表述不完整扣3分				
				表述不清晰扣2分				
		事故现象信息充分无遗漏	10	事故现象信息缺一项扣5分				
				事故现象信息表述不完整扣5分				
		关键事故现象	5	事故关键现象描述不清楚扣5分				
3	事故原因分析	事故原因分析完整无遗漏，分析透彻有深度	5	事故原因分析不完整扣3分				
				分析无深度扣2分				
		事故关键原因分析准确	5	事故关键原因不准确扣5分				

续表

序号	考核内容	考核要点	配分	评分标准	检测结果	扣分	得分	备注
4	事故处理操作	联系工作及时到位	5	未及时联系扣5分				
		处理原则表述完整	10	处理原则表述不完整扣10分				
		处理步骤先后顺序正确并无遗漏、操作不当	20	处理步骤顺序不对扣10分				
				漏项或操作不当扣10分				
		处理注意事项符合事故处理预案规范	10	未考虑操作对上下游带来的影响扣10分				
5	事故处理操作质量	事故处理调节熟练，迅速，过程平稳波动小并无调节错误	15	处理事故过程引起生产波动大扣10分				
				调节滞后扣5分，调节错误扣20分				
6	使用工具	正确使用工具	2	工具使用不正确扣2分				
		正确维护工具	3	工具乱摆乱放扣3分				
		合　计	100					

否定项说明：违章操作或发生事故须停止操作，成绩计零分。

试题22：催化蒸馏塔系统带自控点流程图绘制

（考核时间：45min）

序号	考核内容	考核要点	配分	评分标准	检测结果	扣分	得分	备注
1	准备工作	工具、用具准备	5	未自带工具扣5分				
2	图形绘制	图纸幅面选择正确	5	图纸幅面选择错误扣5分				
		绘图比例准确	5	绘图比例错误扣5分				
		图面布置完好	5	图面布置不匀称、美观扣5分				
		工艺流程走向正确，排布合理，设备位置准确并整齐	20	工艺流程排布不合理扣5分				
				流程画错一处扣2分				
				漏画设备一处扣2分				
				设备画错一处扣2分				
		控制回路中仪表控制点完整无漏项并准确	15	缺画仪表控制点一处扣2分				
				仪表控制点画错一处扣2分				
3	绘图标注	设备标注符合要求	5	设备位号、名称标注错一处扣2分				
		管路流程线标注符合要求	10	管路流程线上缺介质流向、来源或去向一处扣2分				
				管路标注错一处扣2分				
		仪表标注符合要求	5	仪表位号标注错一处扣2分				
4	图例	图例要求完整	10	缺图例扣5分				
				图例错一处扣2分				

续表

序号	考核内容	考核要点	配分	评分标准	检测结果	扣分	得分	备注
5	标题栏	标题栏要求完整	10	缺标题栏扣5分				
				标题栏错一处扣2分				
6	卷面情况	绘图卷面清晰、整洁	5	卷面不整洁扣5分				
		合　计	100					

试题23：塔盘气液两相简图绘制

（考核时间：45min）

序号	考核内容	考核要点	配分	评分标准	检测结果	扣分	得分	备注
1	准备工作	工具、用具准备	5	未自带工具扣5分				
2	图形绘制	图纸幅面选择合理	5	图纸幅面选择错误扣5分				
		绘图比例准确	5	绘图比例错误扣5分				
		图面布置完好	5	图面布置不匀称、美观扣5分				
		零部件结构绘制正确，主要装配关系表达清楚	10	零部件结构形状未表达清楚扣5分				
				主要装配关系未表达清楚扣5分				
		绘图完整并正确，无遗漏	10	画错一处扣2分				
				缺画一处扣2分				
		各类表格填写完整，技术要求符合绘图规范	35	缺标题栏扣5分				
				缺明细栏扣5分				
				缺管口表扣5分				
				缺技术特性表扣5分				
				缺技术要求扣5分				
				填写错误一处扣2分				
3	绘图标注	尺寸标注准确无漏项	10	尺寸线及尺寸界线标注错一处扣2分				
				尺寸标注错一处扣2分				
		零部件序号及管口符号编排顺序正确，指引标注完整无漏项	10	指引标注错误一处扣2分				
				编排顺序错误一处扣2分				
4	卷面情况	绘图卷面清晰、整洁	5	卷面不整洁扣5分				
		合　计	100					

第四部分

技师/高级技师

一、国家职业标准(技师工作要求)

职业功能	工作内容	技能要求	相关知识
工艺操作	(一)开车准备	1. 能指导本装置的开车准备工作 2. 能确定本装置各种产品的工艺流程 3. 能确定本装置各种产品的原材料配比及相关工艺参数 4. 能组织本装置吹扫、试压、试漏 5. 能组织本装置的水联运	1. 本装置工艺设计资料 2. 本装置各种产品的生产工艺及操作规程 3. 设备、管线的吹扫、试压、试漏规范 4. 本装置水联运的方案 5. 装置开车方案制订依据
	(二)开车操作	1. 能组织本装置开车工作 2. 能制订本装置开车方案 3. 能处理装置开车过程中的各种复杂问题	
	(三) 正常操作	1. 能组织本装置的生产 2. 能优化本装置的生产 3. 能处理本装置不合格品 4. 能解决本装置生产技术难题	1. 影响本装置生产的主要因素 2. 不合格品的处置方法 3. 国内外同类产品的性能及同类装置的经济技术指标
	(四) 停车操作	1. 能制订本装置停车方案并组织实施 2. 能制订本装置清洗方案并组织实施 3. 能制订本装置的紧急停车方案	装置停车、清洗、紧急停车方案编写制订知识
设备使用与维护	(一) 使用设备	1. 能指导操作本装置的设备 2. 能指导处理本装置设备的运行故障 3. 能调试验收大修后的设备	1. 设备验收标准 2. 本装置设备调试验收方案 3. 设备管理的规定、标准知识 4. 计划编制的有关知识
	(二) 维护设备	1. 能提出参与制订科学的设备管理制度 2. 能参与编制装置检修计划 3. 能组织设备检修时的相关工作	
事故判断与处理	(一) 判断事故	1. 能判断复杂事故 2. 能组织演练复杂事故的应急预案	各种工艺条件对生产的影响
	(二) 处理事故	能组织、协调处理装置的复杂事故	复杂事故处理程序、处理方法
绘图与计算	(一) 绘图	1. 能绘制技术改进简图 2. 能识读一般零件图	装置设计资料
	(二) 计算	能进行物料、热量衡算	化工设计的有关计算
管理	(一) 质量管理	1. 能组织 QC 小组开展质量攻关活动 2. 能按质量管理体系要求指导生产	1. 全面质量管理方法 2. 质量管理体系运行要求
	(二) 生产管理	1. 能组织、指导班组进行经济核算和经济活动分析 2. 能应用统计技术对生产工况进行分析 3. 能参与装置的标定工作	1. 工艺技术管理规定 2. 统计基础知识
	(三) 编写技术文件	1. 能撰写生产技术总结 2. 能参与编写装置开、停车方案	技术总结撰写方法
	(四) 技术改进	1. 能提出工艺、设备的改进方案 2. 能参与技术改造和技术革新	1. 国内外同类装置的新技术 2. 计算机应用基础知识
培训与指导	培训与指导	1. 能培训初、中、高级操作人员 2. 能传授特有的操作经验和技能	教案编写方法

二、国家职业标准(高级技师工作要求)

职业功能	工作内容	技能要求	相关知识
工艺操作	(一)开车准备	能指导装置的开车准备工作	1. 装置有关设计资料 2. 同类装置工艺、控制技术 3. 装置的改造基础资料 4. 同类装置工艺发展趋势
	(二)开车操作	1. 能指导同类装置的试车和投产 2. 能制定开车操作方案，并组织实施 3. 能指导同类装置的试车和投产	
	(三)正常操作	1. 能编制优化操作方案并组织实施 2. 能掌握关键操作技术，解决同类装置技术或工艺难题	
	(四)停车操作	1. 能制定停车方案并组织实施 2. 能指导同类装置的停车操作	
设备使用与维护	(一)使用设备	1. 能排除设备罕见故障 2. 能指导设备的验收、调试	设备安装、调试有关知识
	(二)维护设备	1. 能优化关键设备管理制度 2. 能组织编制装置检修计划 3. 能组织设备检修时的相关工作	
事故判断与处理	(一)判断事故	1. 能制定复杂事故的处理方案 2. 能编写重大事故应急预案	国内外同类装置的事故汇编材料
	(二)处理事故	能对国内、外同类装置的事故进行分析、总结	
绘图与计算	(一)绘图	能参与审定技术改造图	工艺设计规范
	(二)计算	能对装置优化进行有关计算	—
管理	(一)质量管理	能提出产品质量的改进方案并组织实施	质量管理知识
	(二)生产管理	1. 能组织实施节能降耗措施 2. 能参与装置经济活动分析	经济活动分析方法
	(三)编写技术文件	1. 能撰写技术论文 2. 能参与制定各类生产方案 3. 能参与制定岗位操作法和工艺技术规程 4. 能参与编制装置标定方案 5. 能参与编制重大、复杂的事故处理预案	1. 技术论文撰写方法 2. 标定报告、技术规程等编写格式
	(四)技术改进	1. 能组织技术改造和技术革新 2. 能参与重大技术改造方案的审定	国内外同类装置工艺、设备、自动化控制等方面的技术发展信息
培训与指导	(五)培训与指导	1. 能系统讲授本职业相应模块的基本知识，并能指导学员的实际操作 2. 能制订本职业相应模块的培训班教学计划、大纲 3. 能合理安排教学内容，选择适当的教学方式	培训计划、大纲的编写方法

三、理论知识鉴定要素细目表

行业通用理论知识鉴定要素细目表

鉴定范围						鉴定点		
一级		二级		三级		代码	名　称	重要程度
代码	名　称	代码	名　称	代码	名　称			
A	基本要求	B	基础知识	B	识图基础知识	001	设备布置图基础知识	X
						002	管道布置图基础知识	X
						003	化工设备图尺寸标注方法	X
						004	装配图内容	X
				D	质量基础知识	001	ISO 9000 族标准质量管理审核的依据	X
						002	ISO 9001 标准质量管理体系的总体思路	X
				E	计算机基础知识	001	数据库的概念	X
						002	数据表的建立	X
						003	PowerPoint 课件的制作	X
B	相关知识	E	管理知识	A	生产管理	001	生产的管理	X
						002	设备的管理	X
						003	现场的管理	X
				B	编写技术文件	001	生产总结报告的常用格式	X
						002	技术论文的结构内容	X
						003	技术论文标题拟订的基本原则	X
						004	技术论文摘要拟订的基本原则	X
						005	技术论文编写的基本要素	X
						006	装置标定报告主要内容	X
						007	装置验收报告主要内容	X
						008	工艺技术规程主要内容	X
						009	岗位操作法的主要内容	X
						010	检修方案的主要内容	X
						011	开工方案的主要内容	X
						012	停工方案的主要内容	X
				C	技术改进	001	技术改造的目的	X
						002	技术改造的程序	X
						003	技术改造方案的主要内容	X
						004	技术改造的有关步骤	X
						005	技术改造申请书的编写格式	X
						006	技术革新成果的鉴定知识	X
						007	技术改造的注意事项	X
						008	技术革新成果报告的主要内容	X
		F	培训与指导	A	培训与指导	001	专项培训方案制定的要求	X
						002	培训教学常用方法	X
						003	培训教案编写的要求	X
						004	培训教学的组织实施	X
						005	评估培训效果的意义	X

职业通用理论知识鉴定要素细目表(《烃类衍生物生产工》)

鉴定范围						鉴定点		
一级		二级		三级		代码	名称	重要程度
代码	名称	代码	名称	代码	名称			
A	基本要求	B	基础知识	A	无机化学基础知识	001	化学平衡常数的意义	X
						002	化学平衡常数的表示方法	X
						003	化学平衡常数之间的关系	Y
						004	化学平衡常数的简单计算	X
				C	化工单元操作知识	001	管路阻力的计算	X
						002	离心泵的选型	X
						003	往复式压缩机的主要性能	X
						004	多级离心式压缩机的有关知识	Y
						005	气体吸收速率方程式应用计算	X
						006	气体吸收的操作线方程应用	X
						007	连续精馏最佳回流比的选择	X
						008	连续精馏塔理论塔板数的确定	Y
						009	连续精馏的热量衡算	X
						010	$T-X(y)$ 图的识别	X
						011	$P-X$ 图的识别	Z
						012	$Y-X$ 图的识别	Z
				D	化工设备基础知识	001	化工设备选材原则	Y
						002	压力容器的检验程序	Y
				E	电工基础及安全用电知识	001	三相异步电动机的基本控制知识	Y
						002	工业静电危害的消除措施	X
				F	化工仪表及自动化	001	APC 控制技术基础知识	Z
						002	PLC 基本知识	Y
						003	ESD 系统构成	Z

工种理论知识鉴定要素细目表

鉴定范围						鉴定点		
一级		二级		三级		代码	名称	重要程度
代码	名称	代码	名称	代码	名称			
B	相关知识	A	工艺操作	A	开车准备	001	电机的空运检查内容	X
						002	润滑油泵的试运检查项目	X
						003	泵的试运检查的标准	X
						004	泵水运检查的标准	X
						005	炼油型 MTBE 的工艺特点	X
						006	化工型 MTBE 的工艺特点	X
						007	列管式反应器的生产特点	X
						008	混相反应器的生产特点	Y
						009	膨胀床反应器的生产特点	Y
						010	气密过程中节约氮气的操作要点	Y

续表

鉴定范围						鉴定点		
一级		二级		三级		代码	名称	重要程度
代码	名称	代码	名称	代码	名称			
				B	开车操作	001	塔水运检查的标准	X
						002	换热器强化传热的主要途径	X
						003	合成 MTBE 反应机理	X
						004	新换树脂催化剂处理	X
						005	反应速度常数 $K=Z\times q=Z_e-E/RT$ 的含义	X
				C	正常操作	001	催化蒸馏技术的应用	X
						002	提高 MTBE 转化率的方法	X
						003	提高 MTBE 收率的方法	X
						004	气液平衡相图	X
						005	塔板负荷性能图	X
						006	提高催化剂使用率的方法	X
						007	回流比大小和装置能耗的关系	X
						008	先进控制系统的概念	X
						009	MTBE 催化剂制造特点	X
						010	影响催化蒸馏塔床层温度的因素	X
						011	回流量对催化蒸馏塔的影响	X
				D	停车操作	001	停车检修的分类与特点	X
						002	防火、防爆的主要措施	X
						003	停工方案的审定内容	X
						004	事故停车顺序	X
						005	环保工作的管理方法	X
						006	筒式外循环反应器的停工顺序	X
						007	停工检修时树脂催化剂的处理方法	X
		B	设备使用与维护	A	设备使用	001	停车检修前的准备	X
						002	化工设备主要管理工作内容	X
						003	静密封点泄漏率计算方法	X
						004	离心泵验收标准	X
						005	丁烯-1 装置脱轻塔防腐	X
						006	调节器作用	X
						007	列管式换热器选用的原则	Y
						008	压力容器在运行中发生异常现象	Y
						009	螺栓与相配合的螺母的材质选择原则	Y
						010	防爆电机的概念	Y
						011	压力容器安全阀的作用	Z
						012	精馏塔操作压力变化对产品的影响	X
						013	新型塔盘的特点	X

续表

鉴定范围						鉴定点		
一级		二级		三级		代码	名称	重要程度
代码	名称	代码	名称	代码	名称			
				B	维护设备	001	工艺配管的原则	X
						002	反火灾事故演习预案的编写	X
						003	反泄漏事故演习预案的编写	X
						004	塔设备检修后的工艺验收	X
						005	循环水常见的金属腐蚀类型	X
						006	装置冬季运行的注意事项	X
						007	编写重大事故应急预案的注意事项	X
						008	容器的验收标准	X
						009	塔检修验收标准	X
		C	事故判断与处理	A	判断事故	001	填料塔常见故障知识	X
						002	压力容器异常情况判断知识	X
						003	管式换热器换热效果降低的原因	X
						004	换热器内漏判断知识	X
						005	开车过程中催化剂床层阻力大的原因	X
						006	开车过程中不发生 MTBE 反应的原因	X
						007	DCS 安全栅故障的工艺现象	X
						008	DCS 控制器故障的工艺现象	X
						009	事故分析中 FTA(事故树分析)的概念	X
						010	化工生产中发生火灾爆炸的主要原因	Z
						011	装置电气系统故障的判断	X
				B	处理事故	001	职业中毒及抢救	X
						002	石油化工生产工艺的火灾危险性分类	X
						003	丁烯-1装置脱重塔压力升不起来的处理方法	Y
						004	防止流量孔板堵塞的处理方法	X
						005	人身急救的主要方法	X
						006	装置失火的事故应急处理措施	Y
						007	化学品事故急救措施	X
						008	精馏塔液泛的处理措施	X
						009	贮罐初起火灾的处理方法	X
						010	生产装置初起火灾的扑救措施	X
						011	装置在生产中发生物料泄漏时的处理	X
						012	开车过程中催化剂床层阻力大的处理	X
						013	开车过程中不发生 MTBE 反应的处理	X
						014	DCS 安全栅故障的处理方法	X

续表

鉴定范围						鉴定点		
一级		二级		三级		代码	名称	重要程度
代码	名称	代码	名称	代码	名称			
						015	DCS 控制器故障的处理方法	X
						016	UPS 失电事故处理方法	X
						017	压力容器异常情况判断的处理方法	X
						018	管式换热器换热效果降低的处理方法	X
						019	换热器内漏判断的处理方法	Y
						020	造成塔板脱落的处理方法	X
		D	绘图与计算	A	绘图	001	装置工艺流程图的绘制	Y
						002	工艺配管图的绘制	X
						003	设备零件图的识读	X
						004	技术改造、技术革新简图的绘制	X
						005	装置设计资料	X
						006	工艺设计规范	X
						007	设备布置图基本知识	Y
						008	化工设备图尺寸标注和技术要求	Y
						009	化工设备图阅读	Y
						010	积分调节器特性表示方法	X
				B	计算	001	泵的效率与功率计算	Y
						002	电机功率的计算	X
						003	泵的扬程计算	X
						004	换热器流体提供热量的计算	X
						005	冷却器冷却水的热量计算	X
						006	换热器出口温度的计算	X
						007	温度差的计算	Y
						008	计算换热面积	Y
						009	加大换热系数的计算方法	X

四、理论知识试题

行业通用理论知识试题

判断题

1. 设备布置图是构思建筑图的前提，建筑图又是设备布置图的依据。（√）

2. 化工设备图中，如图管道立面图，其平面图为。（×）

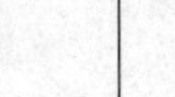

正确答案：化工设备图中，如图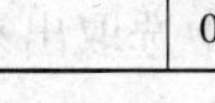管道立面图，其平面图为。

3. 在化工设备图中，由于零件的制造精度不高，故允许在图上将同方向（轴向）的尺寸

注成封闭形式。 (√)

4. 装配图中，当序号的指引线通过剖面线时，指引线的方向必须与剖面线平行。 (×)

正确答案：装配图中当序号的指引线通过剖面线时，指引线的方向必须与剖面线不平行。

5. 只有 ISO 9000 质量保证模式的标准才能作为质量审核的依据。 (×)

正确答案：除 ISO 9000 族质量标准以外，还有其他一些国际标准可以作为质量审核的依据。

6. ISO 9000：2000 版标准减少了过多强制性文件化要求，使组织更能结合自己的实际，控制体系过程，发挥组织的自我能力。 (√)

7. 数据库就是存储和管理数据的仓库。 (×)

正确答案：数据库就是按一定结构存储和管理数据的仓库。

8. 在计算机应用软件中 VFP 数据表中日期字段的宽度一般为 10 个字符。 (×)

正确答案：在计算机应用软件中 VFP 数据表中日期字段的宽度一般为 8 个字符。

9. 在应用软件 PowerPoint 中可以插入 WAV 文件、AVI 影片，但不能插入 CD 音乐。 (×)

正确答案：在 PowerPoint 中可以插入 WAV 文件、AVI 影片，也能够插入 CD 音乐。

10. 在应用软件 PowerPoint 中播放演示文稿的同时，单击鼠标右键，选择"指针选项"中的"画笔"选项，此时指针会自动的变成一支画笔的形状，按住鼠标左键，就可以随意书写文字了。 (√)

11. 基本生产过程在企业的全部生产活动中居主导地位。 (√)

12. 企业的生产性质、生产结构、生产规模、设备工装条件、专业化协作和生产类型等因素都会影响企业的生产过程组织，其中影响最大的是生产规模。 (×)

正确答案：企业的生产性质、生产结构、生产规模、设备工装条件、专业化协作和生产类型等因素都会影响企业的生产过程组织，其中影响最大的是生产类型。

13. 日常设备检查是指专职维修人员每天对设备进行的检查。 (×)

正确答案：日常设备检查是指操作者每天对设备进行的检查。

14. 现场管理是综合性、全面性、全员性的管理。 (√)

15. 通过对工艺指标分析和对比可以找出设备运行中存在的不足和问题，指导有目的地加以优化和改进。 (√)

16. 关键词是为了文献标引工作，从论文中选取出来，用以表示全文主要内容信息款目的单词或术语，一般选用 3~8 个词作为关键词。 (√)

17. 技术论文的摘要是对各部分内容的高度浓缩，可以用图表和化学结构式说明复杂的问题，并要求对论文进行自我评价。 (×)

正确答案：技术论文的摘要是对各部分内容的高度浓缩，在摘要中不可以用图表和化学结构式，不要对论文进行自我评价。

18. 理论性是技术论文的生命，是检验论文价值的基本尺度。 (×)

正确答案：创见性是技术论文的生命，是检验论文价值的基本尺度。

19. 生产准备应包括：组织机构(附组织机构图)、人员准备及培训、技术准备及编制《投料试车总体方案》(附投料试车统筹网络图)、物资准备、资金准备、外部条件准备和营

销准备。 (√)

20. 工艺技术规程侧重于主要规定设备如何操作。 (×)

正确答案：工艺技术规程侧重于主要规定设备为何如此操作。

21. 岗位操作法应由车间技术人员根据现场实际情况编写，经车间主管审定，并组织有关专家进行审查后，由企业主管批准后执行。 (√)

22. 技术改造的过程中竣工验收时应以基础设计为依据。 (×)

正确答案：技术改造的过程中竣工验收的依据是批准的项目建议书、可行性研究报告、基础设计(初步设计)、有关修改文件及专业验收确认的文件。

23. 技术改造项目正式验收后要按照对技术经济指标进行考核标定，编写运行标定报告。 (×)

正确答案：技术改造项目正式验收前要按照对技术经济指标进行考核标定，编写运行标定报告。

24. 培训需求分析是培训方案设计和制定的基础和指南。 (√)

25. 案例教学因受到案例数量的限制，并不能满足每个问题都有相应案例的需求。(√)

26. 主题是培训教案的灵魂，提纲是教案的血脉，素材是培训教案的血肉。 (√)

27. 在培训活动中，学员不仅是学习资料的摄取者，同时也是一种可以开发利用的宝贵的学习资源。 (√)

28. 对内容、讲师、方法、材料、设施、场地、报名的程序等方面的评价属于结果层面的评价。 (×)

正确答案：对内容、讲师、方法、材料、设施、场地、报名的程序等方面的评价属于反应层面的评价。

单选题

1. 设备布置图中，用(B)线来表示设备安装基础。

A. 细实　　B. 粗实　　C. 虚　　D. 点划

2. 如图 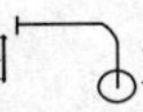 为一根管道空间走向的平面图，它的左视图是(B)。

A. 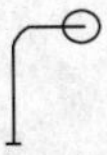　　B. 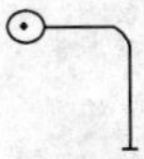　　C. 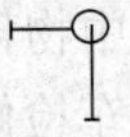　　D. 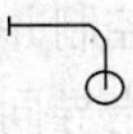

3. 在储罐的化工设备图中，储罐的筒体内径尺寸 $\phi 2000$ 表示的是(A)尺寸。

A. 特性　　B. 装配　　C. 安装　　D. 总体

4. 关于零件图和装配图，下列说法不正确的是(C)。

A. 零件图表达零件的大小、形状及技术要求

B. 装配图是表示装配及其组成部分的连接、装配关系的图样

C. 零件图和装配图都用于指导零件的加工制造和检验

D. 零件图和装配图都是生产上的重要技术资料

5. 在 ISO 9000 族标准中，可以作为质量管理体系审核的依据是(A)。

A. GB/T 19001　　B. GB/T 19000　　C. GB/T 19021　　D. GB/T 19011

6. 按 ISO 9001：2000 标准建立质量管理体系，鼓励组织采用(A)方法。

A. 过程　　B. 管理的系统　　C. 基于事实的决策　D. 全员参与

7. 目前，比较流行的数据模型有三种，下列不属于这三种的是(D)结构模型。

A. 层次　　B. 网状　　C. 关系　　D. 星形

8. 在计算机应用软件中 VFP 数据库中浏览数据表的命令是(A)。

A. BROWS　　B. SET　　C. USE　　D. APPEND

9. 在应用软件 PowerPoint 中演示文稿的后缀名是(C)。

A. doc　　B. xls　　C. ppt　　D. ppl

10. 在生产过程中，由于操作不当造成原材料、半成品或产品损失的，属于(A)事故。

A. 生产　　B. 质量　　C. 破坏　　D. 操作

11. 对设备进行清洗、润滑、紧固易松动的螺丝、检查零部件的状况，这属于设备的(C)保养。

A. 一级　　B. 二级　　C. 例行　　D. 三级

12. 分层管理是现场 5S 管理中(C)常用的方法。

A. 常清洁　　B. 常整顿　　C. 常组织　　D. 常规范

13. 目视管理是现场 5S 管理中(D)常用的方法。

A. 常组织　　B. 常整顿　　C. 常自律　　D. 常规范

14. 按规定中、小型建设项目应在投料试车正常后(D)内完成竣工验收。

A. 两个月　　B. 一年　　C. 三个月　　D. 半年

15. 下列叙述中，(A)不是岗位操作法中必须包含的部分。

A. 生产原理　　B. 事故处理　　C. 投、停运方法　D. 运行参数

16. 下列选项中，不属于标准改造项目的是(A)。

A. 重要的技术改造项目　　B. 全面检查、清扫、修理

C. 消除设备缺陷，更换易损件　　D. 进行定期试验和鉴定

17. 在停车操作阶段不是技师所必须具备的是(D)。

A. 组织完成装置停车吹扫工作

B. 按进度组织完成停车盲板的拆装工作

C. 控制并降低停车过程中物耗、能耗

D. 指导同类型的装置停车检修

18. 下列选项中，属于技术改造的是(C)。

A. 原设计系统的恢复的项目　　B. 旧设备更新的项目

C. 工艺系统流程变化的项目　　D. 新设备的更新项目

19. 为使培训计划富有成效，一个重要的方法是(A)。

A. 建立集体目标

B. 编成训练班次讲授所需的技术和知识

C. 把关于雇员的作茧自缚情况的主要评价反馈给本人

D. 在实施培训计划后公布成绩

20. 在培训教学中，案例法有利于参加者(D)。

A. 提高创新意识　　B. 系统接受新知识

C. 获得感性知识　　　　　　　　　　D. 培养分析解决实际问题能力

21. 课程设计过程的实质性阶段是(C)。

A. 课程规划　　B. 课程安排　　C. 课程实施　　D. 课程评价

22. 正确评估培训效果要坚持一个原则，即培训效果应在(B)中得到检验。

A. 培训过程　　B. 实际工作　　C. 培训教学　　D. 培训评价

多选题

1. 设备布置图必须具有的内容是(A，B，D)。

A. 一组视图　　B. 尺寸及标注　　C. 技术要求　　D. 标题栏

2. 在化工设备图中，当控制元件位置与任一直角坐标轴平行时，可用(A，C，D)表示。

A. 
B. 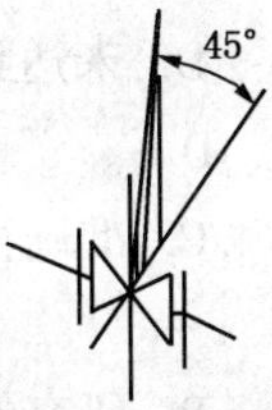

C. 
D. 

3. 在化工设备图中，可以作为尺寸基准的有(A，B，C，D)。

A. 设备筒体和封头的中心线　　　　B. 设备筒体和封头时的环焊缝

C. 设备法兰的密封面　　　　　　　D. 设备支座的底面

4. 在化工设备图中，可以作为尺寸基准的有(A，B，D)。

A. 设备筒体和封头的中心线　　　　B. 设备筒体和封头时的环焊缝

C. 设备人孔的中心线　　　　　　　D. 管口的轴线和壳体表面的交线

5. 下列叙述中，不正确的是(A，B，D)。

A. 根据零件加工、测量的要求而选定的基准为工艺基准。从工艺基准出发标注尺寸，能把尺寸标注与零件的加工制造联系起来，使零件便于制造、加工和测量

B. 装配图中，相邻零件的剖面线方向必须相反

C. 零件的每一个方向的定向尺寸一律从该方向主要基准出发标注

D. 零件图和装配图都用于指导零件的加工制造和检验

6. 在 ISO 9000 族标准中，内部质量体系审核的依据是(A，B，C，D)。

A. 合同要素　　　　　　　　　　　B. 质量文件

C. ISO 9000 族标准　　　　　　　D. 法律、法规要求

7. ISO 9001 标准具有广泛的适用性，适用于(B，D)。

A. 大中型企业　　　　　　　　　　B. 各种类型规模及所有产品的生产组织

C. 制造业　　　　　　　　　　　　D. 各种类型规模及所有产品的服务的组织

8. 在计算机应用软件中 VFP 能用来建立索引的字段是(C，D)字段。

A. 通用型(图文型)　B. 备注(文本型)　　C. 日期　　D. 逻辑

9. 关于幻灯片的背景，说法不正确的是(A，C，D)。

A. 只有一种背景　　B. 可以是图片　　C. 不能更改　　D. 以上都错

10. 企业在安排产品生产进度计划时，对市场需求量大，而且比较稳定的产品，其全年

任务可采取(A，B)。

A. 平均分配的方式　　B. 分期递增方法

C. 抛物线形递增方式　　D. 集中轮番方式

11. 设备的一级维护保养的主要内容是(A，B，C)。

A. 彻底清洗、擦拭外表　　B. 检查设备的内脏

C. 检查油箱油质、油量　　D. 局部解体检查

12. 现场目视管理的基本要求是(A，B，C，D)。

A. 统一　　B. 简约　　C. 鲜明　　D. 实用

13. 在月度生产总结报告中对工艺指标完成情况的分析应包括(A，B，C，D)。

A. 去年同期工艺指标完成情况　　B. 本月工艺指标完成情况

C. 计划本月工艺指标情况　　D. 未达到工艺指标要求的原因

14. 技术论文标题拟订的基本要求是(B，C，D)。

A. 标新立异　　B. 简短精练　　C. 准确得体　　D. 醒目

15. 技术论文摘要的内容有(A，C，D)。

A. 研究的主要内容　　B. 研究的目的和自我评价

C. 获得的基本结论和研究成果　　D. 结论或结果的意义

16. 技术论文的写作要求是(A，B，D)。

A. 选题恰当　　B. 主旨突出　　C. 叙述全面　　D. 语言准确

17. 装置标定报告的目的是(A，B，D)。

A. 进行重大工艺改造前为改造设计提供技术依据

B. 技术改造后考核改造结果，总结经验

C. 完成定期工作

D. 了解装置运行状况，获得一手资料，及时发现问题，有针对性地加以解决

18. 下列选项中，属于竣工验收报告的内容有(A，B，C，D)。

A. 工程设计　　B. 竣工决算与审计　　C. 环境保护　　D. 建设项目综合评价

19. “三级验收”是指(B，C，D)验收。

A. 个人　　B. 班组　　C. 车间　　D. 厂部

20. 在技术改造过程中(A，B，C)的项目应该优先申报。

A. 解决重大安全隐患　　B. 生产急需项目

C. 效益明显项目　　D. 技术成熟项目

21. 在技术改造方案中(A，C，D)设施应按设计要求与主体工程同时建成使用。

A. 环境保护　　B. 交通　　C. 消防　　D. 劳动安全卫生

22. 技术改造申请书应包括(A，B，C，D)。

A. 项目名称和立项依据　　B. 项目内容和改造方案

C. 项目投资预算及进度安排　　D. 预计经济效益分析

23. 进行技术革新成果鉴定必要的条件是(A，B，C，D)。

A. 技术革新确实取得了良好的效果

B. 申报单位编制好技术革新成果汇报

C. 确定鉴定小组人员、资格

D. 确定鉴定的时间、地点和参加人员，提供鉴定时所需各种要求

24. 培训方案应包括(A，B，C，D)等内容。

A. 培训目标　B. 培训内容　C. 培训指导者　D. 培训方法

25. 在职工培训活动中，培训的指导者可以是(A，B，C，D)。

A. 组织的领导　B. 具备特殊知识和技能的员工

C. 专业培训人员　D. 学术讲座

26. 在职工培训中，案例教学具有(A，B，C)等优点。

A. 提供了一个系统的思考模式

B. 有利于使受培训者参与企业实际问题的解决

C. 可得到有关管理方面的知识与原则

D. 有利于获得感性知识，加深对所学内容的印象

27. 在职工培训中，讲授法的缺点是(A，B，D)。

A. 讲授内容具有强制性　B. 学习效果易受教师讲授水平的影响

C. 适用的范围有限　D. 没有反馈

28. 培训教案一般包括(A，B，C，D)等内容。

A. 培训目标　B. 教学设计　C. 培训目的　D. 重点、难点

29. 编写培训教案的基本技巧是(A，B，C，D)。

A. 确立培训的主题　B. 构思培训提纲　C. 搜集素材　D. 整理素材

30. 培训项目即将实施之前需做好的准备工作包括(A，B，C，D)。

A. 通知学员　B. 后勤准备　C. 确认时间　D. 准备教材

31. 生产管理或计划部门对培训组织实施的(A，B)是否得当具有发言权。

A. 培训时机的选择　B. 培训目标的确定

C. 培训计划设计　D. 培训过程控制

32. 在评估培训效果时，行为层面的评估，主要包括(B，C，D)等内容。

A. 投资回报率　B. 客户的评价　C. 同事的评价　D. 主管的评价

33. 培训评估的作用主要有(B，D)等几个方面。

A. 提高员工的绩效和有利于实现组织的目标

B. 保证培训活动按照计划进行

C. 有利于提高员工的专业技能

D. 培训执行情况的反馈和培训计划的调整

简答题

1. 在 ISO 9000 族标准中质量体系审核的依据包括哪些内容？

答：①相关的质量保证模式标准(一般是 ISO 9001、9002、9003)；②质量手册或质量管理手册或质量保证手册；③程序文件；④质量计划；⑤合同或协议；⑥有关的法律、法规。

2. 简述生产过程的基本内容。

答：①生产准备过程；②基本生产过程；③辅助生产过程；④生产服务过程。

3. 什么是设备检查？设备检查的目的是什么？

答：①设备检查是指对设备的运行状况、工作性能、磨损腐蚀程度等方面进行检查和校验；②设备检查能够及时查明和清除设备隐患，针对发现的问题提出解决的措施，有目的地做好维修前的准备工作，以缩短维修时间，提高维修质量。

4. 现场管理有哪些具体要求？

答：①组织均衡生产；②实现物流有序化；③设备状况良好；④纪律严明；⑤管理信息准确；⑥环境整洁，文明生产；⑦组织好安全生产，减少各种事故。

5. 经济指标分析时应注意什么？

答：①指标的准确性。指标的采集汇总必须准确，错误的数据缺乏参照和分析性，甚至产生错误的结论。②指标的可比性。在进行指标分析时通常要在相同运行的状况下进行比较，通常要参照上个月和去年同期的指标。如果运行的状况发生变化要对指标进行相应的修正，否则就失去了指标的可比性。③突出指标分析指导的作用。通过指标分析和对比要找出设备运行中存在的不足和问题，指导有目的地加以优化和改进。

6. 国家标准技术论文应该包括哪些内容？

答：技术论文应包括题目、作者、摘要、关键词、引言、正文、结论、致谢、参考文献、附录等十个部分。

7. 通常情况下技术论文的结构是怎样的？

答：在通常情况下技术论文的正文结构应该是按提出问题——分析问题——提供对策来布置的。①要概括情况、阐述背景、说明意义、提出问题。②在分析问题时必须观点明确，既要抓住矛盾的主要方面，又不能忽视次要方面，析因探源，寻求出路。③要概括前文，肯定中心论点，提出工作对策。提供的对策要有针对性和必要的论证。

8. 技术论文摘要的要求是什么？

答：摘要文字必须十分简练，篇幅大小一般限制字数不超过论文字数的5%。论文摘要不要列举例证，不讲研究过程，不用图表，不给化学结构式，也不要做自我评价。

9. 简述技术论文的写作步骤。

答：①选题，确定论文的主攻方向和阐述或解决的问题。选题时一般要选择自己感兴趣的和人们关心的“焦点”问题；②搜集材料，要坚持少而精的原则，做到必要、可靠、新颖，同时必须充分；③研究资料，确定论点，选出可供论文作依据的材料，支持论点；④列出详细的提纲，使想法和观点文字化、明晰化、系统化，从而可以确定论文的主调和重点。提纲拟订好后，可以遵循论文写作的规范和通常格式动笔拟初稿。

10. 在竣工验收报告中关于工程建设应包括哪些内容？

答：①工程建设概况；②工程建设组织及总体统筹计划；③工程进度控制；④工程质量控制；⑤工程安全控制；⑥工程投资控制；⑦未完工程安排；⑧工程建设体会。

11. 工艺技术规程应包括哪些内容？

答：①总则；②原料、中间产品、产品的物、化性质以及产品单耗；③工艺流程；④生产原理；⑤设备状况及设备规范。⑥操作方法；⑦分析标准；⑧安全计划要求。

12. 岗位操作法应包括哪些内容？

答：①名称；②岗位职责和权限；③本岗位与上、下游的联系；④设备规范和技术特性，原料产品的物、化性质；⑤开工准备；⑥开工操作步骤；⑦典型状况下投、停运方法和步骤；⑧事故预防、判断及处理；⑨系统流程图；⑩运行参数正常范围和各种试验。

13. 检修方案应包括哪些内容？

答：①设备运行情况；②检修组织机构；③检修工期；④检修内容；⑤检修进度图；⑥检修的技术要求；⑦检修任务落实情况；⑧安全防范措施；⑨检修备品、备件；⑩检修验收内容和标准。

14. 在开车准备阶段技师应具备哪些技能要求？

答：①能完成开车流程的确认工作；②能完成开车化工原材料的准备工作；③ 能按进度组织完成开车盲板的拆装操作；④能组织做好装置开车介质的引入工作；⑤能组织完成装置自修项目的验收；⑥能按开车网络图计划要求，组织完成装置吹扫、试漏工作；⑦能参与装置开车条件的确认工作。

15. 开工方案应包括哪些内容？

答：①开工组织机构；②开工的条件确认；③开工前的准备条件；④开工的步骤及应注意的问题；⑤开工过程中事故预防和处理；⑥开工过程中安全分析及防范措施；⑦附录，重要的参数和控制点、网络图。

16. 停工方案应包括哪些内容？

答：①设备运行情况；②停工组织机构；③停工的条件确认；④停工前的准备条件；⑤停工的步骤及应注意的问题；⑥停工后的隔绝措施；⑦停工过程中事故预防和处理；⑧停工过程中安全分析及防范措施；⑨附录，重要的参数和控制点。

17. 技术改造的目的是什么？

答：通过采用新技术、新工艺，解决制约系统安、稳、优生产运行的问题，推动技术进步和技术创新，更好地提高企业经济效益。

18. 技术改造的前期准备是什么？

答：通过选题和论证确定技术改造的项目和内容，提出立项申请和改造方案。经领导和专家批准后，进行改造设计和设计审查。改造项目确定后，需及时落实资金，完成设备、材料的采购，落实施工单位，组织设计交底。

19. 技术改造方案的主要内容是什么？

答：①项目名称；②项目负责单位；③项目负责人；④建设立项理由和依据，包括原始状况、存在问题和改造依据；⑤改造主要内容，需要写明改造涉及装置设备及详细改造内容；⑥改造技术方案，需写明技术分析、技术要求、方案选择、设备选型及详细的技术方案，并注明动力消耗指标及公用工程配套情况；⑦预计改造效果及经济效益，包括改造后主要经济、技术指标及取得效果；经济效益(附计算式)及技术经济分析；⑧投资计划，包括主要设备材料清单和费用安排(设备询价、材料费用、安装施工费用等)；⑨计划进度安排；⑩安全环保措施。

20. 技术改造的步骤是什么？

答：①前期准备，确定技术改造的项目和内容，经领导和专家批准后，进行改造设计和设计审查。改造项目确定后，需及时落实资金，完成设备、材料的采购，落实施工单位，组织设计交底。②实施阶段，根据改造设计的要求，施工单位应在规定工期内保质保量地完成改造的各项内容。在此过程中应对工程进度、工程质量、工程安全、工程投资进行重点控制；③验收阶段，改造项目完成后，应及时组织投用试车，进行性能考核，检验是否达到设计要求，在运行正常后组织进行竣工验收，并填写竣工验收报告；④后评估阶段，在设备稳定运行一段时间后，应组织对技术改造进行后评估，总结技术改造的效果和经验，根据生产运行实际情况提出建议。

21. 技术革新成果鉴定小组主要程序和主要内容是什么？

答：①听取申报单位技术革新成果汇报情况；②实地查验技术革新成果完成情况，审阅技术革新成果申报资料；③讨论对技术革新成果验收意见，签署技术革新成果验收证书；④颁发技术革新成果验收证书。

22. 在技术改造过程中施工管理时应注意什么？

答：①对改造工程施工全过程应进行组织和管理，及时发现并解决施工存在的问题，严格按照技术检修规程及施工图纸进行施工，确保工程质量和施工进度；②在施工过程中，应加强质量监督并进行实施阶段的设计协调工作，对检查发现的工程质量问题有权责令其停止施工并限期整改。③在施工过程中，应加强对施工现场安全、人身安全的监督，禁止“三违”现象的出现，对不符合要求的有权责令其停止施工并限期整改。④在施工过程中，应加强对施工周围环境的影响的监管，对施工过程中产生的废物要及时妥善处理。

23. 技术革新成果的主要内容是什么？

答：技术革新成果的主要内容是：①项目编号、成果名称、完成单位、申报日期、项目负责人、主要完成人、工作起止时间；②系统原始状况和技术难点；③实施报告，包括方案、措施、完成时间、取得成果(附图纸、资料、技术说明)；④社会、经济效益；⑤申报车间审核意见、技术主管部门审核意见、专业评审小组意见和企业主管领导意见。

24. 培训方案有哪些要素组成？

答：培训方案主要有培训目标、培训内容、培训指导者、受训者、培训日期和时间、培训场所与设备以及培训方法等要素组成。

25. 培训需求分析包括哪些内容？

答：培训需求分析需从多维度来进行，包括组织、工作、个人三个方面。①组织分析指确定组织范围内的培训需求，以保证培训计划符合组织的整体目标与战略要求；②工作分析指员工达到理想的工作绩效所必须掌握的技能和知识。③个人分析是将员工现有的水平与预期未来对员工技能的要求进行比照，发现两者之间是否存在差距。

26. 什么是培训方案？

答：培训方案是培训目标、培训内容、培训指导者、受训者、培训日期和时间、培训场所与设备以及培训方法的有机结合。

27. 什么是演示教学法？在教学中演示教学法具有哪些优点？

答：演示法是运用一定的实物和教具，通过实地示范，使受训者明白某种事务是如何完成的。演示法优点为：①有助于激发受训者的学习兴趣；②可利用多种感官，做到看、听、想、问相结合；③有利于获得感性知识，加深对所学内容的印象。

28. 如何准备教案？

答：准备教案要从以下几个方面着手：

①做好培训需求分析。②教案的编写：确定教案的核心内容与结构；选择合适的教案模式。③培训方式的选择与应用。

29. 在培训教学的组织实施与管理的前期准备阶段，主要的工作有哪些？

答：①确认和通知参加培训的学员；②培训后勤准备；③确认培训时间；④教材的准

备；⑤确认理想的讲师。

30. 培训评估具有什么意义？

答：①能为决策提供有关培训项目的系统信息，从而做出正确的判断。②可以促进培训管理水平的提升。③可使培训管理资源得到更广泛的推广和共享。

31. 应从哪些方面评价培训效果？

答：主要应从以下四个层面评估培训效果的：①反应，即课程刚结束时，了解学员对培训项目的主观感觉；②学习，即学员在知识、技能或态度等方面学到了什么；③行为，即学员的工作行为方式有多大程度的改变；④结果，即通过诸如质量、数量、安全、销售额、成本、利润、投资回报率等可以量度的指标来考查，看最终产生了什么结果。

职业通用理论知识试题(《烃类衍生物生产工》)

判断题

1. 对于 $CaCO_3$(固)= CaO(固)+CO_2 的反应，其平衡常数表达式为 $K_c=\frac{[CO_2][CaO]}{[CaCO_3]}$。 (×)

正确答案：$CaCO_3$(固)= CaO(固)+CO_2 的反应，其平衡常数表达式为 $K_c=[CO_2]$。

2. 一个反应的平衡常数越小，正反应进行的程度越小，平衡时转化率越低。 (√)

3. 若需用扬程较高而流量很大的水泵，可采用多级离心泵。 (√)

4. 压缩机一次循环吸入气体的体积和活塞扫过的容积之比称为余隙系数。 (×)

正确答案：压缩机一次循环吸入气体的体积和活塞扫过的容积之比称为容积系数。

5. 液体分布器的作用是使液体均匀地分布在填料上。 (√)

6. 当回流比增大时，操作线偏离对角线越远，越接近平衡曲线。 (×)

正确答案：当回流比增大时，操作线偏离平衡曲线越远，越接近对角线。

7. 理想溶液沸点-组成 T-$x(y)$ 图中，液相线总是在气相线的下方。 (√)

8. P-x 图中的液相线表示溶液的蒸气压与液相组成的关系。 (√)

9. 在化工机械设计中尽管有些材料的耐腐蚀性能很好，但强度不够，则不可以选用。 (×)

正确答案：在化工机械设计中尽管有些材料的耐腐蚀性能很好，但强度不够，则可以选作衬里式喷镀用的材料。

10. 可编程控制器主要适用于开关量控制，不能进行连续的 PID 控制。 (×)

正确答案：可编程控制器主要适用于开关量控制，也能进行连续的 PID 控制。

11. ESD 系统在正常情况下是处于动态的，不需要人为干预。 (×)

正确答案：ESD 系统在正常情况下是处于静态的，不需要人为干预。

单选题

1. 下列反应处于平衡状态：

$$Fe_4O_3(固)+4H_2(气)\rightleftharpoons 3Fe(固)+4H_2O(气)$$

其平衡常数的表达式 K_c =(A)。

A. $\frac{[H_2O]^4}{[H_2]^4}$　B. $\frac{[Fe]^3}{[Fe_3O_4]}$　C. $\frac{[H_2]^4}{[H_2O]^4}$　D. $\frac{[Fe_3O_4]}{[Fe]^3}$

2. 一个反应的平衡常数越大，正向反应进行的程度越大，平衡时(B)越高。

A. 效率　　B. 转化率　　C. 吸收率　　D. 温度

3. 同一反应的 K_p 和 K_c 之间的关系为(A)。

A. $K_p = K_c(RT)^{\Delta n}$　　B. $K_p = K_c$

C. $K_p = K_c(RT)^n$　　D. $K_p = RK_c \cdot T^{\Delta n}$

4. 平衡常数关系式 $K_P = K_c(RT)^{\Delta n}$ 中 Δn 为反应方程式中气态生成物系数之和与气态反应物系数之和的(D)。

A. 和　　B. 商　　C. 积　　D. 差

5. 一套管环行截面，大管内径为100mm，小管外径为60mm，则其当量直径为(B)mm。

A. 160　　B. 40　　C. 100　　D. 60

6. 泵型号 100D454 的中"D"的涵义是(C)。

A. 低压　　B. 低温　　C. 多级　　D. 直径

7. 采用多级压缩可以(C)汽缸容积系数(C)压缩比。

A. 提高，提高　　B. 降低，降低　　C. 提高，降低　　D. 降低，提高

8. 多级离心式压缩机一般设有段间冷却器，其目的是避免(A)。

A. 气体温度过高　　B. 气体压力过高　　C. 浪费能源　　D. 降低压缩比

9. 在吸收过程中，扩散的方式除了分子扩散以外，还有(C)。

A. 传导　　B. 辐射　　C. 对流　　D. 滞流

10. 实际生产中采用的回流比与最小回流比的关系是(D)。

A. $\dfrac{R_{实}}{R_{小}} = 1.2 \sim 3.0$　　B. $\dfrac{R_{实}}{R_{小}} = 1.0 \sim 2.0$

C. $\dfrac{R_{实}}{R_{小}} = 1.5 \sim 2.2$　　D. $\dfrac{R_{实}}{R_{小}} = 1.2 \sim 2.0$

11. T-$x(y)$ 图中，常把液相线又称为(D)。

A. 露点线　　B. 漏液限线　　C. 雾沫夹带限线　　D. 泡点线

12. 如图

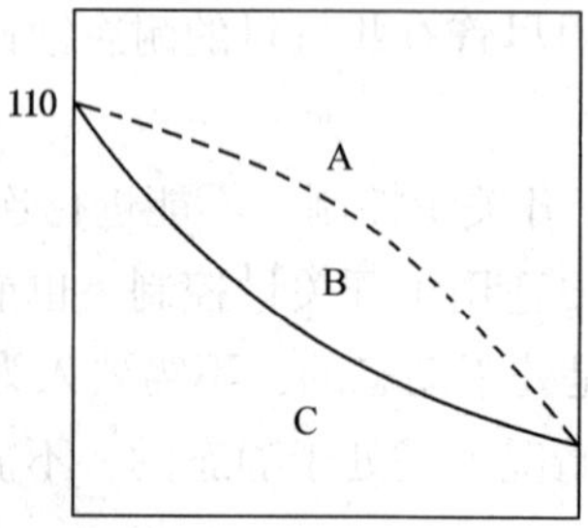

上图为 $P = 1\text{atm}$ 的苯-甲苯溶液的 T-$x(y)$ 图，A、B、C 三点所属的相区及虚实线代表的相区下面写的正确的是(C)。

A. A 为液相区　　B. C 为气相区

C. B 为气液共存区　　D. 虚线为液相线，实线为气相

13. 气、液组成(y-x)图以横坐标 x 表示易挥发组分在(A)中的组成，以纵坐标 y 表示易挥发组分在(A)中的组成。

A. 液相　气相　　B. 气相　液相　　C. 液相　液相　　D. 气相　气相

14. 对压力容器进行射线探伤主要是为了检查(C)。

A. 螺栓是否有松动

B. 容器外表面是否有变形

C. 焊缝、螺栓、封头或应力集中区有否裂纹

D. 基础是否下沉

15. 将带电体用接地的金属板、网或缠上线匝，即能将电荷对外的影响局限在屏蔽层里面，同样处在屏蔽层里的物质也不会受到外电场的影响，这种消除静电危害的方法叫(B)。

A. 泄漏导走法　　B. 静电屏蔽法

C. 复合中和法　　D. 整净措施

16. CIPS 的含义是(D)。

A. 计算机直接控制　　B. 计算机辅助设计

C. 集散系统　　D. 智能生产系统

17. PLC 不具有的特点是(B)。

A. 通用性强、适用广　　B. 编程复杂

C. 抗干扰能力强　　D. 使用方便、可靠性高

18. ESD 紧急停车系统按照安全独立原则要求，独立于(D)系统。

A. PID　　B. PLC　　C. APC　　D. DCS

多选题

1. 平衡常数有(A，C)。

A. K_P 压力平衡常数　　B. K_T 温度平衡常数

C. K_C 浓度平衡常数　　D. K_V 体积平衡常数

2. 从管道阻力损失的外因来看，流体在管路中的阻力损失可分为(A，D)损失两类。

A. 直管阻力　　B. 弯头阻力　　C. 阀门阻力　　D. 局部阻力

3. 往复式压缩机送气量的调节方法有(A，B，C，D)。

A. 补充余隙调节法　　B. 旁路回流调节法

C. 降低吸入压力调节法　　D. 改变转速调节

4. 离心式压缩机的转子由(A，B，C，D)组成。

A. 叶轮　　B. 主轴　　C. 平衡盘　　D. 推力盘

5. 吸收质穿过气膜的吸收速率方程式为(A，B)。

A. $G_A = K_G \cdot A(P - P_i)$　　B. $G_A = K_Y \cdot A(Y - Y_i)$

C. $G_A = K_L \cdot A(C_i - C)$　　D. $G_A = K_X \cdot A(x_i - x)$

6. 实体填料的种类有(B，C，D)。

A. 金属丝网环　　B. 鲍尔环　　C. 弧鞍形　　D. 拉西环

7. 计算精馏塔理论塔板数的基本依据是(C，D)。

A. 气相负荷下限值

B. 液相负荷上限值

C. 板上气液的平衡关系

D. 相邻两塔板之间的汽液相之间的操作关系

8. 连续精馏设备进行热量衡算目的是确定(B，C)。

A. 塔板效率　　B. 蒸馏釜中加热蒸气的消耗量

C. 塔顶冷凝器中冷凝剂的消耗量　　D. 进料量

9. 理想二组分溶液 P-x 图中，有(A，B，C)。

A. 气相区　　B. 液相区　　C. 气液共存区　　D. 固相区

10. 三相异步电动机的调速方法有(A，B，D)。

A. 变频调速　　B. 变极调速　　C. 变压调速　　D. 变转差率调速

11. 人体防静电措施有(B，D)。

A. 应用静电消除器　　B. 撒水使地面湿润

C. 将容器、管道制成光滑、无棱角样　　D. 穿防静电工作服、鞋和手套

12. 模块式可编程控制器 PLC 包括(A，B，C，D)等，这些模块可以按一定规则组合配置，实现复杂控制功能。

A. CPU 模块　　B. I/O 模块及各种接口

C. 内存块(ROM、RAM)　　D. 电源模块

简答题

1. 简述化学平衡常数的定义。

答：在一定温度下，可逆反应达到平衡时，产物浓度系数次方的乘积与反应浓度系数次方的乘积之比是一个常数，这个常数叫做化学平衡常数。

2. 离心式压缩机蜗壳的作用有哪些？

答：其主要作用是把扩压器或叶轮后面的气体汇集起来，并把它们引出压缩机；此外，还起到了一定的降速扩压作用。

3. 回流比对精馏塔理论塔板数有何影响？

答：回流对精馏操作来说是必要的，而回流比的大小则对于精馏操作有很大的影响；精馏操作线的位置随回流比的大小而变；当回流比增大时，操作线离平衡曲线越远，越接近对角线；平衡线与操作线之间直角梯级的跨度越大；在分离要求不变的情况下，所需的理论塔板数越少；反之，回流比减小时，所需的理论塔板数就越多。

4. 如图所示：

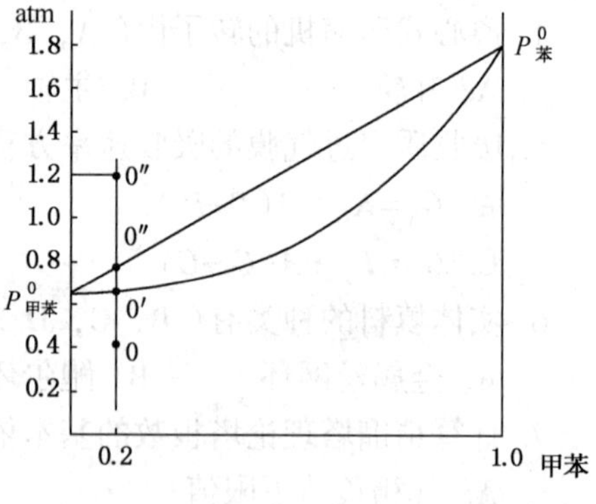

是 $t=100$℃时苯-甲苯溶液的 P-x 图，试写出 0，0′，0″，0‴的相状态。

答：0 点：100℃、气态、0.4atm，$y_{苯}=0.2$

0′点：开始有第一液滴析出。

0″点：全部的气相转为液相。

0‴点：100℃、液态、1.2atm，$y_{苯}=0.2$

5. 化工设备选材的一般原则是什么？

答：①首先必须了解所处理的是什么介质和介质的性质；②考虑材料的物理机械性能；③考虑本系统中其他材料的适应性；④考虑材料的价格和来源。

6. 压力容器全面检验的内容是什么？

答：①内外部检验的全部内容；②对压力容器进行耐压试验；③对主要焊缝进行无损探

伤抽查或全部焊缝检查；④对于压力很低，无腐蚀性介质的容器，若没有发现缺陷，取得一定应用经验后可不作无损探伤检查。

7. 工业静电危害的消除措施有哪些？

答：①工业控制法；②泄漏导走法；③复合中和法；④静电屏蔽法；⑤整净措施；⑥人体防静电措施；⑦安全操作。

8. 什么是 APC？

答：APC(advanced process control)是指一类在动态环境中，基于模型、充分借助计算机能力，为工厂获得最大利润，而实施的运行和技术策略。这种新的控制策略，是系统运行在最佳工况的时候，实现所谓的“卡边生产”。

9. 何为软测量技术？

答：软测量技术是应用计算机技术，对难以测量或暂时不能测量的重要变量(主导变量)，选择一些容易测量的变量(辅助变量)通过某种数学关系来推断和估计，用软件代替硬件(传感器)功能。

计算题

1. 合成氨的反应 $N_2+3H_2 \rightleftharpoons 2NH_3$ 在某温度下达到平衡时，各物质的浓度是$[N_2]=3mol/L$，$[H_2]=9mol/L$，$[NH_3]=4mol/L$，求该温度下的平衡常数。

解：

根据化学平衡定律得

$$K_c=\frac{[NH_3]^2}{[N_2][H_2]^3}=\frac{4^2}{3\times 9^3}=7.32\times 10^{-3}$$

答：该温度下的平衡常数为 7.32×10^{-3}。

2. 某料液从高位槽流至反应器，已知该溶液的相对密度为 1.1，黏度为 1×10^{-3}Pa·s，采用内径 106mm 的钢管，直管全长 20m，管路上有一个全开的闸阀和两个 90°标准弯头，其流量为 $31.7m^3/h$，求总的压头损失？($Re=1.0\times10^5$ 时，$\lambda=0.022$)

名　称	$l_{当}/d$	名　称	$l_{当}/d$
90°标准弯头	30~40	由容器入管口	20
由管口入容器	40	全开闸阀	7

解：① 已知 $\rho=1100kg/m^3$，$\mu=1\times10^{-3}Pa\cdot s$，$d=0.106m$，$u=\frac{31.7/3600}{0.785\times0.106^2}=1(m/s)$

② $Re=\frac{du\rho}{\mu}=\frac{0.106\times1\times1100}{1\times10^{-3}}=1.16\times10^5$，此时 $\lambda=0.022$

③ 查得各局部之 $l_{当}/d$

由容器入管口　20

全开闸阀　7

两个标准弯头　$2\times40=80$

由管口入容器　40

$$\Sigma l_{当}/d=147$$

④ $h_{损} = \lambda\left(\frac{1}{d} + \Sigma l_{当}/d\right)\frac{u^2}{2g} = 0.022 \times \left(\frac{20}{0.106} + 147\right) \times \frac{1}{2 \times 9.81} = 0.376(\text{m})$

答：总的压头损失 0.376m。

3. 某车间欲安装一台离心泵，把常压下 293K 的水从河中送到冷却器里，所用泵的铭牌上标明该泵的允许吸上真空高度为 5m，估计吸水管的损失压头为 1.5m，试确定该泵的实际安装高度。

解：① $Z_{大} = H_{允} - h_{损}$

② $Z_{大} = 5 - 1.5 = 3.5(\text{m})$

③ 实际安装高度应比 $Z_{大}$ 低 0.5m，则实际安装高度为：$3.5 - 0.5 = 3(\text{m})$

答：该泵的实际安装高度 3m。

4. 一填料吸收塔，用来从空气和丙酮蒸气组成的混合气中回收丙酮，用水做吸收剂。已知条件：混合气中丙酮蒸气的含量为 6%（体积分数），所处理的混合气中的空气量为 $1400\text{m}^3/\text{h}$，操作在 293K 和 101.3kPa 下进行，要求丙酮的回收率达 98%。若吸收剂用量为 154kmol/h，试问吸收塔溶液出口浓度为多少？

解：按题意，将组成换算成比摩尔分率：

① 塔底 $Y_1 = 6/(100-6) = 0.0638$

② 塔顶 $Y_2 = Y_1(1-98\%) = 0.0638 \times 0.02 = 0.00128$

$$X_2 = 0$$

③ 入塔空气流量为：$V = (1400/22.4) \times (273/293) = 58.2(\text{kmol/h})$

④ 溶液出口浓度便可由全塔物料衡算求出，$V(Y_1 - Y_2) = L(X_1 - X_2)$

$X_1 = V(Y_1 - Y_2)/L + X_2 = 58.2 \times (0.0638 - 0.00128)/154 + 0 = 0.0236$

答：故溶液出口浓度为 0.0236 kmol 丙酮/kmol 水。

5. 在某连续精馏系统中分离一种混合液，已知：进料组成 $X_F = 0.60$，塔顶产品组成 $X_D = 0.90$，组分相对挥发度 $\alpha = 2$，沸点下进料，塔顶采用全凝器，且采用 $R_{实} = 2R_{最小}$，试求第一块理论板下降的液相组成与第二块理论板上升的蒸气组成。

解：先求出平衡关系式和精馏段操作线方程式

① 平衡关系式：$y = \frac{\alpha x}{1+(\alpha-1)x}$ 变换为 $x = \frac{y}{\alpha-(\alpha-1)y} = \frac{y}{2-(2-1)y} = \frac{y}{2-y}$

② 要求操作线方程式需要先求出 $R_{最小}$ 再求 $R_{实}$。

$R_{最小} = \frac{x_D - y_q}{y_q - x_q}$ 已知 $x_D = 0.90$，$x_q = x_F = 0.60$，注：(x_q, y_q) q 线与操作线交点的坐标

由 x_q 求 y_q

$$y_q = \frac{2x}{1+x} = \frac{2 \times 0.6}{1+0.6} = 0.75$$

$R_{最小} = (0.90 - 0.75)/(0.75 - 0.60) = 1$，则 $R_{实} = 2R_{最小} = 2 \times 1 = 2$

③ 精馏段操作线方程式：$y = \frac{R}{R+1}x + \frac{x_D}{R+1}$ 即 $y = \frac{2}{3}x + \frac{0.9}{3} = 0.667x + 0.3$

④ 第一块板：$y_1 = X_D = 0.90$

$$x_1 = 0.90/(2-0.90) = 0.818$$

⑤ 第二块板：$y_2 = 0.667 \times 0.818 + 0.3 = 0.8456$

答：第一块理论板下降的液相组成中易挥发组分为 0.818，第二块理论板上升的蒸气组成中易挥发组分为 0.8456。

工种理论知识试题

判断题

1. 齿轮油泵试车前必须进行盘车确认无卡涩现象、填料压盖不歪斜。 (√)

2. 泵的无负荷试运是指机组在一般条件下可以做到的最低负荷下启动。 (√)

3. 炼油型 MTBE 工艺特点是以生产 MTBE 为目标，产品 MTBE 用来调和汽油，来提高汽油的辛烷值。 (√)

4. 化工型 MTBE 是将混合碳四中异丁烯最大限度的转化掉，而且醚化后的碳四可用作制取高纯度丁烯-1 或为甲乙酮提供原料。 (√)

5. 列管式醚化反应器容易产生较高的热点温度，而固定床外循环反应器不易产生热点温度。 (√)

6. MTBE 混相床反应器的技术特点是控制反应压力，使反应在泡点温度下进行，反应放出的热量一部分被物料吸收而发生汽化，保持了反应温度的恒定。混相反应是由液相反应、汽相反应组成的汽-液相反应综合系统。 (√)

7. 膨胀床内热量传递速率较慢，在相同醇烯比和异丁烯转化率下，易形成热点温度，因此二甲醚的生成量较多。 (×)

正确答案：膨胀床内热量传递速率较快，在相同醇烯比和异丁烯转化率下，不易形成热点温度，因此有利于减少二甲醚的生成。

8. 膨胀床属于液固散式流化床，反应物料从反应器下部进入，向上通过自然堆积的催化剂床层时，随着流体的线速度增加和床层压降的不断提高，床层催化剂颗粒就产生了浮腾。 (√)

9. MTBE/丁烯-1 装置进行氮气置换时，可以分段进行，在置换时采用边充压边排放的操作可以缩短置换合格时间。 (×)

正确答案：MTBE/丁烯-1 装置进行氮气置换时采用分段置换，氮气充压和排放单独进行，排放时尽量泄压，如此反复，不仅可以缩短置换合格时间，而且还可以节约氮气。

10. 醇烯比较高时，甲醇吸附在催化剂上形成一个溶剂化层，此时甲醇的反应速度是零级，反应速度与甲醇浓度无关。 (√)

11. 醇烯比低时，催化剂活性中心未被甲醇全部溶剂化，异丁烯分子与甲醇分子不吸附在催化剂活性中心上。 (×)

正确答案：醇烯比低时，催化剂活性中心未被甲醇全部溶剂化，异丁烯分子与甲醇分子同时吸附在催化剂活性中心上。

12. 新换树脂催化剂进行水洗的目的是为了提高交换容量。 (×)

正确答案：新换树脂催化剂进行水洗的目的是洗掉树脂带有的颜色、杂质和酸，减轻对设备的腐蚀。

13. 树脂催化剂水洗时，采用边进水边排出的操作方式有利于提高水洗质量。 (×)

正确答案：树脂催化剂水洗时，反应器充满水后浸泡一段时间，然后排放，如此反复可以提高水洗质量。

14. 根据生产实际的需要，树脂催化剂可以不进行水洗，直接进行甲醇浸泡。 (√)

15. 使普通分子变为活化分子所需的能量称为活化能。(√)

16. 新装填的树脂催化剂，其活性较高，提高反应温度，对转化率不利；如果到了后期，催化剂活性降低了，提高反应温度，可以提高异丁烯的转化率。(√)

17. 三段外循环固定床筒式反应器在更换催化剂时，为了确保长周期使用，所以每段都要装满。(×)

正确答案：由于树脂催化剂有一定的溶胀比，所以在更换催化剂时，每段都要留有足够的空间，防止由于装填数量过多，溶胀后损坏设备。

18. 对于丁烯-1 装置脱轻塔，适当提高回流比，可以提高异丁烷与丁烯-1 的分离效果，减少塔顶液相采出量，但是塔釜蒸汽消耗量相应增加。(√)

19. 合成 MTBE 反应专用树脂催化剂的制造过程大体分两个步骤：即大孔白球的制备和大孔白球的磺化反应。(√)

20. MTBE 专用树脂催化剂的交换容量高低主要取决于大孔白球的制备。(×)

正确答案：MTBE 专用树脂催化剂的交换容量高低主要取决于大孔白球的磺化反应工艺。

21. MTBE 产品中碳四超标，则一定是由催化剂床层温度偏低所引起的。(×)

正确答案：MTBE 产品中碳四超标，一种可能是催化剂床层温度偏低，另一种可能是塔釜落入树脂催化剂。

22. 催化蒸馏塔回流量的大小主要由两个因素决定：一是塔的分离效率需要；二是反应因素决定。(√)

23. 增大催化蒸馏塔回流量，不仅可以降低塔顶醚后碳四中异丁烯含量，而且对醚化反应有利。(×)

正确答案：增大催化蒸馏塔回流量，可以降低塔顶醚后碳四中异丁烯含量，但是回流量增大后会稀释塔内异丁烯的浓度，对醚化反应不利。

24. 石油化工生产装置的计划检修可分为大修、中修、小修。(√)

25. 催化蒸馏塔需要更换树脂包，塔内碳四、甲醇、MTBE 等物料倒空后可进行蒸煮，蒸煮合格要求为可燃物浓度小于 0.2%。(√)

26. 环保工作管理的宗旨是为了获得环境效益和社会效益的统一。(×)

正确答案：环保工作管理的宗旨是为了获得环境效益和经济效益的统一。

27. 为了防止树脂催化剂超温，筒式外循环反应器停工时，先停碳四进料泵，后停甲醇进料泵。(√)

28. 筒式外循环反应器停进料后，立即停外循环泵。(×)

正确答案：筒式外循环反应器停进料后，在催化剂床层无温差后，才能停外循环泵。

29. 停工检修时，催化蒸馏塔树脂包不更换，系统内物料可以不倒空，根据要求加盲板隔离即可。(×)

正确答案：停工检修时，催化蒸馏塔树脂包不更换，系统内的碳四物料物料必须倒空，甲醇、MTBE 等物料可以不倒空。

30. 筒式外循环反应器内树脂催化剂进行更换时，在停工处理中用蒸汽蒸煮比用水洗合格的快。(√)

31. 停车检修方案应包括设备置换、吹扫流程及盲板图等内容。(√)

32. 设备等级评定分为完好设备和不完好设备两级。（√）

33. 装置负荷率是表示装置的运行程度，其计算方法是实际生产能力与设计(或额定)生产能力之差。（×）

正确答案：装置负荷率是表示装置的利用程度，其计算方法是实际生产能力与设计(或额定)生产能力的比率。

34. 一个静密封点接合处算一个密闭点，一个丝口接头算三个密封点。（√）

35. 离心泵轴承温度验收标准为滑动轴承不大于70℃，滚动轴承不大于65℃。（×）

正确答案：离心泵轴承温度验收标准为滑动轴承不大于65℃，滚动轴承不大于70℃。

36. 如果采用碱洗的防腐蚀措施，则所选择的碱液可以是碳酸钠，也可以是氢氧化钠。（×）

正确答案：如果采用碱洗的防腐蚀措施，则所选择的碱液只能是氢氧化钠，不能选碳酸钠。

37. 螺栓和螺母配合使用要求螺栓标号低于螺母，而且碳钢和合金的不能混用。（×）

正确答案：螺栓和螺母配合使用要求螺栓标号高过螺母，而且碳钢和合金的不能混用。

38. 碳钢螺栓常用于低温部位；合金螺栓常用于高温部位。（√）

39. 安全阀的启跳压力与其定压之间的差值称为安全阀的积聚压力。（√）

40. 精馏塔改变操作压力，将使每块塔板上汽液平衡的组成发生改变，影响塔顶或塔釜产品质量。（√）

41. 一般在只需切断而不需流量调节的地方，为了减少管道阻力，选择截止阀。需要流量调节的地方选择闸阀或针型阀。（×）

正确答案：一般在只需切断而不需流量调节的地方，为了减少管道阻力，选择闸阀。需要流量调节的地方选择截止阀或针型阀。

42. 管线的热补偿可选用膨胀节或补偿器。在使用补偿器的地方，应装有合适的导向管托，防止管线中心线偏移。（√）

43. 反火灾事故演习预案中，应对火灾的扑灭和装置应急措施有所描述。事故发生后，事故单位应立即疏散人员，等待消防人员前来救援。（×）

正确答案：反火灾事故演习预案中，应对火灾的扑灭和装置应急措施有所描述。事故发生后，事故单位应立即组织进行初始火灾的扑灭，当班人员要准确判断着火部位和着火介质，用现场消防设施扑灭或控制事态的扩大。

44. 岗位人员在发生初起之火时应利用现场配备的消防器材及时进行扑救，避免火势进一步扩大。（√）

45. 装置现场发生火灾后，立即报火警，操作人员立即撤离由消防队员控制现场。（×）

正确答案：装置现场发生火灾后操作人员立即用身边的灭火器材进行扑救，同时拨打119电话报警。

46. 一个完整的反泄漏事故演习预案，除了泄漏事故预案的处理总则和原则外，还应包括处理程序及组织机构和职责等内容。（√）

47. 填料塔溢流槽支管开口下缘应在同一水平面上，其水平公差值为2mm。（√）

48. 碳钢的腐蚀随水流速的的升高而减小。（×）

正确答案：碳钢的腐蚀随水流速的升高而增大，随着流速的进一步升高，腐蚀速度会降低，当流速很高时，腐蚀类型将转变为机械破坏为主的汽蚀。

49. 蒸汽伴管的作用是为主管加热保温。（√）

50. 压力容器水压试验时，要求水温不应高于15℃。（×）

正确答案：压力容器水压试验时，要求水温不应低于15℃。

51. 设备维修分定期维修，事后维修和预知维修。（√）

52. 填料塔中气、液在填料的润湿表面上进行接触，其组成沿塔高连续地变化。（√）

53. 填料塔内装有各种形式的固体填充物(即填料)，液相由塔顶喷淋装置分布于填料层上，靠重力作用沿填料表面流下；气相则在压强差推动下穿过填料的间隙，由塔底向上流向塔顶。（√）

54. 压力容器的引压管堵塞、压力表失灵可引起压力表指示不准确。（√）

55. 提高传热系数的方法是降低污垢热阻、提高表面传热系数。（√）

56. 换热管腐蚀穿孔、开裂和螺纹锁紧环式换热器管板密封漏可引起换热器内漏。（√）

57. 由于树脂催化剂活性基团吸附水的能力远大于吸附碳四，当碳四物料进入反应器后，只能靠挤压催化剂表面上的水层通过床层，所以阻力增大。（√）

58. 新换催化剂投料开车后，由于催化剂中含有大量的水，所以产品中MTBE含量很低。（√）

59. DCS安全栅故障的工艺现象是DCS发生死机。（×）

正确答案：DCS安全栅故障的工艺现象是某一点或数个点输出回路数据突变。

60. 燃烧必须同时具有可燃物、助燃物和着火源。化工生产中原料及产品具有易燃、易爆、易挥发等特点，由于设备和操作条件的局限性，这些可燃物及易扩散到大气中去。因此，控制与消除火源是关键。（√）

61. 由于电流过大造成的电机过载跳闸停车是属于电气系统故障事故。（×）

正确答案：电机过载跳闸停车是属于电气系统安全保护措施。

62. 电缆绝缘体损伤发生电弧起火燃烧造成电机停车是属于电气系统故障事故。（√）

63. 电缆接头盒密封不好受潮形成短路造成电机停车是属于电气系统故障事故。（√）

64. 常温下使用或加工非燃烧物质的生产类别，属于化工生产工艺火灾爆炸危险性分类中的丙类。（×）

正确答案：常温下使用或加工非燃烧物质的生产类别，属于化工生产工艺火灾爆炸危险性分类中的戊类。

65. 随着MTBE专用树脂催化剂工业的不断发展，对于更换树脂催化剂后不进行水洗的装置，尽量选择含水量较少的“干基型”树脂催化剂。（√）

66. 为了防止投料后不发生MTBE合成反应，新更换树脂催化开工前尽量将水脱掉。（√）

67. DCS安全栅故障，只需要通知仪表进行修理就可以了，不需要特别的处理。（×）

正确答案：DCS安全栅故障，必须发现及时，处理及时，否则可能引发事故。

68. 发生DCS控制器故障时，应该立即紧急停工。（×）

正确答案：发生DCS控制器故障，应该根据不同的情况区别处理。

69. UPS失电以后无法通过DCS屏幕对装置现场各参数进行监控和调节。（√）

70. 物料流程图是在工艺方案流程图的基础上，采用图形与表格相结合的形式，来反映某些设计计算结果的图样。（√）

71. 配管图中，管路交叉时，一般将下方(或后方)的管路断开，也可将上面(或前面)的管路画上断裂符号断开。(√)

72. 在标注零件图的尺寸时，应该先定位，后定形。(×)

正确答案：在标注零件图的尺寸时，应该先定形，后定位。

73. 设计埋地敷设管道在有混凝土地面的区域，管顶距地面应不小于2m。(×)

正确答案：设计埋地敷设管道在有混凝土地面的区域，管顶距地面应不小于0.4m。

74. 设备布置图是表达设备在厂房内外安装位置的图样。(√)

75. 一般在设备布置图的左上方要画出安装方位标，作为确定设备安装方位的基准。(×)

正确答案：一般在设备布置图的右上方要画出安装方位标，作为确定设备安装方位的基准。

76. 化工设备图中各视图应该选用同一比例不能放大或缩小。(×)

正确答案：除局部放大图外，化工设备图中画在基本视图之外的剖视图、断面图、向视图以及单独表示的零件的视图等，可不按基本视图的比例，而放大或缩小画出。

77. 表达机器设备各组成零件的装配关系、工作原理和技术要求的图样称为零件图。(×)

正确答案：表达机器设备各组成零件的装配关系、工作原理和技术要求的图样称为装配图。

单选题

1. 电动机应在空载情况下作一次启动，200kW 以下运行应为(A)h(但以轴承温度稳定0.5h 为标准)。

A. 1　　B. 4　　C. 7　　D. 10

2. 用 MTBE 产品分解制聚合级的异丁烯单体，则要求其中的(D)含量必须很低。

A. 二聚物(DIB)　　B. 叔丁醇(TBA)
C. 二甲醚(DME)　　D. 甲基仲丁基醚(MSBE)

3. 列管式醚化反应器的优点有(A)。

A. 催化剂用量较少　　B. 结构简单，装填方便
C. 反应器温度分布均匀　　D. 醚化反应时无热点

4. 甲醇水洗回收系统的试漏，一般是在催化蒸馏系统试漏结束后利用其余压，这样做的目的(D)。

A. 操作方便　　B. 节省时间　　C. 优化流程　　D. 节约氮气

5. 合成 MTBE 的反应机理是(B)。

A. 加成反应　　B. 正碳离子反应　　C. 放热反应　　D. 加聚反应

6. 水洗树脂催化剂时，所用水必须是(D)。

A. 新鲜水　　B. 蒸汽凝液　　C. 循环水　　D. 除盐脱氧水

7. 饱和液体线以下的区域称为(B)。

A. 气相区　　B. 液相区　　C. 气液共存区　　D. 固相区

8. 相平衡(x-y)图中，一般情况下，若平衡线离对角线越近，说明该溶液(B)。

A. 易分离　　B. 难分离　　C. 无法分离　　D. 同一物质

9. 液泛线表示降液管内泡沫层高度达到最大允许值时的 VS-LS 关系，塔板的适宜操作区域应在此线(A)，否则可能发生液泛现象，破坏塔的正常生产。

A. 以下　　B. 以上　　C. 附近　　D. 上

10. 液相负荷上限线又称降液管超负荷线，如液体流量超过某一限度，则液体在降液管内停留时间过短，其中气泡来不及放出即进入下层塔板，造成气相返混(夹带)，降低(C)。

A. 塔底温度　　B. 塔顶温度　　C. 塔板效率　　D. 处理量

11. 筒式外循环反应器正常运行中，预热温度、循环量、循环温度都可以控制床层温度，但是从能耗角度去操作，(B)更有利于降低装置的能耗。

A. 低预热温度,低循环量,低循环温度　　B. 低预热温度,高循环量,高循环温度

C. 高预热温度,高循环量,低循环温度　　D. 高预热温度,低循环量,高循环温度

12. APC 全称是指(C)。

A. 集散控制系统　　B. 计算机报警系统

C. 先进控制系统　　D. 自动联锁保护系统

13. APC 的核心是(C)。

A. 多变量模型控制器　　B. 集散控制系统

C. 多变量模型预估控制器　　D. 多变量模型预估器

14. 先进控制是一种模型的控制策略，它基于被控对象当前的状态，利用过程模型对被控对象的未来趋势进行预估，进而进行控制(A)。

A. 当前的状态　　B. 理想受控的状态

C. 未来的状态　　D. 以前一段时间的趋势状态

15. 石油化工装置检修与其他行业的检修相比具有(D)的特点。

A. 检修内容单一　　B. 容易操作

C. 危险性小　　D. 操作复杂、危险性大

16. 下列选项中不属于停工方案的审定内容是(A)。

A. 开车方案　　B. 动火项目

C. 事故预想对策　　D. 停工操作顺序图表

17. 在事故停车时所需关闭的阀门中，操作错误的是(A)。

A. 循环泵进出口阀　　B. 碳四进料泵进料阀门

C. 甲醇进料泵进料阀门　　D. 再沸器蒸汽管线上阀门

18. 下列选项中不符合环保工作管理办法的是(D)。

A. 实行排污收费　　B. 谁污染谁治理

C. 以管促治、防消结合　　D. 以管促治、以防为主

19. 装置开工率表示装置的(C)。

A. 完好程度　　B. 运行程度　　C. 利用程度　　D. 平稳程度

20. 下列设备静密封点计算错误的是(C)。

A. 丝堵-1 个　　B. 一对法兰-1 个

C. 一个丝口接头-2 个　　D. 一个阀门-一般算 4 个

21. 离心泵验收时滑动轴承温度标准不大于(B)℃。

A. 55　　B. 65　　C. 75　　D. 85

22. 离心泵验收时机械密封泄漏不得超过(C)滴/min。

A. 轻质油与重质油都为 5　　B. 轻质油与重质油都为 10

C. 轻质油 10，重质油 5　　D. 轻质油 5，重质油 10

23. 应力腐蚀是一种延迟性破坏，一旦出现了腐蚀裂纹，其裂纹扩展速度比纯腐蚀(A)，因为应力腐蚀破裂宏观形态具有脆性破裂的特征。

A. 快得多　B. 慢得多　C. 稍快　D. 不能确定

24. 螺栓与相配合的螺母的材质选择应遵循(C)原则。

A. 螺栓材质一般比螺母选低一级　　B. 螺栓材质一般和螺母选同一级

C. 螺栓材质一般比螺母选高一级　　D. 不确定

25. 电动机的防爆标志“Ex d IIB T4”中，T4 代表的意义是(D)。

A. 防爆标志　　B. 电气设备防爆形式

C. 电气设备类别符号　　D. 电气设备温度组别

26. 压力容器安全阀的排放量指容器压力上升到设定值时安全阀启跳在(B)内排放的最小量。

A. 单位体积　B. 单位时间　C. 单位长度　D. 单位面积

27. 安全阀的起跳压力是指(A)。

A. 安全阀的定压　　B. 安全阀达到最大泄放能力的压力

C. 设备的最高操作压力　　D. 设备的设计压力

28. 改变操作压力，将使精馏塔每块塔板上汽液平衡的组成发生改变，塔温不变，压力升高会导致(C)。

A. 釜液量相对减少　　B. 塔顶气量相对增加

C. 釜液中轻组分浓度增加　　D. 塔顶馏分中轻组分浓度减少

29. 精馏塔压力降低会使系统内(B)。

A. 釜液量相对增加　　B. 塔顶气量相对增加

C. 塔顶重组分浓度降低　　D. 釜液中重组分浓度减少

30. 在精馏塔操作中，因操作不正常引起塔顶产品中重组分浓度增加时，可采用(D)办法，使之合格。

A. 减少回流　　B. 提高塔顶温度

C. 适当降低操作压力　　D. 适当提高操作压力

31. 在配管设计时，管材、管件的设计压力、温度选择依据是(C)时的操作条件。

A. 错误操作　B. 事故状态　C. 开工及正常状态　D. 正常状态

32. 反火灾事故演练结束后，应由(B)完成反事故演练的总结，总结应包括对火灾事故预案适宜性的评价。

A. 演练人员　　B. 组织单位

C. 事故应急指挥部总指挥　　D. 事故单位负责人

33. 冬天，防止水换热器循环水冻的主要措施是(B)。

A. 蒸汽伴热　　B. 打开水冷器循环水旁路

C. 全开循环水进出口阀　　D. 提高循环水温度

34. 在役压力容器经过大的修理工作，在做气压试验前应对焊缝做 100%的(B)检查。

A. 着色探伤　　B. 超声波探伤　　C. 金相　　D. 硬度

35. 塔器检修前准备工作不正确的是(C)。

A. 备齐图纸、资料　　B. 备好工具与劳防用品

C. 与设备相连阀门应该关闭　　D. 与设备相连阀门应该加装盲板

36. DCS 控制器故障的工艺现象是(A)。

A. 某一区域的工艺参数不刷新(伴随有系统报警)

B. 某一点或数点输出回路数据突变

C. 单个显示器画面不能调用

D. DCS 死机

37. 从结果到原因找出与灾害事故有关的因果关系及逻辑关系，这种因素之间的危险性分析方法叫做(D)。

A. 危险和操作性研究　　B. 故障类型和影响性分析

C. 预先危险性分析　　D. 事故树分析

38. 下列属于装置电气系统故障的是(C)。

A. 电流过大造成电机过载跳闸停车

B. 发生联锁造成电机停车

C. 电缆接头盒密封不好受潮形成短路造成电机停车

D. 泵抱轴造成电机跳闸停车

39. 发生中毒事故时，救护者进入毒区前，首先要做好个人呼吸系统和(D)的防护。

A. 面部　　B. 手臂　　C. 胸、背部　　D. 皮肤

40. 当丁烯-1 装置脱重塔压力升不起来时正确的处理方法是(D)。

A. 开放空阀　　B. 加大塔顶采出

C. 加大冷却水量　　D. 若塔釜重组分过多，则加大釜液排放

41. 当丁烯-1 装置脱重塔压力升不起来时需要进行停车处理的是(C)。

A. 塔顶采出量过大　　B. 冷却水量过大

C. 再沸器堵或漏　　D. 塔釜重组分太多

42. 管道中流体通过孔板后，流速最小截面在(B)。

A. 孔板前　　B. 孔板后　　C. 孔板中　　D. 无法确定

43. MTBE/丁烯-1 装置失火事故的应急处理中正确的是(C)。

A. 装置降负荷

B. MTBE 系统正常生产，停止向丁烯-1 系统进料

C. 立即全面停车

D. 丁烯-1 系统正常生产，停止向 MTBE 系统进料

44. 发生化学品事故时急救措施错误的是(B)。

A. 误服化学品：立即就医

B. 如呼吸停止，立即送医院

C. 吸入化学品：应脱离现场至空气新鲜处

D. 眼睛接触：用流动清水或生理盐水彻底冲洗眼睑

45. 精馏塔液泛若是设备问题应停车检修，在停塔检修前维持生产的措施不正确的是(B)。

A. 减少回流　B. 全回流操作　C. 降低塔顶压力　D. 适当降低釜温

46. 工艺操作不当，釜温突然上升而引起精馏塔液泛，下列调整操作中错误的是(A)。

A. 提高釜温　B. 停止塔顶采出

C. 停止或减少进料　D. 进行全回流操作

47. 精馏塔产生液泛时，若生产上不允许停止进料，下列措施中错误的是(C)。

A. 减少回流　B. 降低塔顶压力

C. 减少塔顶采出　D. 将釜温度控制在低于正常操作范围

48. 当贮罐初起火灾时的处理方法错误的是(A)。

A. 对操作人员进行紧急疏散

B. 必须采取措施迅速切断物料

C. 贮罐着火应迅速报警电话

D. 若着火贮罐为压力容器，应迅速打开水喷淋

49. 当生产装置初起火灾时的扑救措施错误的是(A)。

A. 不必关闭和切断物料　B. 紧急放空

C. 及时关闭和切断物料　D. 组织现场人员积极扑救

50. 发生 DCS 控制器故障，故障点为指示参数，处理方法正确的是(B)。

A. 装置立即紧急停车　B. 参照其他参数进行操作

C. 控制阀改手动操作　D. 控制阀改副线操作

51. 为了清楚地反映管线的真实形状，管道布置图中常采用(D)的形式表示。

A. 平面图　B. 斜视图　C. 管段图　D. 剖视图

52. 管路布置图中管路用(A)表示。

A. 粗实线　B. 中实线　C. 细实线　D. 虚线

53. 用于指导零件的加工制造和检验的图样是(D)。

A. 角视图　B. 断面图　C. 装配图　D. 零件图

54. 对机泵布置方式的要求，下列说法错误的是(A)。

A. 泵的基础面应高出地面 100mm

B. 泵布置在室内时，泵端与墙之间的净距离应不小于 1m

C. 泵布置在外侧时，泵端前面通道的宽度应不小于 1m

D. 泵布置在管廊下方时，泵与驱动机的中心线应与管线走向垂直

55. 绘制化工工艺图时，图样中汉字应写成(B)。

A. 宋体　B. 仿宋体　C. 楷体　D. 黑体

56. 常用的反应设备中，(A)多用于大规模气相反应。

A. 固定床反应器　B. 流化床反应器　C. 搅拌反应器　D. 移动床反应器

57. 由于化工设备多为回转体，为了在视图上清楚地进行表达，化工设备图可以采用(C)的表达方法。

A. 局部放大　B. 夸大　C. 多次旋转　D. 局部旋转

58. 化工设备的制造需要依据(C)来进行。

A. 零件图　　　　B. 施工图　　　　C. 化工设备图　　　　D. 化工工艺图

59. 通过零件图的标题栏可以知道零件的(D)。

A. 大小　　　　B. 尺寸　　　　C. 结构　　　　D. 名称

60. 下列图中有关积分调节器特性正确的是(A)。

A. 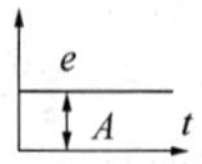

B. 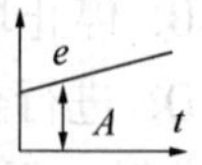

C. 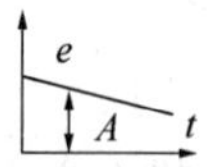

D. 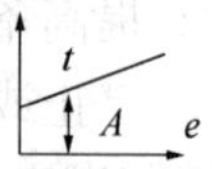

多选题

1. 齿轮油泵试车前准备主要有(A，B，C)。

A. 压力表、溢流阀应灵活好用　　　　B. 向泵内注入输送介质

C. 确认出口阀门打开　　　　D. 阀门清理干净

2. 泵水运主要检查(A，B，D)。

A. 运转正常，效能良好　　　　B. 内部机件无损，质量符合要求

C. 确认入口阀门打开　　　　D. 主体整洁，附件齐全好用

3. 炼油型 MTBE 装置的特点有(A，B，C，D)。

A. 设备投资少　　　　B. 能源消耗低

C. 单位成本低　　　　D. 副产品醚后碳四可作烷基化原料

4. 化工型 MTBE 要求异丁烯转化率较高，对醚后碳四中(A，B，D)的含量须严格控制。

A. 异丁烯　　　　B. 二甲醚　　　　C. 甲醇　　　　D. MTBE

5. MTBE 混相反应器的优点在于(A，B，D)。

A. 能源消耗相对较低　　　　B. 适合于异丁烯浓度的大波动

C. 相同条件下异丁烯转化率较高　　　　D. 催化剂单耗相对较低

6. 在膨胀床内，由于催化剂颗粒直径大小不一，反应中存在着“粒径分级”现象，这种现象是指(A，D)。

A. 小颗粒催化剂集中在反应器上部　　　　B. 大颗粒催化剂集中在反应器上部

C. 小颗粒催化剂集中在反应器下部　　　　D. 大颗粒催化剂集中在反应器下部

7. 塔水运主要检查(A，C，D)。

A. 运转正常，效能良好　　　　B. 确认入口阀门是否打开

C. 各部构件无损，质量符合要求　　　　D. 主体整洁，零部件齐全好用

8. 换热器强化传热的主要途径有(B，C，D)。

A. 阀门全开　　　　B. 扩展传热面积

C. 增大传热平均温差　　　　D. 提高传热系数

9. 新更换树脂催化剂水洗后须进行甲醇浸泡，其目的是(A，D)。

A. 置换树脂微孔内的水分　　　　B. 中和树脂酸性

C. 延长树脂催化剂的使用寿命　　　　D. 降低进料过程中的阻力

10. 催化蒸馏技术的适用范围是(A，B，C，D)。

A. 反应过程与蒸馏过程的温度、压力等工艺条件相近

B. 反应物与产物的挥发度有一定差别

C. 可以把反应热直接用于分离过程

D. 可逆平衡反应

11. 利用催化蒸馏技术不仅可以生产甲基叔丁基醚，而且还可以生产(A，B，C，D)。

A. 甲基叔戊基醚(TAME)　　B. 乙基叔戊基醚(TAEE)

C. 乙基叔丁基醚(ETBE)　　D. 二甲醚(DME)

12. 异丁烯转化率与树脂催化剂的量有关，当催化剂的量足够大时，异丁烯的转化率可达到最大值，此时的异丁烯转化率(A，C)。

A. 随反应温度的变化而变化　　B. 随反应压力的变化而变化

C. 随反应物浓度的变化而变化　　D. 随反应体积的变化而变化

13. 在合成 MTBE 的反应中，对树脂催化剂使用有利的操作是(A，B，C)。

A. 在保证异丁烯转化率的前提下，反应温度越低对催化剂的使用越有利

B. 在树脂催化剂的使用后期，可以通过提高反应温度来确保转化率

C. 短时间的超温(小于 100℃)，对树脂催化剂的使用影响不大

D. 树脂催化剂水洗后，对使用效果不利

14. 催化剂床层经常超温，易造成催化剂的使用周期缩短，这是因为(A，B，D)。

A. 催化剂表面会积炭　　B. 催化剂上磺酸根脱落

C. 催化剂数量减少　　D. 催化剂微孔被堵塞

15. 催化蒸馏塔进料温度的控制与(B，C)有关。

A. 塔釜蒸汽量　　B. 反应器出口温度　　C. 塔釜采出量　　D. 塔顶回流温度

16. 树脂催化剂颗粒内有许多微孔，这些微孔是在制备催化剂基本骨架时添加了一种致孔剂，后经高温处理得到这些微孔。下列可用作致孔剂的是(A，B，C)。

A. 高级烷烃　　B. 脂肪醇　　C. 脂肪酸　　D. 二乙烯苯

17. 正常生产中，影响催化蒸馏塔床层温度的主要因素有(A，B，C，D)。

A. 进料醇烯比　　B. 塔顶压力控制

C. 塔釜蒸汽量　　D. 补充甲醇量

18. 催化蒸馏塔内由于醇烯比偏低，不仅会造成床层温度升高，而且还会发生以下异常现象(A，B，D)。

A. 丁烯-1 异构化　　B. 树脂催化剂脱磺、结炭

C. 灵敏板温度降低　　D. 塔顶醚后碳四不合格

19. 催化蒸馏塔进料中异丁烯浓度升高，以下操作正确的是(A，C)。

A. 提高回流量　　B. 降低回流量　　C. 增加醇烯比　　D. 降低醇烯比

20. 醚化装置内防火、防爆主要措施有(A，B，C，D)等。

A. 紧急停车联锁系统　　B. 装置内设有可燃气体探头

C. 装置内配备的灭火器　　D. 装置内设有的消防水系统

21. 下列不属丁烯-1 装置联锁停车控制的是(A，C)调节阀。

A. 脱重塔进料　　B. 脱轻塔顶液相采出

C. 脱轻、脱重塔蒸汽　　D. 脱重塔釜采出

22. 筒式外循环反应器停工退料时，为加快退料速度，可以采取以下操作措施有(A，B，D)。

A. 向系统内充氮气增压　　B. 降低催化蒸馏塔的操作压力

C. 加大排尾气量　　D. 剩余物料倒入地下罐

23. 停工检修时，如果催化蒸馏塔树脂包不进行更换，则需多进甲醇处理，其目的(A，B，C)。

A. 使树脂包保持湿润　　B. 异丁烯全部反应

C. 置换催化剂微孔中的杂质　　D. 便于检修后开车

24. 装置停车检修前的准备工作包括(A，B，C，D)。

A. 全面检查，消除隐患　　B. 制定安全检修方案

C. 落实检修安全措施　　D. 做好安全教育

25. 离心泵验收标准主要有(A，B，C，D)等项目。

A. 轴承温度　　B. 轴承振动

C. 密封泄漏情况　　D. 流量、电流和压力

26. 造成丁烯-1装置脱轻塔腐蚀的主要原因(A，B)。

A. 塔顶物料中含有水

B. 醚化树脂催化剂失活后，磺酸根离子脱落进入物料系统

C. 系统中氧含量较高

D. 丁烯-1水解后呈弱酸性

27. 由于丁烯-1装置存在腐蚀问题，运行中会出现一些波动，表现比较明显的现象是(A，B，C)。

A. 塔釜液面控制不稳　　B. 塔内气体上升和液体下降不畅

C. 塔顶压力频繁波动　　D. 进料比较困难

28. 压力容器无损检测中，射线检测对(B，C)缺陷比较有效。

A. 裂纹　　B. 气孔　　C. 夹渣　　D. 弧坑

29. 精馏塔操作压力升高，使塔板上汽液平衡的组成发生改变，容易出现(A，B，C)现象。

A. 釜液量增加　　B. 塔顶馏出量相对减少

C. 釜液中轻组分浓度增加　　D. 塔顶馏出量相对增加

30. 新型MD(多降液管)塔盘的主要特点有(A，B，D)。

A. 处理能力大　　B. 板间距较小　　C. 板间距较大　　D. 操作弹性大

31. 在编制反泄漏事故演习预案时，应强调事故演习预案的处理原则，即在处理重大物料泄漏事故时，应进行(A，C)两大部分的工作。

A. 泄漏源控制　　B. 立即用对讲机或手机报警

C. 泄漏物料的处理　　D. 保护现场，等待救援

32. 在验收板式塔时，检查的内容应该包括(A，B，C，D)。

A. 支承圈水平度及间距　　B. 支承梁直线度及水平度

C. 受液盘水平度　　D. 塔盘数

33. 管式换热器换热效果降低的原因主要有(A，B，D)。

A. 换热管结垢　　B. 水质不好、油污与微生物多

C. 安全阀失效　　D. 隔板短路

34. 新更换树脂催化剂水洗后，不进行甲醇浸泡，在装置开工过程可能会发生(A，B，C，D)。

A. 催化剂床层阻力较大，进料困难　　B. 催化蒸馏塔塔顶脱水量较多
C. 催化蒸馏塔塔釜长时间提不起温度　　D. MTBE 产品中水含量较高

35. 造成催化剂床层阻力大的主要原因有(A，B，D)。
A. 树脂催化剂内水含量较高　　B. 反应器压力较高
C. 进料醇烯比偏高　　D. 树脂催化剂粒径偏小

36. 筒式外循环反应器进料正常后，不发生 MTBE 合成反应的工艺现象是(A，B，D)。
A. 反应温度较高　　B. MTBE 产品中 TBA 含量较高
C. 反应压力控制不稳　　D. 反应器出口甲醇含量较高

37. 新换树脂催化剂后，投料开车造成不反应的主要原因是(A，D)。
A. 树脂催化剂内水含量较高　　B. 醇烯比较低
C. 碳四中异丁烯浓度较高　　D. 预热温度偏低

38. 抢救急性中毒者的操作正确的是(A，B，C)。
A. 救护者应做好个人防护　　B. 应果断切断毒源
C. 防止毒物继续侵入人体　　D. 促进中毒者生命器官功能恢复

39. 丁烯-1 装置脱重塔压力升不起来的正确处理方法有(A，B，C，D)。
A. 减少塔顶采出量　　B. 减少冷却水量
C. 加大塔釜排放量　　D. 清理或更换塔釜再沸器

40. 防止流量孔板流量计堵塞的方法有(A，D)。
A. 导压管定期排料　　B. 适当减小物料流量
C. 适当开变送器旁路阀　　D. 适当增加泵的过滤网目数

41. 装置失火事故的应急处理中正确的是(A，B，C，D)。
A. 切断着火物料来源　　B. 关闭有关阀门
C. 隔离着火设备　　D. 尽可能控制火势蔓延

42. 装置在生产中发生物料泄漏时正确的处理措施是(A，B，C，D)。
A. 现场停止一切用火工作
B. 视具体情况不停工或局部停工处理
C. 根据可燃气报警仪报警地点判断出泄漏地点
D. 当发现泄漏量较大时，应通知消防队到现场监护

43. 为了降低开工过程中床层阻力，新更换树脂催化剂在开工前需进行(A，B，C，D)。
A. 水洗后甲醇浸泡
B. 水洗后氮气吹扫
C. 不进行水洗，但需脱除树脂本身含有的水
D. 直接甲醇浸泡

44. 筒式外循环反应器进料中，由于床层阻力较大造成进料困难，此时正确操作是(A，B)。
A. 从反应器底部排空　　B. 停止进料，从反应器顶部排空
C. 提高碳四进料量　　D. 提高甲醇进料量

45. 新更换树脂催化剂后开车，如果不发生 MTBE 合成反应，应进行以下调整(A，C，D)。
A. 提高预热温度　B. 减少甲醇进料量　C. 提高循环温度　D. 降低循环量

46. UPS 失电以后处理原则正确的是(A，B)。

A. 装置出现波动，无法短时间恢复，应该立即停工

B. 操作人员必须在现场监控重要参数

C. 由于控制阀锁位状态，无需特别注意

D. 出现压力升高的现象，首先应该通过安全阀副线进行泄压

47. 装置设计资料主要包括(A，B，D)。

A. 工艺包(基础设计)　　B. 基础工程设计

C. 生产实践和检验　　D. 详细工程设计(施工图设计)

48. 在塔设备中能进行的单元操作有(A，B，C，D)。

A. 精馏　　B. 吸收　　C. 冷却　　D. 解吸

简答题

1. 电动机的单机试运转应符合什么要求？

答：①建筑工程全部结束，现场清扫整理完毕；②电机本体安装检查结束，启动前应进行的试验已按现行国家标准试验合格；③冷却、调速、润滑、水、密封油等附属系统安装完毕，验收合格；④电机保护、控制、测量、信号等回路调试完毕，动作正常；⑤盘动电机转子应转动灵活，无碰卡现象；⑤电机引出线应相序正确，固定牢固，连接紧密；⑦电机外壳油漆应完整，接地良好。

2. 齿轮油泵试车注意事项主要有哪些？

答：①齿轮油泵严禁空负荷试车；②运转良好，应符合机械性能及工艺指标要求；③安全阀回流不超过 3min；④试车 24h 合格后，交付生产；⑤试车期间维修人员和检修人员加强巡检次数；⑥停车时不得先关闭出口阀。

3. 齿轮油泵试车机械性能及工艺指标要求有哪些？

答：①运转平稳，无杂音；②振动烈度符合标准要求；③冷却水和油封系统工作正常，无泄漏；④流量、压力平稳；⑤轴承温升符合标准；⑥电流不超过额定值；⑦密封泄漏符合要求。

4. 离心泵试车注意事项有哪些？

答：①离心泵严禁空负荷试车，应按操作规程进行负荷试车；②对于强制润滑系统，轴承油的温升不应超过设计标准；③轴承振动标准符合要求；④保持运转平稳，无杂音，密封油、冷却水和润滑油系统工作正常，泵及附属管路无泄漏；⑤控制流量、压力和电流在规定范围内；⑥密封介质泄漏符合要求；⑦连续运转 24h 后，各项技术指标均达到设计要求。

5. 往复泵试车前主要准备哪些？

答：①检查检修记录；②检查电气、仪表和安全自保系统是否灵敏好用；③检查润滑油油位、油压和油温；④机组盘车两周，检查应无卡涩现象和异常声响；⑤零附件齐全好用，设备符合完好标准。

6. 泵水运时运转正常，效能良好的标准是什么？

答：①压力、流量平稳，能力能满足正常需要或铭牌能力 90%以上；②润滑、冷却系统畅通，轴承温度符合设计要求；③运转无杂音，振动符合要求；④泄漏达到设计要求。

7. 人身急救主要有哪些方法？

答：①人工呼吸法：有口对口吹气、仰卧压胸及仰卧压背等，最简单有效的方法是口对

口吹气法；②胸外心脏按摩法：把患者仰卧在硬板床或地上，头部稍低，救护者用一手根部摆在患者胸骨下半段，另一手掌叠于手背上，肘关节伸直，借救护者自己身体重力向下加压。一般使胸骨陷 3~4 厘米为宜，然后放松 。

8. 写出 MTBE 合成反应的主要历程。

答：①异丁烯与甲醇在一定温度、压力下，通过大孔径强酸性阳离子交换树脂(合成 MTBE 专用催化剂，可简写为 $R{-}SO_3^-H^+$ 或 $R{-}{}^-H^+$)作用生成 MTBE；其反应历程如下：

②
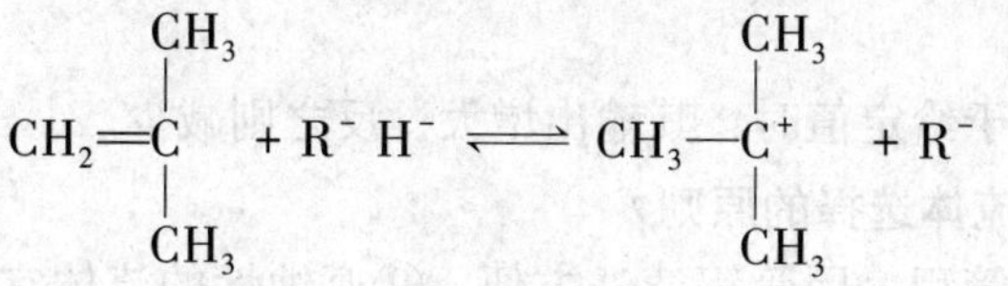

③ $CH_3{-}OH + R^- \rightleftharpoons CH_3{-}O^- + R^-H^+$

④
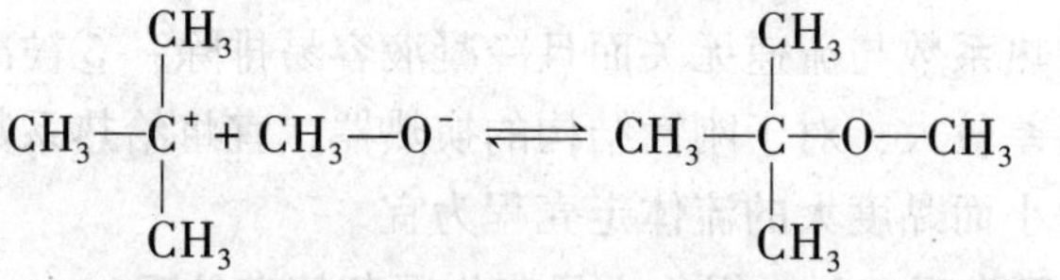

9. 催化蒸馏与反应蒸馏是同一个概念吗？

答：催化蒸馏与反应蒸馏都是将反应与蒸馏两个工艺过程融合为一体的化工单元过程，严格地说，催化蒸馏是反应蒸馏中的一部分，反应蒸馏是指汽液或液液体系，而催化蒸馏是指用固体物质作催化剂的汽液固体系。

10. 工业生产装置上，如何使异丁烯的转化率增大？

答：①增加催化剂的数量；②降低生产负荷；③改变反应温度；④改变醇烯比。

11. 提高 MTBE 收率的主要方法有哪些？

答：①提高异丁烯的转化率；②减少催化蒸馏塔内付反应的发生；③降低塔顶异丁烯含量；④减少跑冒滴漏现象。

12. 碳五组分对合成 MTBE 反应有哪些影响？

答：碳五组分基本不参加 MTBE 的合成反应，但相对于碳四来讲是重组分，其沸点高于碳四和甲醇形成的共沸物沸点，因此碳五组分最终进入 MTBE 产品中，影响 MTBE 产品的质量，另外碳五组分改变催化蒸馏塔提馏段的灵敏板温度，对该系统的稳定操作影响较大。

13. 什么是塔板的负荷性能图？

答：在以气相负荷 V_S 为纵轴，液相负荷 L_S 为横轴的直角坐标系中，标绘出各种界限条件下的 $V_S{-}L_S$ 关系曲线，从而得到允许的负荷波动范围图形。这个图形称为塔板的负荷性能图。

14. 筒式外循环反应器内树脂催化剂不更换时的停工步骤。

答：①停碳四进料后，控制进甲醇适宜流量 0.5h 以上；②床层无明显温差后，停外循环泵；③充氮气增压，将反应器内物料压至催化蒸馏塔；④离子过滤器、循环泵出入口管线内剩余液体物料倒入地下罐；⑤反应器内余压放空；⑥通水洗至合格，交出检修。

15. 简述生产责任人在装置检修前需要检查的内容。

答：①安全防护设备、消防器材等是否到位；②警告牌、盲板等数量是否充足，警告牌悬挂部位是否合理；③置换、吹扫后取样是否合格；④检修现场与生产设备的保护隔离措施是否到位；⑤检修用的各种票据是否齐全；⑥检修用的各种材料、设备、部件、仪表、阀门等是否符合使用规定。

16. 化工生产中使用装置开工率的意义是什么？

①装置开工率的定义是指一套装置(或多套装置)在一定时间内(年、季)实际运转小时数与日历小时数之比；②装置开工率表示装置的利用程度，是考核机动工作的综合性指标；③装置开工率的高低是检查设备完好状态，工艺条件的平稳控制，电气仪表的可靠性，备品配件的及时供应和维护检修的质量指标。

17. 简述调节器正作用的概念。

答：调节器的正作用即当测量值大于给定值时，其输出增大，反之则减少。

18. 列管式换热器设计时，管壳程流体选择的原则？

答：①不洁净和易结垢的流体宜在管程，因管程清洗方便；②腐蚀性的流体宜走管程，避免管束和壳体同时受到腐蚀；③压强高的流体宜走管程，以免壳体承受压力；④饱和蒸汽宜走壳程，因饱和蒸汽比较清洁，给热系数与流速无关而且冷凝液容易排除；⑤被冷却介质宜走壳程，便于散热；⑥若两流体温差较大，对于刚性结构的换热器，宜将给热系数大的流体通入壳程，以减少热应力；⑦流量小而黏度大的流体走壳程为宜。

19. 压力容器在运行中发生哪些异常现象时，操作人员应作紧急停车处理？

答：①压力容器工作压力、介质温度或壁温超过设计值，采取措施仍不能得到有效控制。②压力容器的主要受压元件发生裂缝、鼓包、变形、泄漏等危及安全的缺陷。③安全附件故障。④接管、坚固件损坏，难以保证安全运行。⑤压力容器液位失去控制，采取措施仍不能有效控制。⑥压力容器与管道发生严重振动，危及安全运行。

20. 精馏塔操作压力变化对产品有何影响？

答：① 改变操作压力，将使每块塔板上汽液平衡的组成发生改变；② 压力升高，塔顶馏分中轻组分浓度增加，但数量相对减少，釜液中轻组分浓度增加，釜液量增加；③ 压力降低塔顶轻组分浓度降低，釜液中轻组分浓度减少；④ 正常操作中，应保持恒定压力，若因操作不正常，引起塔顶部产品中重组分浓度增加时，可采用适当提高操作压力的办法，使之合格。

21. 泵的进出口管线的配管原则有哪些？

答：①泵的吸入口应避免形成袋状。②在离心泵及转子泵出口与出口阀之间应装设止回阀，如泵出口管为垂直安装时，止回阀应在垂直管线上。③泵的吸入与排出管线的存液，应尽可能通过泵体本身的排液孔排出。④在泵的吸入口与吸入阀之间，应装有管道过滤器或临时过滤器。

22. 简述火灾事故的预案包括哪些内容？

答：①岗位人员在发生初起之火时应利用现场配备的消防器材及时进行扑救，避免火势进一步扩大。②发生火灾时要切断进料，关闭上、下游阀门，进行紧急停车处理，③通入蒸汽进行掩护，防止火势进一步蔓延。④如设备或容器内着火，应将设备内的物料转移到安全地带，关闭与周围单元和设备的阀门。⑤对于火灾造成的易燃液体外流，可用沙袋或其他材料筑堤拦截或将物料导向安全地点，防止火势蔓延。⑥当火灭了后，仍然要派人监护，清理现场。

23. 冷却水中常见的金属腐蚀类型有哪些？

答：①溶解氧腐蚀；②点蚀；③缝隙腐蚀；④接触腐蚀；⑤选择性腐蚀；⑥晶间腐蚀；⑦磨损腐蚀；⑧应力腐蚀；⑨微生物腐蚀。

24. 简述冬季水、汽、油系统应注意的事项。

答：①停车时冷却器要排净水或通入少量水(汽)流动。②需保温的地方要切实保好。③保证蒸汽疏水器动作正常，避免流动不畅而结冻。④熟记用油凝固点，气温低时油泵尽可能不停，必要时要加热。

25. 编写重大事故应急预案的注意事项有哪些？

答：①应急预案可以指导应急人员的日常培训和演习，使应急行动按计划有序进行，防止因组织不力或现场工作混乱使事故扩大。②应急预案对于如何处理突发事件，尽快控制事态发展减少损失具有重要的指导意义。具有科学性、实用性和权威性。③事故应急预案的编写应当简明，便于有关人员在实际紧急情况下使用。④预案的主要部分应当是整体应急反应策略和应急行动。⑤预案应有一定的灵活性，以适应随时变化的实际紧急情况。

26. 塔设备的检修内容有哪些？

答：①清扫塔内壁和塔盘等内件。②检查修理塔体和内衬的腐蚀、变形和各部焊缝。③检查修理或更换塔盘和鼓泡元件。④检查修理或更换塔内构件。⑤检查修理破沫网、集油箱、喷淋装置和除沫器等部件。⑥检查校验安全附件。⑦检查修理塔基础裂纹、破损、倾斜和下沉。⑧检查修理塔体油漆和保温。

27. 压力容器法兰密封泄漏主要有哪些原因？

答：①法兰密封面损坏；②垫片承压不足、腐蚀、变质；③螺栓松动或腐蚀；④法兰面不平行、中心有偏差。

28. 化工生产中发生火灾爆炸的主要原因？

答：①火源。燃烧必须同时具有可燃物、助燃物和着火源。化工生产中原料及产品具有易燃、易爆、易挥发等特点，由于设备和操作条件的局限性，这些可燃物及易扩散到大气中去。因此，控制与消除火源是关键；②化学危险品的泄漏及贮藏不当也是发生火灾爆炸的主要原因；③工艺参数的安全控制及防火防爆安全设施、消防设施是否建立健全也是原因之一。

29. 抢救急性中毒患者必须掌握的主要原则是什么？

①救护者进入毒区前应做好个人防护，如佩戴好氧气(空气)呼吸器；②对中毒者抢救时应先采取果断措施切断毒源；③注意防止毒物继续侵入人体；④中毒者停止呼吸时，要立即进行人工呼吸、强制输氧，心脏停止跳动时应进行人工复苏胸外挤压；⑤采取各种解毒措施，消除或降低毒物对机体的危害作用。

30. 分析化工生产工艺过程的火灾危险性，必须掌握了解哪些内容？

①首先了解生产中所使用的原料、中间产品和成品的物理化学性质及其火灾爆炸危险程度；②了解生产中所用物质的数量；③了解反应温度、操作压力、密闭或敞口等生产操作条件。

31. 人身急救主要有哪些方法？

答：①人工呼吸法：有口对口吹气、仰卧压胸及仰卧压背等，最简单有效的方法是口对口吹气法；②胸外心脏按摩法：把患者仰卧在硬板床或地上，头部稍低，救护者用一手根部摆在患者胸骨下半段，另一手掌叠于手背上，肘关节伸直，借救护者自己身体重力向下加压。一般使胸骨陷3~4厘米为宜，然后放松。

32. 精馏塔液泛通常有哪些处理措施？

答：①精馏的正常操作受到破坏，若是设备问题，应停车检修，在停塔检修前，降低塔顶压力、减少回流、适当降低釜温来维持生产；②若是操作不当，釜温突然上升而引起液泛，则应停止或减少进料，降低釜温，停止塔顶采出，进行全回流操作；③当生产不允许停止进料时，可将塔釜温度控制在低于正常操作值，降低塔顶压力，减少回流，加大塔顶采出，当塔压差恢复正常后再将操作条件恢复正常。

33. 压力容器法兰密封泄漏的处理方法主要有哪些？

答：①如果法兰密封面损坏修复密封面或更换法兰；②如果垫片承压不足、腐蚀、变质，则更换垫圈；③如果螺栓松动或腐蚀，则紧固螺栓、更换螺栓；④如果法兰面不平行、中心偏差，则切开重新对中或更换法兰。

34. 压力容器壳体减薄的处理方法主要有哪些？

答：①如果是腐蚀原因，则内壁涂耐腐蚀涂料，加强检测，严重时更换；②如果是冲刷、磨损原因，则补焊或加防冲板，加强检测。

35. 管式换热器蒸气冷凝时如何提高传热系数？

答：①滴状冷凝；②不凝气体排放；③气液流向一致；④合理布置冷凝面；⑤利用表面张力(沟槽、金属丝)。

36. 换热器内漏时如何处理？

答：①换热管腐蚀穿孔、开裂，更换或堵死漏管；②换热器与管板胀口(焊口)裂开，重胀(补焊)或堵死；③浮头式换热器浮头法兰密封漏，紧固螺栓或更换垫片；④螺纹锁紧环式换热器管板密封漏，紧固内圈压紧螺栓或更换(盘根)垫片。

37. 塔板脱落时如何处理？

答：①塔板腐蚀，选择耐蚀材料，更换塔板；②塔板堵挂胶严重，清理塔板，重新安装塔板；③塔板固定螺栓掉，重新固定螺栓安装塔板。

38. 工艺方案流程图的内容主要有哪些？

答：①图形：设备的示意图形和流程图；②标注：设备的位号、名称，物料的来源或去向；③标题栏：包括名称、图号、设计者签名等。

39. 画工艺方案流程图的注意事项有哪些？

答：①设备示意图应近似反映设备外形尺寸和高低位置；各设备之间应留有一定的距离，以便布置流程线；②流程线的高低位置，应近似反映出管道安装的高低位置，安装在地下的管道，其流程线应画在地平线以下；③当两流程线发生交错，而实际上并不相连时，一般将后一流程线断开。

40. 工艺流程设计主要哪些内容？

答：①工艺流程设计的任务和设计方法；②工艺流程图、工艺管道及仪表流程图；③典型设备(泵、换热器、反应釜、蒸馏塔)的自控流程。

41. 化工车间布置设计主要有哪些内容？

答：①车间布置设计内容、程序、依据和原则；②化工建筑物的构件与结构、厂房建筑的图示内容、化工建筑的特殊要求；③化工车间平面布置的内容、要求、方法与步骤；④化工车间设备布置的要求、方法与步骤；⑤典型化工设备(罐、槽、泵、压缩机、换热器、塔和反应器)的布置方案；⑥设备布置图。

计算题

1. 用水对一离心泵的性能进行测定，在某一次实验中测得：流量 $10m^3/h$，泵出口的压力表读数为 0.18MPa，泵入口的真空表读数为 160mmHg，轴功率 1.07kW。真空表测压截面与压力表测压截面的垂直距离为0.5m。试计算泵的效率？

解：取真空表测压截面为截面1，且为基准面，压力表测压截面为截面2，列柏努利方程并运算：

$$Z_1+\frac{P_1}{\rho g}+\frac{u_1^2}{2g}+H_e=Z_2+\frac{P_2}{\rho g}+\frac{u_2^2}{2g}+H_{损}$$

$$Z_1=0；Z_2=0.5；P_1=-160\text{mmHg}=\frac{-160}{760}\times101300=-121326(\text{N/m}^2)$$

$$P_2=0.18\text{MPa}=180000\text{Pa}=180000\text{N/m}^2；u_1=u_2=u；h_{损}\approx0$$

$$0+\frac{-21326}{1000\times9.81}+\frac{u_1^2}{2g}+H_e=0+\frac{180000}{10000\times9.81}+\frac{u_2^2}{2g}+0$$

$$H_e=0.5+\frac{180000+21326}{1000\times9.81}=21.02(\text{m})$$

$$\eta=\frac{QH_e\rho g}{N}=\frac{\frac{10}{3600}\times21.02\times1000\times9.81}{1.07\times1000}\times100\%=53.53\%$$

答：泵效率为53.53%。

2. 用泵将水从水池输送到高处的密闭容器，输水量为每小时15m³。输水管的内径为53mm，其出口位于水池水面以上20m，伸入压力为500kN/m²(表压)的容器内。水在管路内的流动阻力(能量损耗)为40J/kg。试计算所需的输送功率。设泵的效率为0.6，求泵实际输出的功率？

解：以池内水面为截面1，输水管出口为截面2，基准水平面取在截面1，列柏努利方程并运算

$$Z_1+\frac{P_1}{\rho g}+\frac{u_1^2}{2g}+H_e=Z_2+\frac{P_2}{\rho g}+\frac{u_2^2}{2g}+H_{损}\ H_e=\frac{W_e}{g}H_{损}=\frac{\Sigma h_f}{g}$$

$$Z_1=0；Z_2=20\text{m}；P_1=0；P_2=500000\text{N/m}^2；u_1=0$$

$$u_2=\frac{\frac{15}{3600}}{\frac{\pi}{4}\times(0.053)^2}=1.89(\text{m/s})；H_{损}=W_{损}/g=40/g(\text{m})$$

$$0+0+0+H_e=20+\frac{500000}{1000g}+\frac{1.89^2}{2g}+\frac{40}{g}$$

$$H_e=20+\frac{500000}{9.81\times1000}+\frac{1.89^2}{9.81\times2}+\frac{40}{9.81}=75.228(\text{m})；N_e=QH_e\rho g$$

$$w_s=(15/3600)\times1000=4.17(\text{kg/s})$$

有效功率 $N_e=w_sH_eg=4.17\times75.228\times9.81=3077.4\text{W}=3.08(\text{kW})$。

泵实际输出的功率为有效功率除以效率所得之商，故泵的实际功率

$$\because\eta=\frac{N_e}{N}\therefore N=\frac{N_e}{\eta}N=\frac{3.08}{0.6}=5.13(\text{kW})$$

答：所需的输送功率为 3.08kW；泵的实际输出的功率为 5.13kW。

3. 用水对一台离心泵的性能进行测定。现测得：流量 $10m^3/h$，扬程为 19.7m。入口处真空表的读试计算泵的效率？

解：据 $N_{有}=Qh\rho g$ 和 $\eta=N_{有}/N_{轴}\times100\%$

得 $N=Qh\rho g/N_{轴}\times100\%=(10/3600\times19.7\times10^3\times9.81)/1.07\times10^3=50.17\%$

答：泵的效率为 50.17%。

4. 某泵的流量为 $60.3m^3/h$，扬程为 49.5m，流体的密度为 $998.2kg/m^3$，该泵的总效率为 60%，试确定电动机的功率？

解：

$$Q=60.3m^3/h=60.3/3600=0.01675(m^3/s)$$

$$N=\rho gHQ=998.2\times9.81\times49.5\times0.01675=8119(W)$$

$$\because N_{效}/N_{轴}=\eta \therefore N_{轴}=\eta N_{效}=0.6\times8119=4.87(kW)$$

则电机的功率： $N_{电}=1.2N_{轴}=1.2\times4.87=5.84(kW)$

答：电动机的功率 5.84kW。

5. 用一台离心泵来输送 277K 的清水，设已知泵的流量为 $100m^3/h$，扬程为 50m，流体的密度为 $1000kg/m^3$，该泵的总效率为 80%，试求泵的轴功率？

解：据 $N_{有}=\rho gHQ\eta=N_{有}/N_{轴}$； $N_{轴}=\rho gHQ/\eta$

$$Q=100m^3/h;\ H=50m;\ \rho_{277}=1000(kg/m^3)$$

$$N_{轴}=\rho gHQ/\eta=100/3600\times50\times10^3\times9.81=17(kW)$$

答：泵的轴功率为 17kW。

6. 下图所示是一个丙烯精馏塔回流系统，精馏塔内操作表压为 330kPa，槽内液面上方表压为 650kPa，塔内丙烯出口管距槽内液面的高度差为 30m，管子内径为 140mm，每小时输送量为 40t，丙烯密度为 $600kg/m^3$，管路压头损失为 15m 液柱。试核算将丙烯从储槽送到精馏塔是否需要泵？

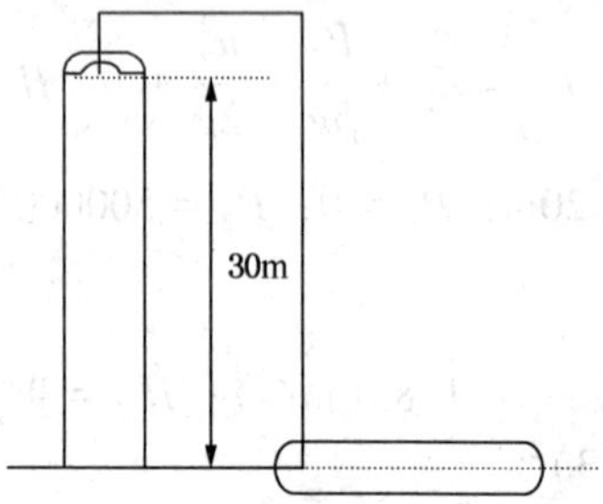

解：取储槽液面为 1-1，塔内丙烯出口为 2-2 截面，并定 1-1 截面为基准水平面，在两截面间作能量衡算，可得：$H=\Delta Z+\dfrac{\Delta u^2}{2g}+\dfrac{\Delta P}{\rho g}+h_{损}$

已知：$Z_1=0$；$Z_2=30m$；$Z=30-0=30m$；$h_{损}=15m$；$u_1=0$；$P_1=650000kPa$；$P_2=330000kPa$

$$u_2=\frac{40000}{\frac{\pi}{4}\times0.14^2\times3600\times600}=1.2m/s;\ \frac{\Delta u^2}{2g}=\frac{1.2^2-0^2}{2\times9.81}=0.07(m)$$

$$\frac{\Delta P}{\rho g}=\frac{330000-650000}{600\times9.81}=-54.37(m)$$

将以上数据带入方程得：$H=30+0.07-54.37+15=-9.3$(m)，H 为负值，说明不需要泵。

答：将丙烯从储槽送到精馏塔不需要泵。

7. 某化工厂用泵将地面上贮液池中的碱液输送到吸收塔顶，经喷嘴喷出，泵的进口管内径为100mm，出口管内径为71mm，碱液在进口管中的流速为1.5m/s，贮液池中碱液深1.5m，池底距喷嘴进口处的垂直高度25m，设碱液流经管系的压头损失为3m碱液柱，喷嘴入口处压强为30kPa(表压)，碱液的相对密度为1.2，求该泵所需的扬程？

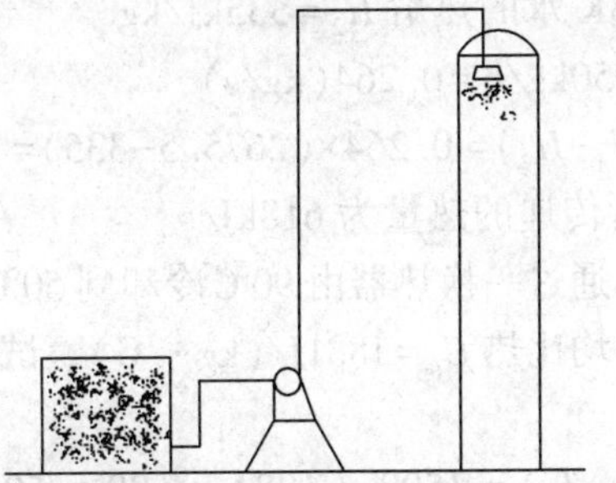

解：如图所示，贮液池液面为1-1截面，喷嘴处为2-2截面，并定1-1截面为基准面，在两截面间作能量衡算可得：$H=\Delta Z+\dfrac{\Delta u^2}{2g}+\dfrac{\Delta p}{\rho g}+h_{损}$

已知：$\Delta Z=Z_2-Z_1=25-1.5=23.5$m；$u_1=0$

$$u_2=u\left(\frac{d_1}{d_2}\right)^2=1.5\times\left(\frac{0.1}{0.071}\right)^2=3(\text{m/s};)\quad \frac{\Delta u^2}{2g}=\frac{3^2-0^2}{2\times 9.81}=0.46(\text{m})$$

$$P_1=0(\text{表压})；P_2=30000\text{Pa}(\text{表压})；\frac{\Delta p}{\rho g}=\frac{30000-0}{1200\times 9.81}=2.55(\text{m})$$

$$h_{损}=3\text{m}$$

将以上数据带入方程得：$H=23.5+0.46+2.55+3=29.51$(m)

答：泵所需的扬程为29.51m。

8. 用水对一台离心泵的扬程进行测定。物料为277K的水，实际测得入口处真空表的读数为200mmHg，出口压力表读数为2.6kgf/cm^2(表压)，吸入管与压出管管径相同，两个测点之间位差为0.8m，试计算在实验条件下的扬程？

解：$H=\Delta Z+(P_{表}-P_{真})/\rho g+(u_2^2-u_1^2)/2g$；已知：$\Delta Z=0.8$m；$P_{表}=2.6\text{kgf/cm}^2=2.6\times 9.8\times 10^4$Pa；$P_{真}=200\text{mmHg}=200/735.6\times 9.8\times 10^4$Pa

$u_1=u_2$ 因为管径与流量相同

$\rho_{277}=1000\text{kg/cm}^2$ 将以上数据代入上式得：

$$H=0.8+(2.6+0.27)/(1000\times 9.8)\times 9.81\times 10^4=29.5(\text{m})$$

答：泵的扬程为29.5m。

9. 有一列管式换热器，其中钢管内径为25mm，壁厚为3.2mm，管长5m，已知管内壁温度为373K，管外壁温度为353K，钢的导热系数为46.5W/(m·K)，试求每根管子单位时间的换热量？

解：∵
$$\frac{r_2}{r_1}=\frac{12.5+3.2}{12.5}=1.256<2$$

$$\therefore q = \frac{\lambda}{\delta}2\pi r_{均}\,l\Delta t = \frac{\lambda}{\delta}2\pi l\Delta t\,\frac{r_1 + r_2}{2} = \frac{\lambda}{\delta}\pi l(r_1 + r_2)(t_1 - t_2)$$

$$= \frac{46.5}{0.0032} \times 3.14 \times 5 \times (0.0157 + 0.0125) \times (373 - 353) = 128.7\text{kW} = 128.7(\text{kJ/s})$$

答：每根管子单位时间的换热量是128.7kJ/s。

10. 在列管换热器中，用373K水蒸气加热某冷汽体，已知蒸汽流量为950kg/h，冷凝后的出口温度为353K。求换热器单位时间内所传递的热量？从有关手册中查得：373K水蒸气的热焓 $H_1 = 2675.5$kJ/kg；353K水的热焓 $H_2 = 335$kJ/kg

解：由题意可知：$W_{热} = 950\text{kg/h} = 0.264(\text{kg/s})$

$$q = W_{热}(H_1 - H_2) = 0.264 \times (2675.5 - 335) = 618(\text{kJ/s})$$

答：换热器单位时间内所传递的热量为618kJ/s。

11. 将1500kg/h的甲苯，通过一换热器由90℃冷却到50℃，冷却水初温为20℃，出口温度不超过35℃。已知甲苯的平均比热 $C_p = 1881\text{J/(kg·℃)}$。试求冷却水用量。（$C_{p水}4.18 \times 10^3$）

解：先计算热负荷

$$q_{甲苯} = W_{甲苯}C_{p甲苯}(T_1 - T_2) = 1500 \times 1881 \times (90 - 50) = 1.129 \times 10^8\text{J/h}$$

$$\because\ q_{甲苯} = q_{水};\ \therefore W_{水} = \frac{q_{甲苯}}{C_{p水}(t_2 - t_1)} = \frac{1.129 \times 10^8}{4.18 \times 10^3 \times (35 - 20)} = 1800.6(\text{kg/h})$$

答：冷却水用量1800.6kg/h。

12. 某列管式换热器中用110kPa的饱和水蒸气来加热苯，使其从390K加热到343K，苯走管内，蒸汽走管外，已知苯的流量为5m³/h，试求每小时蒸汽的消耗量？[110kPa饱和水蒸气冷凝热为2245kJ/kg，苯的物性为 $C = 1.756\text{kJ/(kg·K)}$，$\rho = 900\text{kg/m}^3$]

解：$q_{冷} = W_{苯}\,C_{苯}(t_1 - t_2)$，$q_{热} = W_{汽}\,r$，忽略热损失，$q_{冷} = q_{热}$

则

$$W_{苯}\,C_{苯}(t_1 - t_2) = W_{汽}\,r$$

$$W_{汽} = W_{苯}\,C_{苯}(t_1 - t_2)/r = (5/3600) \times 900 \times 1.756 \times 10^3 \times (343 - 293)/2245$$
$$= 110/2245 = 176.4(\text{kg/h})$$

答：每小时蒸汽的消耗量为176.4kg。

13. 某化工厂用一台换热器冷却一种高温气体。冷却水进口温度为303K，出口温度为313K，冷却水用量为1100kg/h；求换热器的热负荷？查 $C_{冷} = 4.18\text{kJ/(kg·K)}$

解：换热器的热负荷可以用热流体单位时间内放出的热量，或是冷流体单位时间内吸收的热量来确定，但因题中热流体流量未知，故根据冷流体进行计算。

$$W_{冷} = 1100\text{kg/h} = 0.306\text{kg/s};\ t_1 = 303\text{K};\ t_2 = 313\text{K}$$

$$q = W_{冷}\,C_{冷}(t_2 - t_1) = 0.306 \times 4.18 \times (313 - 303) = 12.79(\text{kJ/s})$$

答：换热器的热负荷为12.79kJ/s。

14. 用冷却水将2500kg/h硝基苯由350K冷却到300K，冷却水进料温度为290K，出口温度为300K，试求冷却水量？[比热：硝基苯：1.6kJ/(kg·K)；冷却水：4.2kJ/(kg·K)]

解：$q_{热} = 2500 \times 1.6 \times (350 - 300)$；$q_{冷} = m \times 4.2 \times (300 - 290)$

$\because q_{热} = q_{冷}$　$\because 2500 \times 1.6(350 - 300) = m \times 4.2 \times (300 - 290)$；$m = 4761.9(\text{kg/h})$

答：冷却水量为4761.9kg/h。

15. 循环气冷却器调温水入口温度为34℃，出口温度为44℃，水的比热为1kcal/

(kg · ℃)，反应热为 8845200kcal，求调温水的流量应是多少？

解：根据 $Q=Cm(t_2-t_1)$

则　$m=Q/C(t_2-t_1)=8845200/1\times(44-34)=884520\text{kg/h}=884.52(\text{t/h})$

答：调温水的流量应是 884.52t/h。

16. 某换热器用冷却水将比热为 40kJ/(kg · K)，流量为 20kg/h 的乙醇溶液从 350K 冷却至 293K，已知冷却水进口温度为 288K，出口温度不超过 298K，试求冷却水消耗量？

解：已知：$G_1=20\text{kg/h}$；$C_1=40\text{kJ/(kg·K)}$；$C_2=4.183\text{kJ/(kg·K)}$；$T_1=350\text{K}$；$T_2=293\text{K}$；$t_1=288\text{K}$；$t_2=298\text{K}$；求 G_2？

据：$Q_{吸}=Q_{放}$ $G_1C_1(T_1-T_2)=G_2C_2(t_2-t_1)=20\times40\times(350-293)$

$=G_2\times4.183\times(298-288)$

∴　$G_2=(800\times57)/(4.183\times10)=1090.1(\text{kg/h})$

答：冷却水流量为 1090.1kg/h。

17. 丁二烯塔冷凝器每小时把 4000kg 的丁二烯气体从 50℃冷凝到 32℃；循环水入口温度 25℃，出口温度 30℃，求循环水用量？查《工艺设计手册》得 50℃时丁二烯气化潜热 $r_{热丁二烯}=85.18\text{kcal/kg}$；50℃到 32℃丁二烯液体的平均比热 $C_{p丁二烯}=0.59\text{kcal/(kg·℃)}$；$C_{p水}=1\text{kcal/(kg·℃)}$。

解：先计算冷凝器热负荷

$q_j=w_{热}\ r_{热丁二烯}+w_{冷}\ C_{p丁二烯}(T_1-T_2)=4000\times85.18+4000\times0.59\times(50-32)$

$=340720+42480=38200(\text{kcal/h})$

根据热量平衡关系；

$$W_{水}=\frac{q_j}{C_{P水}(t_2-t_1)}=\frac{383200}{1\times(30-25)}=76640\text{kg/h}=76.64(\text{t/h})$$

答：需要循环水 76.64t/h。

18. 将 0.417kg/s，80℃的硝基苯，通过一换热器冷却到 40℃，冷却水初温为 30℃，出口温度不超过 35℃，冷却水流量为 $5\text{m}^3/\text{s}$，热损失可以忽略，试求换热器热负荷及冷却水的终温？硝基苯和水的比热分别为 1.6kJ/(kg · ℃)和 4.187kJ/(kg · ℃)。

解：① 计算热负荷；$Q'=Q_{热}=W_{热}\ C_{热}(T_1-T_2)=0.417\times1.6\times10^3\times(80-40)$

$=26.7(\text{kW})$

② 热损失忽略不计，所以可依 $Q_{热}=Q_{冷}$ 计算

得 $Q_{热}=Q_{冷}=W_{冷}\ C_{冷}(t_2-t_1)$；$26.7\times10^3=6\times1000/3600\times4.187\times10^3(t_2-30)$

$t_2=26.7\times10^3/4.187\times10^3\times6\times1000/3600+30=33.82(℃)$

答：换热器热负荷为 26.7kW。冷却水的终温为 33.82℃。

19. 用 20℃的井水将 2000kg/h 物料在一换热器内由 80℃冷却到 40℃，井水从换热器出口温度为 35℃，问每小时需要多少吨井水？物料比热容为 0.4kcal/(kg · ℃)。井水比热

解：① 进入热量：物料带入热量 $Q_1=2000\times(80-0)\times0.4=64000(\text{kcal/h})$

井水带入热量 $Q_2=W_{水}\times(20-0)\times1=20W_{水}$

② 放出热量：物料带出热量 $Q_3=2000\times(40-0)\times0.4=32000(\text{kcal/h})$

井水带出热量 $Q_4=W_{水}\times(35-0)\times1=35W_{水}$；$Q_1+Q_2=Q_3+Q_4$

$64000+20W_{水}=32000+35W_{水}$；解得：$W_{水}=32000/15=2133(\text{kg/h})$

答：每小时需要20℃井水2.133t。

20. 在一换热器内，用0.4MPa(表压)的饱和水蒸气加热空气，饱和水蒸气加热后变为同温度下的凝水，空气进口温度为30℃，出口温度为110℃。查得饱和蒸汽温度为151℃。试求该传热过程的平均温度差？

解：$\Delta t_1=151-30=121℃$；$\Delta t_2=151-110=41℃$；$\Delta t_1/\Delta t_2=121/41=2.95>2$

$$\Delta t_m=\frac{\Delta t_1-\Delta t_2}{\ln\frac{\Delta t_1}{\Delta t_2}}=\frac{121-41}{\ln\frac{121}{41}}=73.9(℃)$$

答：该传热过程的平均温差为73.9℃。

21. 某换热器内，用热水来加热某溶液，已知热水的进口温度为360K，出口温度为340K，冷溶液则从290K被加热到330K，试分别计算并流和逆流下的平均温差。

解：并流：热流体：360→340
冷流体；290→330；

$\Delta t_{大}=70K$；$\Delta t_{小}=10K$；$\Delta t=(\Delta t_{大}-\Delta t_{小})/\ln(\Delta t_{大}/\Delta t_{小})=(70-10)/\ln(70/10)=30.8(K)$

逆流：热流体：360→340
冷流体；330←290；

$\Delta t_{小}=30K$；$\Delta t_{大}=50K$；$\Delta t=(\Delta t_{大}-\Delta t_{小})/\ln(\Delta t_{大}/\Delta t_{小})=(50-30)/\ln(50/30)=39.2(K)$

答：并流的平均温差是30.8K，逆流的平均温差是39.2K

22. 在一列管式换热器内，原油与机油换热，机油由280℃被冷却至170℃，原油进口温度为110℃，出口温度为150℃。试分别计算并流与逆流时的平均温度差？

解：并流：机油：280→170
原理：110→150；

$\Delta t_1=280-110=170℃$；$\Delta t_2=170-150=20℃$；$\Delta t_1/\Delta t_2=170/20=8.5>2$

$$\Delta t_{m并}=\frac{\Delta t_1-\Delta t_2}{\ln\frac{\Delta t_1}{\Delta t_2}}=\frac{170-20}{\ln\frac{170}{20}}=70.1(℃)$$

逆流：机油280K→170K
原油150K→110K；

$\Delta t_1=280-150=130℃$；$\Delta t_2=170-110=60℃$；$\Delta t_1/\Delta t_2=130/60=2.17>2$

$$\Delta t_{m逆}=\frac{\Delta t_1-\Delta t_2}{\ln\frac{\Delta t_1}{\Delta t_2}}=\frac{130-60}{\ln\frac{130}{60}}=90.5(℃)$$

答：并流与逆流时的平均温度差分别为70.1℃和90.5℃。

23. 现有一台列管式换热器，由3400根ϕ25mm×2.5mm的无缝钢管组成，管长6m，用作某车间的冷凝器，管内比热4.2kJ/(kg·K)的某溶液，流量为258kg/s，进口温度为330K，出口温度为310K，管外为冷却水，进口温度为285K，出口温度为300K，设已知换热器的总传热系数$K=657W/(m^2\cdot K)$，试问该换热器能否适用？

解：① 先计算热负荷$q=W_{热}C_{热}\Delta t_{热}=258\times4.2\times(330-310)=21672(kW)$

② 假定采用逆流方式，算出 Δt_m：$\begin{array}{l}\text{溶　液：}330\to310\\\text{冷却水：}300\to285\end{array}$；

$\Delta t_1=330-300=30(K)$；$\Delta t_2=310-285=25(K)$；$\Delta t_1/\Delta t_2=30/25=1.2<2$

$$\Delta t_m=\frac{30+25}{2}=27.5(K)$$

③ 据已知 K、Q、Δt_m，算出 A

$$A_{算}=\frac{q}{K\Delta t_m}=\frac{21672\times10^3}{657\times27.5}=1200(m^2)$$

以20%的安全系数考虑 $A=1.2\times1200=1440(m^2)$

④ 算出现有换热器的 A

$$\frac{r_{外}}{r_{内}}=\frac{\frac{0.025}{2}}{\frac{0.02}{2}}=1.25<2;\ A_{每根}=\pi l(r_{外}+r_{内})$$

$$A=n\pi dl=3400\times3.14\times\frac{\frac{0.025}{2}+\frac{0.02}{2}}{2}\times6=1442(m^2)$$

答：说明现有换热器可满足生产要求，能适用。

24. 某车间有一台列管式换热器，用作冷凝器，管内走比热 4.2kJ/(kg · K) 的某溶液，流量为 258kg/s，进口温度为 330K，出口温度为 310K，管外为冷却水，进口温度为 285K，出口温度为 300K，设已知换热器的总传热系数 $K=657W/(m^2\cdot K)$，请计算该换热器换热面积为多少？

解：① 先计算热负荷 $q=W_{热}C_{热}\Delta t_{热}=258\times4.2\times(330-310)=21672(kW)$

② 假定采用逆流方式，算出 Δt_m：$\begin{array}{l}\text{溶　液：}330\to310\\\text{冷却水：}300\to285\end{array}$；

$\Delta t_1=330-300=30(K)$；$\Delta t_2=310-285=25(K)$；$\Delta t_1/\Delta t_2=30/25=1.2<2$

$$\Delta t_m=\frac{30+25}{2}=27.5(K)$$

③ 据已知 K、Q、Δt_m，算出 A

$$A_{算}=\frac{q}{K\Delta t_m}=\frac{21672\times10^3}{657\times27.5}=1200(m^2)$$

答：该换热器换热面积为 $1200m^2$。

25. 有一台用 $\phi25\times2mm$ 无缝钢管束组成的列管式换热器，用饱和水蒸汽加热反应液，反应液在管内流动，$\alpha_{内}=80W/(m^2\cdot K)$，饱和蒸气走壳程，$\alpha_{外}=10000W/(m^2\cdot K)$，管壁的导热系数为 $46.5W/(m^2\cdot K)$，管内有一层垢，其 $R_{垢}=0.0004s\cdot m^2\cdot K/J$。①求此换热器传热系数 K，②从计算中看出提高 K 值的关键是什么？

解：已知：$\alpha_{内}=80W/(m^2\cdot K)$；$\alpha_{外}=10000W/(m^2\cdot K)$；$\lambda=46.5W/(m^2\cdot K)$；$\delta=2\times10^{-3}m$；$R_{垢}=0.0004s\cdot m^2\cdot K/J$。求 K?

据：$d_{外}/d_{内}=25/23=1.09<2$ 故可按平壁计算式计算

$$K=\left(\frac{1}{\alpha_{内}}+\frac{\delta}{\lambda}+\frac{1}{\alpha_{外}}+R_{垢}\right)^{-1}$$

$$K=\left(\frac{1}{80}+\frac{0.002}{46.5}+\frac{1}{10000}+0.0004\right)^{-1}=0.013043^{-1}=76.67[\mathrm{W/(m^2\cdot K)}]$$

答：此换热器传热系数 K 为 76.67W/(m² · K)，以此可看出 K 值总是接近 $\alpha_{内}$ 且比 $\alpha_{内}$ 还小，所以提高 K 值的关键就是提高 $\alpha_{内}$ 值。

26. 有一列管换热器，其换热面积为 120m²，采用逆流操作，其流化气进口温度为 70℃，出口为 53℃，冷却水流量为 1200kg/h，其入口温度 30℃，出口温度为 52℃，试求此换热器的总传热系数 K？假设热量损失下计，垢热阻忽略，30℃时，$C_{水}=4.174\mathrm{kJ/(kg\cdot K)}$；$C_{p水}=4.183\mathrm{kJ/(kg\cdot ℃)}$。

解：已知：$G_{水}=1200\mathrm{kg/h}$；$A=120\mathrm{m^2}$；$T_1=70℃=343\mathrm{K}$；$T_2=53℃=326\mathrm{K}$；$t_1=30℃=303\mathrm{K}$；$t_2=52℃=325\mathrm{K}$；$C_{水}=4.174\mathrm{kJ/(kg\cdot K)}$

$$Q=C_{水}G_{水}\Delta t=C_{水}G_{水}(t_2-t_1)=4.174\times1200\times(325-303)=110193.6(\mathrm{kJ/h})$$
$$=110193.6/3600=30.61(\mathrm{kJ/s})$$

$\because$ $Q=KA\Delta t_{均}$ $\therefore$ $K=Q/A\Delta t_{均}$

其中：热流体：343→326；冷流体：325←303；

$$\Delta t_{出}=18\mathrm{K};\ \Delta t_{进}=23\mathrm{K}$$

$\because$ $\Delta t_{进}/\Delta t_{出}=23/18=1.28<2$

$$\Delta t_{均}=\frac{\Delta t_{进}+\Delta t_{出}}{2}=\frac{23+18}{2}=20.5(\mathrm{K})$$

$$K=\frac{30.61\times1000}{120\times20.5}=12.44[\mathrm{W/(m^2\cdot K)}]$$

答：此换热器 K 值为 12.44W/(m² · K)。

27. 某列管式换热器，其换热面积为 20m²，冷流体的流速为 0.7kg/s，进口温度为 308K，出口温度为 358K，查得冷流体的平均比热为 4.18kJ/(kg · K)，试计算换热器的传热系数？

解：$q=W_{冷}C(t_2-t_1)=0.7\times4.18\times(348-308)=117.04(\mathrm{kJ/s})$

因为是逆流：热流体：383→358；冷流体：348→308；

$$\Delta t_{大}=50\mathrm{K};\ \Delta t_{小}=35\mathrm{K};\ \Delta t=(\Delta t_{大}-\Delta t_{小})/\ln(\Delta t_{大}/\Delta t_{小})=(50-35)/\ln(50/35)=41.6\mathrm{K}$$

$$Q=KA\Delta t$$

$$K=Q/(A\Delta t)=117.04/(20\times41.6)=140[\mathrm{W/(m^2\cdot K)}]$$

答：换热器的传热系数为 140W/(m² · K)。

28. 循环气冷却器 E-4002 的换热面积为 803m²，总热交换量为 8845200kcal/h，平均传热温差为 20℃，求总传热系数为多少？

解：根据 $Q=KA\Delta t$

得 $K=Q/(A\Delta t)=8845200/(803\times20)=550.76[\mathrm{kcal/(m^2\cdot h\cdot ℃)}]$

答：总传热系数为 550.76kcal/(m² · h · ℃)。

29. 在某换热器中用373K饱和水蒸气来加热一种冷流体，饱和水蒸气加热后变为同温度下的凝水，已知蒸汽用量为200kg/h，求换热器应具有的传热速率？373K饱和水蒸气的汽化潜热为$r_{热}=2256.8$kJ/kg

解：$W_{热}=200$kg/h$=0.0556$kg/s；$q=W_{热}\ r_{热}=0.0556\times2256.8=125$(kJ/s)

答：换热器应具有的传热速率为125kJ/s。

五、技能操作鉴定要素细目表(技师)

鉴定范围						鉴定点	
一级		二级		三级		代码	名称
代码	名称	代码	名称	代码	名称		
A	技能要求	A	工艺操作	A	开车准备	001	开车前装置全面检查
						002	开工进料条件确认
						003	气密过程节约氮气操作
						004	外管道盲板拆除条件确认
						005	催化蒸馏塔开车方案制订
				B	开车操作	001	开工安全环保全面检查
						002	开工总流程贯通全面检查
						003	装置塔投用后全面检查
				C	正常操作	001	装置原料组分变化大的相应调整
						002	装置正常生产提高MTBE收率操作
						003	装置正常生产中降低能耗操作
						004	共沸塔压力波动调节
				D	停车操作	001	进入设备前条件确认
						002	装置停工开人孔条件确认
						003	装置停工少放火炬操作
						004	装置用火条件确认
						005	催化蒸馏塔紧急停车方案
		B	设备使用与维护	A	设备使用	001	机泵检修确认
						002	容器检修确认
						003	塔检修确认
				B	维护设备	001	机泵大修后的检查
						002	塔盘检修后的检查
						003	压力管道维护
						004	压力容器维护
						005	离心泵的日常维护
		C	事故判断与处理	A	判断事故	001	催化蒸馏塔产品质量事故分析
						002	高速泵密封泄漏分析

续表

鉴定范围						鉴定点	
一级		二级		三级		代码	名称
代码	名称	代码	名称	代码	名称		
						003	催化蒸馏塔压力对产品收率影响分析
						004	MTBE 产品不合格原因分析
						005	离心泵不上量的判断
						006	冷却水系统的波动对分离系统的影响分析
						007	蒸汽系统的波动对分离系统的影响分析
				B	处理事故	001	DCS 某一点或数点工艺数据不刷新(伴随有系统报警)事故的处理
						002	DCS 系统某点或几点输出回路数据突变事故的处理
						003	DCS 系统失电事故的处理
						004	装置发生灾难性火灾爆炸事故的处理
						005	停仪表风的处理
		D	绘图与计算	A	绘图	001	带自控点全装置流程图绘制
						002	外管架进出装置管线分布图
						003	装置公用工程流程绘制
						004	识读一般化工设备图
				B	计算	001	现场数据采集换热器换热面积计算
						002	现场数据采集回流比计算

六、技能操作试题(技师)

试题 1：开车前装置全面检查

（考核时间：30min）

序号	考核内容	考核要点	配分	评分标准	检测结果	扣分	得分	备注
1	准备工作	穿戴劳保用品	3	未穿戴整齐扣 3 分				
		工具、用具准备	2	工具选择不正确扣 2 分				
2	操作前提	作业环境检查确认	25	未确认装置检修结束扣 10 分				
				装置边界条件未检查每处扣 5 分				
				静设备未检查每处扣 5 分				
				动设备未检查每处扣 5 分				
3	操作程序	工作联系及时到位	5	未及时联系扣 5 分				
		操作步骤按顺序无遗漏	30	未确认仪表状态扣 10 分				
				未确认装置放空阀状态扣 5 分				
				安全阀附件未确认扣 10 分				
				方法不合理扣 5 分				
				未按先后顺序扣 5 分				
		操作中注意事项	20	公用工程未检查扣 5 分				
				施工质量未重点检查扣 5 分				

续表

序号	考核内容	考核要点	配分	评分标准	检测结果	扣分	得分	备注
4	操作结果	操作结果符合要求	10	未能发现异常情况扣5分				
				发现异常情况未及时联系处理扣5分				
5	使用工具	正确使用工具	3	工具使用不正确扣3分				
		正确维护工具	2	工具乱摆乱放扣2分				
6	安全及其他	按国家法规或企业规定		违规一次总分扣5分；严重违规停止操作			—	
		在规定时间内完成操作		每超时1min总分扣5分，超时3min停止操作			—	
		合　计	100					

试题2：开工进料条件确认

（考核时间：30min）

序号	考核内容	考核要点	配分	评分标准	检测结果	扣分	得分	备注
1	准备工作	穿戴劳保用品	3	未穿戴整齐扣3分				
		工具、用具准备	2	工具选择不正确扣2分				
2	操作前提	作业环境检查确认	30	未确认气密合格扣10分				
				未确认氮气置换扣5分				
				流程未检查确认扣5分				
				氮气置换合格标准不清楚扣10分				
3	操作程序	工作联系及时到位	5	未及时联系扣5分				
		工作票书写规范	5	工作票书写不规范扣5分				
		操作步骤按顺序无遗漏	20	未确认管线无压力扣10分				
				未检查其他连通管线阀门是否关闭扣5分				
				未按先后顺序扣5分				
		操作中注意事项	20	未观察压力变化扣5分				
				监护不认真扣5分				
4	操作结果	操作结果符合要求	10	未能发现异常情况扣5分				
				发现异常情况未及时联系处理扣5分				
5	使用工具	正确使用工具	3	工具使用不正确扣3分				
		正确维护工具	2	工具乱摆乱放扣2分				
6	安全及其他	按国家法规或企业规定		违规一次总分扣5分；严重违规停止操作			—	
		在规定时间内完成操作		每超时1min总分扣5分，超时3min停止操作			—	
		合　计	100					

试题3：气密过程节约氮气操作

（考核时间：30min）

序号	考核内容	考核要点	配分	评分标准	检测结果	扣分	得分	备注
1	准备工作	穿戴劳保用品	3	未穿戴整齐扣3分				
		工具、用具准备	2	工具选择不正确扣2分				
2	操作前提	作业环境检查确认	30	装置气密压力不清楚每处扣5分				
				装置气密分段升压过程不清楚扣10分				
				未检查各点放空每处扣5分				
				氮气供给单位不清楚扣5分				
3	操作程序	工作联系及时到位	5	未及时联系扣5分				
		操作步骤按顺序无遗漏	25	未确认管线无压力扣10分				
				未检查其他连通管线阀门是否关闭扣5分				
				方法不合理扣5分				
				未按先后顺序扣5分				
		操作中注意事项	20	未观察压力变化扣5分				
				浪费氮气扣5分				
				未能发现异常情况扣5分				
4	操作结果	操作结果符合要求	10	发现异常情况未及时联系处理扣5分				
5	使用工具	正确使用工具	3	工具使用不正确扣3分				
		正确维护工具	2	工具乱摆乱放扣2分				
6	安全及其他	按国家法规或企业规定		违规一次总分扣5分；严重违规停止操作			—	
		在规定时间内完成操作		每超时1min总分扣5分，超时3min停止操作			—	
		合　计	100					

试题4：开工安全环保全面检查

（考核时间：15min）

序号	考核内容	考核要点	配分	评分标准	检测结果	扣分	得分	备注
1	准备工作	穿戴劳保用品	3	未穿戴整齐扣3分				
		工具、用具准备	2	工具选择不正确扣2分				
2	技术准备	了解环保项目	20	装置开车污染项目不清楚扣10分				
				污染处理方法不清楚扣10分				

续表

序号	考核内容	考核要点	配分	评分标准	检测结果	扣分	得分	备注
3	操作程序	工作联系正确及时	5	未及时联系采样分析扣5分				
		流程检查确认	20	漏项每处扣5分				
				流程不清楚扣10分				
				放空阀未关闭每处扣5分				
		设备检查确认	20	静设备未检查扣5分				
				动设备未检查扣5分				
				装置边界管线未检查扣5分				
				环保设施未重点检查扣5分				
		操作方法、顺序正确无遗漏	10	条件确认先后顺序不当扣5分				
				确认方法不正确扣5分				
4	操作结果	操作判断正确，处理正确及时	15	判断不正确扣10分				
				不满足条件叙述不正确扣5分				
				操作调整方法不正确扣5分				
5	使用工具	正确使用工具	3	工具使用不正确扣3分				
		正确维护工具	2	工具乱摆乱放扣2分				
6	安全及其他	按国家法规或企业规定		违规一次总分扣5分；严重违规停止操作				
		在规定时间内完成操作		每超时1min总分扣5分，超时3min停止操作			—	
		合　计	100					

试题5：开工总流程贯通全面检查

（考核时间：20min）

序号	考核内容	考核要点	配分	评分标准	检测结果	扣分	得分	备注
1	准备工作	穿戴劳保用品	3	未穿戴整齐扣3分				
		工具、用具准备	2	工具选择不正确扣2分				
2	技术准备	了解总流程	20	装置公用工程系统作用错误每处扣5分				
				装置各流程生产目的不清楚扣10分				
				流程贯通检查项目不清楚扣5分				
3	操作程序	工作联系正确及时	5	未及时联系采样分析扣5分				
		流程检查确认	20	漏项每处扣5分				
				流程不清楚扣10分				
				放空阀未关闭每处扣5分				

续表

序号	考核内容	考核要点	配分	评分标准	检测结果	扣分	得分	备注
		设备检查确认	20	安全附件未检查确认扣10分				
				静设备未检查确认扣5分				
				动设备状态未确认扣5分				
				仪表状态未确认扣5分				
		操作方法、顺序正确无遗漏	10	条件确认先后顺序不当扣5分				
				确认方法不正确扣5分				
4	操作结果	操作判断正确，处理正确及时	15	判断不正确扣10分				
				不满足条件或叙述不正确扣5分				
				操作调整方法不正确扣5分				
5	使用工具	正确使用工具	3	工具使用不正确扣3分				
		正确维护工具	2	工具乱摆乱放扣2分				
6	安全及其他	按国家法规或企业规定		违规一次总分扣5分；严重违规停止操作			—	
		在规定时间内完成操作		每超时1min总分扣5分，超时3min停止操作			—	
合　计			100					

试题6：装置塔投用后全面检查

（考核时间：20min）

序号	考核内容	考核要点	配分	评分标准	检测结果	扣分	得分	备注
1	准备工作	穿戴劳保用品	3	未穿戴整齐扣3分				
		工具、用具准备	2	工具选择不正确扣2分				
2	技术准备	了解塔设备控制方案	20	塔压力控制指标不清楚扣5分				
				塔设备主要部件不清楚扣5分				
				塔设备安全附件未检查扣10分				
3	操作程序	工作联系正确及时	5	未及时联系采样分析扣5分				
		流程检查确认	20	漏项每处扣5分				
				流程不清楚扣10分				
				放空阀未关闭每处扣5分				
		设备检查确认	20	安全附件未检查确认扣10分				
				塔设备本体状态未检查确认扣5分				
				机泵状态未确认扣5分				
				仪表状态未确认扣5分				
		操作方法、顺序正确无遗漏	10	条件确认先后顺序不当扣5分				
				确认方法不正确扣5分				

续表

序号	考核内容	考核要点	配分	评分标准	检测结果	扣分	得分	备注
4	操作结果	操作判断正确，处理正确及时	15	判断不正确扣10分				
				不满足条件或叙述不正确扣5分				
				操作调整方法不正确扣5分				
5	使用工具	正确使用工具	3	工具使用不正确扣3分				
		正确维护工具	2	工具乱摆乱放扣2分				
6	安全及其他	按国家法规或企业规定		违规一次总分扣5分；严重违规停止操作				
		在规定时间内完成操作		每超时1min总分扣5分，超时3min停止操作				
		合　计	100					

试题7：装置原料组分变化大相应操作调整

（考核时间：20min）

序号	考核内容	考核要点	配分	评分标准	检测结果	扣分	得分	备注
1	准备工作	穿戴劳保用品	5	未穿戴整齐扣5分				
2	技术准备	控制目的表述完整	5	原料含量控制目的表述不准确扣5分				
		控制指标表述准确	5	原料含量控制指标不准确扣5分				
				主要控制点不准确扣5分				
		影响因素分析透彻，调节对象理解深刻	10	主要影响因素叙述不完整扣5分				
				调节对象表述错误扣5分				
				对其他参数影响及后果考虑不周扣5分				
		流程检查正确无误	5	未检查流程扣5分				
3	操作过程	操作步骤按先后顺序完成，操作方法正确	30	操作步骤漏项扣5分				
				操作不当扣10分				
				开错阀门扣5分				
				未按先后顺序进行扣10分				
		系统调节平稳，调节无滞后现象	25	仪表控制系统调节错误扣10分				
				未及时注意观察系统变量变化，造成波动扣5分				
				调节滞后扣5分				
				操作不熟练扣5分				

续表

序号	考核内容	考核要点	配分	评分标准	检测结果	扣分	得分	备注
4	操作结果	对参数控制能达到要求	10	质量未达到要求扣5分				
				分析结果不正确扣5分				
5	使用工具	使用工具正确	2	工具使用不正确扣2分				
		使用工具摆放整齐	3	工具乱摆乱放扣3分				
6	安全及其他	按国家法规或企业规定		违规一次总分扣5分；严重违规停止操作			—	
		在规定时间内完成操作		每超时1min总分扣5分，超时3min停止操作			—	
		合　计	100					

否定项说明：违章操作或发生事故须停止操作，成绩计零分。

试题8：装置正常生产提高MTBE收率操作

（考核时间：20min）

序号	考核内容	考核要点	配分	评分标准	检测结果	扣分	得分	备注
1	准备工作	穿戴劳保用品	5	未穿戴整齐扣5分				
2	技术准备	控制目的表述完整	5	MTBE收率目的表述不准确扣5分				
		控制指标表述准确	5	MTBE收率控制指标不准确扣5分				
				主要控制点不准确扣5分				
		影响因素分析透彻，调节对象理解深刻	10	主要影响因素叙述不完整扣5分				
				调节对象表述错误扣5分				
				对其他参数影响及后果考虑不周扣5分				
		流程检查正确无误	5	未检查流程扣5分				
3	操作过程	操作步骤按先后顺序完成，操作方法正确	30	操作步骤漏项扣5分				
				操作不当扣10分				
				开错阀门扣5分				
				未按先后顺序进行扣10分				
		系统调节平稳，调节无滞后现象	25	仪表控制系统调节错误扣10分				
				未及时注意观察系统变量变化，造成波动扣5分				
				调节滞后扣5分				
				操作不熟练扣5分				
4	操作结果	对参数控制能达到要求	10	质量未达到要求扣5分				
				分析结果不正确扣5分				
5	使用工具	使用工具正确	2	工具使用不正确扣2分				
		使用工具摆放整齐	3	工具乱摆乱放扣3分				

续表

<table>
<tr><th>序号</th><th>考核内容</th><th>考核要点</th><th>配分</th><th>评分标准</th><th>检测结果</th><th>扣分</th><th>得分</th><th>备注</th></tr>
<tr><td rowspan="2">6</td><td rowspan="2">安全及其他</td><td>按国家法规或企业规定</td><td></td><td>违规一次总分扣5分；严重违规停止操作</td><td></td><td></td><td>—</td><td></td></tr>
<tr><td>在规定时间内完成操作</td><td></td><td>每超时1min总分扣5分，超时3min停止操作</td><td></td><td></td><td>—</td><td></td></tr>
<tr><td></td><td></td><td>合　计</td><td>100</td><td></td><td></td><td></td><td></td><td></td></tr>
</table>

否定项说明：违章操作或发生事故须停止操作，成绩计零分。

试题9：装置正常生产中降低能耗操作

（考核时间：20min）

<table>
<tr><th>序号</th><th>考核内容</th><th>考核要点</th><th>配分</th><th>评分标准</th><th>检测结果</th><th>扣分</th><th>得分</th><th>备注</th></tr>
<tr><td>1</td><td>准备工作</td><td>穿戴劳保用品</td><td>5</td><td>未穿戴整齐扣5分</td><td></td><td></td><td></td><td></td></tr>
<tr><td rowspan="8">2</td><td rowspan="8">技术准备</td><td>控制目的表述完整</td><td>5</td><td>控制目的表述不准确扣5分</td><td></td><td></td><td></td><td></td></tr>
<tr><td rowspan="2">控制指标表述准确</td><td rowspan="2">5</td><td>控制指标不准确扣5分</td><td></td><td></td><td></td><td></td></tr>
<tr><td>主要控制点不准确扣5分</td><td></td><td></td><td></td><td></td></tr>
<tr><td rowspan="3">影响因素分析透彻，调节对象理解深刻</td><td rowspan="3">10</td><td>主要影响因素叙述不完整扣5分</td><td></td><td></td><td></td><td></td></tr>
<tr><td>调节对象表述错误扣5分</td><td></td><td></td><td></td><td></td></tr>
<tr><td>对其他参数影响及后果考虑不周扣5分</td><td></td><td></td><td></td><td></td></tr>
<tr><td>流程检查正确无误</td><td>5</td><td>未检查流程扣5分</td><td></td><td></td><td></td><td></td></tr>
<tr style="display:none"></tr>
<tr><td rowspan="8">3</td><td rowspan="8">操作过程</td><td rowspan="4">操作步骤按先后顺序完成，操作方法正确</td><td rowspan="4">30</td><td>操作步骤漏项扣5分</td><td></td><td></td><td></td><td></td></tr>
<tr><td>操作不当扣10分</td><td></td><td></td><td></td><td></td></tr>
<tr><td>开错阀门扣5分</td><td></td><td></td><td></td><td></td></tr>
<tr><td>未按先后顺序进行扣10分</td><td></td><td></td><td></td><td></td></tr>
<tr><td rowspan="4">系统调节平稳，调节无滞后现象</td><td rowspan="4">25</td><td>仪表控制系统调节错误扣10分</td><td></td><td></td><td></td><td></td></tr>
<tr><td>未及时注意观察系统变量变化，造成波动扣5分</td><td></td><td></td><td></td><td></td></tr>
<tr><td>调节滞后扣5分</td><td></td><td></td><td></td><td></td></tr>
<tr><td>操作不熟练扣5分</td><td></td><td></td><td></td><td></td></tr>
<tr><td rowspan="2">4</td><td rowspan="2">操作结果</td><td rowspan="2">对参数控制能达到要求</td><td rowspan="2">10</td><td>质量未达到要求扣5分</td><td></td><td></td><td></td><td></td></tr>
<tr><td>分析结果不正确扣5分</td><td></td><td></td><td></td><td></td></tr>
<tr><td rowspan="2">5</td><td rowspan="2">使用工具</td><td>使用工具正确</td><td>3</td><td>工具使用不正确扣3分</td><td></td><td></td><td></td><td></td></tr>
<tr><td>使用工具摆放整齐</td><td>2</td><td>工具乱摆乱放扣2分</td><td></td><td></td><td></td><td></td></tr>
<tr><td rowspan="2">6</td><td rowspan="2">安全及其他</td><td>按国家法规或企业规定</td><td></td><td>违规一次总分扣5分；严重违规停止操作</td><td></td><td></td><td>—</td><td></td></tr>
<tr><td>在规定时间内完成操作</td><td></td><td>每超时1min总分扣5分，超时3min停止操作</td><td></td><td></td><td>—</td><td></td></tr>
<tr><td></td><td></td><td>合　计</td><td>100</td><td></td><td></td><td></td><td></td><td></td></tr>
</table>

否定项说明：违章操作或发生事故须停止操作，成绩计零分。

试题10：共沸塔压力波动调节

（考核时间：20min）

序号	考核内容	考核要点	配分	评分标准	检测结果	扣分	得分	备注
1	准备工作	穿戴劳保用品	3	未穿戴整齐扣3分				
		工具、用具准备	2	工具选择不正确扣2分				
2	操作程序	共沸塔产生压力波动的原因分析：蒸汽量波动大，回流比不合适，塔顶冷凝器循环水量波动大，塔内有不凝气，进料波动大	25	没有分析出蒸汽量对压力产生影响的扣5分				
				没有分析出回流比对压力产生影响的扣5分				
				没有分析出循环水量对压力产生影响的扣5分				
				没有分析出塔内不凝气对压力产生影响的扣5分				
				没有分析出进料波动对压力产生影响的扣5分				
3		解除蒸汽量与灵敏板温度的串级，手动调节蒸汽流量，稳定塔底温度	15	没有解除串级扣5分				
				蒸汽量调节不稳扣10分				
4		计算适宜的回流比，给定回流量	10	回流量给定不准扣10分				
5		调节塔顶冷凝器循环水量稳定回流温度，稳定回流罐液面	10	循环水量调节不稳扣10分				
6		打开回流罐上的泄压线排放不凝气，稳定压力	15	没有排放不凝气扣8分				
				未排放完全或过度排放扣7分				
7		调节反应器温度、压力至正常，稳定共沸塔的进料组成、进料量	15	没有进行稳定反应器操作的该项扣15分				
8	使用工具	正确使用工具	3	工具使用不正确扣3分				
		正确维护工具	2	工具乱摆乱放扣2分				
9	安全及其他	按国家法规或企业规定		违规一次总分扣5分；严重违规停止操作			—	
		在规定时间内完成操作		每超时1min总分扣5分，超时3min停止操作			—	
合计			100					

试题 11：装置用火条件确认

（考核时间：20min）

序号	考核内容	考核要点	配分	评分标准	检测结果	扣分	得分	备注
1	准备工作	穿戴劳保用品	3	未穿戴整齐扣 3 分				
		工具、用具准备	2	工具选择不正确扣 2 分				
2	技术准备	了解用火管理制度	20	用火管理制度不清楚扣 5 分				
				用火分析数据不清楚扣 10 分				
				未联系采样分析扣 5 分				
3	操作程序	工作联系正确及时	5	联系工作不及时扣 5 分				
		流程检查确认	20	漏项每处扣 5 分				
				流程不清楚扣 10 分				
				放空确认漏每处扣 5 分				
		设备检查确认	15	静设备未检查扣 5 分				
				动设备未检查扣 5 分				
				装置边界管线未检查扣 5 分				
		操作方法、顺序正确无遗漏	15	条件确认先后顺序不当扣 5 分				
				确认方法不正确扣 10 分				
4	操作结果	操作判断正确，处理正确及时	15	判断不正确扣 10 分				
				不满足条件或叙述不正确扣 5 分				
				操作调整方法不正确扣 5 分				
5	使用工具	正确使用工具	3	工具使用不正确扣 3 分				
		正确维护工具	2	工具乱摆乱放扣 2 分				
6	安全及其他	按国家法规或企业规定		违规一次总分扣 5 分；严重违规停止操作			—	
		在规定时间内完成操作		每超时 1min 总分扣 5 分，超时 3min 停止操作			—	
		合　计	100					

试题 12：催化蒸馏塔紧急停车方案

（考核时间：35min）

序号	考核内容	考核要点	配分	评分标准	检测结果	扣分	得分	备注
1	准备工作	穿戴劳保用品	3	未穿戴整齐扣 3 分				
		工具、用具准备	2	工具选择不正确扣 2 分				
2	操作程序	室内人员立即切断碳四和甲醇的进料，室外人员关闭相应的保护阀	15	未立即切断碳四和甲醇的进料扣 15 分				

续表

序号	考核内容	考核要点	配分	评分标准	检测结果	扣分	得分	备注
3		室内人员立即解除串级关闭蒸汽调节阀，并通知室外人员关闭现场蒸汽前后保护阀	15	未立即关闭蒸汽扣15分				
4		加大催化蒸馏塔塔顶换热器的循环水量、回流量，降低塔顶温度	15	未控制塔顶温度扣15分				
5		在紧急情况下要立即通知室外人员迅速打开安全阀副线放空等泄压处理	15	塔压控制不好扣15分				
6		分派人员加强巡检，注意塔、罐，做到不超压、不超温	10	未加强巡检扣10分				
7		紧急通知车间负责人员，联系厂生产部调度汇报发生的情况和采取的措施，并通知与本装置有关联的其他装置	10	没有及时汇报扣5分				
				未作好联系工作扣5分				
8		找出停车的原因，作出补救措施，并以书面形式通知车间和厂有关处室	10	未找出原因，不能作出补救措施的扣10分				
				未以书面形式通知车间和厂有关处室的扣5分				
9	使用工具	正确使用工具	3	工具使用不正确扣3分				
		正确维护工具	2	工具乱摆乱放扣2分				
10	安全及其他	按国家法规或企业规定		违规一次总分扣5分；严重违规停止操作			—	
		在规定时间内完成操作		每超时1min总分扣5分，超时3min停止操作			—	
合计			100					

否定项说明：若出现严重超温、超压、冒顶等情况，该题为零分。

试题13：塔检修的确认

（考核时间：15min）

序号	考核内容	考核要点	配分	评分标准	检测结果	扣分	得分	备注
1	准备工作	穿戴劳保用品	3	未穿戴整齐扣3分				
		工具、用具准备	2	工具选择不正确扣2分				
2	操作前提	确认前检查项目	30	未检查安全附件扣10分				
				未检查管线扣10分				
				未检查盲板扣10分				

续表

序号	考核内容	考核要点	配分	评分标准	检测结果	扣分	得分	备注
3	操作程序	检查方法正确，无遗漏	40	外部检查方法不正确扣5分				
				内部检查方法不正确扣5分				
				漏项每处扣5分				
				操作不当扣10分				
				未按相关步骤操作扣10分				
				方法错误扣5分				
		操作注意事项	20	确认过程不注意安全防护扣10分				
				现场有垃圾未清扫扣10分				
4	使用工具	正确使用工具	3	工具使用不正确扣3分				
		正确维护工具	2	工具乱摆乱放扣2分				
5	安全及其他	按国家法规或企业规定		违规一次总分扣5分；严重违规停止操作			—	
		在规定时间内完成操作		每超时1min总分扣5分，超时3min停止操作			—	
		合　　计	100					

试题14：机泵大修后检查

（考核时间：15min）

序号	考核内容	考核要点	配分	评分标准	检测结果	扣分	得分	备注
1	准备工作	穿戴劳保用品	3	未穿戴整齐扣3分				
		工具、用具准备	2	工具选择不正确扣2分				
2	操作前提	设备现场位置清楚	30	设备位置不熟悉扣10分				
				大修项目不清楚扣10分				
				大修作用不清楚扣10分				
3	操作程序	操作步骤无漏项	20	漏项或操作不当扣10分				
				未检查流程扣10分				
		操作方法正确	20	方法不正确扣10分				
				阀门开度不当扣5分				
				大修项目未重点检查扣5分				
		操作注意事项	10	未检查设备状态扣5分				
				未确认工作效果扣5分				
4	操作结果	操作结果符合要求无不当操作	10	未达到标准扣5分				
				卫生情况差扣5分				
5	使用工具	正确使用工具	3	工具使用不正确扣3分				
		正确维护工具	2	工具乱摆乱放扣2分				

续表

序号	考核内容	考核要点	配分	评分标准	检测结果	扣分	得分	备注
6	安全及其他	按国家法规或企业规定		违规一次总分扣5分；严重违规停止操作			—	
		在规定时间内完成操作		每超时1min总分扣5分，超时3min停止操作			—	
		合　计	100					

试题15：塔盘检修后的检查

（考核时间：15min）

序号	考核内容	考核要点	配分	评分标准	检测结果	扣分	得分	备注
1	准备工作	穿戴劳保用品	3	未穿戴整齐扣3分				
		工具、用具准备	2	工具选择不正确扣2分				
2	操作前提	设备现场位置清楚	30	设备位置不熟悉扣10分				
				检修项目不清楚扣10分				
				设备作用不清楚扣10分				
3	操作程序	操作步骤无漏项	20	漏项或操作不当扣10分				
				未检查塔盘状态扣10分				
		操作方法正确	20	方法不正确扣10分				
				操作不当扣5分				
				检修项目未重点检查扣5分				
		操作注意事项	10	未检查设备状态扣5分				
				未确认工作效果扣5分				
4	操作结果	操作结果符合要求无不当操作	10	未达到标准扣5分				
				卫生情况差扣5分				
5	使用工具	正确使用工具	3	工具使用不正确扣3分				
		正确维护工具	2	工具乱摆乱放扣2分				
6	安全及其他	按国家法规或企业规定		违规一次总分扣5分；严重违规停止操作			—	
		在规定时间内完成操作		每超时1min总分扣5分，超时3min停止操作			—	
		合　计	100					

试题 16：压力管道维护

（考核时间：15min）

序号	考核内容	考核要点	配分	评分标准	检测结果	扣分	得分	备注
1	准备工作	穿戴劳保用品	3	未穿戴整齐扣 3 分				
		工具、用具准备	2	工具选择不正确扣 2 分				
2	操作前提	设备现场位置清楚	30	管道走向不熟悉扣 10 分				
				压力管道等级不清楚扣 10 分				
				压力管道维护知识不清楚扣 10 分				
3	操作程序	操作步骤无漏项	20	漏项或操作不当扣 5 分				
				未检查流程扣 10 分				
		操作方法正确	20	方法不正确扣 5 分				
				方法不当扣 5 分				
				重点部位未检查扣 10 分				
		操作注意事项	10	未检查设备状态扣 5 分				
				未确认工作效果扣 5 分				
4	操作结果	操作结果符合要求无不当操作	10	未达到标准扣 5 分				
				卫生情况差扣 5 分				
5	使用工具	正确使用工具	3	工具使用不正确扣 3 分				
		正确维护工具	2	工具乱摆乱放扣 2 分				
6	安全及其他	按国家法规或企业规定		违规一次总分扣 5 分；严重违规停止操作				
		在规定时间内完成操作		每超时 1min 总分扣 5 分，超时 3min 停止操作				
		合　　计	100					

试题 17：催化蒸馏塔产品质量事故分析

（考核时间：15min）

序号	考核内容	考核要点	配分	评分标准	检测结果	扣分	得分	备注
1	准备工作	穿戴劳保用品	3	未穿戴整齐扣 3 分				
		工具、用具准备	2	工具选择不正确扣 2 分				
2	事故现象表述	引发事故因素表述清晰完整	10	事故因素表述不完整扣 5 分，表述不清晰扣 5 分				
		事故现象信息充分无遗漏	10	事故现象信息缺一项扣 5 分				
			10	事故现象信息表述不充分扣10 分				
			20	事故关键现象信息缺扣 20 分				
3	事故原因分析	事故原因分析透彻有深度，完整无遗漏	20	事故原因分析不完整扣 10 分				
				分析无深度扣 10 分				
			20	事故关键原因缺扣 20 分				

续表

序号	考核内容	考核要点	配分	评分标准	检测结果	扣分	得分	备注
4	使用工具	正确使用工具	3	工具使用不正确扣3分				
		正确维护工具	2	工具乱摆乱放扣2分				
5	安全及其他	按国家法规或企业规定		违规一次总分扣5分；严重违规停止操作			—	
		在规定时间内完成操作		每超时1min总分扣5分，超时3min停止操作			—	
		合　计	100					

试题18：催化蒸馏塔压力对产品收率影响分析

（考核时间：15min）

序号	考核内容	考核要点	配分	评分标准	检测结果	扣分	得分	备注
1	准备工作	穿戴劳保用品	3	未穿戴整齐扣3分				
		工具、用具准备	2	工具选择不正确扣2分				
2	压力对收率影响的现象表述	压力对收率影响的因素表述清晰完整	10	压力对收率影响的因素表述不完整扣5分				
				表述不清晰扣5分				
		压力对收率影响的现象信息充分无遗漏	10	压力对收率影响的现象信息缺一项扣5分				
			10	压力对收率影响的现象信息表述不充分扣10分				
			20	压力对收率影响的关键现象信息缺扣20分				
3	压力对收率影响的原因分析	压力对收率影响的原因分析透彻有深度，完整无遗漏	20	压力对收率影响的原因分析不完整扣10分				
				分析无深度扣5分				
			20	压力对收率影响的关键原因缺扣20分				
4	使用工具	正确使用工具	3	工具使用不正确扣3分				
		正确维护工具	2	工具乱摆乱放扣2分				
5	安全及其他	按国家法规或企业规定		违规一次总分扣5分；严重违规停止操作			—	
		在规定时间内完成操作		每超时1min总分扣5分，超时3min停止操作			—	
		合　计	100					

试题 19：DCS 某一点或数点工艺数据不刷新(伴随有系统报警)事故的处理

(考核时间：30min)

序号	考核内容	考核要点	配分	评分标准	检测结果	扣分	得分	备注
1	准备工作	穿戴劳保用品	3	未穿戴整齐扣 3 分				
		工具、用具准备	2	工具选择不正确扣 2 分				
2	事故现象判断	引发事故因素表述清晰完整	5	引发事故因素表述不完整扣 3 分				
				表述不清晰扣 2 分				
		事故现象信息充分无遗漏	10	事故现象信息缺一扣 5 分				
				事故现象信息表述不完整扣 5 分				
		关键事故现象	5	事故关键现象描述不清楚扣 5 分				
3	事故原因分析	事故原因分析完整无遗漏，分析透彻有深度	5	事故原因分析不完整扣 3 分				
				分析无深度扣 2 分				
		事故关键原因分析准确	5	事故关键原因不准确扣 5 分				
4	事故处理操作	联系工作及时到位	5	未及时联系扣 5 分				
		处理原则表述完整	10	处理原则表述不完整扣 10 分				
		处理步骤先后顺序正确并无遗漏、操作不当	20	处理步骤顺序不对扣 10 分				
				漏项或操作不当扣 10 分				
		处理注意事项符合事故处理预案规范	10	未考虑操作对上下游带来的影响扣 10 分				
5	事故处理操作质量	事故处理调节熟练，迅速，过程平稳波动小并无调节错误	15	处理事故过程引起生产波动大扣 10 分				
				调节滞后扣 5 分				
				调节错误扣 20 分				
6	使用工具	正确使用工具	3	工具使用不正确扣 3 分				
		正确维护工具	2	工具乱摆乱放扣 2 分				
7	安全及其他	按国家法规或企业规定		违规一次总分扣 5 分；严重违规停止操作			—	
		在规定时间内完成操作		每超时 1min 总分扣 5 分，超时 3min 停止操作			—	
		合　计	100					

否定项说明：违章操作或发生事故须停止操作，成绩计零分。

试题 20：DCS 系统失电事故的处理

(考核时间：30min)

序号	考核内容	考核要点	配分	评分标准	检测结果	扣分	得分	备注
1	准备工作	穿戴劳保用品	3	未穿戴整齐扣 3 分				
		工具、用具准备	2	工具选择不正确扣 2 分				

续表

序号	考核内容	考核要点	配分	评分标准	检测结果	扣分	得分	备注
2	事故现象判断	引发事故因素表述清晰完整	5	引发事故因素表述不完整扣3分				
				表述不清晰扣2分				
		事故现象信息充分无遗漏	10	事故现象信息缺一扣5分				
				事故现象信息表述不完整扣5分				
		关键事故现象	5	事故关键现象描述不清楚扣5分				
3	事故原因分析	事故原因分析完整无遗漏，分析透彻有深度	5	事故原因分析不完整扣3分				
				分析无深度扣2分				
		事故关键原因分析准确	5	事故关键原因不准确扣5分				
4	事故处理操作	联系工作及时到位	5	未及时联系扣5分				
		处理原则表述完整	10	处理原则表述不完整扣10分				
		处理步骤先后顺序正确并无遗漏、操作不当	20	处理步骤顺序不对扣10分				
				漏项或操作不当扣10分				
		处理注意事项符合事故处理预案规范	10	未考虑操作对上下游带来的影响扣10分				
5	事故处理操作质量	事故处理调节熟练，迅速，过程平稳波动小并无调节错误	15	处理事故过程引起生产波动大扣10分				
				调节滞后扣5分				
				调节错误扣20分				
6	使用工具	正确使用工具	3	工具使用不正确扣3分				
		正确维护工具	2	工具乱摆乱放扣2分				
7	安全及其他	按国家法规或企业规定		违规一次总分扣5分；严重违规停止操作			—	
		在规定时间内完成操作		每超时1min总分扣5分，超时3min停止操作			—	
合　计			100					

否定项说明：违章操作或发生事故须停止操作，成绩计零分。

试题21：装置发生灾难性火灾爆炸事故的处理

（考核时间：30min）

序号	考核内容	考核要点	配分	评分标准	检测结果	扣分	得分	备注
1	准备工作	穿戴劳保用品	3	未穿戴整齐扣3分				
		工具、用具准备	2	工具选择不正确扣2分				
2	事故现象判断	引发事故因素表述清晰完整	5	引发事故因素表述不完整扣3分				
				表述不清晰扣2分				
		事故现象信息充分无遗漏	10	事故现象信息缺一扣5分				
				事故现象信息表述不完整扣5分				
		关键事故现象	5	事故关键现象描述不清楚扣5分				

续表

序号	考核内容	考核要点	配分	评分标准	检测结果	扣分	得分	备注
3	事故原因分析	事故原因分析完整无遗漏，分析透彻有深度	5	事故原因分析不完整扣3分				
				分析无深度扣2分				
		事故关键原因分析准确	5	事故关键原因不准确扣5分				
4	事故处理操作	联系工作及时到位	5	未及时联系扣5分				
		处理原则表述完整	10	处理原则表述不完整扣10分				
		处理步骤先后顺序正确并无遗漏、操作不当	20	处理步骤顺序不对扣10分				
				漏项或操作不当扣10分				
		处理注意事项符合事故处理预案规范	10	未考虑操作对上下游带来的影响扣10分				
5	事故处理操作质量	事故处理熟练，迅速，过程无错误，指挥无失误	15	处理事故过程明显错误扣10分				
				处理事故不熟练扣5分				
				处理事故过程引起更大损失扣20分				
6	使用工具	正确使用工具	3	工具使用不正确扣3分				
		正确维护工具	2	工具乱摆乱放扣2分				
7	安全及其他	按国家法规或企业规定		违规一次总分扣5分；严重违规停止操作				—
		在规定时间内完成操作		每超时1min总分扣5分，超时3min停止操作				—
		合　计	100					

否定项说明：违章操作或发生事故须停止操作，成绩计零分。

试题22：现场数据采集回流比计算

（考核时间：10min）

序号	考核内容	考核要点	配分	评分标准	检测结果	扣分	得分	备注
1	准备工作	工具、用具准备	2	未自带工具扣2分				
2	数据采集	数据采集方法正确，数据无遗漏	15	采集方法错误扣10分				
				采集数据漏一项扣5分				
3	核算过程	采集数据处理合理	5	单位换算错误扣5分				
		核算过程数学描述准确，数据代入完整，核算步骤无遗漏，核算结果正确	45	应用公式错扣25分				
				数据代入错误扣5分				
				核算步骤漏一项扣5分				
				核算答案错误扣10分				

续表

序号	考核内容	考核要点	配分	评分标准	检测结果	扣分	得分	备注
4	核算结果分析	核算结果分析内容完整，数据差异分析透彻，提出改进措施得当有意义	30	装置设计值不清楚扣5分				
				核算结果与设计值差异的原因分析不正确扣15分				
				无改进措施扣10分				
				改进措施不完整扣5分				
				改进措施错误扣10分				
5	卷面情况	卷面整洁，字迹端正	3	卷面不整洁扣1分				
				字迹不端正扣2分				
6	安全及其他	按国家法规或企业规定		违规一次总分扣5分；严重违规停止操作			—	
		在规定时间内完成操作		每超时1min总分扣5分，超时3min停止操作			—	
合计			100					

七、技能操作鉴定要素细目表（高级技师）

鉴定范围						鉴定点	
一级		二级		三级		代码	名称
代码	名称	代码	名称	代码	名称		
A	技能要求	A	工艺操作	A	开车准备	001	塔检修验收
						002	催化蒸馏塔进料组成对塔操作影响分析
				B	开车操作	001	多塔流程贯通操作
				C	正常操作	001	催化蒸馏塔顶温高对产品质量影响分析
						002	催化蒸馏塔底温低对产品质量影响分析
						003	未反应 C_4 烷烯比超标相应操作调整分析
						004	降低MTBE装置能耗途径分析
						005	处理量频繁变化调整操作
						006	不同原料进装置操作调整操作
						007	不同季节气温装置操作调整操作
						008	减少1-丁烯损失的优化操作
						009	1-丁烯精馏系统的联锁控制
						010	装置负荷波动对分离系统影响分析
						011	第一精馏塔压差大的处理
				D	停车操作	001	停工时“三废”排放操作
						002	外管道去 C_4 原料罐停用吹扫操作
						003	外管道去MTBE成品罐停用吹扫操作
						004	外管道去甲醇罐停用吹扫

续表

鉴定范围						鉴定点	
一级		二级		三级		代码	名称
代码	名称	代码	名称	代码	名称		
		B	设备使用与维护	A	使用设备	001	全装置防冻防凝检查
						002	反应器检修验收
						003	选择机泵依据分析
				B	维护设备	001	高速泵扬程不足的原因分析
		C	事故判断与处理	A	判断事故	001	开工初期副反应多的原因分析
						002	氢气中断事故的分析
						003	MTBE 油干点不合格的原因分析
						004	MTBE 催化剂中毒事故分析
						005	淹塔的判断
				B	处理事故	001	C_4 重度中毒事故的处理
						002	氢气中断事故的处理
						003	MTBE 油干点不合格的处理
						004	MTBE 催化剂中毒事故的处理
						005	开工初期副反应多的处理
		D	绘图与计算	A	绘图	001	技术改进简图绘制
						002	第一精馏塔检修盲板图
				B	计算	001	最小回流比计算
						002	理论塔板计算
						003	气液两相平衡计算
						004	换热器换热系数计算
						005	班组经济最佳化计算

八、技能操作试题(高级技师)

试题 1：催化蒸馏塔进料组成对塔操作影响分析

（考核时间：15min）

序号	考核内容	考核要点	配分	评分标准	检测结果	扣分	得分	备注
1	准备工作	穿戴劳保用品	3	未穿戴整齐扣 3 分				
		工具、用具准备	2	工具选择不正确扣 2 分				
2	操作程序	进料组成中 MTBE 含量增加：塔底产量增加、进料温度升高、顶采出量减少、循环水量减少、塔底蒸汽量减少	15	未看分析报告单扣 5 分				
				未判断出 MTBE 含量增加产生结果的扣 5 分				
				未及时对顶采出底蒸汽调节的扣 5 分				

续表

序号	考核内容	考核要点	配分	评分标准	检测结果	扣分	得分	备注
3	操作程序	进料组成中 MTBE 含量减少：塔底产量减少、进料温度降低、顶采出量增加、循环水量增加、塔底蒸汽增加	15	未看分析报告单扣5分				
				未判断出 MTBE 含量减少产生结果的扣5分				
				未及时对顶采出量、底蒸汽量调节的扣5分				
4		进料组成中碳三增加：塔压力波动、塔底 MTBE 纯度下降	20	未判断出进料组成中碳三增加的扣10分				
				未及时对塔进行排不凝气调整的扣10分				
5		进料中低聚物增加：塔底温度升高，塔底 MTBE 纯度下降	10	未判断出发生该现象的原因的扣10分				
6		进料组成中 TBA 增加：塔底温度升高，塔底 MTBE 纯度下降	10	未判断出 TBA 增加是造成该现象的原因的扣10分				
7		进料中甲醇增加：塔底和塔底温度下降，灵敏板之间温度差减少，塔底产量减少，顶采出增加，循环水增加	20	未通过分析报告单判断出甲醇含量增加的扣10分				
				未及时对温度及采出作出调整的扣10分				
8	使用工具	正确使用工具	3	工具使用不正确扣3分				
		正确维护工具	2	工具乱摆乱放扣2分				
9	安全及其他	按国家法规或企业规定		违规一次总分扣5分；严重违规停止操作			—	
		在规定时间内完成操作		每超时1min总分扣5分，超时3min停止操作			—	
合　计			100					

试题2：多塔流程贯通操作

（考核时间：15min）

序号	考核内容	考核要点	配分	评分标准	检测结果	扣分	得分	备注
1	准备工作	穿戴劳保用品	5	未穿戴整齐扣5分				
2	技术准备	贯通操作控制方案清楚	10	贯通操作目的不清楚扣5分				
				贯通操作控制方案不清楚扣5分				
		影响因素叙述完整	15	主要控制点不准确扣5分				
				主要影响因素叙述不完整扣5分				
				调节对象表述错误扣5分				
		流程检查	5	未检查流程扣5分				

续表

序号	考核内容	考核要点	配分	评分标准	检测结果	扣分	得分	备注
3	操作程序	工作联系正确及时	5	未及时联系扣5分				
		操作方法、顺序正确无遗漏	30	漏项或操作不当扣5分				
				未按先后顺序进行扣5分				
				操作时引起波动大扣10分				
				仪表控制系统调节错误扣5分				
				开错阀门扣5分				
		操作注意点考虑全面	10	对其他参数影响及后果考虑不周扣5分				
				未及时注意观察系统压力与质量扣5分				
4	操作结果	操作平稳，调节及时	15	调节滞后扣10分				
				操作不平稳扣5分				
5	使用工具	正确使用工具	3	工具使用不正确扣3分				
		正确维护工具	2	工具乱摆乱放扣2分				
6	安全及其他	按国家法规或企业规定		违规一次总分扣5分；严重违规停止操作			—	
		在规定时间内完成操作		每超时1min总分扣5分，超时3min停止操作			—	
		合　计	100					

试题3：催化蒸馏塔顶温高对产品质量影响分析

（考核时间：15min）

序号	考核内容	考核要点	配分	评分标准	检测结果	扣分	得分	备注
1	准备工作	穿戴劳保用品	3	未穿戴整齐扣3分				
		工具、用具准备	2	工具选择不正确扣2分				
2	顶温高对产品质量影响现象表述	顶温高对产品质量影响因素表述清晰完整	10	顶温高对产品质量影响因素表述不完整扣5分				
				表述不清晰扣5分				
		顶温高对产品质量影响现象信息充分无遗漏	10	顶温高对产品质量影响现象信息缺一项扣5分				
			10	顶温高对产品质量影响现象信息表述不充分扣10分				
			20	顶温高关键现象信息缺扣20分				

续表

序号	考核内容	考核要点	配分	评分标准	检测结果	扣分	得分	备注
3	顶温高对产品质量影响原因分析	顶温高对产品质量影响原因分析透彻有深度，完整无遗漏	20	顶温高对产品质量影响原因分析不完整扣10分				
				分析无深度扣10分				
			20	顶温高对产品质量影响关键原因缺扣20分				
4	使用工具	正确使用工具	3	工具使用不正确扣3分				
		正确维护工具	2	工具乱摆乱放扣2分				
5	安全及其他	按国家法规或企业规定		违规一次总分扣5分；严重违规停止操作			—	
		在规定时间内完成操作		每超时1min总分扣5分，超时3min停止操作			—	
		合　计	100					

试题4：未反应 C_4 烷烯比超标相应操作调整分析

（考核时间：15min）

序号	考核内容	考核要点	配分	评分标准	检测结果	扣分	得分	备注
1	准备工作	穿戴劳保用品	3	未穿戴整齐扣3分				
		工具、用具准备	2	工具选择不正确扣2分				
2	烷烯比超标的现象表述	烷烯比超标的因素表述清晰完整	10	烷烯比超标的因素表述不完整扣5分				
				表述不清晰扣5分				
		烷烯比超标的现象信息充分无遗漏	10	烷烯比超标的现象信息缺一项扣5分				
			10	烷烯比超标的现象信息表述不充分扣10分				
			20	烷烯比超标的关键现象信息缺扣20分				
3	烷烯比超标的原因分析	烷烯比超标的原因分析透彻有深度，完整无遗漏	20	烷烯比超标的原因分析不完整扣10分				
				分析无深度扣5分				
			20	烷烯比超标的关键原因缺扣20分				
4	使用工具	正确使用工具	3	工具使用不正确扣3分				
		正确维护工具	2	工具乱摆乱放扣2分				
5	安全及其他	按国家法规或企业规定		违规一次总分扣5分；严重违规停止操作			—	
		在规定时间内完成操作		每超时1min总分扣5分，超时3min停止操作			—	
		合　计	100					

试题5：降低MTBE装置能耗途径分析

（考核时间：15min）

序号	考核内容	考核要点	配分	评分标准	检测结果	扣分	得分	备注
1	准备工作	穿戴劳保用品	3	未穿戴整齐扣3分				
		工具、用具准备	2	工具选择不正确扣2分				
2	能耗的现象表述	能耗的影响因素表述清晰完整	10	能耗的影响因素表述不完整扣5分				
				表述不清晰扣5分				
		能耗影响的现象信息充分无遗漏	10	能耗影响的现象信息缺一项扣5分				
			10	能耗影响的现象信息表述不充分扣10分				
			20	能耗影响的关键现象信息缺扣20分				
3	降低能耗的途径分析	降低能耗的途径分析透彻有深度，完整无遗漏	20	降低能耗的途径分析不完整扣10分				
				分析无深度扣5分				
			20	能耗影响的关键原因缺扣20分				
4	使用工具	正确使用工具	3	工具使用不正确扣3分				
		正确维护工具	2	工具乱摆乱放扣2分				
5	安全及其他	按国家法规或企业规定		违规一次总分扣5分；严重违规停止操作			—	
		在规定时间内完成操作		每超时1min总分扣5分，超时3min停止操作			—	
		合　计	100					

试题6：处理量频繁变化调整操作

（考核时间：20min）

序号	考核内容	考核要点	配分	评分标准	检测结果	扣分	得分	备注
1	准备工作	穿戴劳保用品	5	未穿戴整齐扣5分				
2	技术准备	调整操作的目的表述完整	5	调整操作的目的表述不准确扣5分				
		调整操作的指标表述准确	5	调整操作的指标不准确扣5分				
				主要控制点不准确扣5分				
		影响因素分析透彻，调节对象理解深刻	10	主要影响因素叙述不完整扣5分				
				调节对象表述错误扣5分				
				对其他参数影响及后果考虑不周扣5分				
		流程检查正确无误	5	未检查流程扣5分				

续表

序号	考核内容	考核要点	配分	评分标准	检测结果	扣分	得分	备注
3	操作过程	操作步骤按先后顺序完成，操作方法正确	30	操作步骤漏项扣5分				
				操作不当扣10分				
				开错阀门扣5分				
				未按先后顺序进行扣10分				
		系统调节平稳，调节无滞后现象	25	仪表控制系统调节错误扣10分				
				未及时注意观察系统变量变化，造成波动扣5分				
				调节滞后扣5分				
				操作不熟练扣5分				
4	操作结果	对参数控制能达到要求	10	质量未达到要求扣5分				
				分析结果不正确扣5分				
5	使用工具	使用工具正确	2	工具使用不正确扣2分				
		使用工具摆放整齐	3	工具乱摆乱放扣3分				
6	安全及其他	按国家法规或企业规定		违规一次总分扣5分；严重违规停止操作			—	
		在规定时间内完成操作		每超时1min总分扣5分，超时3min停止操作			—	
	合　计		100					

否定项说明：违章操作或发生事故须停止操作，成绩计零分。

试题7：不同原料进装置操作调整操作

（考核时间：20min）

序号	考核内容	考核要点	配分	评分标准	检测结果	扣分	得分	备注
1	准备工作	穿戴劳保用品	5	未穿戴整齐扣5分				
2	技术准备	调整操作的目的表述完整	5	调整操作的目的表述不准确扣5分				
		调整操作的指标表述准确	5	调整操作的指标不准确扣5分				
				主要控制点不准确扣5分				
		影响因素分析透彻，调节对象理解深刻	10	主要影响因素叙述不完整扣5分				
				调节对象表述错误扣5分				
				对其他参数影响及后果考虑不周扣5分				
		流程检查正确无误	5	未检查流程扣5分				

续表

序号	考核内容	考核要点	配分	评分标准	检测结果	扣分	得分	备注
3	操作过程	操作步骤按先后顺序完成，操作方法正确	30	操作步骤漏项扣5分				
				操作不当扣10分				
				开错阀门扣5分				
				未按先后顺序进行扣10分				
		系统调节平稳，调节无滞后现象	25	仪表控制系统调节错误扣10分				
				未及时注意观察系统变量变化，造成波动扣5分				
				调节滞后扣5分				
				操作不熟练扣5分				
4	操作结果	对参数控制能达到要求	10	质量未达到要求扣5分				
				分析结果不正确扣5分				
5	使用工具	使用工具正确	2	工具使用不正确扣2分				
		使用工具摆放整齐	3	工具乱摆乱放扣3分				
6	安全及其他	按国家法规或企业规定		违规一次总分扣5分；严重违规停止操作			—	
		在规定时间内完成操作		每超时1min总分扣5分，超时3min停止操作			—	
		合　计	100					

否定项说明：违章操作或发生事故须停止操作，成绩计零分。

试题8：不同季节气温装置操作调整操作

（考核时间：20min）

序号	考核内容	考核要点	配分	评分标准	检测结果	扣分	得分	备注
1	准备工作	穿戴劳保用品	5	未穿戴整齐扣5分				
2	技术准备	调整操作的表述完整	5	调整操作的目的表述不准确扣5分				
		调整操作的表述准确	5	调整操作的指标不准确扣5分				
				主要控制点不准确扣5分				
		影响因素分析透彻，调节对象理解深刻	10	主要影响因素叙述不完整扣5分				
				调节对象表述错误扣5分				
				对其他参数影响及后果考虑不周扣5分				
		流程检查正确无误	5	未检查流程扣5分				

续表

序号	考核内容	考核要点	配分	评分标准	检测结果	扣分	得分	备注
3	操作过程	操作步骤按先后顺序完成，操作方法正确	30	操作步骤漏项扣5分				
				操作不当扣10分				
				开错阀门扣5分				
				未按先后顺序进行扣10分				
		系统调节平稳，调节无滞后现象	25	仪表控制系统调节错误扣10分				
				未及时注意观察系统变量变化，造成波动扣5分				
				调节滞后扣5分				
				操作不熟练扣5分				
4	操作结果	对参数控制能达到要求	10	质量未达到要求扣5分				
				分析结果不正确扣5分				
5	使用工具	使用工具正确	2	工具使用不正确扣2分				
		使用工具摆放整齐	3	工具乱摆乱放扣3分				
6	安全及其他	按国家法规或企业规定		违规一次总分扣5分；严重违规停止操作			—	
		在规定时间内完成操作		每超时1min总分扣5分，超时3min停止操作			—	
合　计			100					

否定项说明：违章操作或发生事故须停止操作，成绩计零分。

试题9：减少丁烯-1损失的优化操作

（考核时间：25min）

序号	考核内容	考核要点	配分	评分标准	检测结果	扣分	得分	备注
1	准备工作	穿戴劳保用品	5	未穿戴整齐扣5分				
2	技术准备	了解丁烯-1产品指标	5	丁烯-1产品指标范围不清楚扣5分				
		影响因素分析准确完整，主要控制点叙述准确	20	丁烯-1优化影响因素不清楚扣5分				
				引起参数变化不清楚扣5分				
				主要控制点不准确扣5分				
				主要影响因素叙述不完整扣5分				
				调节对象表述错误扣10分				
		流程检查	5	未检查流程扣5分				

续表

序号	考核内容	考核要点	配分	评分标准	检测结果	扣分	得分	备注
3	操作程序	操作过程按先后顺序进行，无漏项	25	漏项或操作不当扣 5 分				
				未按先后顺序进行扣 5 分				
				仪表控制系统调节错误扣 10 分				
				开错阀门扣 5 分				
		操作注意事项	15	对其他参数影响及后果考虑不周扣 5 分				
				未及时注意观察系统压力与质量扣 10 分				
4	操作结果	操作调节及时，波动小	20	调节滞后扣 10 分				
				操作时引起波动大扣 10 分				
5	使用工具	正确使用工具	3	工具使用不正确扣 3 分				
		正确维护工具	2	工具乱摆乱放扣 2 分				
6	安全及其他	按国家法规或企业规定		违规一次总分扣 5 分；严重违规停止操作			—	
		在规定时间内完成操作		每超时 1min 总分扣 5 分，超时 3min 停止操作			—	
		合　计	100					

否定项说明：违章操作或发生超压事故须停止操作，成绩计零分。

试题 10：第一精馏塔压差大处理

（考核时间：30min）

序号	考核内容	考核要点	配分	评分标准	检测结果	扣分	得分	备注
1	准备工作	穿戴劳保用品	3	未穿戴整齐扣 3 分				
		工具、用具准备	2	工具选择不正确扣 2 分				
2	事故现象判断	引发事故因素表述清晰完整	5	引发事故因素表述不完整扣 3 分				
				表述不清晰扣 2 分				
		事故现象信息充分无遗漏	10	事故现象信息缺一扣 5 分				
				事故现象信息表述不完整扣 5 分				
		关键事故现象	5	事故关键现象描述不清楚扣 5 分				
3	事故原因分析	事故原因分析完整无遗漏，分析透彻有深度	5	事故原因分析不完整扣 3 分				
				分析无深度扣 2 分				
		事故关键原因分析准确	5	事故关键原因不准确扣 5 分				
4	事故处理操作	联系工作及时到位	5	未及时联系扣 5 分				
		处理原则表述完整	10	处理原则表述不完整扣 10 分				
		处理步骤先后顺序正确并无遗漏、操作不当	20	处理步骤顺序不对扣 10 分				
				漏项或操作不当扣 10 分				
		处理注意事项符合事故处理预案规范	10	未考虑操作对上下游带来的影响扣 10 分				

续表

序号	考核内容	考核要点	配分	评分标准	检测结果	扣分	得分	备注
5	事故处理操作质量	事故处理调节熟练，迅速，过程平稳波动小并无调节错误	15	处理事故过程引起生产波动大扣10分				
				调节滞后扣5分				
				调节错误扣15分				
6	使用工具	正确使用工具	3	工具使用不正确扣3分				
		正确维护工具	2	工具乱摆乱放扣2分				
7	安全及其他	按国家法规或企业规定		违规一次总分扣5分；严重违规停止操作			—	
		在规定时间内完成操作		每超时1min总分扣5分，超时3min停止操作			—	
		合　计	100					

否定项说明：违章操作或发生事故须停止操作，成绩计零分。

试题11：停工时“三废”排放操作

（考核时间：15min）

序号	考核内容	考核要点	配分	评分标准	检测结果	扣分	得分	备注
1	准备工作	穿戴劳保用品	3	未穿戴整齐扣3分				
		工具、用具准备	2	工具选择不正确扣2分				
2	操作准备	了解操作的前提条件	20	“三废”排放前提不清楚扣10分				
				“三废”排放原则不熟悉扣10分				
		流程检查全面	5	流程状态未检查确认扣5分				
3	操作程序	联系工作及时到位	5	未及时联系扣5分				
		操作步骤按先后顺序进行，无漏项	30	漏项或操作不当每处扣5分				
				指挥错误扣5分				
				操作不熟练扣5分				
				未按先后顺序扣10分				
		操作注意事项	10	未检查参数变化扣5分				
				操作调整不及时扣5分				
4	操作结果	操作平稳，波动小	20	造成重复吹扫扣5分				
				引起环境安全风险的扣10分				
				操作波动扣5分				
5	使用工具	正确使用工具	3	工具使用不正确扣3分				
		正确维护工具	2	工具乱摆乱放扣2分				
6	安全及其他	按国家法规或企业规定		违规一次总分扣5分；严重违规停止操作			—	
		在规定时间内完成操作		每超时1min总分扣5分，超时3min停止操作			—	
		合　计	100					

试题12：全装置防冻防凝检查

（考核时间：15min）

序号	考核内容	考核要点	配分	评分标准	检测结果	扣分	得分	备注
1	准备工作	穿戴劳保用品	3	未穿戴整齐扣3分				
		工具、用具准备	2	工具选择不正确扣2分				
2	操作前提	设备现场位置清楚，了解防冻防凝作用	30	设备位置不熟悉扣10分				
				停用设备防冻防凝要点不清楚扣10分				
				防冻防凝作用不清楚扣10分				
3	操作程序	操作步骤无漏项	20	漏项或操作不当扣5分				
				开错阀门扣10分				
		操作方法正确	20	放空方法不正确扣10分				
				连通阀门开度不当扣5分				
				介质未按要求排放扣5分				
		操作注意事项	10	未检查压力扣5分				
				未确认工作效果扣5分				
4	操作结果	操作结果符合要求无不当操作	10	未达到防冻防凝要求扣10分				
				操作不当引起冻结者不得分				
5	使用工具	正确使用工具	3	工具使用不正确扣3分				
		正确维护工具	2	工具乱摆乱放扣2分				
6	安全及其他	按国家法规或企业规定		违规一次总分扣5分；严重违规停止操作				—
		在规定时间内完成操作		每超时1min总分扣5分，超时3min停止操作				—
		合　计	100					

否定项说明：违章操作或发生冻坏设备须停止操作，成绩计零分。

试题13：开工初期MTBE产品中副反应多原因分析

（考核时间：15min）

序号	考核内容	考核要点	配分	评分标准	检测结果	扣分	得分	备注
1	准备工作	穿戴劳保用品	3	未穿戴整齐扣3分				
		工具、用具准备	2	工具选择不正确扣2分				
2	副反应多现象表述	副反应多因素表述清晰完整	10	副反应多因素表述不完整扣5分				
				表述不清晰扣5分				
		副反应多现象信息充分无遗漏	10	副反应多现象信息缺一项扣5分				
			10	副反应多现象信息表述不充分扣10分				
			20	副反应多关键现象信息缺扣20分				

续表

序号	考核内容	考核要点	配分	评分标准	检测结果	扣分	得分	备注
3	副反应多原因分析	副反应多原因分析透彻有深度，完整无遗漏	20	副反应多原因分析不完整扣10分				
				分析无深度扣10分				
			20	副反应多关键原因缺扣20分				
4	使用工具	正确使用工具	3	工具使用不正确扣3分				
		正确维护工具	2	工具乱摆乱放扣2分				
5	安全及其他	按国家法规或企业规定		违规一次总分扣5分；严重违规停止操作			—	
		在规定时间内完成操作		每超时1min总分扣5分，超时3min停止操作			—	
合计			100					

试题14：MTBE催化剂中毒事故分析

（考核时间：15min）

序号	考核内容	考核要点	配分	评分标准	检测结果	扣分	得分	备注
1	准备工作	穿戴劳保用品	3	未穿戴整齐扣3分				
		工具、用具准备	2	工具选择不正确扣2分				
2	催化剂中毒现象表述	引发催化剂中毒因素表述清晰完整	10	催化剂中毒因素表述不完整扣5分				
				表述不清晰扣5分				
		催化剂中毒现象信息充分无遗漏	10	催化剂中毒现象信息缺一项扣5分				
			10	催化剂中毒现象信息表述不充分扣10分				
			20	催化剂中毒关键现象信息缺扣20分				
3	催化剂中毒原因分析	催化剂中毒原因分析透彻有深度，完整无遗漏	20	催化剂中毒原因分析不完整扣10分				
				分析无深度扣5分				
			20	催化剂中毒关键原因缺扣20分				
4	使用工具	正确使用工具	3	工具使用不正确扣3分				
		正确维护工具	2	工具乱摆乱放扣2分				
5	安全及其他	按国家法规或企业规定		违规一次总分扣5分；严重违规停止操作			—	
		在规定时间内完成操作		每超时1min总分扣5分，超时3min停止操作			—	
合计			100					

试题 15：MTBE 催化剂中毒事故的处理

（考核时间：30min）

序号	考核内容	考核要点	配分	评分标准	检测结果	扣分	得分	备注
1	准备工作	穿戴劳保用品	3	未穿戴整齐扣 3 分				
		工具、用具准备	2	工具选择不正确扣 2 分				
2	事故现象判断	引发事故因素表述清晰完整	5	引发事故因素表述不完整扣 3 分				
				表述不清晰扣 2 分				
		事故现象信息充分无遗漏	10	事故现象信息缺一扣 5 分				
				事故现象信息表述不完整扣 5 分				
		关键事故现象	5	事故关键现象描述不清楚扣 5 分				
3	事故原因分析	事故原因分析完整无遗漏，分析透彻有深度	5	事故原因分析不完整扣 3 分				
				分析无深度扣 2 分				
		事故关键原因分析准确	5	事故关键原因不准确扣 5 分				
4	事故处理操作	联系工作及时到位	5	未及时联系扣 5 分				
		处理原则表述完整	10	处理原则表述不完整扣 10 分				
		处理步骤先后顺序正确并无遗漏、操作不当	20	处理步骤顺序不对扣 10 分				
				漏项或操作不当扣 10 分				
		处理注意事项符合事故处理预案规范	10	未考虑操作对生产带来的影响扣 10 分				
5	事故处理操作质量	事故处理调节熟练，迅速，未造成进一步伤害	15	事故处理调节不熟练，不迅速扣 10 分				
				造成进一步损害扣 5 分				
6	使用工具	正确使用工具	3	工具使用不正确扣 3 分				
		正确维护工具	2	工具乱摆乱放扣 2 分				
7	安全及其他	按国家法规或企业规定		违规一次总分扣 5 分；严重违规停止操作				—
		在规定时间内完成操作		每超时 1min 总分扣 5 分，超时 3min 停止操作				—
		合　　计	100					

否定项说明：违章操作或发生事故须停止操作，成绩计零分。

试题 16：开工初期 MTBE 产品副反应多的处理

（考核时间：30min）

序号	考核内容	考核要点	配分	评分标准	检测结果	扣分	得分	备注
1	准备工作	穿戴劳保用品	3	未穿戴整齐扣 3 分				
		工具、用具准备	2	工具选择不正确扣 2 分				

续表

序号	考核内容	考核要点	配分	评分标准	检测结果	扣分	得分	备注
2	副反应多现象判断	副反应多因素表述清晰完整	5	副反应多因素表述不完整扣3分				
				表述不清晰扣2分				
		副反应多现象信息充分无遗漏	10	副反应多现象信息缺扣5分				
				副反应多现象信息表述不完整扣5分				
		副反应多关键现象	5	副反应多关键现象描述不清楚扣5分				
3	副反应多原因分析	副反应多原因分析完整无遗漏，分析透彻有深度	5	副反应多原因分析不完整扣3分				
				分析无深度扣2分				
		副反应多关键原因分析准确	5	副反应多关键原因不准确扣5分				
4	副反应多处理操作	联系工作及时到位	5	未及时联系扣5分				
		处理原则表述完整	10	处理原则表述不完整扣10分				
		处理步骤先后顺序正确并无遗漏、操作不当	20	处理步骤顺序不对扣10分				
				漏项或操作不当扣10分				
		处理注意事项符合事故处理预案规范	10	未考虑操作对上下游带来的影响扣10分				
5	副反应多处理操作质量	副反应多处理调节熟练，迅速，过程平稳波动小并无调节错误	15	处理过程引起生产波动大扣10分				
				调节滞后扣5分				
				调节错误扣15分				
6	使用工具	正确使用工具	3	工具使用不正确扣3分				
		正确维护工具	2	工具乱摆乱放扣2分				
7	安全及其他	按国家法规或企业规定		违规一次总分扣5分；严重违规停止操作			—	
		在规定时间内完成操作		每超时1min总分扣5分，超时3min停止操作			—	
		合　计	100					

否定项说明：违章操作或发生事故须停止操作，成绩计零分。

试题17：气液两相平衡计算

（考核时间：60min）

序号	考核内容	考核要点	配分	评分标准	检测结果	扣分	得分	备注
1	准备工作	工具、用具准备	2	未自带工具扣2分				

续表

序号	考核内容	考核要点	配分	评分标准	检测结果	扣分	得分	备注
2	核算过程	数据处理合理	15	单位换算错误扣15分				
		核算过程数学描述准确，数据代入完整，核算步骤无遗漏，核算结果正确	45	应用公式错扣25分				
				数据代入错误扣5分				
				核算步骤漏一项扣5分				
				核算答案错误扣10分				
3	核算结果分析	核算结果分析内容完整，数据差异分析透彻，提出改进措施得当有意义	35	气液两相平衡时各数据不清楚扣5分				
				核算结果与实际数据差异的原因分析不正确扣10分				
				无改进措施扣10分				
				改进措施不完整扣5分				
				改进措施错误扣5分				
4	卷面情况	卷面整洁，字迹端正	3	卷面不整洁扣1分				
				字迹不端正扣2分				
5	安全及其他	按国家法规或企业规定		违规一次总分扣5分；严重违规停止操作			—	
		在规定时间内完成操作		每超时1min总分扣5分，超时3min停止操作			—	
		合　计	100					

试题18：换热器换热系数计算

（考核时间：60min）

序号	考核内容	考核要点	配分	评分标准	检测结果	扣分	得分	备注
1	准备工作	工具、用具准备	2	未自带工具扣2分				
2	核算过程	数据处理合理	15	单位换算错误扣15分				
		核算过程数学描述准确，数据代入完整，核算步骤无遗漏，核算结果正确	45	应用公式错扣25分				
				数据代入错误扣5分				
				核算步骤漏一项扣5分				
				核算答案错误扣10分				
3	核算结果分析	核算结果分析内容完整，数据差异分析透彻，提出改进措施得当有意义	35	换热器铭牌内容不清楚扣5分				
				核算结果与铭牌数据差异的原因分析不正确扣10分				
				无改进措施扣10分				
				改进措施不完整扣5分				
				改进措施错误扣5分				

续表

序号	考核内容	考核要点	配分	评分标准	检测结果	扣分	得分	备注
4	卷面情况	卷面整洁，字迹端正	3	卷面不整洁扣1分				
				字迹不端正扣2分				
5	安全及其他	按国家法规或企业规定		违规一次总分扣5分；严重违规停止操作			—	
		在规定时间内完成操作		每超时1min总分扣5分，超时3min停止操作			—	
	合　计		100					

试题19：班组经济最佳化计算

（考核时间：60min）

序号	考核内容	考核要点	配分	评分标准	检测结果	扣分	得分	备注
1	准备工作	工具、用具准备	2	未自带工具扣2分				
2	核算过程	数据处理合理	15	单位换算错误扣15分				
		核算过程数学描述准确，数据代入完整，核算步骤无遗漏，核算结果正确	45	应用公式错扣25分				
				数据代入错误扣5分				
				核算步骤漏一项扣5分				
				核算答案错误扣10分				
3	核算结果分析	核算结果分析内容完整，数据差异分析透彻，提出改进措施得当有意义	35	班组经济核算内容不清楚扣5分				
				最佳化计算结果和实际结果差异的原因分析不正确扣10分				
				无改进措施扣10分				
				改进措施不完整扣5分				
				改进措施错误扣5分				
4	卷面情况	卷面整洁，字迹端正	3	卷面不整洁扣1分				
				字迹不端正扣2分				
5	安全及其他	按国家法规或企业规定		违规一次总分扣5分；严重违规停止操作			—	
		在规定时间内完成操作		每超时1min总分扣5分，超时3min停止操作			—	
	合　计		100					